高等职业教育"十四五"规划教材

动物微生物

第3版

羊建平　梁学勇　主编

中国农业大学出版社
·北京·

内 容 简 介

本教材按照高等职业教育理论知识和实验操作一体化的教学模式，紧扣畜牧兽医类和宠物科技类专业人才培养标准和职业岗位需要，采用模块化的编写体例，突出教学内容的适用性和实用性。本版在教材中增加了大量的视频、动画和 PPT 等数字化教学资源。

本教材共分 8 个模块 20 个项目，主要内容包括微生物基本知识与技术、原核细胞型微生物、真核细胞型微生物——真菌、非细胞型微生物——病毒、微生物与环境、动物免疫技术、动物主要病原微生物、微生物应用技术等。

本教材既可作为高等职业教育畜牧兽医、动物医学、动物防疫检疫、动物科学、畜牧、兽医、饲料营养与加工、宠物医疗、宠物养护与驯导、动物医药等专业的教学用书，也可作为基层畜牧兽医和宠物科技工作者及养殖户的参考用书。

图书在版编目(CIP)数据

动物微生物 / 羊建平，梁学勇主编. --3 版. --北京：中国农业大学出版社，2023.1（2024.8 重印）

ISBN 978-7-5655-2897-2

Ⅰ. ①动… Ⅱ. ①羊…②梁… Ⅲ. ①兽医学-微生物学-高等职业教育-教材 Ⅳ. ①S852.6

中国国家版本馆 CIP 数据核字(2023)第 004474 号

书　　名　动物微生物　第 3 版

作　　者　羊建平　梁学勇　主编

策划编辑　康昊婷　　**责任编辑**　康昊婷

封面设计　郑　川　李尘工作室

出版发行　中国农业大学出版社

社　　址　北京市海淀区圆明园西路 2 号　　**邮政编码**　100193

电　　话　发行部 010-62733489，1190　　读者服务部 010-62732336

编辑部 010-62732617，2618　　出　版　部 010-62733440

网　　址　http://www.caupress.cn　　**E-mail**　cbsszs@cau.edu.cn

经　　销　新华书店

印　　刷　运河(唐山)印务有限公司

版　　次　2023 年 1 月第 3 版　　2024 年 8 月第 2 次印刷

规　　格　185 mm×260 mm　　16 开本　　17.5 印张　　450 千字

定　　价　53.00 元

编审人员

主　编　羊建平　江苏农牧科技职业学院

梁学勇　商丘职业技术学院

副主编　王成丽　江苏农牧科技职业学院

刘洪杰　黑龙江农业职业技术学院

邢　钊　河南牧业经济学院

朱孟玲　江苏农林职业技术学院

刘兰泉　重庆三峡职业学院

参　编　（按姓氏笔画排序）

田其真　江苏农林职业技术学院

安　东　江苏农牧科技职业学院

胡景艳　内蒙古兴安职业技术学院

姜　鑫　黑龙江农业经济职业学院

钟金凤　湖南环境生物职业技术学院

段晓琴　新疆农业职业技术学院

高　敏　江苏农牧科技职业学院

隋　慧　辽宁医学院

崔春兰　辽宁农业职业技术学院

颜　卫　江苏农牧科技职业学院

主　审　曹　斌　江苏农牧科技职业学院

前　言

党的二十大报告指出，教育是国之大计、党之大计。教材作为载体对教育水平的提高具有重要意义。本教材根据教育部《“十四五”职业教育规划教材建设实施方案》的精神，结合“产教融合、校企合作、工学结合、知行合一”的教学改革和近年来教材建设的实践而编写的，适用于三年制高等职业畜牧兽医、动物医学、动物防疫与检疫、畜牧、兽医、动物科学、饲料营养与加工、宠物医疗、宠物养护与驯导、动物医药等专业，也可作为基层畜牧兽医和宠物科技工作者的参考用书。

动物微生物技术在动物传染病的预防和控制方面具有极其重要的作用，是畜牧兽医类和宠物科技类专业的核心技术课程。本教材特点是突出产教融合、工学结合，基于实际工作过程构建教学内容，理论知识和实验操作一体化，注重学生职业综合能力的培养和发展需求。教材设置了微生物基本知识与技术、原核细胞型微生物、真核细胞型微生物、非细胞型微生物、微生物与环境、动物免疫技术、动物主要病原微生物和微生物技术应用等 8 个教学模块。各模块教学内容既相对独立，又能有机地结合在一起，可满足不同岗位人员的需要，因此，在教学过程中，可根据专业和课程标准，结合当地实际需要，有针对地选择教学。

本教材各教学模块均附有内容提要，概括介绍本模块主要学习内容。20 个学习项目中设计学习目标、理论知识、实验操作和经典考题以及视频、PPT 等数字化资源，便于学生更好地学习和掌握每个项目的知识和技术要点，多种类型的经典考题为学生复习、巩固和思考本项目内容提供了便利。在编写过程中，力求做到简明扼要、由浅入深、循序渐进、学以致用。

参加本教材编写的人员都是各高等职业院校长期从事动物微生物教学和科研的骨干教师和双师型教师，在安排编写任务时也是根据各位编写人员在各自专业领域的特长进行分工，以便保证教材的质量和特色。特别感谢江苏农牧科技职业学院钱学智、陈光明、谢静、刘玉华、薛颖、徐小琴、颜友荣等老师为本教材提供部分视频资料。

本教材承蒙江苏农牧科技职业学院曹斌教授主审，感谢曹斌教授对本书结构体系和内容提出的宝贵意见。在教材编写过程中也得到了各参编院校领导及相关专家的大力支持。在此向所有关心支持本教材编写工作的单位及个人表示诚挚的谢意。

由于编者水平所限，加之成稿时间仓促，书中难免存在不足之处，恳请专家和读者赐教指正。

编　者

2024 年 5 月

目　录

模块一　微生物基本知识与技术 …… 1

项目一　微生物的概念和类型 …… 1

一、微生物的概念、特点与类型 …… 2

二、病原微生物的概念与分类 …… 3

三、微生物与人和动植物的关系 …… 5

四、微生物学发展史上重要的人和事 …… 5

五、学习动物微生物的目的和方法 …… 7

项目二　生物安全和微生物实验技术 …… 8

一、生物安全定义 …… 8

二、生物安全实验室水平及要求 …… 10

三、普通微生物实验基本要求与意外事件的预防 …… 13

【实验操作】 …… 16

一、常用器械的准备 …… 16

二、常用仪器的使用 …… 19

三、常用溶液的配制 …… 27

模块二　原核细胞型微生物 …… 33

项目一　细菌的形态结构 …… 33

一、细菌的形态 …… 34

二、细菌大小 …… 36

三、细菌结构 …… 36

【实验操作】 …… 42

一、细菌标本片的制备与染色 …… 42

二、显微镜油镜的使用及细菌形态结构的观察 …… 44

项目二　细菌生理 …… 47

一、细菌的营养 …… 48

二、细菌的生长繁殖 …… 50

三、细菌的新陈代谢 …… 52

【实验操作】…… 54
一、常用培养基的制备…… 54
二、细菌的分离培养及培养性状观察…… 57
三、细菌生化试验…… 64
项目三　细菌致病性与检测技术 …… 67
一、细菌致病性…… 67
二、传染的发生…… 70
三、细菌检测技术…… 72
【实验操作】…… 74
一、细菌毒力和毒素检测技术…… 74
二、病料的采取、保存及运送 …… 76
项目四　其他原核细胞型微生物 …… 80
一、螺旋体…… 80
二、支原体…… 81
三、立克次体…… 82
四、衣原体…… 83
模块三　真核细胞型微生物——真菌 …… 86
一、霉菌…… 86
二、酵母菌…… 89
三、真菌的培养…… 90
四、真菌的致病性…… 91
五、真菌的微生物诊断方法…… 92
【实验操作】…… 92
一、真菌制片、形态观察及载片培养技术 …… 92
二、真菌的分离培养及观察…… 94
模块四　非细胞型微生物——病毒 …… 97
项目一　病毒形态结构与培养 …… 97
一、病毒的基本特征…… 97
二、病毒的大小与形态…… 98
三、病毒的结构和化学组成…… 99
四、病毒的增殖 …… 101
五、病毒的分类与命名 …… 103
六、病毒的培养 …… 103
【实验操作】…… 103
一、动物接种培养病毒技术 …… 103
二、鸡胚接种培养病毒技术 …… 107
项目二　病毒特性与病毒检测方法…… 111
一、病毒的致病性 …… 111

二、病毒的干扰现象和干扰素 …… 112
三、病毒的血凝和血凝抑制现象 …… 113
四、病毒的其他特性 …… 114
五、亚病毒 …… 115
六、病毒检测技术 …… 115
【实验操作】…… 116
一、病毒的分离与鉴定 …… 116
二、病毒的血凝和血凝抑制试验 …… 118
模块五　微生物与环境 …… 123
项目一　微生物在自然界的分布 …… 123
一、土壤中的微生物 …… 123
二、水中的微生物 …… 124
三、空气中的微生物 …… 125
四、正常动物体的微生物 …… 126
项目二　外界环境对微生物的影响 …… 129
一、消毒与灭菌的概念 …… 129
二、物理因素对微生物的影响 …… 130
三、化学因素对微生物的影响 …… 132
四、生物因素对微生物的影响 …… 135
【实验操作】…… 136
一、动物饲养场的消毒 …… 136
二、抗菌药物敏感性试验(纸片扩散法) …… 138
项目三　微生物的遗传和变异 …… 140
一、常见微生物的变异现象 …… 141
二、微生物变异机理 …… 141
三、获得微生物变异株的方法 …… 144
模块六　动物免疫技术 …… 148
项目一　免疫概述与非特异性免疫 …… 148
一、免疫概述 …… 149
二、非特异性免疫 …… 150
项目二　特异性免疫与变态反应 …… 155
一、免疫系统 …… 155
二、抗原与抗体 …… 160
三、免疫应答 …… 168
四、特异性免疫的抗感染作用 …… 170
五、变态反应 …… 171
项目三　免疫检测技术 …… 174
一、体液免疫检测技术——血清学试验 …… 174
二、细胞免疫检测技术 …… 184

【实验操作】…… 185
一、凝集试验检疫布鲁氏菌病 …… 185
二、沉淀试验检测炭疽杆菌 …… 187
三、补体结合试验鉴定口蹄疫病毒血清型 …… 189
四、蓝舌病病毒与抗血清中和试验 …… 192
五、免疫标记技术检测猪瘟 …… 193
模块七 动物主要病原微生物 …… 197
项目一 动物主要病原细菌 …… 197
一、大肠埃希菌 …… 197
二、沙门菌 …… 199
三、多杀性巴氏杆菌 …… 201
四、布鲁氏菌 …… 202
五、葡萄球菌 …… 203
六、链球菌 …… 204
七、炭疽杆菌 …… 205
八、猪丹毒杆菌 …… 207
九、破伤风梭菌 …… 208
项目二 常见动物病毒 …… 211
一、口蹄疫病毒 …… 211
二、禽流感病毒 …… 212
三、痘病毒 …… 212
四、狂犬病病毒 …… 213
五、猪瘟病毒 …… 214
六、猪传染性胃肠炎病毒 …… 215
七、新城疫病毒 …… 215
八、传染性法氏囊病病毒 …… 216
九、马立克病病毒 …… 217
十、小鹅瘟病毒 …… 218
十一、鸭瘟病毒 …… 218
十二、犬细小病毒 …… 219
十三、兔出血症病毒 …… 220
项目三 动物常见其他病原微生物 …… 222
一、动物常见病原真菌 …… 222
二、动物常见病原支原体 …… 224
三、动物常见病原立克次体 …… 225
四、动物常见病原螺旋体 …… 227
模块八 微生物应用技术 …… 231
项目一 生物制品的制备及检验 …… 231
一、兽用生物制品概念与类型 …… 231

二、兽用生物制品命名 …… 237
三、疫苗的制备及检验 …… 238
四、免疫血清的制备及检验 …… 242
五、卵黄抗体的制备及检验 …… 243
【实验操作】 …… 244
一、鸡大肠埃希菌灭活苗的制备 …… 244
二、抗猪瘟血清的制备 …… 245
三、鸡法氏囊病卵黄抗体的制备 …… 246
项目二　免疫诊断与免疫防治 …… 248
一、免疫诊断 …… 248
二、免疫防治 …… 250
三、影响免疫作用的因素 …… 251
项目三　微生物在生产中的应用 …… 254
一、饲料微生物 …… 254
二、畜产品微生物 …… 258
三、微生物活性制剂 …… 261
视频清单 …… 265
参考文献 …… 268

模块一
微生物基本知识与技术

【内容提要】

微生物是必须用显微镜(光镜和电镜)才能观察到的微小生物,具有结构简单、繁殖迅速、容易变异、代谢旺盛等特点,分为原核细胞型微生物、真核细胞型微生物和非细胞型微生物三种类型。大部分微生物对人和动物是有利的,也有少数病原微生物能引起人和/或动物传染病。我国将动物病原分为一至四类,其中一类动物病原危害最大,依此类推,四类最小。世界动物卫生组织(OIE)将动物病原也分成一至四类,其中一类动物病原的危害性最小,依此类推,四类最大。微生物学发展过程中很多科学家做出了重大贡献,如法国人巴斯德通过曲颈瓶试验否定了自然发生说和发明巴氏消毒法,德国人柯赫创立了柯赫法则用来区别传染病和非传染病等。生物安全是针对病原微生物或具有潜在危害的重组 DNA 等生物危险直接或间接给人类和/或动物带来影响或损伤提出的一个概念。依据生物安全水平及从事的病原微生物的危害程度,目前国际公认的微生物实验室分为生物安全(biosafety level,BSL)1～4 级,其中 BSL-1 最低、BSL-4 最高,BSL-1～BSL-4 实验室俗称 P1～P4 实验室。学习动物微生物必须熟悉普通微生物试验基本要求与意外事件的预防和处理方法,常用玻璃器皿、橡胶制品和金属用具的准备与消毒,显微镜、恒温箱、干热灭菌器、高压灭菌器、离心机、冰箱和净化工作台等常用器械的使用和保养方法,染色剂、缓冲剂、清洁剂、消毒剂等常用溶液的配制方法。

项目一　微生物的概念和类型

【学习目标】

1. 熟练掌握微生物的概念、特点与类型。
2. 熟练掌握病原微生物的概念与类型。
3. 了解微生物与人类、动物和植物间的相互关系。
4. 了解微生物学发展史上重要的人物及其主要贡献。

一、微生物的概念、特点与类型

视频 1.1　什么是微生物?

(一)微生物的概念

生物包括人、动物、植物和微生物。凡是结构简单、繁殖迅速、容易变异、肉眼看不见单个个体、必须借助于显微镜才能观察到的微小生物总称为微生物。自然界中微生物种类繁多,已经发现的微生物就有 10 多万种,按形态结构和繁殖等特征,将其划分为细菌(含放线菌、螺旋体)、支原体(过去称霉形体)、衣原体、立克次体、真菌、病毒等类型。

(二)微生物的特点

微生物跟动物、植物相比,具有繁殖快、食谱杂、分布广、代谢旺盛、适应性强和容易培养等特点。

1. 繁殖快

微生物的繁殖速度快得惊人。如大肠埃希菌每隔 20 min 分裂一次,1 d 时间内可繁殖 72 代,如果一个不死,总数将达到 4.7×10^{17} 个。当然不会出现这种情况,因为影响微生物生长繁殖的各种因素随时都在起作用。微生物这种惊人的繁殖速度,使人们可以在短时间获得大量菌体,如用酵母菌生产单细胞蛋白质,每隔 8～12 h 就可以收获一次。

2. 食谱杂

微生物"食"性很杂,几乎什么都吃,如蛋白质、脂肪、糖类以及无机盐等。甚至有些不能被动植物利用的物质,如纤维素、石油、塑料,甚至对人和动物有毒的物质,微生物也有办法分解利用。这样,人们就可以用微生物来开展综合利用,变废为宝。

3. 分布广

微生物在自然界中的分布极广泛,上至几万米高空,下至几千米深的海底,热至 300 ℃的温泉,冷至－80 ℃的极地,都可以找到微生物的踪迹。微生物分布最多的地方是土壤,那里是微生物的天下,在 1 g 肥沃的土壤中有几十亿个微生物。

4. 代谢旺盛

微生物虽然很小,但胃口"大",能"吃"会"拉",新陈代谢旺盛,素有活的"化工厂"之称。微生物的代谢强度比高等动物的代谢强度高几千倍到几万倍。例如 1 kg 酒精酵母 1 d 能分解几千千克糖类,使它们变成酒精。

5. 适应性强

微生物的适应性强,能在严酷的外界环境中随机应变,保存自己。例如,肺炎双球菌有荚膜,可以抵抗吞噬细胞的吞噬。再如细菌的芽孢、放线菌的分生孢子,真菌的各种孢子,更能抵抗外界不良环境的侵害,一般能存活几年甚至几千年。人们可以利用这个特点保藏菌种,诱变菌种,改变微生物的遗传特性和代谢途径。

6. 容易培养

微生物对营养要求一般都不高,农副产品、工厂下脚料都可以用来培养微生物。沼气发酵就是利用粪便、草木纤维等生产沼气。大多数微生物的培养条件温和,能在常温常压下生长繁殖,不需要昂贵的设备,这比用化学方法生产化工原料要优越得多。微生物培养不受季节、气候影响，因而能长年累月地进行工业化生产。

此外，微生物还具有个体微小、结构简单、数量巨大、种类繁多、容易变异、抗逆性强、休眠期长、起源较早、发现较晚等特点。

(三)微生物的类型

微生物种类繁多，根据其细胞结构和化学组成的不同，将微生物分为原核细胞型微生物、真核细胞型微生物和非细胞型微生物3种类型。

1. 原核细胞型微生物

细胞核分化程度低，仅有原始核质，无核膜和核仁，缺乏完整的细胞器。个体为单细胞，含DNA和RNA，DNA分子在细胞质中未形成细胞核结构。此类微生物包括细菌(含放线菌、螺旋体)、支原体(过去称为霉形体)、衣原体和立克次体等。

2. 真核细胞型微生物

细胞核的分化程度较高，有完整的细胞核，包括核膜、核仁和染色体，胞质内有完整的细胞器。个体为单细胞或多细胞，含DNA和RNA，DNA分子在完整的细胞核内。真菌、大多数藻类和原生动物属于真核细胞型微生物。

3. 非细胞型微生物

体积微小，没有典型的细胞结构，也无代谢必需的酶系统；仅含一种核酸(DNA或RNA)与蛋白质构成简单的颗粒，只能在活细胞内生长繁殖；或仅仅是具有传染性的蛋白颗粒。病毒、亚病毒因子属于此类型微生物。各类微生物的基本特征详见表1.1。

表1.1　各类微生物的基本特征

核　型	类　型	个体结构	个体大小	观　察
原核细胞型	细菌	单细胞	0.1～10 μm	油镜
	螺旋体	单细胞	0.1～3 μm	油镜(暗视野*)
	立克次体	单细胞	0.1～0.7 μm	油镜
	支原体	单细胞	50～200 μm	油镜
	衣原体	单细胞	0.2～1.5 μm	油镜
真核细胞型	真菌	单细胞或多细胞	2 μm～1 m	肉眼或显微镜
	藻类	单细胞或多细胞	1 μm至几米	肉眼或显微镜
	原生动物	单细胞	2～200 μm	显微镜
非细胞型	病毒、亚病毒	颗粒	0.01～0.25 μm	电子显微镜

* 观察活菌时用暗视野显微镜。

二、病原微生物的概念与分类

(一)病原微生物

微生物在自然界中分布广泛，绝大多数微生物对人类和动植物的生存是有益而必需的。如自然界中的绿色植物进行有机物的合成，细菌及其他微生物完成有机物的分解，构成了自然界化学元素的生物循环；人们在工业、农业、食品、医药等行业利用微生物为人类服务等。然而，微生物中也有一小部分微生物能引起人和动植物疾病，尤其是能引起人和动物的感染性疾病。这些具有致病作用的微生物称为病原微生物，简称病原体，如致病性大肠埃希菌、多杀性巴氏杆菌、狂犬病病毒、新城疫病毒、猪瘟病毒等。

(二)机会致病微生物和条件致病微生物

机会致病微生物是指某些微生物并不主动入侵宿主，但当宿主的免疫屏障被打开或免疫功能异常时，这类微生物就会进入机体造成感染并致病。也就是说，宿主给它们提供了感染的机会。如猪链球菌 2 型感染并可致死猪，并不感染人，但皮肤有伤口的人在接触带菌的病死猪肉时，该菌可通过伤口感染，成为人的机会致病菌，引起人的败血症等并可导致人死亡。有些机会致病微生物本来是动物正常共栖微生物或环境常在微生物，但当宿主免疫功能受损或正常菌群遭破坏时，本来并无侵袭性的此类微生物得以感染而对宿主致病。

条件致病微生物是一个较老的概念，主要指环境条件的差异造成同一病原微生物致病性的差异。如大肠埃希菌既可从发病动物，也可从健康动物体内分离，同样是大肠埃希菌，怎么有的致病，有的不致病，认为是环境条件变化所致，因此就将其称为条件致病微生物。现在知道，虽然都是大肠埃希菌，但存在毒力因子的差异，有致病性及非致病性大肠埃希菌之别，具有毒力因子的菌株才有致病性。非致病性大肠埃希菌有可能成为机会致病菌，如具有 1 型菌毛的大肠埃希菌。

(三)动物病原微生物的分类

根据动物病原微生物的传染性、感染人和/或动物的危害程度，世界动物卫生组织(OIE)和我国农业农村部分别将动物病原微生物分为一至四类。

1. 世界动物卫生组织的分类

OIE 动物病原的分类，其中一类动物病原的危害性最小，依此类推，四类最大。

(1)一类动物病原是可导致地方流行性、但不列入官方控制计划的病原微生物。

(2)二类动物病原是外来的或导致地方性流行的、并列入官方控制计划但实验室扩散风险低的病原微生物。

(3)三类动物病原是外来的或导致地方性流行的、并列入官方控制计划的、实验室释放有中等危险的病原微生物。

(4)四类动物病原是外来的或导致地方性流行的、并列入官方控制计划的、实验室释放存在高危险性的病原微生物。

2. 中国的分类

我国农业农村部动物病原的分类，其中一类病原微生物危害最大，依此类推，四类最小。

(1)一类动物病原微生物：是指能够引起人类或动物非常严重疾病的微生物，以及我国尚未发现或者已经宣布消灭的微生物。包括口蹄疫病毒、高致病性禽流感病毒、猪水泡病病毒、非洲猪瘟病毒、非洲马瘟病毒、牛瘟病毒、小反刍兽瘟病毒、牛传染性胸膜肺炎丝状支原体、牛海绵状脑病病原、痒病病原等。

(2)二类动物病原微生物：是指能够引起人类或者动物严重疾病，比较容易直接或者间接在人与人、动物与人、动物与动物间传播的微生物。包括猪瘟病毒、鸡新城疫病毒、狂犬病病毒、绵羊痘/山羊痘病毒、蓝舌病病毒、兔出血症病毒、炭疽芽孢杆菌、布鲁氏菌等。

(3)三类动物病原微生物：是指能够引起人类或者动物疾病，但一般情况下对人、动物或者环境不构成严重危害，传播风险有限，实验室感染后很少引起严重疾病，并且具备有效治疗和预防措施的微生物。包含多种动物共患病、牛病、羊病、猪病、马病、禽病、兔病、水生动物疾病、蜜蜂病及其他动物疾病的病原微生物。

(4)四类动物病原微生物:是指危险性小、低致病力、实验室感染机会少的兽用生物制品、疫苗生产用的各种弱毒病原微生物以及不属于第一、二、三类的各种低毒力病原微生物。

三、微生物与人和动植物的关系

绝大多数微生物对人类、动物、植物的生存是有益而必需的,是人类取之不尽、用之不竭的自然资源。也有一小部分病原微生物能引起人类和动植物病害,尤其是能引起人和动物的传染病,但人类也可利用其有利的方面。

1.微生物与自然界的物质循环转化

微生物在自然界碳素、氮素和磷等循环转化中起主要作用,维持土壤肥力,使植物生长、结果,供给人类粮食和动物饲料,动物又供给人类食品。动植物的死亡残体,又主要靠微生物分解、转化和反复循环。某些微生物能引起动植物病害,但动植物病原微生物也可被用来制作防治动植物疾病的生物制剂。

2.微生物与人类食品、动物饲料

微生物在制造人类食品(如酒类、酱醋、面包、干酪)和动物饲料(如青贮饲料、单细胞蛋白饲料)方面起着重要作用。但也有些微生物可使食品或饲料发生腐败、酸败或霉变,有些微生物产生毒素引起人和动物中毒。

3.微生物与医药

利用微生物制备各种微生态制剂,可治疗人类或动物因正常菌群失调而患病的机体。有些微生物可引起人和动物的传染病,但另有一些微生物产生抗生素治疗传染病。很多病原微生物或其有毒产物,也常被用于研制疫苗、诊断液、免疫血清等生物制剂,用于传染病的预防、诊断和治疗。

4.微生物与科学研究

微生物生长繁殖迅速,在生命活动中产生许多重要物质,如抗生素、色素、维生素、丙酸等,传统的微生物发酵工程研制大量的工业、食品和医药产品。现代遗传工程广泛利用微生物,进行基因克隆、表达,研制各种基因工程疫苗、药用多肽等。微生物结构简单,操作方便,也被用作生物模式,进行生化和基因组学的基础研究。

四、微生物学发展史上重要的人和事

1.微生物学先驱——列文虎克发明显微镜

微生物学的先驱荷兰人安东尼·冯·列文虎克(Anthonie Van Leeuwenhoek,1632—1723)1676 年发明了显微镜并首次观察到细菌个体。他没有上过大学,是一个只会荷兰语的小商人,但却在 1680 年被选为英国皇家学会的会员。

视频 1.2 微生物学的建立

2.微生物学之父——巴斯德的曲(弯)颈瓶试验

1861 年法国的路易斯·巴斯德(Louis Pasteur,1822—1895)根据曲(弯)颈瓶试验彻底否定了生命的自然发生说;发现并证实发酵是由微生物引起的,提出了初步的发酵理论;创立了巴氏消毒法;发明并使用了狂犬病疫苗、禽霍乱菌苗、炭疽芽孢苗等。

3.近代微生物学奠基人——柯赫的柯赫原(法)则

德国的柯赫(Robert Koch,1843—1910)主要贡献是设计了各种培养基,建立了细菌纯培养的方法;发明了流动蒸汽灭菌法;创立了染色观察和显微摄影技术;分离到炭疽杆菌、结核分枝杆菌、链球菌和霍乱弧菌等病原菌;提出了证明某种微生物是否为某种疾病病原体的基本原则——柯赫原(法)则。

4.俄国科学家伊凡诺夫斯基首次发现病毒

1892 年,俄国科学家迪米特里·伊奥尔斯沃维奇·伊凡诺夫斯基(Dmitri Iosifovich Ivanovsky,1864—1920)首次发现了烟草花叶病毒,从而创立了传染病的病毒学说。

5.英国科学家弗莱明发现青霉素

1928 年,英国科学家亚历山大·弗莱明(Alexander Fleming,1881—1955)发现青霉菌落周围出现抑制葡萄球菌生长的现象,从青霉菌落周围培养基中分离到能抑制葡萄球菌生长繁殖的物质——青霉素。

6.免疫学理论的诞生

在免疫理论方面,德国化学家欧立希(Paul Ehrlich,1854—1915)提出了体液免疫学说,俄国微生物学家梅契尼科夫(Elie Metchni-koff,1845—1916)提出了细胞免疫学说,虽然两派学说长期争持不下,但却促进了免疫学的发展。现在看来,体液免疫和细胞免疫在机体免疫上均有重要意义,两种作用是相辅相成的。

7.微生物生化研究的开创

1897 年生物化学奠基人德国人布赫纳(E. Buchner)等发现了乙醇发酵,把酵母菌的生命活动和酶化学联系起来,开创了微生物生化研究的新时代,出现了摇瓶培养技术、深层发酵工艺、连续培养等微生物工业化培养技术。1910 年,欧立希合成治疗梅毒的砷凡纳明,接着又合成新砷凡纳明,开创了微生物疾病的化学治疗途径。1929 年,英国微生物学家弗莱明发现了青霉素,开创了用抗生素治疗疾病的新纪元。青霉素的发现和应用极大地鼓舞了微生物学家,随后链霉素、氯霉素、金霉素、土霉素、四环素、红霉素等抗生素不断被发现并广泛应用于临床。

8.DNA 结构的双螺旋模型

从 1953 年沃森(Watson)和克里克(Crick)在英国的《自然》杂志上发表关于 DNA 结构的双螺旋模型起,整个生命科学就进入了分子生物学研究的新阶段。随着电子显微镜、色谱仪、同位素示踪原子、电子计算机、免疫标记、单克隆抗体技术、核磁共振仪、分子生物学技术等新技术的应用,以及生物化学、遗传学、细胞生物学、分子生物学等学科的发展,人们得以从分子水平上探讨病原微生物的基因结构与功能、致病的物质基础及诊断方法,使人们对病原微生物的活动规律有了更深刻的认识。

9.现代微生物研究的发展

组织移植、免疫耐受的研究,使免疫成为一门研究机体自我识别和对抗原性异物排斥反应的科学。免疫学研究更加深入，如阐明了免疫活性细胞在免疫调节中的作用；发现了许多具有重要功能的细胞表面分子，并对多种细胞因子及其受体的基因和功能进行了广泛深入的研究；而免疫系统的起源与演化、免疫应答过程中信号传导的分子基础以及免疫分子在机体整体中的作用正是当代免疫学研究的主要内容。这些成就得益于免疫标记、单克隆抗体、聚合酶链反应、生物芯片、基因敲除及小鼠转基因等高新免疫技术的应用。

五、学习动物微生物的目的和方法

学习动物微生物的目的在于了解病原微生物的生物学特性与致病性；认识动物对病原微生物的免疫作用，感染与免疫的相互关系及其规律；了解动物传染病的实验室诊断方法及预防原则。掌握了动物微生物的基本知识和基本技术，为学习兽医基础、兽医临床、兽医卫生检验等课程奠定基础；有利于将微生物和免疫学技术用于生产实践，并有效地控制和消灭有害的微生物。

学习动物微生物应以病原微生物的致病性为核心，将各部分内容有机联系，有助理解和记忆种类庞杂的各种病原微生物，切忌死记硬背。动物微生物是实践性很强的技术课程，并和临床有密切联系。在学习过程中必须贯彻理论联系实际的原则，既重视理论，又重视基本技能的训练，使理论与实践密切地结合起来，学会用所学的微生物及免疫知识和技术解决生产实践问题。

【经典考题】

一、名词解释

微生物　病原微生物　原核细胞型微生物　真核细胞型微生物　非细胞型微生物　机会致病微生物　条件致病微生物

二、单项选择题

1. 属于微生物特点的是(　　)。

A. 个体较大，肉眼可直接观察其个体　　B. 个体微小，需借助显微镜观察其个体
C. 个体适中，肉眼可直接观察其个体　　D. 个体微小，需借助放大镜观察其个体

2. 首次用显微镜看到细菌和原生动物的科学家是荷兰人(　　)。

A. Anthonie Van Leeuwenhoek　　B. Louis Pasteur
C. Robert Koch　　D. Paul Ehrlich

3. 法国学者巴斯德首次揭示灭菌肉汤腐败变质是由微生物引起的试验是(　　)。

A. 糖分解试验　　B. 弯颈瓶试验
C. IMViC 试验　　D. H_2S 试验

4. 衣原体属于(　　)。

A. 原核型微生物　　B. 真核型微生物
C. 非细胞型微生物　　D. 植物

5. 下列微生物中，属于非细胞型微生物的是(　　)。

A. 细菌　　B. 霉菌　　C. 酵母　　D. 病毒

6. 观察细菌的大小、形态、结构必须借助各种(　　)。

A. 放大镜　　B. 平面镜　　C. 显微镜　　D. 望远镜

7. 1892 年，俄国科学家伊凡诺夫斯基首次发现的病毒是(　　)。

A. 狂犬病病毒　　B. 烟草花叶病毒　　C. 天花病毒　　D. 口蹄疫病毒

8. 有关微生物的描述正确的是(　　)。

A. 体形小于 1 mm 的小生物　　B. 单细胞的小生物

C. 不具备细胞结构的小生物　　D. 需借助光镜或电镜才能观察到的小生物

9. 显微镜的发明人是(　　)。

A. Anthonie Van Leeuwenhoek　　B. M. Knoll E. Ruska

C. Joseph Lister　　D. Edward Jenner

10. 微生物是最小生物的总称，但不包括(　　)。

A. 螺旋体　　B. 立克次体　　C. 衣原体　　D. 原虫

三、简答题

1. 微生物有哪些特点？

2. 微生物可分为哪 3 种类型？

3. 简述法国人巴斯德(Louis Pasteur)在微生物学发展上的主要贡献。

4. 简述德国人柯赫(Robert Koch)在微生物发展史上的主要贡献。

5. 简述微生物与人和动植物之间的相互关系。

项目二　生物安全和微生物实验技术

【学习目标】

1. 掌握生物安全的概念和等级，熟悉微生物实验室安全基本要求，学会微生物实验中意外事件的预防和处理方法。

2. 学会玻璃器皿、橡胶制品及金属用具的准备、洗涤、灭菌、干燥和保管方法。

3. 学会使用和维护普通光学显微镜、高压灭菌器、恒温培养箱、干热灭菌箱、冰箱、离心机、净化工作台等常用器械和设备。

4. 学会配制微生物实验常用染色液、缓冲剂、清洁液(洗涤液)和消毒液。

一、生物安全定义

(一)生物危害及其防御

现代生物技术的发展已经可以使动物、植物、微生物甚至人的基因进行相互转移，转基因生物已经突破了传统的界、门的概念，具有普通物种不具备的优势特征，若释放到环境中，则会改变物种间的竞争关系，破坏原有自然生态平衡，导致生物多样性的丧失。据研究和监测表明，转基因生物可能对生物多样性、生态环境和人体健康产生一定的负面影响。除转基因生物具有的潜在危害外，病原微生物给人和动物带来的生物危害也已越来越严重。2003 年流行的严重急性呼吸综合征(SARS 病毒感染)向人类敲响了生物危害的警钟，SARS 给人的健康和生命安全带来严重的威胁，集中暴露了长期忽视公共卫生问题带来的危害。

生物危害时刻都会出现在我们的身边。

第一，传染病流行的危害日益严重，已成为全球死亡病因之首。近 20 年来全球新发传染病 30 多种，而且多数是病毒病，一些从前在我国不存在的传染病通过人群流动或非常规方式传入。通过变异，原有的病原体获得了更高的抗药毒性，给传染病的预防、治疗和控制带来很大的危害。

第二，生物恐怖已构成现实威胁。在“9・11”事件后，美国收到的炭疽邮件引起了美国乃至全球的恐慌。由于生物恐怖袭击具有很大的隐蔽性和欺骗性，在潜伏期难以发现，因而更难防范和控制。

第三，生物意外事故随时可能发生。由于科研、教学及民用生产等需要，许多单位拥有和使用各种微生物菌种，如不加以特殊防护，生物意外事故随时可能发生。SARS 发生后，全球共出现了 3 起 SARS 病毒的实验室泄漏事件。因此，提高对生物安全的认识，完善我国应对生物危害的机制，加强应急反应能力刻不容缓。

国际上针对生物危害的防御已采取了大量的工作，总体发展趋势如下：

第一，将生物危害防御纳入国家安全战略和国防教育。美国、英国、意大利、日本、韩国、捷克等国家相继组建了国家分级管理的生物危害防御体系。

第二，将大量高新技术应用于生物危害防御和应急反应中。应用远距离、大范围的侦察报警（2.5～40 km）装置和各种侦察报警车，加之适用不同场合和用途的快速检测技术、试剂和仪器设备，已能做到在 15 min 内现场完成 8～12 种生物制剂的检测。

第三，注重相关信息支持系统和实用技术平台的建立。由于生物危害防护涉及微生物学、免疫学、分子生物学、生物信息学、流行病学、传染病学等多个学科，以及计算机、信息、通信、传感器等多项技术，所以各国均以建立多学科技术集成的平台和体系，作为保证其在该领域处于领先水平的前提。

第四，加强基础设施建设，保持防御生物危害研究持续发展。生物危害特别是生物恐怖病原均属烈性传染病病原体，其操作需要高等级生物安全实验室。因此，拥有合适数量的高等级生物安全实验室是生物危害防御和应急处置的必备条件。

(二)生物安全的定义与相关术语

生物安全是针对病原微生物或具有潜在危害的重组 DNA 等生物危险直接或间接给人类或动物带来影响或损伤提出的一种概念。

①生物安全(biosafety)：防止发生病原微生物或毒素无意中及意外释放的防护原则、技术及实践。

②实验室生物安全保障(laboratory biosecurity)：单位或个人为防止病原体或毒素丢失、被窃、滥用、转移或有意释放而采取的安全措施。

③生物安全水平(biosafety level)：是在过去物理防护基础上赋予现代新技术的防护水平，是度量生物安全的等级。目前分为四级，即 BSL-1(P1)、BSL-2 (P2)、BSL-3 (P3)和 BSL-4 (P4)，其中 BSL-4 (P4)等级最高，也最安全。

④生物因子(biological agents)：一切微生物和生物活性物质。

⑤外来病(exotic diseases)：在国外存在或流行的，但在国内尚未证实存在或已消灭的动物疫病。

⑥危害废弃物(hazardous waste)：有潜在生物危险、可燃、易燃、腐蚀、有毒、放射和起破坏作用的对人及环境有害的一切废弃物。

⑦气溶胶(aerosols):悬浮于气体介质中的固态或液态微小粒子(粒径一般为 0.001～100 μm)形成的相对稳定的分散体系。

⑧气锁(air lock):气压可调节的气密室,用于连接气压不同的两个相邻区域,其两个门具有互锁功能,不能同时处于开启状态。在实验室中用作特殊通道。

二、生物安全实验室水平及要求

依据生物安全水平及从事的病原微生物的危害程度,目前国际公认的微生物实验室分为生物安全(biosafety level,BSL)1～4 级,其中 BSL-1 最低、BSL-4 最高。BSL-1～BSL-4 实验室俗称 P1～P4 实验室。BSL-1 和 BSL-2 实验室为基础实验室,BSL-3 实验室为防护实验室,BSL-4 实验室为最高防护实验室。

(一)生物安全实验室 1 级(BSL-1 或 P1 实验室)

1 级生物安全实验室是可从事已知不会对健康成人造成危害,但对实验室工作人员和环境可能有微弱危害、有明确特征的微生物实验工作。1 级生物安全实验室与建筑物的一般通道不隔开,在实验台上操作,不要求使用或经常使用专用封闭设备。

1. BSL-1 实验室生物安全设备(1 级屏障)

应穿戴实验服或实验袍,防止衣服被污染或弄脏;如手部皮肤或起疹时应戴上手套;操作过程中遇到可能有微生物或其他有害物质飞溅出来时,应佩戴保护性眼罩。在开放的实验台面上即可开展工作。

2. BSL-1 实验室生物安全设施(1 级屏障)

实验室应有控制进入的门,并应配备一个洗手池;实验室的设计应便于清洁,不铺地毯和垫子;工作台面不漏水、耐酸碱和中等热度、抗化学物质的腐蚀;实验室器具安放稳妥,器具之间的间距应便于清扫;如实验室有向外开放的窗户,应安装防蚊蝇的纱窗。

(二)生物安全实验室 2 级(BSL-2 或 P2 实验室)

与 BSL-1 相似,适用于那些对人及环境有中度可能危害的微生物实验工作。其不同点在于工作人员要经过操作病原因子的专门培训,并由能胜任的专业人员进行指导和管理;工作时限制外人进入实验室;某些产生传染性气溶胶或溅出物的工作要在生物安全柜或其他封闭设备内进行;对污染的锐器采取高度防护措施。凡从事微生物基因的操作,均需在 BSL-2 实验室进行。

1. BSL-2 实验室生物安全设备(2 级屏障)

应穿戴实验室专用的防护服或防护袍,离开实验室到非实验区域时要脱下防护服并留在实验室。当手接触具有潜在感染性物质、污染的表面或设备时应戴上手套,必要时可以戴两副手套。操作感染性物质后应取下手套并加以处理。处理后的手套不能再进行冲洗、使用或接触“干净”的表面(如键盘、电话等),尤其不能在实验室外使用。离心、研磨、剧烈振荡或混匀、超声破碎、打开装有感染性物质的容器、动物的鼻腔内接种、从动物或胚胎中收集感染性组织等操作均可能产生感染性气溶胶或飞溅物,应在二级生物安全柜内进行。当必须在生物安全柜外操作感染性微生物时,要佩戴面目防护装置,如面罩、面具、护目镜等,以防止感染性物质或有害物质飞溅到脸上。

2. BSL-2 实验室生物安全设施(2 级屏障)

实验室无须隔离，但新建实验室的选址要远离公共场所。实验室房间必须有可锁住的门，并在靠近实验室的位置配备高压灭菌器或清除污染的工具。要有洗手和洗眼装置。生物安全柜要放在远离走动比较频繁的实验室区域、门户以及其他具潜在破坏性的设备处，以维持生物安全柜的气流参数。实验室虽然不需要特殊的通风换气，但应配有机械通风换气系统，用于提供不需要循环到实验室外的内向气流。

(三)生物安全实验室 3 级(BSL-3 或 P3 实验室)

三级生物安全水平的防护实验室是为处理危险度三级微生物和大容量或高浓度的、具有高度气溶胶扩散危险的危险度二级微生物的工作而设计的。三级生物安全实验室应在国家或有关卫生主管部门登记或列入名单。

1. BSL-3 实验室生物安全设备(3 级屏障)

BSL-3 实验室选择设备的原则与 BSL-2 实验室一样，但所有和感染性物质有关的操作均需在生物安全柜或基本防护设施中进行。有些离心机或设备(如用于感染性细胞的分选仪器)可能需要在局部另外安装带有 HEPA 过滤器的排风系统以达到有效的防护效果。实验室必须配备防护性实验服如前面密合或全套式实验袍、可擦洗式实验服或全封闭式实验服、乳胶手套、防护装置(如呼吸机、面罩等)和物理防护装置(如安全离心杯或封闭式转子)。防护性实验服不能在实验室外穿戴。

2. BSL-3 实验室的设计和设施(3 级屏障)

在 BSL-1 和 BSL-2 水平的设计和设施基础上，BSL-3 实验室的设计还应达到以下要求。

(1)建筑结构和平面布局　实验室与同一建筑内的自由活动区域应分隔开，具体措施为可将实验室置于走廊的盲端，或设隔离区和隔离门，或经缓冲间(即双门通过间或二级生物安全水平的基础实验室)进入。缓冲间是一个在实验室和邻近空间保持压差的专门区域，其中应设有分别放置洁净衣服和脏衣服的设施，而且也可能需要有淋浴设施，实验室由清洁区(包括登记处、BSL-3 控制室及第一更衣室)、半污染区(包括准备间、第二更衣室及相应的缓冲间及物品紫外线照射消毒区)和污染区(包括 BSL-3 生物安全柜、离心机、动物饲养室、动物解剖室等)组成，污染区和半污染区间设缓冲间、传递窗，传递窗内设物理消毒装置，半污染区设紧急撤离使用的安全门。缓冲间的门可自动关闭且互锁，以确保某一时间只有一扇门是开着的。应当配备能击碎的面板供紧急撤离时使用。实验室应有安全通道和紧急出口，并有明显标识。

(2)密闭性和内表面　实验室的墙面、地面和天花板必须防水、耐腐蚀，并易于清洁。所有表面的开口(如管道通过处)必须密封以便于清除房间污染。需建造空气管道通风系统以进行气体消毒。窗户应关闭、密封、防碎。一切设施、设备外表无毛刺、无锐利棱角。

(3)消毒灭菌设施　必须安装双扉式高压蒸汽灭菌器，安装在半污染区与洗刷室之间。灭菌器的两个门应互为连锁，灭菌器应满足生物安全灭菌的要求。污染区、半污染区的房间或传递窗内可安装紫外灯。室内应配备人工或自动消毒器具(如消毒喷雾器、臭氧消毒器)并备有足够的消毒剂。实验室的紫外灯使用满 500 h 必须进行消毒效能测试，以后每 100 h 测试一次，发现不合格者立即更换。

(4)空气净化　必须建立可使空气定向流动的可控通风系统。气流方向始终保证由清洁区流向污染区，由低污染区流向高污染区。供气需经高效空气过滤器（HEPA）过滤，排出的气体必须经过少两级 HEPA 过滤排放，不允许在任何区域循环使用。所有的 HEPA 过滤器必须以可以进行气体消毒和检测的方式。生物安全柜的安装位置应远离人员活动区，且避开门和通风系统内交叉区。

（5）水的净化处理　供水管必须安装防逆流装置。真空管道应采用装有液体消毒剂的防气阈和 HEPA 过滤器进行保护。不外排的所有废水均须收集并高压处理。洁净区域的下水可直接排入公共下水道。

（6）污染物和废弃物处理　感染性废弃物要放在专用的防止污染扩散或可消毒的容器里，以便消毒或高压灭菌处理。

（7）清洁　在每个出口附近安装不需用手控制的洗手池。

（8）电力供应　有可靠和充分的电力供应及紧急照明、备用的发电机以供应必要的设备，如空调系统、警铃、灯光、进出控制和生物安全设备的工作。

（9）通信　实验室内外应有适合的通信联系设施（电话、传真、计算机等），进行无纸化操作。

（10）实验室监控系统　应对实验室各种状态及设施全面设置监控报警点，构成完善的实验室安全报警系统。

（四）生物安全实验室 4 级（BSL-4 或 P4 实验室）

四级生物安全水平的最高防护实验室是为进行与危险度四级微生物相关的工作而设计的。BSL-4 针对的兽医微生物，除 BSL-3 涉及的病原外，还包括一部分外来病毒（如裂谷热病毒、尼帕病毒、埃博拉病毒）的病原。

BSL-4 实验室有安全柜型实验室和防护服型实验室两种模式。安全柜型实验室内所有病原体的处理均在三级生物安全柜内进行；防护服型实验室内的实验人员着防护服。BSL-4 实验室可以采取任一种模式或将两者联合应用。假如联合应用，应遵守各自的所有规定。

1. BSL-4 实验室安全设备（4 级屏障）

实验室的工作区内，所有的操作均限于在三级生物安全柜内进行，或在二级生物安全柜内并辅以一套正压供气防护服。BSL-4 实验室具有特殊的工程和设计特色，以防止微生物扩散至环境中。

2. BSL-4 实验室的设施（4 级屏障）

在 BSL-3 的基础上，BSL-4 实验室还应为单独建筑或隔离的独立区域，有供气系统、排气系统、真空系统及消毒系统。

（1）基本防护　必须配备由下列之一或几种组合而成的、有效的基本防护系统。

①三级生物安全柜型实验室。在进入有三级生物安全柜的房间前，要先通过至少有两道门的通道。在该类实验室结构中，由三级生物安全柜来提供基本防护。实验室必须配备带有内外更衣间的个人淋浴室。对于不能从更衣室携带进出安全柜型实验室的材料、物品，应通过双门结构的高压灭菌器或熏蒸室送入，只有在外门安全锁闭后，实验室内的工作人员才可以打开内门取出物品。高压灭菌器或熏蒸室的门采用互锁结构，除非高压灭菌器运行了一个灭菌循环，或已清除熏蒸室的污染，否则外门不能打开。

②防护服型实验室。自带呼吸设备的防护服型实验室在设计和设施上与配备三级生物安

全柜的四级生物安全水平实验室有明显不同。防护服型实验室的房间布局设计成人员可以由更衣室和清洁区直接进入操作感染性物质的区域。它必须配备清除防护服污染的淋浴室，以供人员离开实验室时使用。另外，还需配备有内外更衣室的独立的个人淋浴室。进入实验室的人员需穿着一套正压的、供气经 HEPA 过滤的连身防护服。防护服的空气必须由双倍用气量的独立气源系统供给，以备紧急情况下使用。人员通过装有密封门的气锁室进入防护服型实验室。同时必须为防护服型实验室内工作的人员安装适当的报警系统，以备发生机械系统或空气供给故障时使用。

(2)进入控制 四级生物安全水平的最高防护实验室位于独立的建筑内，或是在一个安全可靠的建筑中明确划分出的区域内。人员或物品的进出必须经过气锁室。在人员进入时，需更换全部衣服，而离开时，在穿上自己的日常服装前应淋浴。

(3)通风系统控制 设施内应保持负压。供风和排风均需经 HEPA 过滤。三级生物安全柜型实验室和防护服型实验室的通风系统有显著差异。

①三级生物安全柜型实验室。通入三级生物安全柜的气体可以来自室内，并经过安装在生物安全柜上的 HEPA 过滤器，或者由供风系统直接提供。从三级生物安全柜内排出的气体在排到室外前需经两个 HEPA 过滤器过滤。在工作中，安全柜内相对于周围环境应始终保持负压。应为安全柜型实验室安装专用的直排式通风系统。

②防护服型实验室。需要配备专用的房间安装供风和排风系统。通风系统中的供风和排风应相互平衡，以在实验室内产生由最小危险区流向最大潜在危险区的定向气流，因此，应配备更强的排风扇，以确保设施内始终处于负压。必须监测防护服型实验室内部不同区域之间及实验室与毗连区域间的压力差。必须监测通风系统中供风和排风系统的气流，同时安装适宜的控制系统，以防止防护服型实验室压力上升。供风经 HEPA 过滤后输送至防护服型实验室，用于清除污染的浴室以及用于清除污染的气锁室或传递室内。防护服型实验室的排风必须通过两个串联的 HEPA 过滤器过滤后释放至室外，或者在经过两个 HEPA 过滤器过滤后循环使用，但仅限于防护服型实验室内。如果选择在防护服型实验室内循环使用空气，那么在操作中要极度谨慎，必须要考虑所进行研究的类型、在防护服型实验室中所使用的仪器、化学品及材料以及研究中所使用动物的种类。所有的 HEPA 过滤器必须每年进行检查、认证。HEPA 过滤器支架的设计使得过滤器在拆除前可以原地清除污染，也可以将过滤器装入密封的、气密的原装容器中以备随后进行灭菌或焚烧处理。

(4)污水的净化消毒 所有源自防护服型实验室、用于清除污染的传递间、用于清除污染的浴室或三级生物安全柜的污水，在最终排往下水道之前，必须经过净化消毒处理。首选高压灭菌法。污水在排出前，还需将 pH 调至中性。个人淋浴室和卫生间的污水可以不经任何处理直接排到下水道中。

(5)废弃物和用过物品的灭菌 实验室内必须配备双门、传递型高压灭菌器。对于不能进行蒸汽灭菌的仪器、物品，应提供浸泡池、熏蒸室或其他消毒装置进行消毒。

三、普通微生物实验基本要求与意外事件的预防

(一)普通微生物实验基本要求

动物微生物实验室直接接触、处理病原微生物及其提取物如 DNA、毒素等，理所当然涉及生物安全问题。普通实验室生物安全实际具有三层含义：一是防止病原微生物及其他有害生

物或物质传入实验室；二是防止实验室内病原微生物等传出实验室；三是实验室人员的自身安全防护。微生物实验室的安全要点主要包括以下几方面：

1. 严格控制实验室人员的数量和流动

进入微生物实验室人员应具备防范生物危害的知识，人员的数量及流动应控制，禁止无关人员进入。

2. 严格无菌操作，防止病原微生物的污染、散布

(1)实验室中必须穿实验服，当接触或操作危险材料时，须穿戴全套防护服，甚至面罩、防护眼镜等，用后应立即灭菌处理。操作时勿以手指或其他器物等接触口唇、眼、鼻和面部，手和面部有伤口时，应避免危险材料的接触。

(2)使用危险材料应进行无菌操作，盛装危险材料的器皿要牢固，以免操作过程中破裂，造成污染。用过的尸体、内脏、血液以及废弃的培养基、生物制品等，须严格消毒或深埋。用过的棉球、纱布等污物，应放在固定容器中，统一处理，不得随意抛弃。

(3)最重要的防护是工作人员本身，要有良好的卫生习惯，尤其要注意洗手。实验室内禁止饮食、吸烟、涂抹化妆品、戴隐形眼镜、用嘴湿润铅笔及标签等。只有经过严格培训的人员才能处理动物，操作时动物应麻醉或镇静，避免危害人及动物。

(4)接种环(针)用前用后必须于火焰中烧灼灭菌。含有微生物培养物的试管不可平放在桌面上，以防止液体流出。操作危险材料时勿聊天或思考其他问题，以免分散注意力而发生意外。

(5)菌种或种毒不得带出实验室，若要索取，应严格按规章办理。

3. 防火

一切易燃品应远离火源。不可将酒精灯倾向另一酒精灯引火，以免发生爆炸。电炉、电热板、煤油炉、煤气等用完后应立即关灭。如有漏电、漏水、漏煤气等应立即修理。实验室应准备足够的灭火器并定期更换。

4. 节约

(1)使用药品、电、水、试剂、染色剂、镜油、拭镜纸等应节约。

(2)吸管插入试管中时，要轻放到底才松手，以免戳破试管。

(3)平皿一般应倒放，以免拿时皿底掉下摔破。

(4)金属器皿用完消毒后，应立即擦干，防止生锈。

5. 记录与报告

实验前应对本次实验目的、有关内容和操作技术进行预习；实验时在老师指导下进行，并遵守实验程序，均不可潦草应付或不动手；实验时应做好记录，特别是实验内容、方法及结果应详细记录。所用各种试剂、染色剂、培养物、动物等，均需标记明确。要使用经高压消毒或蒸汽消毒的标签，应用深黑色铅笔书写，不可用毛笔、钢笔、圆珠笔书写，以免消毒后模糊不清。

6. 清洁整理

实验台上各物均有一定摆放位置，实验完毕后各组应清洁、整理并消毒实验台，将桌、凳整齐摆回原来的位置，手也须消毒和洗刷干净后方可离开实验室。

(二)意外事件的预防和处理

学生进行微生物实验时必须认真细致，如不小心就有遭遇意外危险的可能，如剖检感染动

物和检验细菌标本时受感染，不慎吸入菌液或腐蚀性毒物，发生烫伤或割伤等。为避免临时慌张，熟悉预防与处理方法实为必要。

1.意外事件的预防

(1)重要设备及精密仪器的使用　如温箱、冰箱(柜)、干燥箱、离心机、高压蒸汽灭菌器、显微镜等应注意保护，使用前应熟悉使用方法及注意事项，并经常检查。如有损坏，立即修理，以免发生危险。

(2)对有毒及传染性物质的操作

①强酸、强碱及活菌液应以移液管、滴定管、注射器、量筒计量，如用吸管吸取时，可将吸管的吸口塞以棉花，或用细软橡皮管(球)套于管端，以免吸取液直接接触吸球。

②研磨病料或接种细菌时，应于接种橱、无菌室或超净工作台中进行。

③使用或反应过程中产生氯、溴、氧化氮、卤化氢等有毒气体或液体的实验，都应该在通风橱内进行，有时也可以用气体吸收装置吸收产生的有毒气体。

④剧毒化学试剂在取用时决不允许直接与手接触，应戴防护目镜和橡皮手套，并注意不让剧毒物质掉到桌面。在操作过程中，经常冲洗双手，仪器用完后，立即洗净。

(3)废品及污物的处理

①细菌污染的废物、检验标本、培养物以及污染的玻璃器皿等，应放入盛有消毒药的桶内过夜，再用高压蒸汽灭菌，或用水煮沸后，再清洗。污染用具(如吸管、玻片等)置于盛有5%苯酚溶液的消毒缸中，消毒后再行洗涤；试管、平皿等需高压灭菌或煮沸灭菌后再行洗涤。

②实验工作服应经常消毒洗涤，实验台(桌)工作后以3%来苏儿或0.2%过氧乙酸湿布擦抹消毒，这对抵抗力较强的病毒作用效果较好。

(4)易燃物品的管理　醚、醇、二甲苯等易燃物品必须远离可能发生燃烧的地方。实验室中应该有防火设备，如灭火器、沙土等。

(5)水、电、门、窗的安全　实验结束后，及时清理实验台，各种器材放回原处或指定地点，摆放整齐，对实验室进行清扫，关好门、窗、水、电和煤气等。工作人员每天离开实验室前必须检查一次水、电、门、窗。闲人不能随便出入实验室，尤其是细菌室和病毒室，下班后需由负责人关锁。

2.意外事件的处理

(1)火险　如遇起火，先切断电源或关闭煤气开关，移走易燃药品，向火源撒沙子或用石棉布覆盖火源。衣服着火可就地靠墙滚转。

(2)烧伤　烧伤时可涂5%鞣酸、2%苦味酸、龙胆紫溶液、风油精等。

(3)创伤　不慎弄伤皮肤，先除尽血污，用蒸馏水洗净，涂以碘酒或红汞，再用纱布包扎。

(4)灼伤

①强酸或其他酸性化学药品所致的灼伤，先以大量清水洗涤，再用5%碳酸氢钠或5%氢氧化铵液洗涤中和。若重伤者经初步处理后，立即送医院。

②强碱或其他碱性化学药品所致的灼伤，先以大量清水洗涤，再用1%硼酸溶液冲洗，最后用水洗。

③石炭酸灼伤以酒精洗涤。

④眼灼伤应以大量清水冲洗，然后，如为碱灼伤用5%硼酸溶液洗涤，如为酸灼伤用5%碳

酸氢钠溶液洗涤，最后再滴入橄榄油或液体石蜡 1～2 滴。

(5)误吸入菌液　误吸入葡萄球菌、链球菌、肺炎球菌等，立即以大量热水漱口，再以 3%过氧化氢或 0.1%高锰酸钾漱口；如吸入其他细菌，除用上述方法处理外，可适当选用抗菌药物防治。

(6)触电　如遇触电事故，首先切断电源，然后在必要时进行人工呼吸，并及时送医院抢救。

【实验操作】

一、常用器械的准备

(一)常用玻璃器皿的准备

1. 常用玻璃器皿的种类与要求

视频 1.3　玻璃器皿的准备与灭菌

(1)试管　用于细菌及血清学试验的试管应较坚厚，以便加塞不致破裂。常用的规格有：①(2～3)mm×65 mm，用于环状沉淀试验；②(11～13) mm×100 mm，用于血清学反应及生化试验等；③15 mm×150 mm，用于分装 5～10 mL 的培养基及菌种传代等；④25 mm×200 mm，用于特殊试验或装灭菌滴管等。

(2)三角烧瓶　底大口小，放置平稳，便于加塞，多用于盛培养基、配制溶液等。常用的规格有 50 mL、100 mL、150 mL、250 mL、500 mL、1 000 mL、2 000 mL、3 000 mL、5 000 mL 等。

(3)培养皿　为硬质玻璃双碟，常用于细菌分离培养。盖与底的大小应合适。盖的高度较底稍低，底部平面应特别平整。常用的规格(以皿盖直径计)有：90 mm，75 mm，60 mm 等。

(4)吸管　用于吸取少量液体。常用的吸管有两种：一种为无刻度的毛细吸管；另一种为有刻度吸管(移液管)。管壁有精细的刻度。一般长为 25 cm。常用的容量为 0.2 mL、0.5 mL、1.0 mL、2.0 mL、5.0 mL 及 10 mL。

(5)量筒、量杯　用于液体的测量。常用规格为：10 mL、20 mL、25 mL、50 mL、100 mL、200 mL、500 mL、1 000 mL 及 2 000 mL。

(6)烧杯　常用的规格 50～3 000 mL 容量，供盛液体或煮沸用。

(7)载玻片及盖玻片　载玻片供制作涂片用，常用的规格为 75 mm×25 mm，厚度为 1～2 mm。另有凹玻片可供制作悬滴标本及做血清学试验用。盖玻片为极薄的玻片，用于标本封闭及悬滴标本等。有圆形的，直径 18 mm；方形的 18 mm×18 mm 或 22 mm×22 mm；长方形的 22 mm×36 mm 等数种。

(8)离心管　常用规格有 10 mL、15 mL、100 mL 及 250 mL 等数种，供分离沉淀用。

(9)试剂瓶　有磨砂口，有盖，分广口和小口两种，容量自 30～1 000 mL 不等，视需要量选择使用。分棕色、无色两种，为贮藏药品和试剂用，凡避光等药品试剂均宜用棕色瓶。

(10)玻璃缸　缸内常颈置石炭酸或来苏儿等清毒剂，以备放置用过的破片、吸管等。

(11)染色缸　有方形和圆形两种，可放载玻片 6～10 片，供细菌、血液及组织切片标本染色用。

(12)滴瓶　有橡皮帽式管滴和玻塞式,分白色和棕色,容量有 30 mL 和 60 mL 等,供贮存试剂及染色液用。

(13)漏斗　分短颈和长颈式两种。漏斗直径大小不等,视需要而定。分装溶液或上垫滤纸或纱布、棉花作为过滤杂质用。

(14)注射器　有 0.25 mL、0.5 mL、1 mL、2 mL、5 mL、10 mL、20 mL、50 mL 和 100 mL 等。供接种试验动物和采血用。

(15)下口瓶　有龙头和无龙头两种。容量有 2 500～20 000 mL 不等。存放蒸馏水或常用消毒药液,也可做细菌涂片染色时冲洗染液用。

(16)毛细管　取直径 5 mm,长约 10 cm 的中性硬质玻璃管,两端各塞以棉花,包扎灭菌后两手持管的两端,将其中段置于喷灯上烧灼,待其赤热熔化时,即离开火焰,向两端抽长,即成毛细管。

此外,还有发酵管、玻璃棒、酒精灯、玻璃珠以及蒸馏水瓶等玻璃器材。

2.一般玻璃器皿的准备

(1)使用后玻璃器皿的消毒处理与洗涤

①一般使用过的器皿(如配制溶液、试剂及制造培养基等)可于用后立即用清水冲净。凡沾有油污者,可用肥皂水煮半小时后趁热刷洗,再用清水冲洗干净,最后用蒸馏水冲洗 2～3 次,晾干。

②吸管、载玻片等用后浸泡于 5%碳酸钠、2%～3%来苏儿或 0.1%升汞中 2 d。浸泡吸管的玻璃缸底部应垫以棉花,以防投入吸管时管尖破裂。

③盛有固体培养基(如琼脂)或沾有油脂(如液体石蜡或凡士林等)的玻璃器皿,应于消毒后,趁热将内容物倒净,用洗衣粉浸泡清洗干净,倒立使之干燥。

④细菌培养用过的试管、平皿等,需高压蒸汽灭菌后趁热倒去内容物,立即用热肥皂水刷去污物,然后用清水冲洗,最后用蒸馏水冲洗 2～3 次,晾干或烘干。

⑤对污染有病原微生物的玻璃器皿,洗涤前必须消毒或灭菌。

(2)新购入玻璃器皿的处理与洗涤　新购玻璃器皿常附有游离碱质,不能直接使用,应先在 1%～2%盐酸溶液中浸泡数小时,以中和其碱质,然后再用肥皂水及清水刷洗干净,以除去残留的酸质。

(3)云雾状玻璃器皿的处理与洗涤　凡玻璃器皿上有云雾状而不能用普通方法清洗干净,可选用清洁液处理。将有云雾状的玻璃器皿浸泡于清洁液中 24 h,然后取出用清水冲洗。若仍洗不干净者弃之。清洁液可重复应用多次,直至其颜色变为蓝绿色或黑色为止。

(4)玻片、盖玻片、注射器的处理与洗涤　用过的载玻片和盖玻片,分别浸泡于 2%来苏儿或 5%石碳酸溶液内消毒 2 d。置于 5%肥皂水或洗衣粉水中煮沸 30 min,用清水冲洗,干燥保存或浸于 95%酒精中备用。注射器和针头放于清洁水中煮沸 30 min 即可,或用一次性注射器。

(5)一般玻璃器皿的干燥　洗净的玻璃器皿通常倒置于干燥架上,令其自然干燥;急用时放入温箱或干燥箱中 60～80 ℃干燥,但温度不宜过高,以防破裂。

(6)一般玻璃器皿的包装

①培养皿　将合适的底盖配对,装入金属盒内或用报纸 5～6 个一摞包成一包。

②试管、三角烧瓶　于开口处塞上大小适合的棉塞或纱布塞(也可用各种型号的软木塞、

胶塞等)，并在棉塞、瓶口之外，包以牛皮纸，用细绳扎紧即可。塞棉塞时注意慢慢旋转棉塞，塞入部分和露出部分的长度大约相等，松紧适宜，以手持棉塞略加摇摆而不从管口脱落为佳。棉塞的制作最好选择纤维较长的棉花，其制法视试管或瓶口大小取适量棉花，分成数层，互相重叠，使其纤维纵横交错，然后折叠卷紧，做成长 4～5 cm 的棉塞。棉塞应慢慢旋转塞入，塞入部分和露出部分的长度大约相等。棉塞的大小、长短、深浅、松紧均须合适，不能过深过紧或过松过浅，以棉塞从试管内易于拔出，以手提棉塞略加摇动，却不致从管口脱落为佳。

③吸管　在洗耳球接触端，加塞棉花少许，松紧要适宜，然后用 3～5 cm 宽的长纸条(旧报纸)，由尖端缠卷包裹，直至包没吸管将纸条合拢；再 10 支包成一束，置金属筒中消毒。

④乳钵、漏斗、烧杯　可用纸张直接包扎或用厚纸包严开口处，再以牛皮纸包扎。

(7)玻璃器皿的灭菌　玻璃器皿洗净、干燥、包装后应进行干热灭菌(160 ℃经 2 h)(硅胶塞不能干热灭菌)或高压蒸汽灭菌(121.3 ℃下，经 20～30 min)。

3.供组织培养用的玻璃器皿及其他器皿的清洗、包装与消毒

(1)清洗　不论新购置的或用过的玻璃器皿，都必须首先浸泡于粗硫酸(有的实验室用清洁液)中过夜(清洁液的配方是：先将 102 g 重铬酸钾与常水 100 mL 混合，加热成饱和溶液，然后按每 35 mL 饱和溶液加粗制浓硫酸 1 000 mL 即成)，次日取出用自来水浸泡 4～6 h 后，再用自来水冲洗 10 次(不得少于 10 次)或用流水冲洗 5 min(清洁液浸泡的应适当延长)；最后蒸馏水冲洗 6 次(双蒸馏水冲洗 3 次即可)，放入温箱中干燥即可包装。

(2)包装　吸管和移液管先在管口塞入普通棉花少许(不得过紧或过松)，用麻纸包扎后，装入玻璃筒灭菌；培养瓶在塞好软木塞后，外面用牛皮纸包扎；平皿分别用牛皮纸包裹；中试管以 4～6 支用方形牛皮纸包裹在一起，进行灭菌。代用的链霉素小瓶，可直接放入铝饭盒内灭菌。

(3)灭菌　包装好的玻璃器皿，均加热灭菌，100 ℃维持 2～3 h。灭菌过的器皿，必须在 1 周内用完，过期应重新灭菌。

(4)翻口橡皮塞的准备　一般经肥皂水煮沸 20 min 后，流水冲洗 10 次，再以蒸馏水冲洗 2 次后，用双蒸馏水浸泡于玻璃缸中备用。使用前煮沸消毒 15 min，也可取出晾干，包装高压灭菌后使用。

4.玻璃器皿的干燥方法

微生物实验经常用到的玻璃器皿应在每次实验完毕之后洗净干燥备用。用于不同实验的玻璃器皿对干燥有不同的要求。应根据不同要求来干燥仪器。

(1)晾干　不急用的器皿可在纯水清洗后，在无尘处倒置晾干水分，然后自然干燥。可用安装有斜木钉的架子和带有透气孔的玻璃柜放置仪器。

(2)烘干　洗净的器皿擦去水分，放在电热干燥箱中进行干燥，干燥箱温度为 105～120 ℃烘 1 h 左右。也可放在红外灯干燥箱中干燥。此法适用于一般仪器。称量用的称量瓶等干燥后要放在干燥箱中冷却和保存。带实心玻璃塞的及厚壁器皿干燥时要注意慢慢升温并且温度不可过高，以免爆裂，量器不可放于干燥箱中干燥。

硬质试管可用酒精灯烘干，要从底部烘起，把试管口向下，以免水珠倒流把试管炸裂，烘到无水珠时，把试管口向上赶净水汽。

(3)热(冷)风吹干　对于急于干燥的仪器或不适合放入烘箱的较大的仪器可用吹干的办

法，通常用少量乙醇、丙酮（或最后再用乙醚）倒入已擦去水分的器皿中，摇洗干净后倒去溶剂（溶剂要回收），然后用电吹风吹，开始用冷风吹 1～2 min，当大部分溶剂挥发后吹入热风至完全干燥，再用冷风吹残余的蒸汽，使其不再冷凝在容器内。此法要求通风好，防止中毒，不可接触明火，以防有机溶剂爆炸。

5. 玻璃器皿的保管

在贮藏室内玻璃器皿要分门别类地存放，以便取用。经常使用的玻璃器皿放在实验柜内，要放置稳妥，高的、大的放在里面，以下提出一些器皿的保管办法。

（1）移液管　洗净后置于防尘的盒中。

（2）滴定管　用后，洗去内装的溶液，洗净后装满纯水，上盖玻璃短试管或塑料套管，也可倒置夹于滴定管架上。

（3）比色皿　用毕洗净后，在瓷盘或塑料盘中下垫滤纸，倒置晾干后装入比色皿盒或清洁的器皿中。

（4）带磨口塞的仪器　容量瓶或比色管最好在洗净前就用橡皮筋或小线绳把塞和管口拴好，以免打破塞子或互相弄混。需长期保存的磨口仪器要在塞间垫一张纸片，以免日久黏住。长期不用的滴定管要除掉凡士林后垫纸，用皮筋拴好活塞保存。

（5）成套仪器　如索氏萃取器、气体分析器等用完要立即洗净，放在专门的纸盒里保存。

总之，对所用的一切玻璃仪器用完后要清洗干净，按要求保管，要养成良好的工作习惯，不要在仪器里遗留油脂、酸液、腐蚀性物质（包括浓碱液）或有毒药品，以免造成后患。

（二）橡胶制品的准备

橡胶制品（如橡皮塞、胶头滴管、洗洁球、橡胶管等）一般经肥皂水煮沸 20 min 后，流水冲洗 10 次，再以蒸馏水冲洗 2 次，最后用双蒸馏水浸泡于玻璃缸中备用。使用前煮沸消毒 15 min，也可取出晾干，包装高压灭菌后使用。

（三）金属用具的准备

刀、剪、镊子等金属用具使用前浸泡在 95% 的酒精内，取出时火焰灭菌，待器械上酒精自行燃烧完毕即可使用（注意：防止烧伤手或燃烧盛有酒精的玻璃缸）。刀、剪、镊子等金属用具使用后，应用肥皂水、清水洗净擦干，防止生锈。器械上如有动物组织碎屑，应先在 5% 石炭酸中洗去碎屑，然后蘸酒精燃烧灭菌。

二、常用仪器的使用

（一）普通光学显微镜的使用和保养

视频 1.4　显微镜的使用与保养

光学显微镜是一种精密的光学仪器。当前使用的显微镜由一套透镜配合，因而可选择不同的放大倍数对物体的细微结构进行放大观察。

1. 光学显微镜的基本结构

（1）光学部分　包括目镜、物镜、聚光器和光源等（图 1.1）。

①目镜　在目镜上方刻有放大倍数，如 10×、20× 等。

②物镜　通常每台显微镜配备一套不同倍数的物镜，包括：低倍镜，指 1×～6×；中倍镜，指

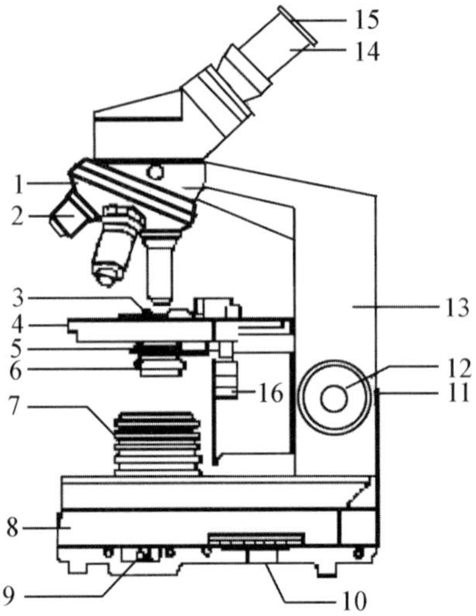

1. 物镜转换器 2. 接物镜 3. 游标卡尺 4. 载物台 5. 聚光器 6. 彩虹光阑 7. 光源 8. 镜座 9. 电源开关 10. 光源滑动变阻器 11. 粗调螺旋 12. 微调螺旋 13. 镜臂 14. 镜筒 15. 目镜 16. 标本移动螺旋

图 1.1 光学显微镜的构造

6×～25×；高倍镜，指 25×～63×；油镜，指 90×～100×。其中油镜使用时需在物镜的下表面和盖玻片的上表面之间填充折射率为 1.5 左右的液体（如香柏油等），它能显著地提高显微观察的分辨率。其他物镜则直接使用。观察过程中物镜的选择一般遵循由低到高的顺序，因为低倍镜的视野大，便于查找待检的具体部位。

显微镜的放大倍数，可粗略视为目镜放大倍数与物镜放大倍数的乘积。

③聚光器 由聚光透镜和虹彩光圈组成，位于载物台下方。聚光透镜的功能是将光线聚焦于视场范围内；透镜组下方的虹彩光圈可开大缩小，以控制聚光器的通光范围，调节光的强度，影响成像的分辨力和反差。使用时应根据观察目的，配合光源强度加以调节，得到最佳成像效果。

④光源 显微镜的光源照明方法分为两种：透射型与反射（落射）型。前者是指光源由下而上通过透明的镜检对象；反射型显微镜则是以物镜上方打光（落射照明）到不透明的物体上。较早的普通光学显微镜借助镜座上的反光镜，将自然光或灯光反射到聚光器透镜的中央作为镜检光源。反光镜由一平面和另一凹面的镜子组成。不用聚光器或光线较强时用凹面镜，凹面镜能起汇聚光线的作用；用聚光器或光较弱时，一般都用平面镜。

新近出产的显微镜一般直接在镜座上安装光源，并有电流调节螺旋，用于调节光照强度。光源类型有卤素灯、钨丝灯、汞灯、荧光灯、金属卤化物灯等。

（2）机械部分 包括镜座、镜柱、镜筒、物镜转换器、载物台、准焦螺旋等（图 1.1）。

①镜座 基座部分，用于支持整台显微镜的平稳。

②镜柱 镜座与镜臂之间的直立短柱，起连接和支持的作用。

③镜臂 显微镜后方的弓形部分，是移动显微镜时握持的部位。有的显微镜在镜臂与镜柱之间有一活动的倾斜关节，可调节镜筒向后倾斜的角度，便于观察。

④镜筒 安装在镜臂先端的圆筒状结构，上连目镜，下连接物镜转换器。显微镜的国际标准筒长为 160 mm，此数字标在物镜的外壳上。

⑤物镜转换器　镜筒下端的可自由旋转的圆盘，用于安装物镜。观察时通过转动转换器来调换不同倍数的物镜。

⑥载物台　镜筒下方的平台，中央有一圆形的通光孔。用于放置载玻片。载物台上装有固定标本的弹簧夹，一侧有推进器，可移动标本的位置。有些推动器上还附有刻度，可直接计算标本移动的距离以及确定标本的位置。

⑦准焦螺旋　装在镜臂或镜柱上的大小两种螺旋，转动时可使镜筒或载物台上下移动，从而调节成像系统的焦距。大的称为粗准焦螺旋，每转动一圈，镜筒升降 10 mm；小的称为细准焦螺旋，转动一圈可使镜筒仅升降 0.1 mm。一般在低倍镜下观察物体时，以粗准焦螺旋迅速调节物像，使之位于视野中。在此基础上，或在使用高倍镜时，用细准焦螺旋微调。必须注意，一般显微镜装有左右两套准焦螺旋，作用相同，但切勿两手同时转动两侧的螺旋，防止因双手力量不均产生扭力，导致螺旋滑丝。

2.普通光学显微镜的基本成像原理

光线（反光镜）→遮光器→通光孔→镜检样品（透明）→物镜的透镜（第一次放大成倒立实像）→镜筒→目镜（再次放大成虚像）→眼。

3.普通光学显微镜的使用方法

（1）镜检前的准备　室内应清洁而干燥，实验台台面水平，稳固无振动，显微镜附近不应放置腐蚀性的试剂。从显微镜柜或镜箱内取出显微镜时，要用右手紧握镜臂，左手托住镜座，平稳地取出，放置在实验台桌面上，置于操作者左前方，距实验台边缘约 10 cm，镜臂朝自己，镜筒朝前。实验台右侧放绘图用具。

（2）调节光源　如需利用外置光源，宜采用散射的自然光或柔和的灯光。直射的太阳光会对观察者的眼睛造成伤害。转动转换器，使低倍镜正对通光孔，将聚光器上的虹彩光圈开到最大，观察目镜中视野亮度，同时调节反光镜角度，使光照达到最明亮、最均匀。自带光源的显微镜，可通过调节电流旋钮来调节光照的强弱。

（3）装置待检标本片　将待观察的样品制作成临时或永久标本片，放在载物台上，用弹簧夹固定，有盖玻片的一面朝上。移动推进器，调节待检样品至通光孔的中心。

（4）低倍镜观察　将低倍镜对准通光孔，缓缓转动粗准焦螺旋，将物镜与装片的距离调至最近。注意不要压碎盖玻片。通过目镜观察，同时用粗准焦螺旋缓慢调节，直至物像出现，再用细准焦螺旋微调，同时调节光源亮度与虹彩光圈的大小，使物像达到最清晰的程度。并利用推进器把需要进一步放大观察的部分移至视野中央。

如果使用双筒目镜，应在观察前先调整双筒距离，使两眼视场合并。

（5）高倍镜观察　转动转换器，选择较高倍数的物镜，用细准焦螺旋调节焦距，到物像清晰为止。

（6）油镜观察　油浸物镜的工作距离（指物镜前透镜的表面到被检物体之间的距离）很短，一般在 0.2 mm 以内，且一般光学显微镜的油浸物镜没有“弹簧装置”，因此使用油浸物镜时，调焦速度必须放慢，避免压碎玻片，并使物镜受损。

①在低倍镜下找到观察目标，中、高倍镜下逐步放大，将待观察部位置于视野中央，调节光源和虹彩光圈，使通过聚光器的光亮达到最大。

②转动粗准焦螺旋，将镜筒上旋（或将载物台下降）约 2 cm，加一小滴香柏油于玻片的镜检

部位上。

③将粗准焦螺旋缓缓转回，同时注意从侧面观察，直至油镜浸入油滴，镜头几乎与标本接触。

④从目镜中观察，用细准焦螺旋微调，直至物像清晰。

⑤镜检结束后，将镜头旋离玻片，立即清洁镜头。一般先用擦镜纸擦去镜头上的香柏油滴。再用擦镜纸蘸少许乙醚-酒精混合液(2∶3)或二甲苯，擦去残留油迹，最后再用干净的擦镜纸擦净(注意向一个方向擦拭)。

(7)还原显微镜　关闭内置光源并拔下电源插头，或使反光镜与聚光器垂直。旋转物镜转换器，使物镜头呈“八”字形位置与通光孔相对。再将镜筒与载物台距离调至最近，降下聚光器。罩上防尘罩，将显微镜放回柜内或镜箱中。

(二)高压灭菌器的使用

目前，使用的高压灭菌器可分为下排气式和预真空式两类，下排气式高压蒸汽灭菌器又包括手提式和卧式两种。

1. 手提式高压灭菌器

手提式高压蒸汽灭菌器(图 1.2)是微生物实验室常用的小型高压蒸汽灭菌器，为下排气式。使用方法是：在灭菌器中盛水 3 000 mL(4 cm 深)；将拟灭菌的物品随同盛装的桶放入灭菌器内；将盖子上的排气软管插于铝桶内壁的方管中；盖好盖子，对称拧紧螺丝，勿使漏气；加热，水沸后 10～15 min，打开排气阀门，放出冷空气，至有连续不断的水蒸气排出时，关闭放气阀门，使压力逐渐上升至所需压力，开始计时，维持到预定时间。灭菌结束后，根据灭菌材料性质的不同，采取不同的放气方式。若是需要干燥的固体物品或废弃物品，应采用快放气的方法，待压力恢复至“0”时，慢慢打开盖子，取出消毒物品。若为液体或密闭容器，则应采用慢放气(间歇放气)或自然冷却的方法，待压力恢复至“0”位时，慢慢打开盖子，取出消毒物品，以防因减压过快造成液体剧烈沸腾而使液体外溢和容器爆裂。

视频 1.5　高压灭菌器的使用

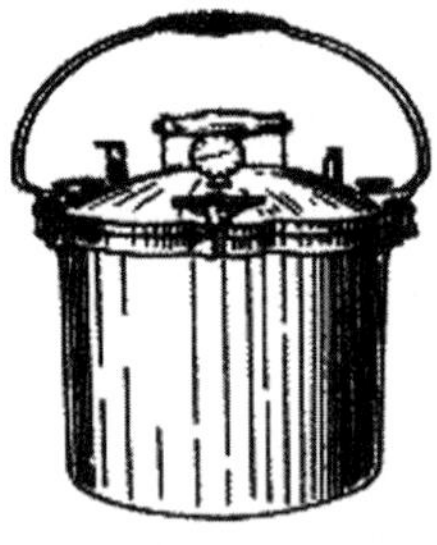

图 1.2　手提式高压蒸汽灭菌器

2. 卧式高压灭菌器

卧式高压蒸汽灭菌器的结构原理同手提式高压蒸汽灭菌器，为下排气式。因其体积大，一次可灭菌大量物品。使用方法可参照手提式高压蒸汽灭菌器。

3. 预真空式高压灭菌器

预真空高压蒸汽灭菌器除有下排气式所具备的灭菌系统、蒸汽输送系统、控制系统、安全系统和仪表监测指示系统外，增加了抽负压系统和空气过滤系统。在通入蒸汽前有一预处理阶段，即柜室内抽负压至 2.6×10^{3} Pa(空气排除约 98%)，机器运转由电脑控制。预真空式高压蒸汽灭菌器温度可达 132～135 ℃，具有灭菌周期快、效率高，完成整个灭菌周期只需 25 min，节省人力、时间和能源；冷空气排除可靠与彻底；对物品的包装、摆放要求较宽，而且真空状态下物品不易氧化损坏。但设备费、维修费高，对柜体密封性要求较高。存在小装量效应，即欲灭菌物品放得过少，灭菌效果反而较差，因此，瓶装液体不用此法灭菌。

4. 注意事项

高压蒸汽灭菌虽然具有灭菌速度快、效果可靠、温度高、穿透力强等优点，但如果使用不正确，也会导致灭菌失败。在使用时，应注意以下几点。

(1)应将高压灭菌器内空气排尽　高压灭菌器内蒸汽的温度不仅和压力有关，而且与蒸汽的饱和度有关。如果高压灭菌器内的空气未排除或未排尽，则蒸汽不能达到饱和，虽然压力表达到了灭菌的压力，而实际上蒸汽的温度并未达到要求的高度，结果导致灭菌失败。高压蒸汽灭菌器内压力和冷空气排出与温度的关系见表 1.2。

表 1.2　高压蒸汽灭菌器内压力和冷空气排出与温度的关系

表　压			排出不同程度冷空气时，高压灭菌器的温度/℃				
lbf/in^2	kg/cm^2	Pa	全排出	排出 2/3	排出 1/2	排出 1/3	未排出
5	0.35	0.034×10^6	109	100	94	90	72
10	0.70	0.069×10^6	115	109	105	100	90
15	1.05	0.1×10^6	121	115	112	109	100
20	1.41	0.14×10^6	126	121	118	115	109
25	1.76	0.17×10^6	130	126	121	118	115
30	2.11	0.21×10^6	135	130	128	126	121

(2)合理放置消毒物品　消毒物品体积不应超过灭菌室容积的 85%。无菌包不宜过大(小于 50 cm×30 cm×30 cm)、过紧，各包裹间要有间隙，使蒸汽能对流易渗透到包裹中央。消毒前，打开贮槽或盒的通气孔，有利于蒸汽流通。而且排气时使蒸汽能迅速排出，以保持物品干燥。消毒灭菌完毕，关闭贮槽或盒的通气孔，以保持物品的无菌状态。

(3)物品要分类放置　分类物品应放在金属类物品上，否则蒸汽遇冷凝聚成水珠，使包布受潮。阻碍蒸汽进入包裹中央，严重影响灭菌效果。

(4)控制加热速度　使用高压蒸汽灭菌时，灭菌时间应从灭菌器内温度达到所需温度时开始计时。各种物品所需的压力、温度及时间见表 1.3。如果加热过快，灭菌器内温度很快达到所需温度，而消毒物品内部达到所需温度还需很长时间，因此，在规定时间内往往达不到灭菌要求，所以必须控制加热速度，使灭菌器内温度逐渐上升。

表 1.3　各种物品灭菌所需的压力、温度及时间

灭菌物品名称	表示压力/Pa	温度/℃	时间/min
橡胶类、药液类	0.1×10^6	121	15～20
金属器械、玻璃类	0.1×10^6	121	20～30
敷料类	0.14×10^6	126	30～45

(5)注意安全操作　每次灭菌前应检查灭菌器是否处于良好的工作状态，尤其是安全阀门是否良好；加热或送气前检查门或盖是否关紧，螺丝是否拧紧；消毒期间，操作人员不得擅自离开，

以防意外发生。

(三)恒温培养箱的使用

恒温培养箱(图 1.3)主要用于细菌培养、维持血清学试验所需的温度等。

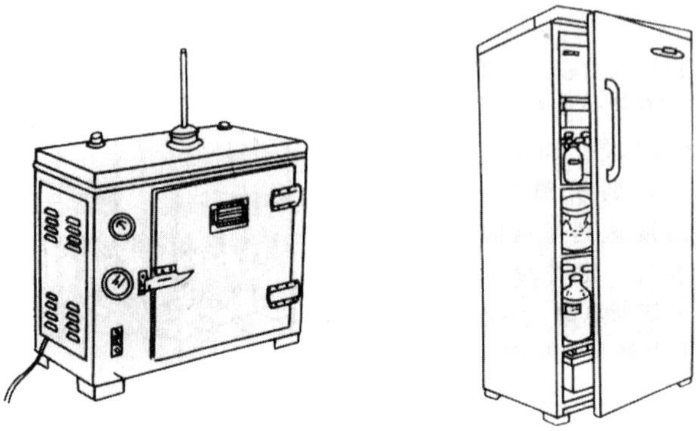

图 1.3　恒温培养箱(左)和普通冰箱(右)

视频 1.6　恒温箱和灭菌箱的使用

1. 操作方法

(1)先检查电源电压,与恒温培养箱所需电压一致时可直接插上电源,如不一致,应使用变压器变压。

(2)打开电源开关,将温度调节器调至所需的培养温度,初次使用时应检查温度调节器是否准确,方法是将温度调节器调至所需的温度后关好箱门,待指示灯显示恒温时观察箱上的温度计,看箱内温度是否与温度调节器所指示的温度一致,如不一致,应重新调整温度调节器。

(3)将培养物放入箱内,关好箱门。

(4)经常观察箱上的温度计,看箱内温度是否与培养温度相符,至设定培养时间后,取出培养物观察。

2. 注意事项

(1)箱内培养物之间应留有一定距离,以免各部分温度不均,带有鼓风机的可打开鼓风机,以便箱内温度均匀一致。

(2)温度调节旋钮所指示的温度有时会与箱内温度不一致,应予以校正。

(3)为了防止培养物内的水分蒸发,应将培养物用盖盖好。

(四)干热灭菌箱的使用

干热灭菌箱(图 1.4)主要用于玻璃器皿等的热空气灭菌。

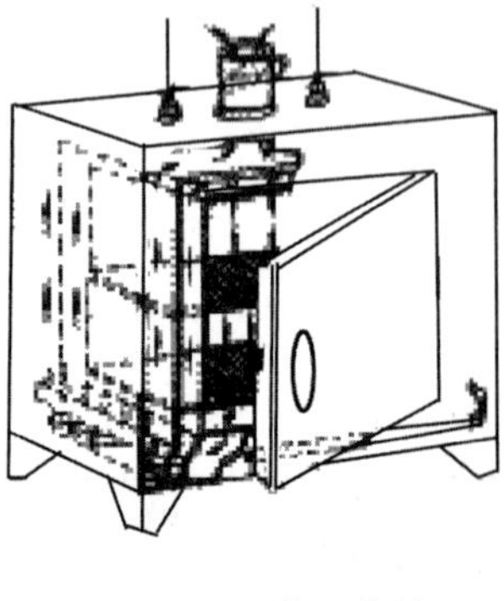

图 1.4　干热灭菌箱

1. 操作方法

(1)检查电源电压,接上电源。

(2)将待灭菌物品放入箱内,关好箱门。

(3)将温度调节器调至所需温度后,打开电源开关,当保温指示灯亮时,表明箱内温度达到了所需温度,维持一定时间后(160 ℃,1～2 h)关闭电源。

2.注意事项

(1)箱内灭菌物品不宜堆放过挤,以利于热空气流动,各部分受热均匀。

(2)灭菌温度不能超过 170 ℃,以免棉塞或包扎纸被烤焦。

(3)灭菌完毕后不能立即打开箱门,必须待箱内温度降至 60 ℃以下时,才能开箱取出物品。

(4)灭菌过程中,如箱内物品着火冒烟,应立即切断电源,关闭排气孔,用湿毛巾堵塞箱门四周,防止空气进入箱内。待火熄灭、温度降至 60 ℃以下后方可开箱取出物品。

(五)普通冰箱和低温冰箱的使用

普通冰箱(图 1.3)和低温冰箱主要用于保存病料、血清、菌种、疫苗等。

1.操作方法

(1)先检查电源电压,再接上电源。

(2)将温度调节器调至所需的温度,普通冰箱一般冷藏室的温度应为 4 ℃,冷冻室的温度为 0 ℃ 以下。低温冰箱调节温度时应将两个白色指针分别调至所需温度的上限和下限,箱内温度达到下限时,冰箱自动停止工作,而当箱内温度达到上限时,冰箱自动开始工作。

(3)将需保存物品放入冰箱内适当位置,关好箱门即可。

(4)定期检查冰箱内的温度和保存物品的状态,发现异常应及时处理。

2.注意事项

(1)冰箱应置于阴凉通风的室内,与墙壁之间应留有一定距离,以利于散热。

(2)温度过高的物品不宜立即放入冰箱,以免增加冰箱的工作时间,降低使用寿命。

(3)冰箱内冷冻物品不宜反复冻融,以免影响其活力或品质。

(4)短时间停电时不宜打开冰箱。

(5)有霜或微霜冰箱应定期除霜,经常保持冰箱内清洁干燥,有污染或霉变时应及时清洗,清理时应将电源关闭,待冰融化后进行。

(六)离心机的使用

离心机又分为常速离心机和超速离心机两种,其使用方法相同。

视频 1.7　离心机的使用

1.操作方法

(1)离心管装上待离心材料后,与离心管套一起在天平上称量平衡,然后对称地放入离心机内,将盖盖好。

(2)接上电源,缓慢旋转调速器至所需的转速(常速离心机通常为 1 500~3 000 r/min,超速离心机可达 8 000~40 000 r/min),维持一定时间(通常为 5~20 min),将调速器缓慢旋转至最低刻度,当离心机停下来后,打开盖子,取出离心管。

2.注意事项

(1)离心管和套管必须严格称量平衡后才能放入离心机内,且必须对称放置。

(2)使用调速器调速时,必须逐挡升降,待每挡速度达到稳定时才能调挡,不能连续调挡或直接调至所需转速,以免损伤机器或降低其使用寿命。离心机没有完全停下时不能打开盖子,以免机内物品被甩出。

(七)电子振荡器的使用

1. 操作方法

(1)将振幅调节旋钮调到最低(逆时针方向旋到低),接上电源,打开电源开关,电源指示灯亮,顺时针方向旋转振幅调节旋钮,以检查其工作状态。确认正常后,关闭电源开关。

(2)将待振荡物固定于振荡器上,打开电源开关,顺时针方向旋转振幅调节旋钮至适宜的振幅,振荡 5 min 左右,逆时针方向旋转振幅调节旋钮至最低,关闭电源开关,取下振荡物。

2. 注意事项

(1)开机前,应将振幅调节旋钮调至最低。

(2)调节振幅时应缓慢旋转振幅调节旋钮。

(3)关机前也应将振幅调节旋钮调至最低。

视频 1.8 净化工作台的使用

(八)净化工作台的使用

对于部分要求洁净的关键工序,不用无菌室而用净化工作台也能达到很好的净化效果。净化工作台可在一般无菌室内使用,也可在普通房间使用。

净化工作台型号很多,但工作原理基本相同,如 SW-CJ-2F 净化工作台(图 1.5)。该净化工作台采用垂直层流的气流形式,由上部送风体,下部支承柜组成。

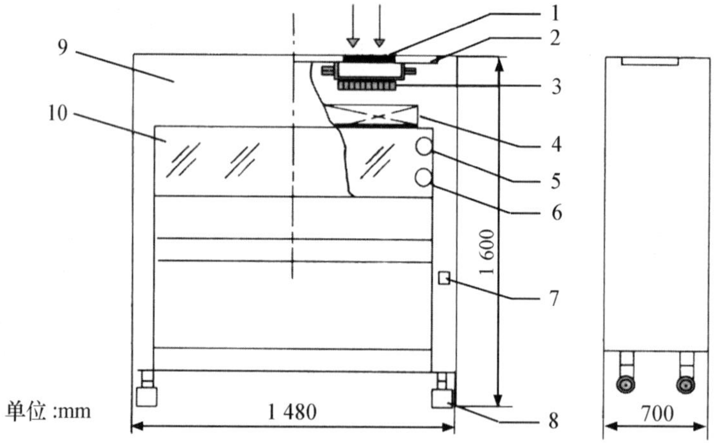

1. 初效空气过滤器 2. 活络板 3. 风机组 4. 高效空气过滤器
5. 日光灯 6. 紫外灯 7. 面板 8. 调节脚轮 9. 箱体 10. 挡板

图 1.5 SW-CJ-2F(2FD)医用净化工作台结构示意图

变速离心风机将负压箱内经滤器过滤后的空气压入静压箱,再经过高效过滤器进行二级过滤。从高效过滤器出风面吹出来的洁净气流,以一定的和均匀的断面风速通过工作区时,就会将尘埃颗粒和生物颗粒带走,从而形成无尘无菌的工作环境。该净化工作台的送风体内装有超细玻璃纤维滤料制造的高效过滤器和多翼前向式低噪声变速离心风机,侧面安装镀铬金属柜装饰的初滤器,见风面散流板上安装照明日光灯及紫外线杀菌灯,操作面有透明有机玻璃挡板。

净化工作台使用及注意事项：

(1)作用前应提前 50 min 开机，同时打开紫外线杀菌灯，处理操作区内表面积累的微生物，30 min 后关闭紫外线杀菌灯，打开日光灯，同时启动内机，使设备自净 20 min 以上方能进行操作。

(2)操作区内不应存放与工作无关的物品，以保证操作区内洁净气流流畅不受干扰。

(3)每周应对操作区环境进行一次消毒，同时用蘸有酒精等有机溶剂的纱布揩擦紫外线杀菌灯，保持其表面洁净，以保证杀菌效果。

(4)每 1～2 个月将预滤器中的无纺布滤料拆下进行清洗或更换。

(5)在使用过程中，应定期进行检测，一般 3～6 个月进行一次，不符合技术参数要求时应及时采取相应措施。

(6)净化工作台应放置在温度及湿度变化小、卫生条件较好的环境。

三、常用溶液的配制

(一)常用染色液的配制

常用染料有很多种，可分为酸性染料、碱性染料和单纯染料三大类。酸性染料常以钠盐、钾盐、钙盐或铵盐的形式存在，电离后带负电，能与带正电的被染物结合。一般细胞质染色多用酸性染料，如伊红、刚果红、酸性复红等，而细菌染色较少应用。碱性染料常以氯化物的形式存在，电离后带正电，易与带负电的被染物结合而使其着色。由于细菌的等电点较低，在中性、碱性及弱酸性溶液中细菌都带负电。带负电的细菌和带正电的碱性染料易于结合，故在细菌学检验中多用碱性染料，如结晶紫、碱性复红、碱性亚甲蓝(亚甲蓝)、沙黄和孔雀绿等。大多数单纯染料为偶氮化合物，不溶于水而溶于脂溶性溶剂，多用于脂肪组织的染色，如苏丹类。

1. 染料原液的配制

配制常用染色液时，一般先将染料配制成能长期保存的饱和酒精溶液，用时再稀释成染色液。将染料按其溶解度(表 1.4)加于 95%酒精中，混合后贮存于棕色试剂瓶中即可。

表 1.4　常用染料在 95%酒精和水中的溶解度(26 ℃)　　g

染料名称	100 mL 95%酒精中的饱和度	100 mL 水中的饱和度
结晶紫	13.87	1.68
龙胆紫	10.0	2.5～4.0
碱性复红(含量 20%)	3.2	1.13
亚甲蓝(氨化物)	1.48	3.35
沙黄(番红花红)	3.41	5.45
刚果红	0.19	
孔雀绿	7.52	7.6
甲基蓝	15.21	2.93
黄色伊红	2.18	44.2

2. 常用染色液的配制

(1)草酸铵结晶紫染色液 取结晶紫饱和酒精溶液 2 mL,加蒸馏水 18 mL,再加入 1%草酸铵水溶液 80 mL,混合过滤即成。

(2)革兰碘溶液 取 2 g 碘化钾置乳钵中,加蒸馏水约 5 mL,使之完全溶解。再加 1 g 碘片,研磨并徐徐加入蒸馏水,待完全溶解后,置于试剂瓶中加蒸馏水至 300 mL 即成。此溶液可保存半年左右,产生沉淀或褪色后废弃。

(3)沙黄(番红花红)水溶液 将沙黄饱和酒精溶液用蒸馏水作 10 倍稀释即成。此溶液保存期不得超过 4 个月。

(4)石炭酸复红溶液 取 3%复红酒精溶液 10 mL,加入 5%石炭酸水溶液 90 mL,混合过滤,然后用蒸馏水做 10 倍稀释即成。

(5)碱性亚甲蓝(骆氏亚甲蓝)染色液 取亚甲蓝饱和酒精溶液 30 mL,加入 0.01%氢氧化钾水溶液 100 mL,混合即成,此染色液密闭可长期保存。

(6)瑞氏染色液 取瑞氏染料 0.1 g 置乳钵中,徐徐加入甲醇,研磨,以促其溶解,将溶液倾入棕色瓶中,用甲醇将乳钵洗净,至全量为 60 mL。过夜,次日过滤即成。

(7)吉姆萨染色液 取 0.6 g 吉姆萨染料加到 50 mL 甘油中,55～60 ℃水浴 2 h,再加入 50 mL 甲醇,静置 2 周后,过滤即成瑞氏染色原液。使用时用 pH 7.0～7.2 缓冲蒸馏水稀释 1∶(10～20)即可。

(8)莱佛逊(Leifson)染色液 依次混合 20 mL 钾明矾饱和水溶液,10 mL 20%鞣酸水溶液,10 mL 蒸馏水,15 mL 95%酒精,3 mL 碱性复红饱和酒精溶液,置于紧塞玻璃瓶中,保存 1 周。

(9)3%盐酸酒精(又称含酸酒精) 将 3 mL 浓盐酸加到 97 mL 95%酒精中混合即成。

视频 1.9 常用缓冲液的配制

(二)常用缓冲液的配制

1. 生理盐水

取 8.5 g 氯化钠溶解于 1 000 mL 蒸馏水,置玻璃瓶中 121 ℃(压力为 0.1 MPa)高压灭菌 20 min 后备用。

2. 磷酸盐缓冲(PBS)液

(1)1/15 mol/L 磷酸二氢钾(KH_2PO_4)溶液 取 9.07 g 磷酸二氢钾(A.R)用少量蒸馏水溶解后,再加蒸馏水至 1 000 mL。

(2)1/15 mol/L 磷酸氢二钠(Na_2HPO_4)溶液 取 9.47 g 磷酸氢二钠(A.R)用少量蒸馏水溶解后,再加蒸馏水至 1 000 mL 即成。

(3)不同 pH 磷酸盐缓冲液的配制方法 见表 1.5。

3. 碳酸盐缓冲液的配制

(1)0.5 mol/L 碳酸氢钠溶液($NaHCO_3$) 取 42.0 g 碳酸氢钠先溶解于少量蒸馏水中,加蒸馏水至 1 000 mL 即成。

(2)0.5 mol/L 碳酸钠溶液(Na_2CO_3) 取 53.0 g 碳酸钠先溶解于少量蒸馏水中,加蒸馏水至 1 000 mL 即成。

(3)不同 pH 碳酸盐缓冲液的配制比例见表 1.6。

表 1.5　不同 pH 磷酸盐缓冲液的配制比例　mL

pH	1/15 mol/L 磷酸氢二钠	1/15 mol/L 磷酸二氢钾	pH	1/15 mol/L 磷酸氢二钠	1/15 mol/L 磷酸二氢钾
6.4	26.7	73.3	7.1	66.6	33.4
6.5	31.8	68.2	7.2	72.0	28.0
6.6	37.5	62.5	7.3	76.8	23.2
6.7	43.5	56.5	7.4	80.8	19.2
6.8	49.6	50.4	7.5	84.1	15.9
6.9	55.4	44.6	7.6	87.0	13.0
7.0	61.1	38.9	7.7	89.4	10.6

表 1.6　不同 pH 碳酸盐缓冲液配制比例　mL

pH	0.5 mol/L 碳酸钠液	0.5 mol/L 碳酸氢钠溶液	pH	0.5 mol/L 碳酸钠溶液	0.05 mol/L 碳酸氢钠溶液
9.2	4.0	46.0	10.0	27.5	22.5
9.3	7.5	42.5	10.1	30.0	20.0
9.4	9.5	40.5	10.2	33.0	17.0
9.5	13.0	37.0	10.3	35.5	14.5
9.6	16.0	34.0	10.4	38.5	11.5
9.7	19.5	30.5	10.5	40.5	9.5
9.8	22.0	28.0	10.6	42.0	7.5
9.9	25.0	25.0	10.7	45.0	5.0

4. 配制缓冲液的注意事项

(1)所用试剂应为分析纯(A. R)或化学纯(C. P)级药品。

(2)所用试剂应防止潮解，称量必须十分精确；在湿度较大的情况下，称量要快，以防吸水，使质量不准。

(3)如所用试剂应含有结晶水，在计算摩尔质量时必须将结晶水的质量加进去。例如：Na_2HPO_4 的摩尔质量为 142 g；$Na_2HPO_4 \cdot 2H_2O$ 的摩尔质量为 $142+2\times18=178$(g)；而 $Na_2HPO_4 \cdot 12H_2O$ 的摩尔质量为 $142+12\times18=358$(g)。

(4)所用的蒸馏水必须是双重蒸馏水或去离子水。

(三)常用清洁液(洗涤液)的配制

通常微生物实验室常用清洁液(洗涤液)有重铬酸钾溶液、高锰酸钾溶液、酸和碱(浓硫酸、浓盐酸、氢氧化钠溶液等)、有机溶剂(丙酮、乙醇、乙醚等)、肥皂和其他洗涤剂等。

1. 重铬酸钾溶液

重铬酸钾溶液是实验室最常用的清洁液，不同清洁能力的重铬酸钾清洁液配方见表 1.7。

表 1.7　重铬酸钾清洁液配方

清洁能力	较弱	较强	最强
重铬酸钾(工业用品)/g	100	60	100
清水/mL	750	300	200
浓硫酸(工业用品)/mL	250	460	800

配制时先称取一定量重铬酸钾粉末,置于干净的烧杯中,用量筒量取清水,加水后加热使其溶解,取下稍冷后,用量筒量取浓硫酸,把浓硫酸沿杯壁慢慢地全部加入烧杯中,边加硫酸边用玻璃棒搅拌,由于加入浓硫酸后产生高热,故加酸和搅拌时要慢,以防液体外溅。等待冷却至室温后,把配制好的重铬酸钾清洁液转移到带玻璃塞的试剂瓶或磨口玻璃瓶内盖紧,备用。如果清洁液经过长期使用已呈黑色,表明已经失效,不宜再用。由于清洁液有强腐蚀性,故操作时要十分注意。

2. 高锰酸钾溶液

高锰酸钾溶液是很好的洗涤液,特别是在加酸和加热的情况下,它的氧化和去污能力更强。一般使用的是 5%的高锰酸钾溶液。使用的方法是将高锰酸钾溶液加在需要洗涤的器皿中,加入少许浓硫酸(100 mL 溶液加浓硫酸 3～5 mL),可加热至 50～60 ℃。但需注意不能用盐酸代替硫酸,因为盐酸在高锰酸钾溶液中会分解产生有毒的氯气。玻璃器皿经高锰酸钾溶液洗涤后,必须用水冲洗干净,有时器皿上会残留一层褐色物质,可用硫酸酸化的 5%草酸溶液洗去。

3. 酸和碱

器皿上沾有煤焦油、树脂等物质,可用浓硫酸或 40%氢氧化钠溶液使它们溶解,处理时间为 5～10 min。浓盐酸(工业用)可洗去水垢和某些无机盐沉淀。

4. 有机溶剂

脂类、树脂和其他可溶于有机溶剂的物质,可用乙醚、丙酮、酒精、石油醚、苯、二甲苯、松节油及四氯化碳等有机溶剂洗去。二甲苯可洗脱油漆的污垢。但这些溶剂较贵,在必要时才使用。

5. 肥皂和其他洗涤剂

肥皂是很好的去污剂,热肥皂的去污能力更强,可以洗去器皿上的油脂。10%磷酸三钠(Na_3PO_4)溶液去污去油脂的能力很强,比用肥皂洗得更洁净。

总之,洗涤剂的种类很多,可以根据要求,选择经济有效的洗涤液。一般实验室用得最多的是肥皂(包括合成洗涤剂)和重铬酸钾洗涤液,这两种洗涤剂可以解决大部分器皿的洗涤问题。

视频 1.10　常用消毒液的配制

(四) 常用消毒液的配制

1. 75%酒精

用量筒量取药用乙醇(95%)750 mL 倒入配液桶中,加水温在 30 ℃以下的蒸馏水 250 mL,搅拌均匀后,用 0.22 μm 的微孔滤膜过滤后备用,在容器上贴标签,注明品名、浓度、配制时间、配制人，24 h 更换。

2. 碘酊(碘酒)

先将碘化钾 8 g 加入 5 mL 蒸馏水中，溶解后再加磨碎的碘片 20 g，用力摇匀，使碘片溶解后再加蒸馏水 995 mL 及 95%乙醇 500 mL，在容器上贴标签，注明品名、配制时间、配制人。

3. 20%过氧乙酸

商业产品的 A 液和 B 液按体积比 10∶8 混匀后放置 48 h 即得 20%过氧乙酸溶液。现配现用，将 20%过氧乙酸溶液稀释成 0.2%～0.5%水溶液。同时在容器上贴标签，注明品名、浓度、配制时间、配制人。在 20 ℃时，保存时间不超过 2 d，4 ℃时不超过 10 d。

4. 5%甲醛(福尔马林溶液)

将甲醛原液(35%)100 mL 和水 600 mL 混合即成。同时在容器上贴标签，注明品名、浓度、配制时间、配制人。

5. 3%过氧化氢(双氧水)

用量筒量取注射用水 900 mL 倒入配液桶中，放冷至 30 ℃以下，再用量筒量取 30%过氧化氢 100 mL 倒入蒸馏水中，搅拌混匀后备用，在容器上贴标签，注明品名、浓度、配制时间、配制人，24 h 更换。

6. 5%苯酚(石炭酸)

将石炭酸(苯酚)5.0 g 和水 100 mL 混合即成。同时在容器上贴标签，注明品名、浓度、配制时间、配制人。

7. 2%煤酚皂液(来苏儿)

用量筒量取水 960 mL 倒入配液桶中，放冷至 30 ℃以下，再用量筒量取煤酚皂液 960 mL 倒入水中，搅拌混匀后备用，在容器上贴标签，注明品名、浓度、配制时间、配制人，24 h 更换。

8. 2%氢氧化钠溶液

取 20 g 氢氧化钠加清水 1 000 mL(最好用 60～70 ℃热水)即成。同时在容器上贴标签，注明品名、浓度、配制时间、配制人。

9. 0.1%新洁尔灭消毒液

用量筒量取注射用水 980 mL 倒入配液桶中，放冷至 30 ℃以下，再用量筒量取 5%新洁尔灭 20 mL 倒入蒸馏水中，搅拌混匀后备用。同时在容器上贴标签，注明品名、浓度、配制时间、配制人。

注意：新洁尔灭溶液与肥皂等阴离子表面活性剂有配伍禁忌，易失去杀菌效力，所以用肥皂洗手后必须将肥皂冲洗干净。

【经典考题】

一、名词解释

生物安全　生物安全水平　气溶胶　气锁

二、单项选择题

1. 工作人员进入有病原感染风险的微生物实验室时必须(　　)。

A. 穿防护服　　B. 戴面罩　　C. 戴防护眼镜

2. 微生物实验室应禁止(　　)。

A. 饮食和饮水　　B. 涂抹化妆品　　C. 戴隐形眼镜

3. 实验室生物安全水平可分为(　　)。

A. BSL 1～2 级　　B. BSL 1～3 级　　C. BSL 1～4 级

4. 高压蒸汽灭菌法采用的温度和时间通常是(　　)。

A. 121 ℃,15～20 min　　B. 160 ℃,2～3 min　　C. 100 ℃,15～20 min

5. 干热灭菌箱灭菌采用的温度和时间通常是(　　)。

A. 121 ℃,至少 15～20 min　　B. 160 ℃,至少 2～3 h　　C. 100 ℃,至少 15～20 min

6. 使用显微镜油镜观察细菌时,通常在载玻片上加一滴(　　)。

A. 香柏油　　B. 松节油　　C. 甘油

7. 培养皿最常用的灭菌方法是(　　)。

A. 高压灭菌　　B. 干热灭菌　　C. 煮沸灭菌

8. 用显微镜观察细菌时必须使用(　　)。

A. 低倍镜　　B. 高倍镜　　C. 油镜

三、简答题

1. 生物安全实验室分为哪几个等级?

2. 普通微生物实验室有哪些基本要求?

3. 简述显微镜油镜的识别方法。

4. 简述高压灭菌器的使用方法及使用注意事项。

5. 简述干热灭菌箱的使用方法及使用注意事项。

模块二
原核细胞型微生物

【内容提要】

原核细胞型微生物包括细菌(含放线菌、螺旋体)、支原体、衣原体、立克次体四类，细菌是主要的原核型动物病原微生物。细菌的大小用微米(μm)表示，细菌的基本形态有球形、杆形和螺旋形，据此细菌可分为球菌、杆菌和螺旋菌。细菌的基本构造即细菌的细胞构造，是各种细菌都具有的结构，包括细胞壁、细胞膜、细胞质和核质等。细菌的特殊结构是部分细菌才具有的结构，是细菌致病的基础，包括荚膜、菌毛、鞭毛、芽孢和新发现的S层。细菌生长繁殖所需要的营养物质包括水、无机盐、生长因子、碳源和氮源等。细菌的营养类型包括光能自养型、光能异养型、化能自养型和化能异养型，所有的病原细菌都是化能异养型细菌。细菌摄取营养物质的方式包括简单扩散、协助扩散、主动运输和基团转位四种形式。根据细菌生物氧化过程是否需要氧气，可将细菌分为专性需氧菌、微需氧菌、专性厌氧菌和兼性厌氧菌。细菌在适宜的营养物质、温湿度、pH和气体(主要为氧和二氧化碳)条件下可大量的生长繁殖，繁殖方式主要是二分裂，繁殖速度可用生长曲线来表示，细菌生长曲线分为迟缓期、对数期、稳定期和衰亡期，对数期细菌的形态和生理功能最典型。细菌可用人工培养基培养，细菌的毒力因子主要是细菌表面构造和细菌释放的侵袭性酶和毒素。细菌感染必须具备足够的数量和毒力、适宜的入侵途径和外界环境条件和易感动物。细菌感染的实验室诊断包括检测细菌菌体、检测细菌抗原及相应的抗体和用分子生物学方法检测细菌的遗传物质等。

项目一　细菌的形态结构

【学习目标】

1. 熟知细菌的三种基本形态，细菌大小及表示方法。
2. 熟练掌握细菌的基本构造，特殊构造及其主要生理作用。
3. 学会细菌抹片的制备和染色方法，熟练使用显微镜观察细菌的形态构造。

一、细菌的形态

细菌是原核生物界中的一大类具有细胞壁的单细胞微生物。在一定的环境条件下，细菌具有相对恒定的形态和结构。掌握细菌的形态结构特点及其检查技术，对于细菌的分类鉴别、疾病的诊断、细菌的致病性与免疫性研究，均有重要意义。

视频 2.1 细菌的形态和大小

（一）细菌的基本形态及排列

细菌的基本形态有球形、杆形和螺旋形三种，据此可将细菌分为球菌、杆菌和螺旋菌三大类。细菌以二分裂繁殖方式进行增殖，有些细菌分裂后彼此分离，单个存在；有些细菌分裂后彼此仍有原浆带相连，形成一定的排列方式。在正常情况下，各种细菌的外形和排列方式是相对稳定而有特征的，可作为分类与鉴定的一种依据。

1. 球菌

多数球菌呈正球形或近似球形。按其分裂方向及分裂后的排列情况，又可分为以下几种球菌(图 2.1)。

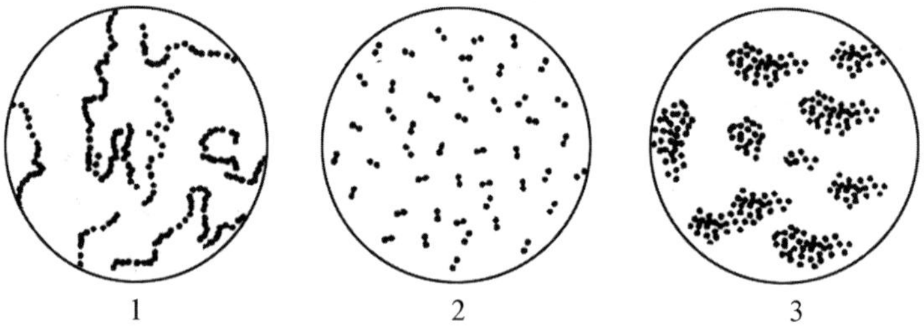

1. 链球菌 2. 双球菌 3. 葡萄球菌

图 2.1 各种球菌的形态和排列

(1)链球菌 向一个平面连续进行多次分裂，分裂后三个以上的球菌排列成链状。如猪链球菌、化脓性链球菌、马腺疫链球菌等。

(2)双球菌 向一平面分裂，分裂后两个球菌成对排列。如肺炎双球菌、脑膜炎双球菌、淋病双球菌等。

(3)葡萄球菌 向多个不规则的平面分裂，分裂后多个球菌不规则的堆在一起似葡萄串状。如金黄色葡萄球菌。

此外，还有单球菌、四联球菌和八叠球菌等。

2. 杆菌

杆菌一般呈圆柱形，其长短、大小、粗细差别较大(图 2.2)。长的杆菌可呈长丝状(丝状杆菌)，短的杆菌接近椭圆形(球杆菌)。杆菌两端的形态在鉴定杆菌上具有一定的意义，如炭疽杆菌两端平截；大肠埃希菌、沙门菌等两端钝圆；巴氏杆菌呈球杆菌状；结核分枝杆菌有侧支等。

杆菌只有一个分裂方向，其分裂面与菌体长轴垂直。多数菌分裂后彼此分离，单独存在，

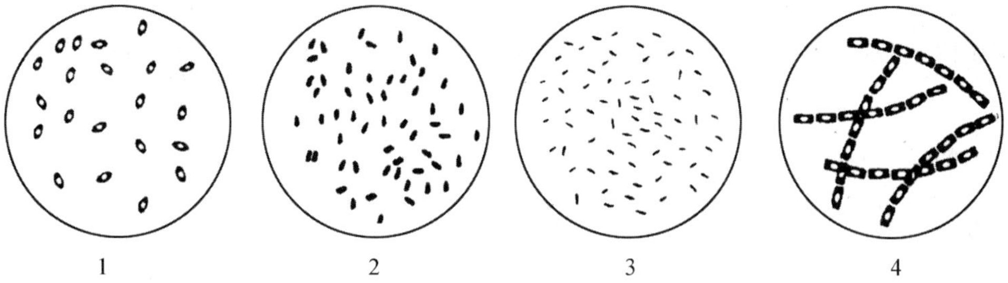

1. 巴氏杆菌　2. 布鲁氏菌　3. 大肠埃希菌　4. 炭疽杆菌

图 2.2　各种杆菌的形态和排列

如大肠埃希菌。有的杆菌分裂后成对存在，称双杆菌，如乳杆菌。有的杆菌分裂后呈链状排列，称链杆菌，如炭疽杆菌。

3. 螺旋菌

菌体呈弯曲或螺旋状，两端圆或尖突。根据弯曲的程度不同分为弧菌和螺菌(图 2.3)。

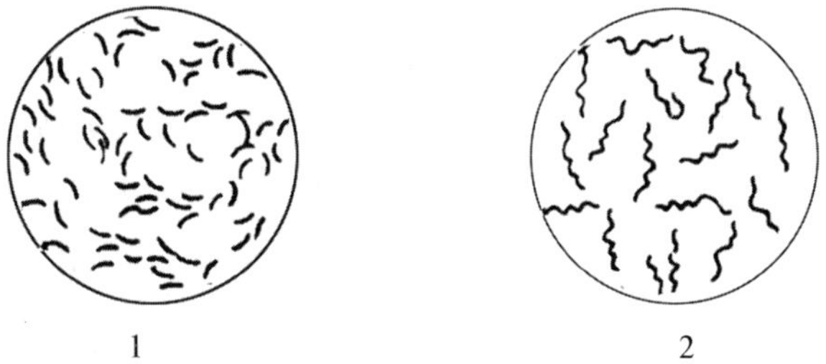

1. 弧菌　2. 螺菌

图 2.3　螺旋菌的形态和排列

(1)弧菌　菌体只有一个弯曲，呈弧形或逗号状，如霍乱弧菌。

(2)螺菌　菌体有两个以上的弯曲，呈螺旋状，如鼠咬热螺菌。

细菌在幼龄期和适宜的环境条件下表现出正常的形态，当环境条件不良或菌体变老时，常常会引起菌体形态改变，称为衰老型或退化型。一般再重新处于正常的培养环境时，可恢复正常的形态。但也有些细菌，即使在适宜的环境中生长，其形态也很不一致，这种现象称多形性，如嗜血杆菌等。

(二)细菌的群体形态

细菌在人工培养基中以菌落形式出现。菌落即某个细菌在适合生长的固体培养基表面，在适宜的条件下，经过 18～24 h 培养，分裂繁殖出巨大数量的菌体，堆集在一起，形成一个肉眼可见的、有一定形态的独立群体，称为菌落或克隆。若生长出的菌落连成一片，称为菌苔。在细菌培养时，常将细菌在固体平板培养基表面做划线接种培养，以获得单个菌落。

细菌的菌落可用肉眼观察到，也可在光学显微镜下观察。各种细菌的菌落在大小、色泽、质地、表面性状、边缘结构等方面均有各自的特征。菌落的特征与细菌个体的形态、结构的特征密切相关，如金黄色葡萄球菌菌落较厚、黄色、圆形、边缘整齐；猪丹毒杆菌的菌落微小、透明、圆形；炭疽杆菌的菌落大而扁平，形状不规则，边缘呈卷发状。观察细菌的菌落特征，可推测该细菌的种类，工作中常通过固体培养基上分离培养的菌落，进行细菌的纯化、传代及鉴定等。

二、细菌大小

细菌大小用 μm(10^{-3} mm)来表示。球菌用直径大小表示，常为 0.5～2.0 μm。杆菌用“宽×长”表示，一般较大的杆菌为(1～1.25)μm×(3～8)μm；中等大小的杆菌为(0.5～1)μm×(2～3)μm；较小的杆菌为(0.2～0.4)μm×(0.7～1.5)μm。螺旋菌以“宽×两端的直线距离”表示，常为(0.3～1)μm×(1～50)μm。细菌的大小介于动物细胞与病毒之间。

细菌的大小因菌种不同而异，即使是同一种细菌的大小也受菌龄、生长环境(如动物体内、外)等因素影响，实际测量时还受到制片方法、染色方法及使用不同显微镜的影响。但是在一定范围内，细菌的大小是相对稳定的，并具有明显的特征，可作为鉴定细菌种类的一个重要依据。细菌的大小是以生长在适宜条件下的幼龄培养物为标准的。

三、细菌结构

细菌结构包括基本结构和特殊结构(图 2.4)。细菌基本结构是任何一种细菌都具有的细胞结构，包括细胞壁、细胞膜、细胞质和核质等。细菌特殊结构是某些细菌在生长的特定阶段形成的荚膜、S 层、鞭毛、芽孢和菌毛等结构，是细菌分类鉴定的重要依据。

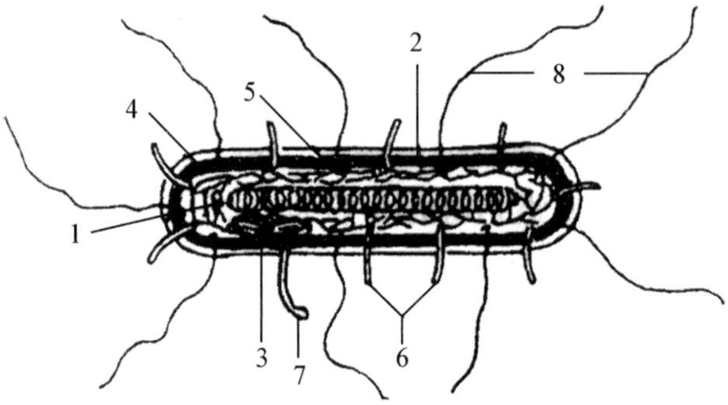

1.核质 2.核糖体 3.间体 4.细胞壁与细胞膜 5.荚膜 6.普通菌毛 7.性菌毛 8.鞭毛

图 2.4 细菌细胞结构模式图(据 Ryan)

视频 2.2 细菌细胞壁

(一)细胞壁

细胞壁是位于细菌细胞外围的一层无色透明、坚韧而具有一定弹性的膜结构。将细菌经高渗溶液处理后染色或用特殊方法染色，可在光学显微镜下观察到细胞壁。

1. 功能

(1)保护菌体免受外界渗透压和有害物质的损害及维持菌体形态。

(2)细胞壁是多孔性的，可允许水及一些化学物质通过，并对大分子物质有阻拦作用。

(3)细胞壁的化学组成还与细菌的抗原性、致病性、对噬菌体与药物的敏感性及革兰染色特性有关。

(4)细胞壁也是鞭毛运动所必需的,为鞭毛运动提供可靠的支点。

2.化学组成与结构

用革兰染色法染色,可以把细菌分为革兰阳性菌和革兰阴性菌两大类,它们的细胞壁化学成分和结构有所不同。

革兰阳性细菌(用 G^+ 表示)的细胞壁较厚,15～80 nm,其化学成分主要为肽聚糖,还有磷壁酸、多糖和蛋白质等(图 2.5A)。有的细菌还含有大量的脂类,如分枝杆菌。革兰阴性细菌(用 G^- 表示)的细胞壁较薄,10～15 nm,由周质间隙和外膜组成。外膜是由脂多糖、磷脂、蛋白质和脂蛋白等复合构成,周质间隙是一层薄的肽聚糖(图 2.5B)。

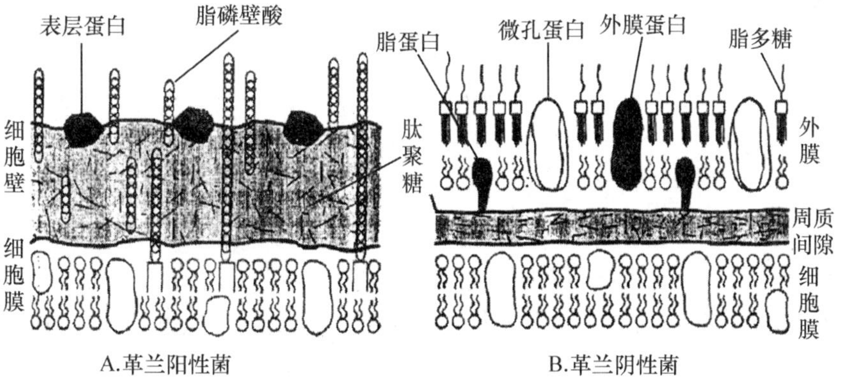

图 2.5　细菌细胞壁构造模式图

(1)肽聚糖又称黏肽或糖肽,是构成细菌细胞壁的主要物质。革兰阳性菌细胞壁的肽聚糖是聚糖骨架、四肽侧链、五肽交连桥构成的三维空间网格结构。革兰阴性菌的肽聚糖层很薄,其单体结构与革兰阳性菌有差异,结构不如革兰阳性细菌的坚固。

(2)磷壁酸又称垣酸,是革兰阳性细菌所特有的成分,是特异的表面抗原。磷壁酸带有负电荷,能与镁离子结合,以维持细胞膜上一些酶的活性。此外,某些细菌的磷壁酸如 A 群链球菌对宿主细胞具有黏附作用,可能与致病性有关;或者是噬菌体的特异性吸附受体。

(3)脂多糖是革兰阴性菌细胞壁所特有的成分,由类脂 A、核心多糖和侧链多糖三部分组成。类脂 A 是细菌内毒素的主要成分,可使动物体发热,白细胞增多,直至休克死亡。核心多糖位于类脂 A 的外层,由葡萄糖、半乳糖等组成。侧链多糖位于脂多糖的最外侧,构成菌体(O)抗原。

(4)外膜蛋白是革兰阴性菌外膜层中的多种蛋白质的统称。外膜蛋白主要包括微孔蛋白和脂蛋白等。微孔蛋白允许双糖、氨基酸、二肽、三肽、无机盐等小分子的物质通过,起到分子筛的作用。脂蛋白的作用是使外膜层与肽聚糖牢固地连接,可作为噬菌体的受体,或参与铁及其他营养物质的转运。

3. 原生质体和原生质球

在一定条件下，可除去或缺损细菌的细胞壁并不损害细菌的生命。革兰阳性菌经溶菌酶或青霉素处理后，可完全除去细胞壁，形成仅有细胞膜包住细胞质的菌体，称为原生质体。革兰阴性菌经溶菌酶处理后，仅能除去细胞壁内层的肽聚糖，形成仍有外膜层包裹的菌体，称为原生质球，以区别于革兰阳性菌的原生质体。将两个不同的原生质体或原生质球融合并再生成一个细菌的技术，称为原生质体融合技术，该技术已广泛应用于细菌及其他微生物的遗传育种研究工作。

视频 2.3 细菌细胞膜

(二)细胞膜

细胞膜位于细胞壁内侧，是包围在细胞质外的一层柔软而具有一定弹性的半透性膜，又称细胞质膜或细胞浆膜。

1. 功能

(1)细胞膜选择性地吸收和运输物质　它作为细胞内外物质交换的主要屏障和介质，允许水、水溶性气体及某些小分子可溶性物质顺膜内外的浓度梯度差进出细胞，而糖、氨基酸及离子型电解质则需经膜上具有的特殊运输机制进入细胞。

(2)细胞膜是细菌细胞能量转换的重要场所　细胞膜上有细胞色素和其他呼吸酶，包括某些脱氢酶，可以转运电子，完成氧化磷酸化过程，参与细胞呼吸、能量的产生、贮存和利用。

(3)细胞膜有传递信息功能　膜上的某些特殊蛋白质能接受光、电及化学物质等产生的刺激信号并发生构象变化，从而引起细胞内的一系列代谢变化和产生相应的反应。

(4)其他功能　细胞膜还参与细胞壁的生物合成。

2. 化学组成与结构

细胞膜的主要成分是磷脂和蛋白质，也有少量的碳水化合物和其他物质。细胞膜的结构是由磷脂双分子层构成骨架，每个磷脂分子的亲水基团(头部)向外，疏水基团(尾部)向膜中央，蛋白质结合于磷脂双分子层表面或镶嵌贯穿于双分子层(图 2.6)。

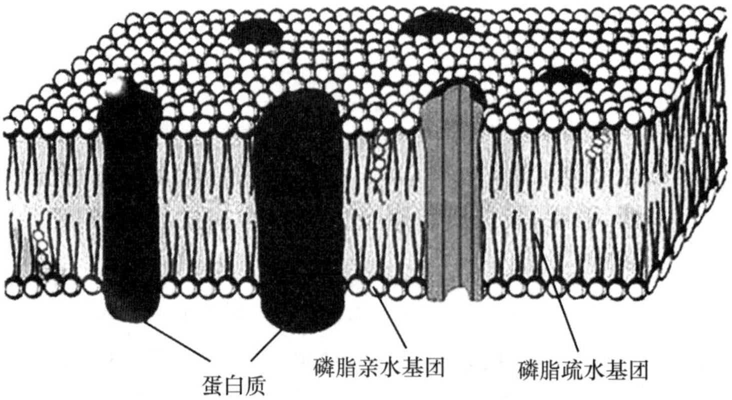

图 2.6　细菌细胞膜结构模式图

(三)细胞质

细胞质通常指细菌细胞膜内包围的、除核质以外的所有物质，是一种无色透明、均质的黏稠胶体状物质。主要成分是水、蛋白质、核糖核酸、脂类、多糖类及少量的无机盐等。

1. 功能

细胞质中含有多种酶系统，是细菌合成蛋白质与核酸的场所，也是细菌细胞进行物质代谢的场所。

2. 主要组成

细胞质是含有核糖体、质粒、间体及各种内含物的重要结构。

(1)核糖体　核糖体又称核蛋白体，是细菌合成蛋白质的场所。其合成蛋白质的作用与真核细胞的核糖体相同。但因细菌核糖体与人和动物细胞核糖体的两个亚基结构不同，有些药物，如红霉素和链霉素能与细菌的核糖体相结合，干扰蛋白质的合成，从而将细菌杀死，但对人和动物细胞的核糖体不起作用。

(2)质粒　是存在于核质 DNA 以外，能进行自我复制的游离的小型双股 DNA 分子。质粒基因组约为核体的 1%，含细菌生命非必需的基因，其功能是控制细菌产生菌毛、毒素、耐药性和细菌素等遗传性状。

质粒不但能独立进行自我复制，也能随宿主分裂传给子代菌体。有些质粒还能与核质 DNA 整合或脱离。整合到核质 DNA 上的质粒称为附加体。由于质粒有与外来 DNA 重组的功能，所以在基因工程中常被广泛用作载体。

(3)间体　是细胞膜凹入细胞质内形成的一种囊状、管状或层状的结构。革兰阳性菌较常见。其功能与真核细胞的线粒体相似，与呼吸有关，并有促进细胞分裂的作用。

(4)包含物　细菌细胞内一些贮藏营养物质或其他物质的颗粒样结构，称为包含物或内含物。主要有脂肪滴、肝糖粒、淀粉粒、异染颗粒、气泡和液泡等。

(四)核质

细菌的核物质无核膜、无核仁，没有固定形态，并且结构也很简单，因此它是原始形态的核，也称拟核或核体。核质常被细胞质中大量的 RNA 掩盖，需用 RNA 酶将 RNA 水解，以特殊的 Feulgen 法染色，才可在光学显微镜下观察到。

1. 功能

核质含细菌的遗传基因，控制细菌的遗传和变异，与真核细胞的染色体相似，所以通常也将核质称为细菌染色体。

2. 化学组成与结构

核质是一个共价闭合、环状的双链超螺旋 DNA 分子，不与蛋白质相结合。

(五)荚膜

某些细菌(如巴氏杆菌、炭疽杆菌)可在细胞壁外周产生一层松散透明的黏液样物质，包围整个菌体，称为荚膜。荚膜必须用荚膜染色法染色。一般用负染色法，使背景和菌体着色，而荚膜不着色，从而衬托出荚膜，在光学显微镜下可观察到(图 2.7)。很多有荚膜的菌株可产生无荚膜的变异。

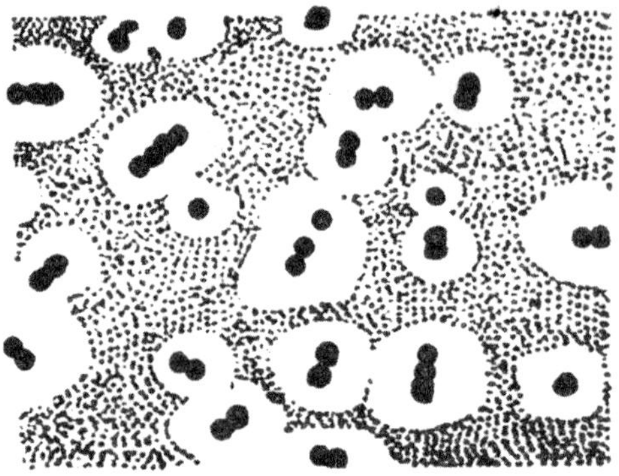

图 2.7 细菌的荚膜

视频 2.4 细菌特殊结构

1. 化学组成和结构

荚膜大多数由多聚糖组成，如肺炎球菌；少数细菌的荚膜由多肽组成，如炭疽杆菌；也有少数菌两者兼具的，如巨大芽孢杆菌。荚膜的厚度在 0.2 μm 以下时，用光学显微镜不能看见，但可在电子显微镜下看到，称为微荚膜。有些细菌菌体外周分泌一层很疏松、与周围边界不明显，而且易与菌体脱离的黏液样物质，称为黏液层。

细菌产生荚膜或黏液层可使液体培养基具有黏性，在固体培养基上形成表面湿润、有光泽的光滑(S)型或黏液(M)型的菌落；失去荚膜后的菌落则变为粗糙(R)型。

2. 功能

荚膜具有保护菌体的功能，可保护细菌免受干燥和其他不良环境因素的影响。当营养缺乏时可作为碳源及能源被利用。可抵抗机体吞噬细胞的吞噬和抗体的作用，对宿主有侵袭力。荚膜具有抗原性，并有种和型特异性，可用于细菌的鉴定。

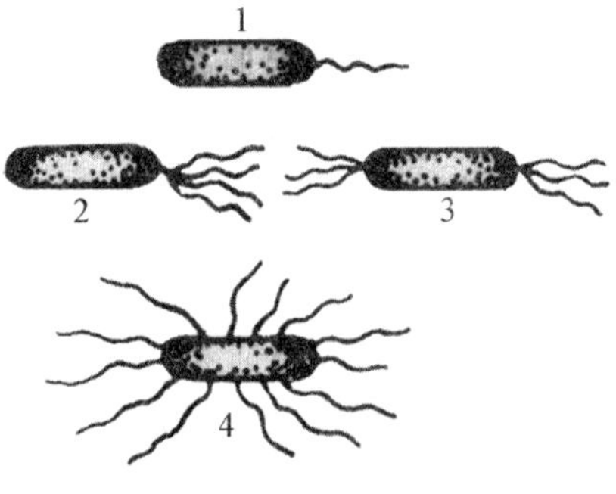

1. 单生鞭毛菌 2、3. 丛生鞭毛菌 4. 周身鞭毛菌

图 2.8 细菌鞭毛数目及排列示意图

(六)鞭毛

某些细菌的菌体表面着生有细长而弯曲的丝状物，称为鞭毛。鞭毛呈波状弯曲，直径 10～20 nm，长 10～70 μm。排列有一端单生鞭毛菌，如霍乱弧菌；两端单生鞭毛菌，如鼠咬热螺菌；偏端丛生鞭毛菌，如铜绿假单胞菌；两端丛生鞭毛菌，如红色螺菌和产碱杆菌；周身鞭毛菌，如大肠埃希菌(图 2.8)。

1. 化学组成与结构

提纯的细菌鞭毛(又称鞭毛素)，其化学成分主要为蛋白质，有的还含有少量多糖以及类脂等。鞭毛蛋白是一种很好的抗原物质，称为鞭毛抗原，又称 H 抗原。各种细菌的鞭毛蛋白由于氨基酸组成不同导致 H 抗原性质上的差别，故可通过血清学反应，进行细菌分类鉴定。

2. 功能

鞭毛是细菌的运动器官，鞭毛有规律地收缩，引起细菌运动。细菌的运动有趋向性。运动的方式与鞭毛的排列有关，单生鞭毛菌和偏端丛生鞭毛菌一般呈直线快速运动，周身鞭毛菌则呈无规律的缓慢运动或滚动。鞭毛与细菌的致病性有关。

(七)菌毛

大多革兰阴性菌和少数革兰阳性菌的菌体上生长的一种较短的毛状细丝，称为菌毛，或称纤毛或伞毛。它的数量比鞭毛多，直径 5～10 nm，长 0.2～1.5 μm，少数可达 4 μm，只有在电镜下才能观察到(图 2.9)。

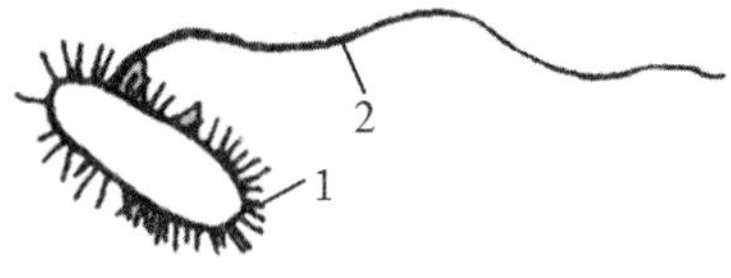

1. 菌毛　2. 鞭毛

图 2.9　细菌的菌毛

1. 化学组成与结构

菌毛分为普通菌毛和性菌毛。普通菌毛是由菌毛蛋白质组成的中空管状结构，较细、较短，数量较多，每个细菌有 150～500 条，周身排列。性菌毛是由性菌毛蛋白质组成的中空管状结构，比普通菌毛较粗较长，每个细菌有 1～4 条。

2. 功能

普通菌毛主要起吸附作用，可牢固吸附在动物细胞上，与细菌的致病性有关。性菌毛可传递质粒或转移基因，带有性菌毛的细菌称 F^+ 菌或雄性菌，不带性菌毛的称 F^- 菌或雌性菌。在雌雄菌株发生结合时，F^+ 菌能通过性菌毛，将质粒传递给 F^- 菌，从而引起 F^- 菌某些性状的改变。

(八)芽孢

某些革兰阳性菌在一定的环境条件下，可在菌体内形成一个圆形或卵圆形的休眠体，称芽孢，又称内芽孢。未形成芽孢的菌体称为繁殖体或营养体；带芽孢的菌体称为芽孢体。芽孢成熟后，菌体崩解，芽孢离开菌体单独存在，则称游离芽孢。

各种细菌的芽孢形状、大小以及在菌体中的位置不同，具有种的特征。如炭疽杆菌的芽孢位于菌体中央，呈卵圆形，比菌体小，称中央芽孢；破伤风梭菌的芽孢，位于顶端，正圆形，比菌体大，形似鼓槌，称顶端芽孢；肉毒梭菌芽孢的位置偏于菌端，菌体呈网球拍状，称近端芽孢(图 2.10)。

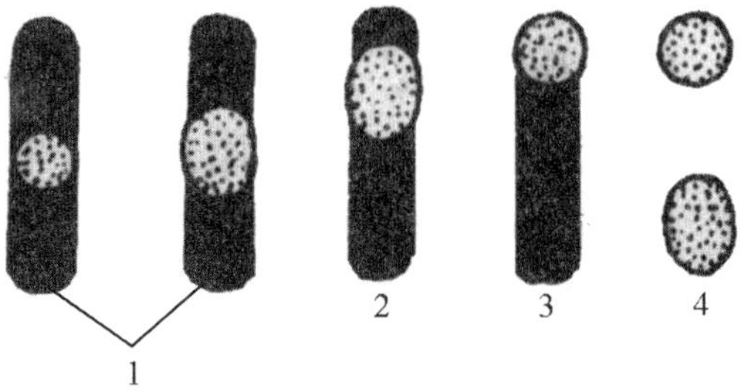

1. 中央芽孢　2. 近端芽孢　3. 顶端芽孢　4. 游离芽孢

图 2.10　细菌芽孢的类型

一个细菌只能形成一个芽孢，一个芽孢经发育也只能形成一个菌体，芽孢不是细菌的繁殖器官，而是生长发育过程保存生命的一种休眠状态，此时菌体代谢相对静止。芽孢对外界不良环境的抵抗力比繁殖体强，特别能耐高温、干燥、渗透压、化学药品和辐射的作用。如炭疽杆菌芽孢在干燥条件下能存活数十年，破伤风杆菌的芽孢煮沸 1～3 h 仍然不死。

芽孢的形成需要一定的条件，菌种不同条件也不尽相同。如炭疽杆菌需要在有氧的条件下形成芽孢，而破伤风梭菌要在厌氧条件下才能形成芽孢。芽孢的萌发也需要有许多激活因素，如适当的温度、适宜的 pH，在培养基中加入 L-丙氨酸、二价锰离子、葡萄糖等有促进芽孢活化的作用。

(九)S 层

S 层是某些细菌的一种特殊的表层结构，完整包裹菌体，由单一的蛋白质亚单位组成，规则排列，呈类晶格结构。

S 层是一种最简单的生物膜，其功能除作为分子筛和离子通道外，还具有类似荚膜的保护屏障作用，能抵抗噬菌体及蛋白酶。

某些细菌的 S 层还是一种黏附素，可介导细菌对宿主细胞的黏附以及内化进入巨噬细胞等。

【实验操作】

一、细菌标本片的制备与染色

视频 2.5 细菌标本片制备与染色

(一)实验目的

1. 了解细菌不染色标本片(悬滴法)的制备方法，掌握其主要用途。

2. 熟练掌握细菌染色标本片(抹片)的制备方法，学会几种常用的细菌染色方法。

(二)仪器与材料

1. 菌种

大肠埃希菌、炭疽杆菌、变形杆菌、枯草杆菌、葡萄球菌的斜面培养物和肉汤培养物各一管。

2. 器材

载玻片、接种环、眼科镊子、显微镜、酒精灯、火柴、香柏油、二甲苯、吸水纸、凹玻片、盖玻片(22 mm×22 mm)、生理盐水、95%酒精、冰醋酸、各种染色液等。

(三)实验方法与步骤

1. 细菌不染色标本(悬滴法)的制备

(1)取凹玻片 1 张，在凹窝四角用接种环滴少量生理盐水(固定盖玻片用)。

(2)取 1 接种环变形杆菌(单号)和葡萄球菌(双号)肉汤培养物，分别放于各自的盖玻片中央。

(3)将凹玻片反转，使凹窝对准盖玻片中心覆于其上，借助盐水黏住盖玻片后再反转，使盖玻片位于上方。

(4)先以低倍镜找到悬滴的边缘后，再换用高倍镜观察。镜检时要适当降低集光器或缩小光圈，直到清晰为止。

(5)通过显微镜观察,有鞭毛的细菌能运动,在液体中能定向地从一处泳动到另一处,为真正运动;无鞭毛的细菌无动力,但受所处环境中液体分子的冲击可呈原位置的颤动,称为分子运动或布朗运动。

细菌不染色标本主要用于检查细菌的运动力。

2.细菌染色标本片的制备

(1)细菌标本片的制备

①玻片准备:载玻片应清晰透明,洁净而无油渍,滴上水后,能均匀展开,附着性好。如有残余油渍,可按下列方法处理:滴95%酒精2～3滴,用洁净纱布揩擦,然后在酒精灯外焰上轻轻拖过几次。若仍不能去除油渍,可再滴1～2滴冰醋酸,用纱布擦净,再在酒精灯外焰上轻轻拖过。

②抹片制备:抹片所用材料不同,抹片方法也有差异。

液体材料(如液体培养物、血液、渗出液、乳汁等)可直接用灭菌接种环取一环材料,于玻片的中央均匀地涂布成适当大小的薄层。

非液体材料(如菌落、脓、粪便等)则应先用灭菌接种环取少量生理盐水或蒸馏水,置于玻片中央,然后再用灭菌接种环取少量材料,在液滴中混合,均匀涂布成适当大小的薄层。

组织脏器材料可先用镊子夹持中部,然后用灭菌或洁净剪刀取一小块,夹出后将其新鲜切面在玻片上压印(触片)或涂抹成一薄层。

如有多个样品同时需要制成抹片,只要染色方法相同,也可在同一张玻片上有秩序地排好,做多点涂抹,或者先用蜡笔在玻片上划分成若干小方格,每方格涂抹一种样品。

③干燥:上述涂片应让其自然干燥。

④固定:有两种固定方法。

火焰固定:将干燥好的抹片,使涂抹面向上,以其背面在酒精灯外焰上如钟摆样来回拖过数次,略做加热(但不能太热,以不烫手为度)进行固定。

化学固定:血液、组织脏器等抹片要作吉姆萨染色,不用火焰固定,用甲醇固定,可将已干燥的抹片浸入甲醇中2～3 min,取出晾干;或者在抹片上滴加数滴甲醇使其作用2～3 min,自然挥发干燥,抹片如做瑞氏染色,则不必先做特别固定,瑞氏染料中含有甲醇,可以达到固定的目的。

固定目的:①杀死细菌;②使菌体蛋白凝固附着在玻片上,以防被水冲洗掉;③改变细菌对染料的通透性,活细菌一般不允许染料进入细菌体内。

(2)细菌标本片的染色

只应用一种染料进行染色的方法称简单染色法,如亚甲蓝染色法。应用两种或两种以上的染料或再加媒染剂进行染色的方法称复杂染色法。复杂染色法染色后不同的细菌或物体,或者细菌构造的不同部分可以呈现不同颜色,有鉴别细菌的作用,又可称为鉴别染色,如革兰染色法、瑞氏染色法和吉姆萨染色法等。

①亚甲蓝染色法:在已干燥固定好的抹片上,滴加适量的(足够覆盖涂抹点即可)亚甲蓝染色液,经1～2 min,水洗,干燥(可用吸水纸吸干,或自然干燥,但不能烤干),镜检。菌体染成蓝色。

②革兰染色法：

a. 在已干燥、固定好的抹片上，滴加草酸铵结晶紫溶液，经 1～2 min，水洗。

b. 加革兰碘溶液于抹片上媒染，作用 1～3 min，水洗。

c. 加 95%酒精于抹片上脱色，作用 0.5～1 min，水洗。

d. 加稀释的石炭酸复红（或沙黄水溶液）复染 10～30 s，水洗。

e. 吸干或自然干燥，镜检。革兰阳性菌呈蓝紫色，革兰阴性菌呈红色。

③瑞氏染色法：抹片自然干燥后，滴加瑞氏染色液于其上，为了避免很快变干，染色液可稍多加些，或看情况补充滴加；经 1～3 min，再加约与染液等量的中性蒸馏水或缓冲液，轻轻晃动玻片，使之与染液混合，经 5 min 左右，直接用水冲洗（不可先将染液倾去），吸干或烘干，镜检。细菌染成蓝色，组织细胞浆呈红色，细胞核呈蓝色。

④吉姆萨染色法：抹片甲醇固定并干燥后，在其上滴加足量染色液或将抹片浸入盛有染色液（于 5 mL 新煮过的中性蒸馏水中滴加 5～10 滴吉姆萨染色液原液，即稀释为常用的吉姆萨染色液）的染缸中，染色 30 min，或者染色数小时至 24 h，取出水洗，吸干或烘干，镜检。细菌呈蓝青色，组织细胞浆呈红色，细胞核呈蓝色。

（四）实验注意事项

1. 制作的细菌涂片应薄而匀，否则不利于染色和观察。
2. 干燥及火焰固定时切勿紧靠火焰，以免温度过高造成菌体结构破坏。
3. 标本片固定必须确实，以免水洗过程中菌膜被冲掉。
4. 瑞氏染色水洗时，应直接用水冲洗，以此避免沉渣黏附，影响染色效果。
5. 欲长期保留标本时，可在涂抹面上滴加 1 滴加拿大树胶，以清洁的盖玻片覆盖其上。贴上标签，注明菌名、材料、染色方法和制片日期等。

（五）实验作业

1. 细菌悬滴标本片的主要用途是什么？简述其制备方法。
2. 细菌抹片染色前为什么要固定？简述细菌抹片的制备过程？
3. 简述亚甲蓝染色法、革兰染色法、瑞氏染色法和吉姆萨染色法的主要步骤。

二、显微镜油镜的使用及细菌形态结构的观察

（一）实验目的

1. 学会显微镜油镜的使用与维护方法，能熟练使用油镜。
2. 学会进行细菌形态结构的观察与描绘。

视频 2.6 显微镜油镜的使用

（二）仪器与材料

普通光学显微镜、擦镜纸、香柏油、二甲苯、球菌、杆菌、螺旋菌染色标本片。

（三）原理

观察细菌的形态与结构时，最常用的是油镜。油镜工作时，需在油镜与标本片之间滴加香柏油，香柏油对光线的折射率为 1.515，与玻璃对光线的折射率 1.52 极为相近，镜检时滴加香柏油的作用是使光源尽可能多地进入物镜中，避免光线通过折光率低的空气（折射率 1.0）而

散失，因而能提高物镜的分辨力，使物象明亮清晰（图 2.11）。

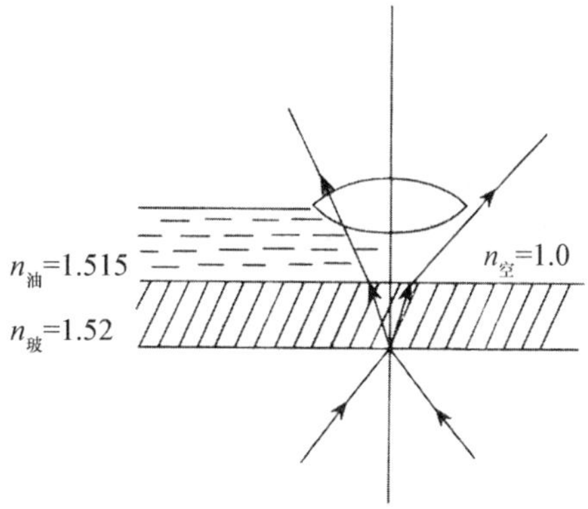

图 2.11　油镜的使用原理

（四）方法与步骤

1.油镜的使用与保养

（1）油镜的识别

油镜是显微镜物镜的一种，通过以下方法识别。

①油镜一般是所有物镜中最长的，镜片是所有物镜中最小的。

②油镜头上标有其放大倍数 100×或 90×字样。

③国产显微镜多用“油”字表示，国外产品则常用“Oil”或“HI”做记号。

④各物镜头上标有不同颜色的线圈以示区别，油镜一般标为白色圈，使用时应先根据放大倍数熟悉线圈的颜色，以防用错物镜。

（2）使用方法

①对光：将光圈完全打开，升高集光器与载物台同高。对于电光源显微镜接通电源后可通过亮度调钮调节光源的强弱；对于普通显微镜则通过调节反光镜来完成，使用天然光源或较强的光线宜用平面反光镜，使用普通灯光或较弱的光线宜用凹面反光镜。凡检查染色标本时，光线应强；检查未染色标本时，光线不要太强。

②滴加香柏油：在细菌标本片的欲观察部位滴加 1 滴香柏油，将标本片放在载物台上，使待检部位位于集光器亮圈上，用片夹固定好玻片，将油镜头调到正中。

③调焦点：先从侧面注视镜头，轻轻上升载物台或转动粗调节螺旋使油镜头下降，最终使油镜头浸入油滴中，直到与标本片几乎接触为止。然后，用左眼看目镜，用右手微微转动粗调节螺旋，使载物台轻轻下沉或使油镜头慢慢上升，待看到模糊物像时，再轻轻转动细调节螺旋调节焦点，直到出现完全清晰物像为止。

④观察物像：观察时，调换视野可调节推进器，使标本片前后、左右移动。如没有看清视野，按上述方法重做。

⑤保养：镜检完毕，转动粗调节螺旋将载物台下降或使油镜头上升，然后取出细菌标本片，用擦镜纸擦净镜头上的香柏油。如油已干在镜头上，可在擦镜纸上滴 1～2 滴二甲苯擦拭，并立即用干擦镜纸拭净二甲苯。最后将物镜转成“八”字形或将低倍镜转至中央，下降集光器，右手握镜臂，左手掌托底送入箱内。

2.细菌形态的观察

细菌细胞微小，肉眼不能直接看到细菌，必须借助光学显微镜或电子显微镜将细菌放大后，才能观察到细菌的形态或结构。

光学显微镜有多种，分别适用于观察不同状态的细菌形态或结构，一般先将细菌做成不同的标本片，再选择相应的光学显微镜观察，最常用的是明视野显微镜（称为普通光学显微镜），观察细菌染色标本片。细菌的基本形态有球形、杆形、螺旋形，排列方式常见有单个散在、成双、成链、不规则排列等。细菌经革兰染色后可染成蓝紫色(G^+细菌)或红色(G^-细菌),经亚甲蓝染色后染成蓝色。

电子显微镜包括透射电镜和扫描电镜,细菌的超薄切片,经负染、冰冻饰刻后,在透射电镜中可清晰观察到细菌内部的超微结构。经金属喷涂的细菌标本,在扫描电镜中,则能清楚显示细菌表面的立体形象。电镜观察的细菌标本必须干燥,并在高度真空的装置中接受电子流的作用,所以电镜不能观察活的细菌。

3. 观察完毕的处理

(1)标本片的处理　观察完毕后,提高显微镜镜筒或降低载物台,取出标本片,用擦镜纸盖在标本的油滴上,轻轻抹去标本片上的香柏油,将标本片放回标本盒,以利于标本的保存和再次利用。

(2)油镜头处理　油镜头上的香柏油先用一小块擦镜纸擦拭,再用蘸有少量二甲苯的擦镜纸擦拭,最后再用擦镜纸擦拭,以免二甲苯渗入油镜头内,溶化镜片周围的黏胶,使镜片脱落。如油滴已浓稠或干结,则先用擦镜纸蘸少量二甲苯,溶解并抹去镜头上的油渍,再用擦镜纸擦去残存的二甲苯。

4. 显微镜处理

将反光镜竖放或关闭电源,下降聚光器,转动转换器,将低倍镜对准载物台中央的圆孔或摆成"八"字形,下降镜筒,再将各部件擦干净,送回显微镜保管室,放入镜箱或罩上镜罩。

(五)实验注意事项

1. 香柏油的用量以1～2滴为宜。用量过多会浸染镜头,用量过少会使视野变暗,影响观察效果。

2. 在使油镜头浸入香柏油以及观察物像的过程中,不可使油镜头下降过度,以免压碎玻片和损坏油镜头。

3. 油镜头用毕必须用擦镜纸拭净香柏油,不可用手、棉花或其他纸张擦拭,否则将损坏油镜头。

4. 二甲苯的用量以1～2滴为宜,用量过多会腐蚀镜头,用量过少会擦拭不净。

(六)实验作业

1. 你所观察的标本片的细菌有哪些形态?绘出所观察标本片的细菌形态图。

2. 如何认识显微镜油镜?

3. 油镜的使用方法和注意事项有哪些?如何维护与保养?

【经典考题】

一、名词解释

细菌　质粒　附加体　荚膜　鞭毛　菌毛　芽孢　菌落　菌苔

二、单项选择题

1. 测定细菌大小的计量单位通常是(　　)。

1. cm　　B. mm　　C. μm　　D. nm

2. 菌体短小近似球形的杆菌，称为(　　)。

A. 短杆菌　B. 小杆菌　C. 球杆菌　D. 链球菌

3. 菌体只有一个弯曲，形如逗点，称为(　　)。

A. 弧菌　B. 螺菌　C. 杆菌　D. 球菌

4. 细菌在老龄培养物或在不适宜的环境中，会出现性状不正常的个体，称为(　　)。

A. 多形性　B. 衰老型　C. 多样性　D. 分化型

5. 革兰阴性菌的细胞壁特有的成分是(　　)。

A. 肽聚糖　B. 磷壁酸　C. 脂多糖　D. 蛋白质

6. 与细菌革兰染色密切相关的细菌结构是(　　)。

A. 细胞膜　B. 细胞壁　C. 荚膜　D. 细胞质

7. 质粒编码细菌生命的(　　)。

A. 必要基因　B. 关键基因　C. 非必要基因　D. 基本基因

8. 下列结构中，属于细菌特殊构造的是(　　)。

A. 鞭毛　B. 核体　C. 细胞壁　D. 细胞膜

9. 从雄性细菌向雌性菌传递质粒的特殊器官是(　　)。

A. 性纤毛　B. 普通纤毛　C. 鞭毛　D. 荚膜

三、简答题

1. 细菌的基本形态有哪些？
2. 什么是细菌的衰老型和多形型？
3. 细菌有哪些基本构造？各有什么功能？
4. 细菌有哪些特殊构造？各有什么功能？
5. 细菌标本片有哪些染色方法？

项目二　细菌生理

【学习目标】

1. 熟练掌握细菌的化学组成、营养需要、营养类型和摄取营养物质的方式。

2. 熟练掌握细菌生长繁殖条件、方式和速度，细菌呼吸类型，细菌的合成和分解代谢产物及其作用。

3. 学会常用细菌培养基的制备方法、细菌分离培养技术及培养性状的观察方法、细菌生化试验的操作方法。

细菌具有独立的生命活动能力，能从外界环境中直接摄取营养，合成菌体的成分或获得生命活动所需的能量，并排出废物，从而完成细菌新陈代谢的过程，使细菌得以生长繁殖。

一、细菌的营养

营养是指生物吸收和利用营养物质的过程，营养物质是生物进行一切生命活动的物质基础，失去这个基础，一切生物都无法生存，细菌也不例外。

视频 2.7 细菌的营养

(一)细菌的化学组成

细菌的化学组成包括水分和固形物两大类，其中水分含量为 70%～90%，固形物含量为 10%～30%。水分主要以结合水和游离水两种形式存在。固形物质主要分为有机物和无机物两种，其中有机物主要包括蛋白质、核酸、糖类、脂类、生长因子、色素等，无机物主要包括磷、硫、钾、钙、镁、铁、钠、氯、钴、锰等，其中磷和钾的含量最多。

(二)细菌的营养需要

根据细菌的化学组成，细菌所需要的营养物质，主要包括碳素化合物、氮素化合物、水分、无机盐和生长因子等。

1. 碳源

凡是构成细菌细胞和代谢产物中碳素来源的营养物称为碳源，从简单的无机碳到结构复杂的有机碳都可以被细菌所利用。自养型细菌不需要从外界供应有机营养物，它们可以以二氧化碳为唯一碳源合成有机物，能源来自日光或无机物氧化所释放的化学能。异养型细菌以有机碳化合物为碳源和能源，如单糖、双糖、多糖、有机酸、醇类、芳香族化合物等。有机酸类和醇类也可作为碳源。

2. 氮源

凡是构成细菌细胞质或代谢产物中氮素来源的营养物质称为氮源。包括氮气和含氮化合物都可以被不同细菌所利用。不同种类的细菌对氮源的需要也不尽相同，有些固氮能力强的细菌，可以利用分子态氮作为氮源合成自己细胞的蛋白质。有些细菌缺乏某些必要的合成酶，在只含有铵盐或硝酸盐的培养基上并不生长，只有在培养基中添加有机氮化物如蛋白胨、氨基酸等才能生长。

3. 水

水是细菌体内不可缺少的主要成分，其存在形式有结合水和游离水两种。结合水是构成细菌的成分，游离水是菌体内重要的溶剂，参与一系列的生化反应。水是细菌体内外的溶媒，只有通过水，细菌所需要的营养物质才能进入细胞，代谢产物才能排出体外。另外，水也可以直接参加代谢作用，如蛋白质、碳水化合物和脂肪的水解作用都是在水参加下进行的。

4. 无机盐

无机盐是细菌生长所必不可缺的营养物，其中又可分为主要元素和微量元素两大类。主要元素细菌需要量大，有磷、硫、镁、钾、钠、钙等，它们参与细胞结构物质的组成，有调节细胞质 pH 和氧化还原电位的作用，有能量转移、控制原生质胶体和细胞透性的作用。微量元素有铁、铜、锌、锰、钴、钢等，它们的需要量虽然极微，但往往能强烈地刺激细菌的生命活动。某些无机盐也是酶活性基的组成成分或是酶的激活剂，如钙、镁。

5. 生长因子

生长因子是指细菌生长时不可缺少的微量有机质。主要包括维生素、氨基酸、嘌呤、嘧啶及其他的衍生物等。不同细菌对生长因子的需求差别很大，自养型细菌和一些腐生性细菌，它们自己可以合成这类物质，以满足自身生长繁殖的需要；而大多数异养菌特别是病原菌，则需要一种甚至数种生长因子，才能正常发育。

（三）细菌的营养类型

根据细菌对营养物质的需要和能量来源的不同，可将细菌分成四大营养类型。

1. 光能自养型

这类细菌细胞中都有与高等植物叶绿素相似的光合色素，能利用日光作为其生活所需要的能源，利用 CO_2 作为碳源，以无机物为供氢体来还原 CO_2 合成细胞的有机质。少数细菌体内含有非叶绿素的光合色素，如红硫细菌、绿硫细菌，它们可以利用光能并以硫化氢或其他无机硫化物作为供氢体，使 CO_2 还原为有机物质并放出硫。

2. 光能异养型

有少数细菌具有光合色素，能利用光能把 CO_2 还原为碳水化合物，但必须以某种有机物作为 CO_2 同化作用中的供氢体。如红螺菌属利用异丙醇作为供氢体进行光合作用，并积累丙酮，这类细菌生长时大多需要外源生长因子。

3. 化能自养型

这一类细菌有氧化一定无机物的能力，利用氧化无机物时产生的能量，把 CO_2 还原成有机碳化物，如硝化细菌、铁细菌等都是属于此型。这类细菌在氧化无机物时需要有氧的参加，所以环境中必须有充足的氧时才能进行。

4. 化能异养型

这类细菌的能源来自有机物的氧化或发酵产生的化学能，以有机物为碳源，以有机或无机物为氮源。这类细菌种类、数量都很多，绝大多数的致病细菌都是化能异养型。

化能异养型的碳源和能源来自有机物，所以对化能异养的细菌来说有机物既是它们的碳源也是它们的能源。化能异养型的细菌中又可分为腐生和寄生两大类，前者利用无生命的有机物，如动植物残体；后者生活在其寄主生物体内，从活的寄主中吸收营养物质，离开了寄主便不能生长繁殖。在腐生与寄生之间尚有中间型，称为兼性腐生或兼性寄生，如大肠埃希菌。

上述四大营养类型的划分并不是绝对的，在自养型与异养型之间，在光能与化能之间都有中间过渡类型存在。

（四）细菌摄取营养的方式

细菌营养物质的吸收和代谢产物的排出是靠细菌整个细胞表面的扩散、渗透、吸收等作用来完成的。

1. 被动扩散（简单扩散）

少数低分子量的物质是靠被动扩散而渗入（或渗出）细菌细胞的，扩散的速度靠细胞内外的浓度梯度来决定。由高浓度向低浓度扩散，当细胞内外此物质浓度达到平衡时便不再进行扩散。水、某些气体和一些无机盐等是通过此方式进出细胞的。

2. 促进扩散（助长扩散）

这种运输方式虽与简单的被动扩散相似，也是靠物质的浓度梯度进行，而不消耗能量，但与被动扩散不同的是助长扩散需要专一性的载体蛋白。这种载体蛋白存在于细菌细胞膜上，可与相应的物质结合形成复合物，然后扩散到细胞内，或释放到细胞外。

3. 主动运输

主动运输类似于助长扩散过程，不同的是被运输的物质可以逆浓度梯度移动，并且需要能量。细菌在生长及繁殖过程中所需氨基酸和各种营养物质，主要是通过主动运输方式摄取的。

4. 基团转移

主要存在于厌氧菌和兼性厌氧菌中。此运输方式是被运输的物质结构发生改变如磷酸化，其运输的总效果与主动运输相似，可以逆浓度梯度将营养物质移向细胞内，结果使细胞内结构发生变化的物质浓度大大超过细胞外结构未改变的同类物质的浓度。此过程需要能量和特异性的载体蛋白参与。在细菌中广泛存在的基团转移系统的一个例子是磷酸转移酶系统，它是很多糖和糖的衍生物的运输媒介。如大肠埃希菌和金黄色葡萄球菌在吸收葡萄糖、乳糖等时，进入细胞后都是以磷酸糖的形式存在于细胞质中，而且细胞内糖的磷酸盐类不能跨膜溢出。

细菌摄取营养物质的四种类型异同点见表 2.1。

表 2.1 细菌摄取营养物质的四种类型异同点

运输方式	浓度	载体	耗能	运送分子发生变化
单纯扩散	高→低	不需要	不耗能	不变化
促进扩散	高→低	需要	不耗能	不变化
主动运输	低→高	需要	耗能	不变化
基团转移	低→高	需要	耗能	变化

二、细菌的生长繁殖

(一)细菌生长繁殖的条件

视频 2.8 细菌的生长繁殖

1. 营养物质

细菌生长繁殖需要丰富的营养物质，包括水、碳水化合物、氮化物、无机盐、生长因子等。不同细菌对营养的需求不尽相同，有的细菌只需基本的营养物质，而有的细菌则需加入特殊的营养物质才能生长繁殖，因此，制备培养基时应根据细菌的类型进行营养物质的合理搭配。

2. 温度

依据细菌对温度的需求不同，可将其分为嗜冷菌、嗜温菌、嗜热菌三大类。由于病原菌在长期进化过程中已适应于动物体，属于嗜温菌，在 15～40 ℃都能生长。而大多数病原菌的最适温度为 37 ℃，有些病原菌如金黄色葡萄球菌在 4～5 ℃冰箱内仍能缓慢生长，释放肠毒素，可引起食物中毒。

3. pH

培养基 pH 对细菌生长影响很大，大多数细菌的最适 pH 7.2～7.6，个别细菌如霍乱弧菌在 pH 8.5～9.0 培养基中生长良好，鼻疽杆菌可在 pH 6.4～6.6 环境中生长。许多细菌在代谢过程中分解糖产酸，使 pH 下降，不利于细菌生长，所以往往需要在培养基内加入一定的缓冲剂。

4. 渗透压

细菌细胞需要在适宜的渗透压下才能生长繁殖，盐腌和糖渍之所以具有防腐作用，即因一般细菌和霉菌在高渗条件下不能生长繁殖之故。

5. 气体

与细菌生长繁殖有关的气体主要是氧和二氧化碳。细菌对氧的要求与其呼吸类型有关。一般细菌在自身代谢中产生的二氧化碳就可满足需要，但有些细菌在没有二氧化碳的环境下则不能生长或生长不良，如牛布鲁氏菌初次分离时，环境中需含有 5%～10%的二氧化碳才能生长。

(二)细菌个体的生长繁殖

细菌主要以二等分分裂方式进行无性繁殖。一个菌体分裂为两个菌体所需的时间称为世代时间，简称代时。在适宜的人工条件下，多数细菌的代时为 20～30 min。如按大肠埃希菌 20 min 繁殖一代计算，10 h 后，一个细菌可以繁殖成 10 亿个以上的细菌。但由于营养物质的消耗及代谢产物的积累等原因，细菌不可能始终保持这种高速度的繁殖，经过一段时间后，繁殖速度逐渐减慢，死亡菌数逐渐增多，活菌增长率随之趋于停滞以至衰退。

某个菌体分裂繁殖在固体培养基上形成肉眼可见的细菌集落，称为菌落。根据菌落的多少，可进行细菌计数，用菌落形成单位(colony-forming unit，CFU)表示。

(三)细菌群体的生长繁殖

将一定数量的细菌接种到适宜的液体培养基并置于适宜的温度中，定时取样检查活细菌数，以培养时间为横坐标，活细菌数的对数为纵坐标，可形成一条曲线，称为细菌的生长曲线。依据细菌各个时期生长繁殖速率不同，将细菌生长曲线分为迟缓期、对数期、稳定期与衰退期四个期(图 2.12)。

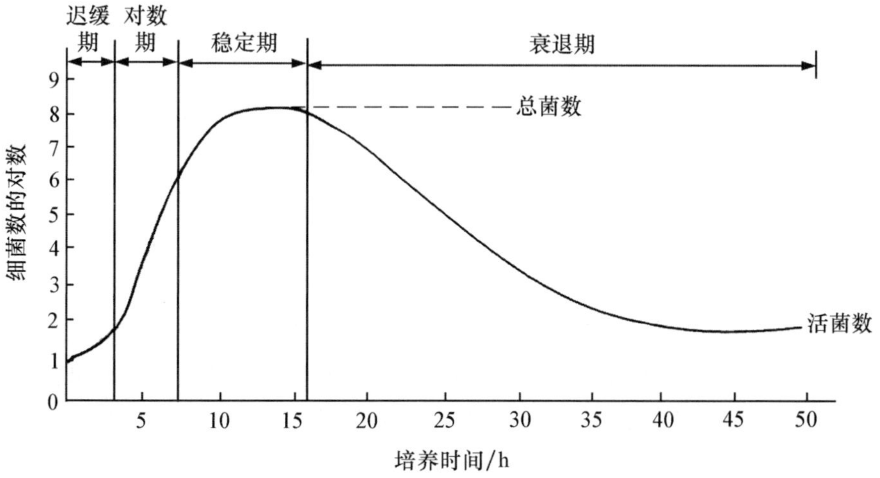

图 2.12　细菌的生长曲线图

1. 迟缓期

迟缓期又称适应期。少量的细菌接种到新鲜培养基后，一般不立即进行繁殖。因此，它们的数量几乎不增加，甚至稍有减少。处于迟缓期的细菌体积增长较快，特别是在此期的末期。如巨大芽孢杆菌在迟缓期的末期，其细胞平均长度是刚接种时的6倍。处于迟缓期的细菌代谢活力强，细胞中RNA含量高，嗜碱性强，对不良环境条件比较敏感，细胞代谢活跃，为细菌的分裂增殖做准备。

2. 对数期

对数期又称指数期。细菌开始大量的分裂，细菌数按几何级数增加，即按2^n（n代表繁殖的代数）增加，如用菌数的对数与培养时间作图时，则呈一条直线。对数期的细菌生长活跃，消耗营养多，个体数目显著增多。另外，群体中的细菌化学组成及形态、生理特性等比较典型，这一时期的菌种很健壮，因此，在生产上常用它们作为接种的种子。实验室也多用对数期的细菌作为实验材料。通常对数期维持的时间较长，但它也受营养及环境条件的影响。

3. 稳定期

在一定的培养液中，随着细菌的活跃生长，营养物质不断消耗，使细菌生长速率逐渐下降，死亡率增加，以致新增殖的细菌数与死亡的细菌数趋于平衡，活菌数保持相对稳定，称为稳定期。

处于这个时期的细菌生活力逐渐减弱，开始大量贮存代谢产物，如肝糖、异染颗粒、脂肪粒等等；同时，也积累有许多不利于微生物活动的代谢产物。细菌形态、染色、生物活性也可出现改变。由于微生物的生长繁殖改变了它自己的生活条件，出现了不利于细菌生长的因素，如pH、氧化还原电位改变等，大多数芽孢杆菌在这个生长阶段形成芽孢。

4. 衰退期

稳定期后如再继续培养，细菌死亡率逐渐增加，致使死亡数大大超过新生数，总的活菌数明显下降，即衰亡期。其中，有一阶段活菌数以几何级数下降。因此，也称为对数衰退期。

这个时期，细菌菌体常出现多种形态，包括畸形或衰退型，细菌死亡并伴随有自溶现象，菌体生活力下降。因此，此期的菌种不宜做种子。

细菌的生长曲线，反映了一种细菌在某种生活环境中的生长、繁殖和死亡的规律。掌握细菌生长规律，不仅可以有目的地研究和控制病原菌的生长，而且还可以发现和培养对人类有用的细菌。

三、细菌的新陈代谢

（一）细菌的酶

细菌的新陈代谢是在酶的催化下进行的。根据酶作用的部位分为胞内酶和胞外酶。胞内酶是参与生物氧化的一系列呼吸酶以及与蛋白质、多糖等代谢有关的酶。胞外酶是一些水解酶，可将大分子的营养物质如蛋白质、多糖和脂类水解成小分子可溶性物质，为菌体所吸收。有些细菌产生的胞外酶是重要的致病物质，如血浆凝固酶、透明质酸酶等。

根据酶的生成条件又可分为固有酶和诱导酶。固有酶是细菌代谢中必需的；诱导酶是当环境中有诱导物存在时才产生。细菌代谢类型多样化取决于细菌酶的多样化，因而也决定了细菌对营养物质的摄取、分解能力及代谢产物的差异。

（二）细菌的呼吸类型

细菌借助于菌体的酶类从物质的氧化过程中获得能量的过程，称为细菌的呼吸。氧化过程中接受氢或电子的物质为受氢体或受电子体，以游离的分子氧作为受氢体或受电子体的呼吸称为需氧呼吸，在这种氧化过程中放能最多；以无机化合物作为受氢体的则称为厌氧呼吸；以各种有机化合物作为受氢体的称为发酵，如乳糖发酵等。由于细菌生物氧化的方式不同，细菌对于氧气的需要也各不一样，据此可将细菌分为以下三种类型。

1. 专性需氧菌

只有在氧气充分存在的条件下才能生长繁殖，此类细菌具有较完善的呼吸酶系统，在无游离氧的环境下不能生长，如结核分枝杆菌、霍乱弧菌等。

2. 专性厌氧菌

只能在无氧的条件下生长繁殖。此类细菌缺乏完善的呼吸酶系统，不能呼吸，只能发酵。不但不能利用分子氧，而且游离氧对细菌有毒性作用，故此类细菌只能在无游离氧的条件下生长，如坏死杆菌、破伤风梭菌等。

3. 兼性厌氧菌

在有氧或无氧的环境中都可生长，但以有氧的环境中生长为佳。兼有上述两类细菌的功能，大多数病原菌属于此类，如大肠埃希菌、葡萄球菌等。

（三）细菌的新陈代谢产物

细菌在代谢过程中，除摄取营养、进行生物氧化、获得能量和合成菌体成分外，还产生一些分解和合成代谢产物，有些产物能被人类利用，有些则与细菌的致病性有关，有些可作为鉴定细菌的依据。

1. 细菌分解代谢产物

（1）糖的分解产物　不同种类的细菌以不同的途径分解糖类，在其代谢过程中均可产生丙酮酸，需氧菌进一步将丙酮酸彻底分解为二氧化碳和水；厌氧菌则发酵丙酮酸，产生多种酸类、醛类、醇类和酮类。各种细菌的酶不同，对糖的分解能力也不一样，有些细菌能分解某些糖类产酸产气，有的只产酸不产气，有的则不能利用某种糖。据此通过糖发酵试验、VP 试验与 MR 试验对细菌进行鉴别。

（2）蛋白质的分解产物　细菌的种类不同，分解蛋白质、氨基酸的能力不同，因而产生不同的中间产物。如吲哚（靛基质）是某些细菌分解色氨酸而形成的，硫化氢是细菌分解含硫氨基酸的产物，而有的细菌在分解蛋白质的过程中能形成尿素酶，分解尿素形成氨。因此，利用蛋白质的分解产物设计的靛基质试验、硫化氢试验、尿素分解试验等，可用于细菌的鉴定。

2. 细菌合成代谢产物

（1）热原质　许多革兰阴性菌与少数革兰阳性菌在代谢过程中能合成一种多糖物质，注入人体或动物体能引起发热反应，称为热原质。热原质能通过细菌滤器，耐高温，湿热 121 ℃ 20 min 或干热 180 ℃、2 h 不能使其破坏。制备注射制剂和生物制品时用吸附剂或特制的石棉滤板，可除去液体中的大部分热原质。玻璃器皿经干烤 250 ℃ 2 h 才能破坏热原质。

（2）毒素　某些细菌在代谢过程中合成对人和动物有毒害作用的物质，称为毒素。毒素的产生与细菌的致病性有关，细菌产生的毒素有内毒素和外毒素两种。内毒素是革兰阴性菌的细胞壁成分，即脂多糖，当菌体死亡崩解后才游离出来。外毒素是一种蛋白质，在细菌生活过程中即可释放到菌体外，产生外毒素的细菌大多数是革兰阳性菌。

(3)细菌素　某些细菌菌株产生的一类具有抗菌作用的蛋白质，其作用与抗生素类似，但作用范围较窄，仅对与该种细菌有近缘关系的细菌才有作用。例如，大肠埃希菌某一菌株所产生的大肠菌素，一般只能作用于大肠埃希菌的其他相近的菌株。

(4)维生素　一些细菌能自行合成维生素，除满足自身所需外，也能分泌到菌体外。如动物机体的正常菌群能合成B族维生素和维生素K，可被机体利用。

(5)色素　某些细菌在氧气充足、温度适宜和营养丰富时能产生各种颜色的色素。有的色素是水溶性的，能弥散在培养基中，使整个培养基呈现颜色，如绿脓杆菌的黄绿色素；有的色素则是脂溶性色素，不溶于水，仅保持在细菌细胞内，人工培养时可使菌落显色，而培养基颜色不变，如金黄色葡萄球菌色素。

(6)抗生素　是一种重要的合成产物，它能抑制和杀死某些微生物。生产中应用的抗生素主要是由放线菌和真菌产生的，一些细菌也可产生抗生素，如多黏菌素、杆菌肽等。

此外，某些细菌还能产生无机酸、有机酸、氨基酸、醇类和其他芳香物质。

【实验操作】

一、常用培养基的制备

视频 2.9　常用培养基制备

(一)实验目的

1. 熟知培养基的概念、成分、类型和作用。
2. 掌握培养基制备的基本原则，会制备常用培养基。

(二)仪器与材料

高压蒸汽灭菌器、微波炉或电炉、天平、量筒、漏斗、试管、培养皿、烧杯、三角烧瓶、精密pH试纸、滤纸、纱布、牛肉膏、蛋白胨、氯化钠、琼脂粉、无菌鲜血、无菌血清、新鲜动物肝脏、0.1 mol/L和1 mol/L氢氧化钠溶液等。

(三)方法与步骤

1. 培养基的概念和作用

根据细菌对营养物质的需要，经过人工配制适合不同细菌生长、繁殖或积累代谢产物的营养基质称为培养基。培养基的主要用途是能促使细菌生长与繁殖，可用于细菌纯种的分离、鉴定和制造细菌制品等。制备培养基的营养物质主要有蛋白胨、肉浸液、牛肉膏、糖和醇、血液或血清、生长因子和无机盐类等。根据不同培养基的要求，配制培养基时还需加入凝固物质(如琼脂、明胶)、抑制剂(如胆盐、煌绿)、指示剂(如酚红、溴甲酚紫)和水等。

2. 常用培养基的类型

(1)根据培养基物理状态分类

①固体培养基。在液体培养基中加入2%～3%琼脂，使培养基凝固呈固体状态。固体培养基可用于菌种保藏、纯种分离、菌落特征的观察以及活菌计数等。

②液体培养基。在配制好的培养基中不加琼脂，培养基即为液体。营养物质以溶质状态溶解于其中，细菌能更充分接触和利用，从而使细菌在其中生长更快，积累代谢产物量也多，因此多用于生产。

③半固体培养基。加入少量(0.35%～0.4%)的琼脂，使培养基呈半固体状，多用于细菌有无运动性的检查。如用半固体培养基穿刺培养有助于肠道菌的鉴定。

(2)根据培养基的用途分类

①基础培养基。含有细菌生长繁殖所需要的最基本的营养物质，可供培养一般细菌使用。如牛肉膏蛋白胨琼脂是培养细菌的基础培养基。

②营养培养基。在基础培养基中加入一些营养物质，如血液、血清、葡萄糖、酵母浸膏等，可使营养要求较高的细菌生长。

③选择培养基。在培养基中加入某些化学物质，有利于需要分离的细菌生长，抑制不需要的细菌。如培养沙门菌的培养基中加入四硫黄酸钠、亮绿，可以抑制大肠埃希菌的生长。

④鉴别培养基。根据细菌能否利用培养基中的某种成分，依靠指示剂的颜色反应，借以鉴别不同种类的细菌。如糖发酵培养基，可观察不同细菌分解糖产酸产气情况；用醋酸铅培养基可以鉴定细菌是否产生硫化氢；伊红亚甲蓝培养基可用作区别大肠埃希菌和产气肠杆菌等。

⑤厌氧培养基。专性厌氧菌不能在有氧环境中生长，将培养基与空气隔绝并加入还原物降低培养基中的氧化还原电位，可供厌氧菌生长。如疱肉培养基。

3.制备培养基的主要原材料

制备培养基的主要原材料包括蛋白胨、酵母浸粉、牛肉浸膏、胆盐、琼脂粉(条)、盐类和糖类等。

(1)蛋白胨　蛋白胨是由蛋白质经酶、酸、碱水解而获得的一种胨、肽、氨基酸组成的水溶性复合物，是培养基最主要的基础成分，其主要作用是为细菌生长提供氮源，另外，由于蛋白胨为两性化合物，也具有缓冲作用。

(2)浸液　由一定量的蒸馏水作为浸出剂，将组织中可溶性成分溶于水中，该水溶液即称为浸液。如欲制成膏状或粉末状，可将其浸液在不影响有效成分的温度下浓缩成膏状，称为浸膏；或干燥成粉末状，称为浸出粉。浸液的主要作用是为细菌的生长繁殖提供可溶性含氮物质、核酸降解物、维生素及无机盐等，以补充蛋白胨营养成分的不足。浸液根据其来源可分为动物组织浸液、植物组织浸液和微生物细胞浸液三类。制备培养基时多用牛肉浸液、鸡肉浸液、黄豆粉浸液、豌豆粉浸液、酵母浸液等。

(3)琼脂　琼脂又名琼胶，俗名洋菜，是一种胶体物质，并非脂类。琼脂质量对细菌生长的活菌数、菌落大小、抗原成分的变化等关系很大，因此在配制细菌培养基时选择质量好的琼脂极为重要。琼脂的主要作用是让液体培养基转变为固体培养基。

(4)胆盐　胆盐是一种胆酸的钠盐，是细菌培养基中最常用的选择性抑制剂，从动物胆汁中提取。胆汁存在于动物胆囊中，含有胆色素、胆汁酸盐、核蛋白、胆固醇等。

4.制备培养基的基本要求

由于细菌种类繁多，营养需要各异，培养基类型也很多，但制备的基本要求是一致的，具体如下：

(1)培养基应含有细菌生长繁殖所需的各种营养物质。

(2)培养基的 pH 应符合细菌生长繁殖的要求。

(3)培养基应均质透明,便于观察其生长性状及生命活动所产生的变化。

(4)制备和盛装培养基所用容器不应含有任何抑菌物质,最好不用铁锅或铜锅。

(5)培养基及盛培养基的玻璃器皿必须彻底灭菌,不得含有任何活细菌。

5.常用培养基的制备

制备培养基的基本程序:原料用量的计算与称量→蒸馏水加热后按配方顺序投料加热溶解→全部原料溶解后测定及矫正 pH →过滤澄清→分装→灭菌→质量检验(含无菌检验)→保存备用。

(1)普通肉汤培养基(液体培养基) 将牛肉膏 0.3%、蛋白胨 1%、氯化钠 0.5%加入适量蒸馏水中,在沸水中加热使其充分溶解;冷却至 40~50 ℃,测定并矫正 pH 至 7.2~7.6;再煮沸 10 min 后过滤并分装于试管、三角烧瓶或生理盐水瓶中;置高压蒸汽灭菌器内,121.3 ℃灭菌 20 min 备用。可作一般细菌的液体培养或制作其他培养基的基础原料。

(2)普通琼脂培养基(固体培养基) 将琼脂 2~3 g 加入 100 mL 普通肉汤培养基内,煮沸使其完全溶解,测定并矫正至 pH 7.2~7.6,分装于试管或三角烧瓶中,121.3 ℃高压灭菌 20 min,可制成试管斜面、高层培养基或琼脂平板。可用于一般细菌的分离培养、纯培养,观察菌落特征及保存菌种等。

(3)半固体培养基 将琼脂 0.3~0.5 g 加入 100 mL 普通肉汤培养基中,煮沸 30 min,使琼脂充分溶解,分装于试管或“U”形管中,121.3 ℃灭菌 20 min 即可。用于菌种的保存或测定细菌的运动性。

(4)血液琼脂培养基 取灭菌的普通琼脂培养基 100 mL,溶解后冷却至 40~50 ℃,加入无菌鲜血 5~10 mL,混合后制成斜面或平板,使用前需做无菌检查。用于营养要求较高的细菌如巴氏杆菌、链球菌等的分离培养和细菌溶血性的观察及保存菌种。

注:当琼脂培养基温度过高时加入血液,血液由鲜红色变为暗褐色,称为巧克力琼脂培养基。可用于培养嗜血杆菌。

(5)血清琼脂培养基 取灭菌的普通琼脂培养基 100 mL,溶解后冷却至 40~50 ℃,加入无菌血清 5~10 mL,混合后制成斜面或平板,使用前需做无菌检查。用于某些病原菌如巴氏杆菌、链球菌等的分离培养和菌落性状的观察及保存菌种。

(6)疱肉培养基(肉渣培养基) 每支试管中加入牛肉渣 2 g,再加入普通肉汤培养基 3~4 mL,液面盖一薄层液体石蜡,经 121.3 ℃ 20~30 min 灭菌后保存冰箱备用。用于培养厌氧菌。

(7)肝片肉汤培养基 将新鲜肝脏放于流通蒸汽锅内加热 1~2 h,待蛋白凝固后,肝脏深部呈褐色,将其切成 3~4 mm^3 大小的方块,用水洗净后,取 3~6 块放入普通肉汤管中。向每支肝片肉汤管中加入液体石蜡 0.5~1.0 mL,经 121.3 ℃20~30 min 灭菌后保存冰箱备用。用于培养厌氧菌。

6.培养基 pH 测定法

(1)精密 pH 试纸法 取 pH 范围适宜的精密 pH 试纸,剪一小片,蘸以待检测的培养基,并立即与所附的比色样片比较,然后向培养基中缓慢加入 NaOH 或 HCl,边加入边搅拌边比色,直到 pH 试纸的颜色与所需的 pH 比色标准样片的颜色相当为止。如果所制备的培养基数量较大，可先取部分培养基做样品，按上述方法调整 pH，记录需要的 NaOH 或 HCl 用量，按比例计算出全部培养基所需 NaOH 或 HCl 的总量，将其加入培养基中即可。

（2）标准比色管法　取 3 支与标准比色管（pH 7.6）相同的空比色管，其中一管加蒸馏水 5 mL，另外两管各加待测的培养基 5 mL，其中一管内加 0.02%酚红（PR）指示剂 0.25 mL（滴定管），混匀。按图 2.13 所示排列，比色箱对光观察。若滴定管色淡或黄色，即表示培养基偏酸性，需滴加 0.1 mol/L 氢氧化钠校正；若呈深红色，即表示偏碱性，应滴加 0.1 mol/L 盐酸校正，使之与标准比色管色泽相同为止。通常未校正前的肉汤均呈酸性。记下用去的氢氧化钠（或盐酸）溶液量，由此计算出校正全量培养基所需 1 mol/L 氢氧化钠（或盐酸）溶液量。全量培养基加入 1 mol/L 氢氧化钠（或盐酸）溶液的总体积＝5 mL 培养基用去的 0.1 mol/L 氢氧化钠（或盐酸）的体积×培养基总体积/5×1/10。

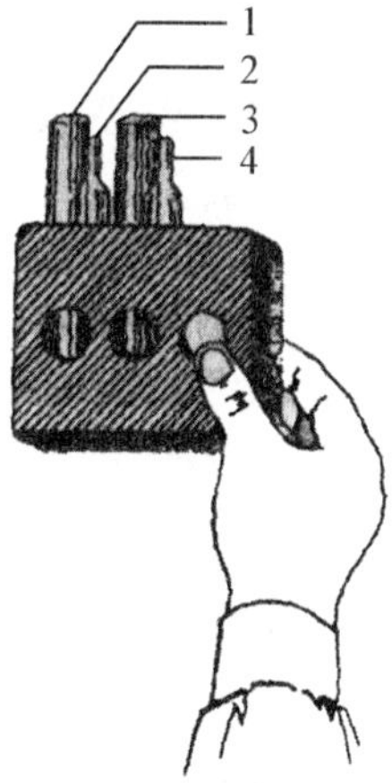

1. 对照管　2. 标准比色管
3. 检查管　4. 蒸馏水管
图 2.13　pH 比色箱

（四）实验注意事项

（1）矫正全量培养基 pH 时，不可应用 0.1 mol/L 氢氧化钠（或盐酸）溶液，否则由于加入的量较大，培养基的营养含量会明显降低，影响细菌的生长。

（2）灭菌后的培养基进行分装时，必须应用近期内严格灭菌的容器，并在无菌室或超净工作台内完成。

（3）制备好的培养基，应用前在 37 ℃恒温箱中放 1～2 d，无杂菌污染时，方可使用。

（五）实验作业

1. 什么是培养基？有哪些类型？
2. 制备培养基的基本要求是什么？
3. 制备培养基的一般程序有哪些？应注意哪些问题？
4. 如何制备普通肉汤培养基、普通琼脂培养基、半固体培养基、血液或血清培养基、疱肉培养基和肝片肉汤培养基？

二、细菌的分离培养及培养性状观察

视频 2.10　细菌分离培养

（一）实验目的

1. 掌握无菌操作的基本要求和细菌的纯培养技术。
2. 学会细菌分离、移植和培养的常用方法，能够正确观察细菌的培养性状。

（二）仪器与材料

1. 器材

恒温箱、接种环（针）、酒精灯、灭菌吸管、灭菌平皿、玻璃涂棒等。

2. 试剂

焦性没食子酸、连二亚硫酸钠、碳酸氢钠、10%氢氧化钠或氢氧化钾、凡士林、生理盐水、普通肉汤、普通(或鲜血)琼脂平板、普通(或鲜血)琼脂斜面、半固体培养基、肝片肉汤培养基、病料及细菌培养物等。

(三)方法与步骤

1. 无菌技术

无菌技术是防止细菌扩散进入机体或物体造成污染或感染而采取的一系列操作措施。无论是标本的采集或细菌分离培养等,工作人员都必须严格执行无菌操作技术。常规的无菌操作技术包括如下要点:

(1)细菌的分离等操作过程均需在无菌室、超净工作台内进行。

(2)无菌室、超净工作台在使用前后需要用消毒液擦拭,再用紫外灯照射消毒。

(3)物品、器具等使用前应进行严格的灭菌,使用过程中不得与未经消毒的物品接触,也不宜长时间暴露在空气中。

(4)操作中切勿用手直接接触标本及已灭菌的器材。在使用无菌吸管时,也不能用口吹出管内余液,而应预先在吸管上端塞有棉花,并用橡皮管轻轻吹吸。

(5)接种环(针)在每次使用前后,均应在火焰上彻底烧灼灭菌。

(6)无菌试管及烧瓶,于开塞后及塞回之前,口部均应在火焰上通过1~2次,开塞后的管口、瓶口应尽量靠近火焰,瓶塞或试管塞应夹持在手指间适当位置,不得将其任意摆放。

2. 细菌性病料的处理

大多数病料一般不需要处理即可直接用于细菌分离培养。有些病料如肠内容物、鼻液、脓汁等污染较严重,可根据污染程度及可能存在的病原菌性质采用一定的方法加以处理,以获得较纯的细菌培养物。常用的病料处理方法有以下几种:

(1)加热处理　疑有芽孢的病原细菌,可将病料制成1∶(5~10)的组织混悬液,于50~75 ℃水浴中加热20~30 min,然后再接种到适宜的培养基培养。

(2)通过易感实验动物处理　混有杂菌的病料接种到对可疑病原菌最易感的动物体内,待动物发病或死亡后,无菌取其血液或组织器官再接种到适宜的培养基培养。

(3)化学药品处理　在培养基中加入一定量的一种或几种化学药品,抑制杂菌,分离出目的细菌。如用50%乙醇及0.1%升汞水溶液分别处理杂菌病料几分钟,再用灭菌水洗涤,即可抑制病料中一部分污染杂菌的生长。

3. 细菌分离接种前的准备

(1)无菌室的准备　在微生物实验中,一般小规模的分离接种操作,使用无菌接种箱或超净工作台;工作量大时使用无菌室接种,要求严格的应在无菌室内再结合使用超净工作台。

(2)接种工具的准备　常用的接种或移植工具有接种环(针)、接种铲、移液管、玻璃涂棒、滴管或移液枪等(图2.14)。

①接种环(针)。最常用的接种工具,供挑取菌落(苔)或液体培养物接种用。环前端要求圆而闭合,否则液体不会在环内形成菌膜。根据不同用途,接种环的顶端可以改换为其他形式

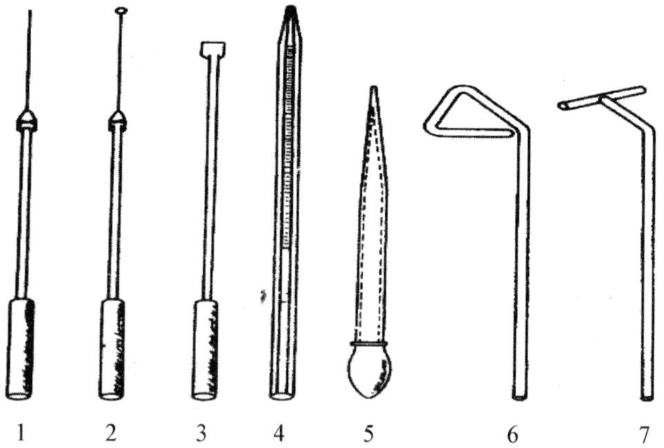

1.接种针　2.接种环　3.接种铲　4.移液管　5.滴管　6～7.玻璃涂棒

图 2.14　接种工具

如接种针、接种钩等。

②玻璃刮铲。用于稀释平板涂抹法进行菌种分离或细菌计数时的常用工具。将定量(一般为 0.1 mL)菌悬液置于平板表面涂布均匀的操作过程需要用玻璃刮铲完成。用一段长约 30 cm、直径 5～6 mm 的玻璃棒,在喷灯火焰上把一端弯成“了”字形或倒“△”形,并使柄与“△”端的平面呈 30°左右。

③移液管及吸管。无菌操作接种用的移液管常为 1 mL 或 10 mL 刻度吸管。吸管在使用前应进行包裹灭菌。

4.细菌的接种方法

细菌接种是细菌分离培养的关键步骤,可根据待检标本来源、培养目的及培养基的性状,采用不同的接种方法。其基本程序包括:灭菌接种环→冷却后蘸取细菌标本→进行接种(启盖或塞、接种划线、加盖或塞)→灭菌接种环。

(1)平板划线接种法　本法是常用的分离培养细菌方法。其目的是将混有多种细菌的病料或培养物,经划线分离使其分散生长形成单个菌落。实验室常用的平板划线接种法有分区划线法和连续划线法两种。

①分区划线法。将平板培养基分四区或五区划线。用接种环蘸取少量标本先涂布于平板培养基表面一角,并以此为起点进行不重叠连续划线作为第一区,其范围不得超过平板的 1/4,然后将接种环置火焰上灭菌,待冷却(可接触平板内面试之,如不溶化琼脂,即已冷却),于第二区处再做划线,且在开始划线时与第一区的划线相交数次,以后划线不必相交接,划完后如上法灭菌,同样方法直至最后一区,使每一区内细菌数逐渐减少,最后可分离培养出单个菌落(图 2.15)。此法适用于脓汁、粪便等含菌量较多的病料。

②连续划线法。先用接种环将病料涂布于平板培养基表面一角,然后用接种环自标本涂擦处开始,向左右两侧划开并逐渐向下移动,连续划成若干条分散的平行线(图 2.16)。此法适用于咽拭、棉拭等含菌量相对较少的标本或培养物。

(2)液体培养基接种法　接种环挑取菌落(或菌液),倾斜液体培养基管,先在液面与管壁

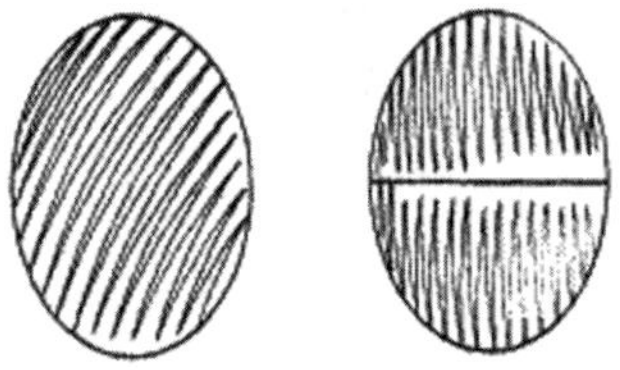

图 2.15 平板分区划线示意图

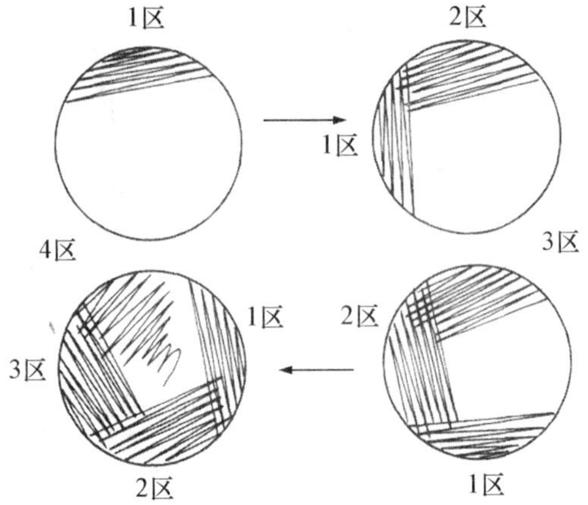

图 2.16 平板连续划线示意图

交界处摩擦接种物(以试管直立后液体能淹没接种物为准),然后再在液体中摆动 2～3 次接种环,塞好棉塞后轻轻混合即可(图 2.17)。本法多用于普通肉汤、蛋白胨水、糖发酵管等液体培养基的接种。

(3)穿刺接种法 用接种针挑取菌落或培养物后,由培养基中央垂直刺入至距管底 0.3～0.5 cm 处,然后沿穿刺线退出接种针(图 2.18)。本法多用于半固体、双糖、明胶等具有高层的培养基进行接种。

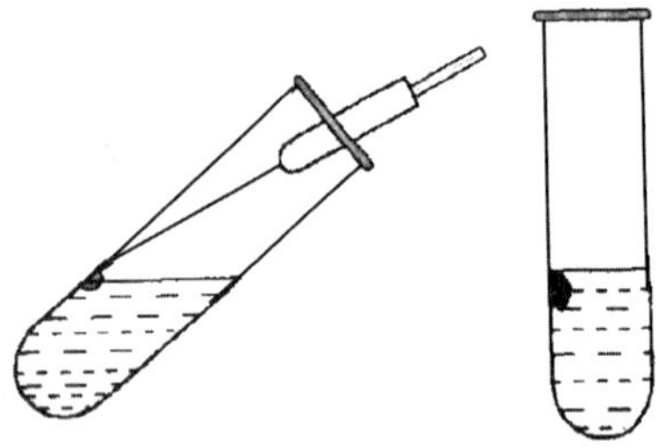

图 2.17 液体培养基接种法示意图

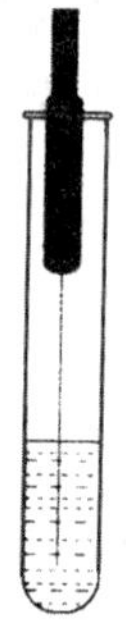

图 2.18 穿刺接种法示意图

(4)琼脂斜面接种法

①左手持菌种管及琼脂斜面管,一般菌种管放在外侧,斜面管放在内侧,两管口齐并,管身略倾斜,斜面向上,管口靠近火焰(图 2.19)。

②接种环在酒精上烧灼灭菌。

③将斜面管的棉塞夹在右手掌心与小指之间,菌种管棉塞夹在小指与无名指之间,将两棉塞一起拔出。

④把灭菌接种环伸入菌种管内,钩取少量菌苔后立即伸入斜面培养基底部,由下而上在斜面上做蛇行状划线,然后管口和棉塞通过火焰后塞好,接种环烧灼灭菌。

⑤在斜面管口写明菌种名称、日期,置 37 ℃恒温箱培养 18～24 h,进行观察。

(5)倾注分离法 可用于饮水、牛乳及尿液等液体标本中细菌的分离培养和活菌计数。方法是将标本用无菌生理盐水稀释成几个适量浓度($10^{-5}\sim10^{-1}$)的标本,选取3种浓度标本液各1 mL分别移入无菌培养皿内,再注入冷却至50 ℃左右的琼脂培养基10~15 mL混匀(图2.20),凝固后倒置于37 ℃培养箱中培养18~24 h后做菌落计数,再求出每毫升标本中的细菌数。每毫升标本中的细菌数=全平板菌落数×稀释倍数。

图2.19 琼脂斜面接种法

图2.20 倾注培养法示意图

5.细菌的培养方法

(1)一般培养法(需氧培养法) 将已接种过的培养基,放置于37 ℃培养箱中培养18~24 h,即能观察到大部分细菌的生长现象。此法可用于各种需氧及兼性厌氧菌的培养。由于绝大多数致病菌均属于需氧和兼性厌氧菌,故一般培养法是细菌检验中最常用的培养方法。

(2)二氧化碳培养法 有些细菌如鸡嗜血杆菌、弯曲杆菌等需在含5%~10% CO_2 的条件下才能生长。常用的二氧化碳培养方法有以下几种。

①烛缸法。将已经接种的培养基放置于容量为2 000 mL的磨口标本缸或干燥器内,并点燃一支蜡烛直立于缸中,烛火需距缸口10 cm左右,缸盖和缸口涂以凡士林,密封缸盖。随后连同容器一并置37 ℃ 的温箱中培养(图2.21)。

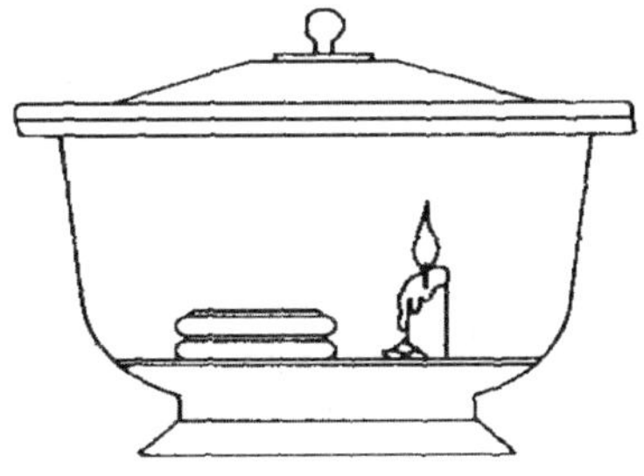

图2.21 二氧化碳培养法(烛缸法)

②化学法。根据培养细菌用容器的大小,按每0.84 g碳酸氢钠与10 mL 3.3%硫酸混合后,可产生224 mL CO_2 的比例将化学药品置入容器内反应,使培养缸内 CO_2 的浓度达10%。

③CO_2 培养箱培养。将已经接种的培养基直接放入 CO_2 培养箱内培养,按需要调节箱内的 CO_2 浓度。

(3)厌氧培养法 专性厌氧菌培养时必须在无氧环境下才能生长繁殖,常用的厌氧培养法有以下几种。

①肝片肉汤培养基培养法。先将肝片肉汤培养基煮沸10 min,迅速放入冷水中冷却以排除其中的空气。倾斜肝片肉汤培养基试管,使表面的石蜡与管壁分离,用接种环钩菌种从石蜡缝隙插入培养基中,接种完毕后直立试管,在其表面徐徐加入一层灭菌的液体石蜡,杜绝空气进入。置恒温箱中培养。

②焦性没食子酸培养法。取大试管或磨口瓶一个，在底部先垫上玻璃珠或铁丝弹簧圈，然后按每升容积加入焦性没食子酸 1 g 和 10%氢氧化钠或氢氧化钾溶液 10 mL，再盖上有孔隔板，将已接种的培养基放入其内，用凡士林或石蜡封口，置于恒温箱中培养 48 h 后观察结果。

③厌氧罐培养法。取磨口玻璃缸一个，计算体积，在磨口边缘涂凡士林，按每升容积加入连二亚硫酸钠和无水碳酸钠各 4 g 计算，向缸底加入两种研细并混匀的药品，其上用棉花覆盖，然后将已接种的培养基置于棉垫上，密封缸口后置于恒温箱中培养。

6.细菌培养特性的观察

(1)细菌在固体培养基上的生长现象　细菌接种在适宜的固体培养基上，经过一定时间培养后，在培养基表面出现肉眼可见的细菌集团，称为菌落。细菌在固体培养基表面密集生长时，多个菌落融合在一起形成的细菌堆积物称为菌苔。

不同细菌的菌落都有一定的形态特征，据此可在一定程度上鉴别细菌。先用肉眼观察单个菌落形状、大小、颜色、湿润度、隆起度、透明度、质度及乳化性；再用放大镜或低倍镜观察菌落的表面、构造及边缘情况(图 2.22)。通常根据菌落的性状可分为三大类型。

①光滑型菌落。菌落表面光滑、湿润、边缘整齐。

②粗糙型菌落。菌落表面粗糙、干燥、呈颗粒或皱纹状，边缘多不整齐。

③黏液型菌落。菌落表面光滑、湿润、黏稠。

(2)细菌在鲜血琼脂平板培养基上溶血现象观察　观察有无溶血现象及注明何种动物的血液。如果在菌落周围有 1～2 mm 宽的绿色不完全溶血环，镜下可见溶血环内有未溶解的红细胞，称为 α 型溶血或甲型溶血、绿色溶血；如果在菌落周围有 2～4 mm 宽的完全透明溶血环，则称为 β 型溶血或乙型溶血、完全溶血；不溶血者称为 γ 型溶血或丙型溶血。

(3)细菌在斜面培养基上的生长现象　将分离菌接种于普通或营养琼脂斜面培养基，培养后用肉眼或放大镜观察其生长情况。观察内容如下：

①生长量。不生长、贫瘠、中等、丰盛。

②形状。丝状、刺状、念珠状、薄膜状、树枝状、根状。

③表面。光滑、粗糙、波纹状、颗粒状。

④培养基。颜色有无改变、消化或结晶形成。

⑤气味。有或无。

⑥边缘、颜色、质度、透明度和乳化性。同固体培养基。

(4)细菌在半固体培养基上的生长现象　将纯培养菌穿刺接种于半固体培养基内，培养后用肉眼观察细菌的生长量。无鞭毛细菌只沿穿刺线生长，穿刺线清晰，周围培养基清澈透明；有鞭毛细菌沿穿刺线并向外扩散生长，穿刺线模糊或消失，周围培养基浑浊。

(5)细菌在液体培养基上的生长现象　将纯培养菌接种于液体培养基内，培养后用肉眼观察细菌的生长量、培养物的浑浊度、表面生长情况、有无沉淀物等，然后用手指轻轻弹动试管底部，使沉淀浮起，以检查沉淀物的性状。观察主要内容如下：

①浑浊度。浑浊度是细菌生长时不断向四周扩散，出现肉眼可见的、程度不同的浑浊现象。一般有不浑浊、轻度浑浊、中度浑浊和高度浑浊等，浑浊情况有全管均匀浑浊、颗粒状浑浊和絮状浑浊等。

②沉淀：沉淀是呈链状排列的细菌在生长过程中相互缠绕而易出现明显絮状或丝状的沉淀物，沉淀物上面的液体仍清澈透明。应注意观察沉淀的有无、多少，沉淀物的性状(粉末状、

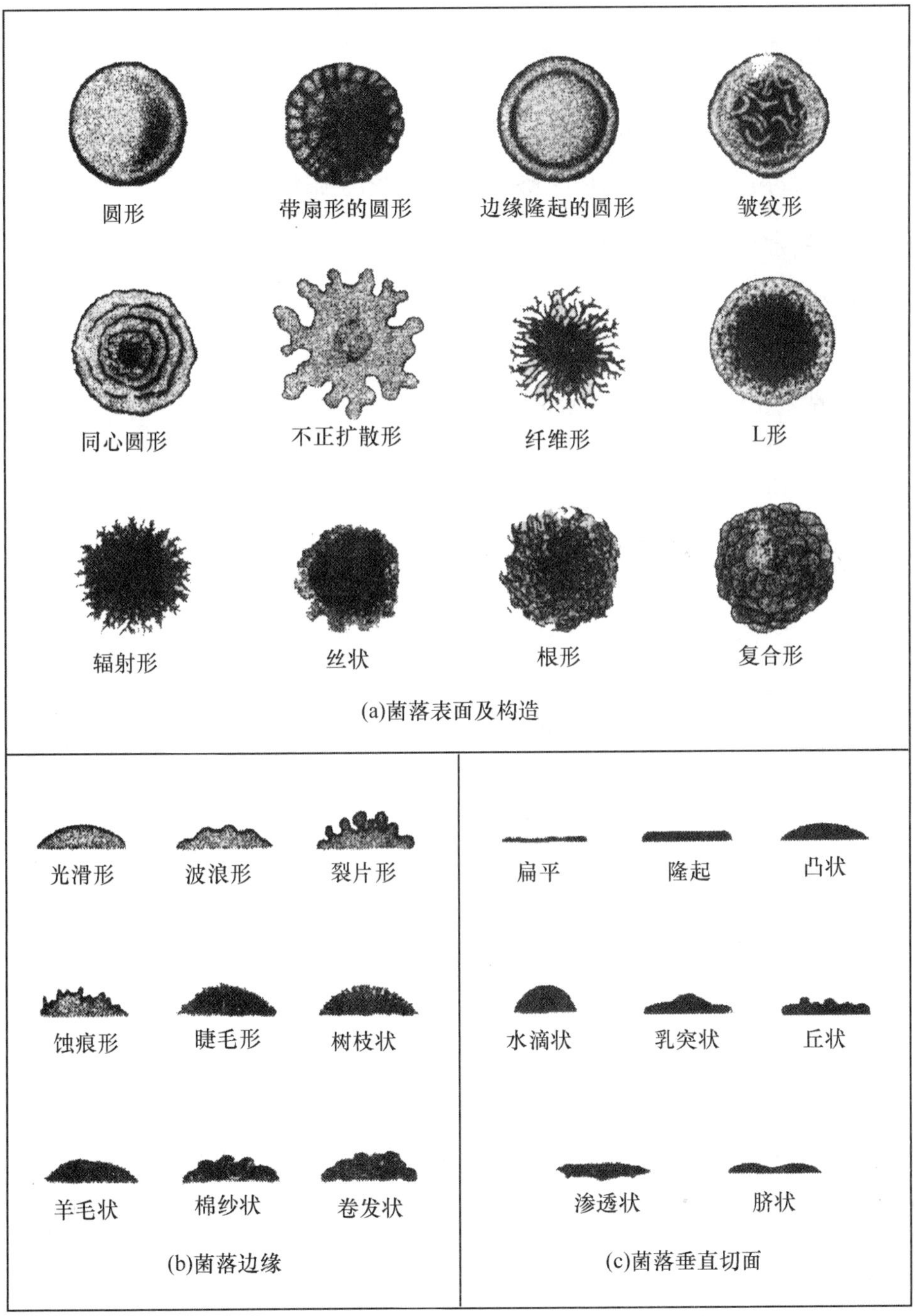

图 2.22　细菌菌落的各种形状

颗粒状、絮状、膜状或黏液状），振摇后是否散开。

③表面情况。有无产生菌膜、菌膜的厚度（薄膜、厚膜）、菌膜的表面情况（光滑、粗糙或颗粒状）。菌膜多见于需氧菌，因细菌生长时需要氧气，而集中生长在液体培养基的表面，形成肉眼可见的膜状物。

④颜色和气味。有或无。

(四)实验作业

1. 无菌操作技术要点有哪些?
2. 细菌接种的主要方法有哪些?细菌培养的方法有哪些?
3. 如何观察细菌在固体、半固体和液体培养基上的生长情况?

三、细菌生化试验

(一)实验目的

1. 掌握细菌鉴定中常用生化试验的原理、方法和结果判定。
2. 了解细菌生化试验在细菌鉴定及疾病诊断中的重要意义。

(二)仪器与材料

1. 器材

恒温箱、烧杯、酒精灯、接种环、各种细菌培养物等。

2. 试剂

各种细菌生化试验管。

(三)方法与步骤

细菌在新陈代谢过程中进行着各种生理生化反应,利用生物化学的方法来检测细菌的代谢产物以鉴别细菌,称为细菌的生物化学试验。

1. 糖类分解试验

(1)原理　大多数细菌都能分解糖类(糖、醇和糖苷),因不同细菌含有不同的酶类,对糖类的分解能力各不相同,其代谢产物也不一样。有的细菌能分解某些糖类而产酸产气,记为"⊕";有的只能产酸而不产气,记为"+";有的则不能分解糖类,记为"-"。通过检查细菌对糖类发酵后的差异可鉴别细菌。

常用于细菌糖类分解试验的单糖主要有葡萄糖、甘露糖、果糖、半乳糖等;双糖主要有乳糖、麦芽糖、蔗糖等;多糖主要有菊糖、糊精、淀粉等;醇类主要有甘露醇、山梨醇等;糖苷主要有杨苷等。

(2)方法与结果　将待鉴别细菌的纯培养物,接种到糖发酵培养基反应管内,倒置于37 ℃恒温箱中培养。培养的时间随试验的要求及细菌的分解能力而定。产酸产气时,可使培养基内的指示剂变为黄色,并在倒置的小试管内出现气泡;只产酸不产气时仅使培养基变为黄色;不分解者无反应。

(3)应用　本法是细菌鉴定最常用的方法,尤其是肠杆菌科细菌的鉴定。

2. 甲基红(MR)试验

(1)原理　MR指示剂的变色范畴为低于pH 4.4呈红色,高于pH 6.2呈黄色。有些细菌分解葡萄糖产生大量的酸,使pH维持在4.4以下,从而使培养基中的甲基红指示剂呈现红色反应,为甲基红(MR)试验阳性。若细菌产酸较少或因产酸后很快转化为其他物质(如醇、醛、酮、气体和水),使pH在5.4以上,则甲基红指示剂呈黄色,为MR试验阴性。

(2)方法　将待检菌接种于甲基红(MR)试验反应管中,以37 ℃培养18~24 h,观察结果，红色为阳性，橘黄色为阴性，橘红色为弱阳性。

(3)应用　主要用于大肠埃希菌与产气肠杆菌的鉴别，前者属阳性，后者属阴性。其他阳性反应菌如沙门菌属、志贺菌属。

3. 维-培(VP)二氏试验(丁二醇发酵试验)

(1)原理　有些细菌在发酵葡萄糖产生丙酮酸后，使丙酮酸脱羧，形成中性的乙酰甲基甲醇，后者在碱性环境中被空气氧化为二乙酸。二乙酸能与蛋白胨中精氨酸所含的胍基反应，生成红色化合物。若在培养基中加入少量含胍基的化合物，如肌酸或肌酐，可加速反应。一般方法是加碱前先加入肌酸和 α-萘酚，以增加试验的敏感性。

(2)方法　将待检菌接种于维-培(VP)二氏试验反应管中，以 37 ℃培养 48 h，观察结果。呈红色或橙红色反应为阳性。

(3)应用　主要用于肠杆菌科中产气肠杆菌与大肠埃希菌的鉴别。

4. 靛基质试验

(1)原理　有些细菌能产生色氨酸酶，能分解蛋白胨中的色氨酸而产生靛基质(吲哚)，后者与对二甲氨基苯甲醛作用，形成红色的玫瑰靛基质。

(2)方法与结果　将待检菌接种于维-培(VP)二氏试验，以 37 ℃培养 24～48 h，取出观察结果，阳性者在培养物与试剂的接触面处产生一红色的环状物，阴性者培养物仍为淡黄色。

(3)应用　本试验主要用于肠杆菌科细菌鉴别，如大肠埃氏菌为阳性，产气肠杆菌为阴性。

5. 硫化氢生成试验

(1)原理　有些细菌能分解蛋白质中的含硫氨基酸(胱氨酸、半胱氨酸等)，产生硫化氢(H_2S)。当培养基含有铅盐或铁盐时，硫化氢可与其反应生成黑色的硫化铅或硫化亚铁。

(2)方法与结果　将待检菌穿刺接种于醋酸铅培养基，以 37 ℃培养 24～48 h，观察结果。培养基变黑色者为阳性，不变者为阴性。

(3)应用　本试验主要用于肠杆菌科细菌的属间鉴别，沙门菌属、爱德华菌属、枸橼酸杆菌属和变形杆菌属多为阳性，其他菌属多为阴性。

本试验也可用浸渍醋酸铅的滤纸条进行。将滤纸条浸渍于 10%醋酸铅水溶液中，取出夹在已接种细菌的琼脂斜面培养基试管壁与棉塞间，如细菌产生硫化氢，则滤纸条呈棕黑色，为阳性反应。

6. 枸橼酸盐利用试验

(1)原理　本试验是测定细菌能否单纯利用枸橼酸钠为碳源和利用无机铵盐为氮源而生长的一种试验。如利用枸橼酸钠则生成碳酸盐使培养基变碱，指示剂溴麝香草酚蓝由淡绿色转变成深蓝色；若不能利用，则细菌不生长，培养基仍呈原来的淡绿色。

(2)方法与结果　将待鉴别细菌的纯培养物接种于枸橼酸钠培养基上，置 37 ℃恒温箱培养 18～24 h，观察结果。细菌在培养基上生长并使培养基转变为深蓝色者为阳性；没有细菌生长，培养基仍为原来颜色者为阴性。

(3)应用　本试验主要用于肠杆菌科细菌属间鉴别，如沙门菌属、产气肠杆菌属、克雷伯菌属、枸橼酸杆菌、沙雷菌属通常为阳性，埃希菌属、志贺菌属等多为阴性。

7. 尿素分解试验

(1)原理　有些细菌能产生尿素酶，能分解尿素形成 2 分子氨及 CO_2，在溶液中，氨及

CO_2 和水结合形成碳酸铵，培养基呈现碱性，使指示剂变色。

(2)方法　将待检菌 18～24 h 纯培养物接种于尿素分解试验管，不穿刺底部以便做颜色对照，置 35 ℃培养 1～6 d，每天观察结果，直到第 6 天。

(3)结果判定

①阳性试验。斜面上呈现紫红色，颜色渗透到琼脂内。颜色扩散程度表示尿素分解的速度。整个试管呈粉红色判定为＋＋＋＋；斜面粉红色，底部无变化，判定为＋＋；斜面顶部粉红色，其他无变化，判定为＋。

②阴性试验。颜色无变化，仍呈浅黄色。

(4)应用　本试验主要用于肠杆菌科属间鉴别，如克雷伯菌属(＋)与埃希菌属(－)。也用于侵肺巴氏杆菌(＋)和脲巴氏杆菌(＋)与多杀性巴氏杆菌(－)和溶血性巴氏杆菌(－)的鉴别。

8. 淀粉水解试验

(1)原理　淀粉与碘试剂反应时，可形成蓝色可溶性化合物。淀粉在细菌分泌的 α-淀粉酶作用下易被水解成葡萄糖，葡萄糖与碘试剂呈无色反应。

(2)方法与结果　将待鉴别细菌的纯培养物接种淀粉琼脂平板上，置 37 ℃恒温箱中培养 24 h 后，观察颜色变化。呈蓝色者为阴性，说明淀粉未被水解；若培养物周围不发生碘反应呈白色透明区为阳性，说明该菌产生淀粉酶，淀粉已被水解。

(3)应用　测定细菌水解淀粉的能力并通过碘试剂进行检测，有助于需氧菌属的鉴别，如芽孢杆菌属成员和链球菌属成员；也有助于厌氧菌属中菌种的鉴别，如梭菌属成员。

(四)实验作业

1. 解释所做生化试验的原理。
2. 在所做生化试验中，分解糖或蛋白质的各有哪些？
3. 简述述生化试验在细菌鉴定中的作用。

【经典考题】

一、名词解释

细菌呼吸　生长曲线　热原质　毒素　细菌素　抗生素

二、单项选择题

1. 绝大多数病原菌的分离培养通常在(　　)。

A. 37 ℃左右　B. 25 ℃左右　C. 55 ℃左右　D. 任何温度

2. 绝大多数病原菌的最适 pH 为(　　)。

1. 3.2～3.6　B. 5.2～5.6　C. 7.2～7.6　D. 8.2～8.6

3. 细菌菌体生命力强，繁殖速度最快的生长期是(　　)。

A. 迟缓期　B. 对数期　C. 稳定期　D. 衰亡期

4. 化能异养菌的碳源和能量来源分别是(　　)。

A. 无机物、光能　B. 有机物、化合物　C. 有机物、光能　D. 无机物、化合物

5. 细菌的繁殖方式通常是(　　)。

A. 接合生殖　B. 二分裂法　C. 出芽生殖　D. 装配增殖

6. 构成细菌的有机物质中含量最高的是(　　)。
A. 糖类　　B. 脂类　　C. 碳水化合物　　D. 蛋白质
7. 细菌摄取营养的方式中最主要方式为(　　)。
A. 被动扩散　　B. 促进扩散　　C. 主动运输　　D. 基团转位
8. 盛装培养基的容器不能是(　　)。
A. 玻璃制品　　B. 铁制品　　C. 铝制品　　D. 搪瓷品
9. 细菌的化学组成包括水和(　　)两部分。
A. 碳水化合物　　B. 无机盐　　C. 干物质　　D. 蛋白质
10. 基团转位方式摄取营养物质的特点是(　　)。
A. 能摄取所有营养物质　　B. 速度慢　　C. 有载体蛋白参与　　D. 不消耗能量

三、简答题

1. 细菌群体生长繁殖可分为哪些期？简述各期特点。
2. 简述细菌生长繁殖的条件。
3. 简述细菌合成代谢产物及其临床意义。
4. 简述选择和配制培养基的原则和方法。
5. 细菌摄取营养的方式有哪些？各有什么特点？

项目三　细菌致病性与检测技术

【学习目标】

1. 了解柯赫法则的基本内容，掌握细菌致病性的决定因素，内毒素和外毒素的区别。
2. 了解传染发生的必要条件，初步认识预防传染病的重要性。
3. 理解细菌毒力的表示方法，学会掌握细菌半数致死量测定步骤和计算方法。
4. 了解鲎试验的原理及用途，掌握鲎试验的操作和结果判定的方法。
5. 学会细菌性病料的采集、保存及运送方法，掌握细菌感染的实验室诊断方法。

细菌是自然界广泛存在的一种微生物，绝大多数细菌为非病原菌，少数为病原菌或致病菌。细菌性传染病占动物传染病的50%左右，少数传染病如破伤风等可根据临床特点做出诊断外，多数还需要借助病理变化进行初步诊断，而确诊则需要进行实验室诊断，确定细菌的存在或检出特异性抗体。

一、细菌致病性

视频 2.11　细菌致病机理

细菌致病性又称病原性，是指一定种类的病原菌在一定条件下，能引起人和动物疾病的特性。细菌的致病性是对宿主而言的，有的仅对人有致病性，有的仅对某些动物有致病性，有的能引起人兽共患病。病原性细菌的种类不同引起宿主机体的病理过程也不同，如炭疽杆菌引起炭疽，结核分枝杆菌则引起结核病，从这个意义上讲，致病性是微生物种的特征之一。

(一)细菌致病性的确定

柯赫法则是确定某种细菌是否具有致病性的主要依据，其要点有四个：第一，特殊的病原菌应该在同一疾病中查到，在健康机体中不存在；第二，此病原菌能被分离培养而得到纯种；第三，此培养物接种易感动物，能导致同样病症；第四，实验室感染的动物体内能重新获得该病原菌的纯培养物。柯赫法则在确定细菌致病性方面具有重要意义，特别是鉴定一种新的病原体时非常重要。但是，它也具有一定的局限性，某些情况并不符合该法则。如健康带菌或隐性感染，有些病原菌迄今仍无法在体外人工培养，有的则没有可用的易感动物。另外，该法则只强调了病原菌致病性的一方面，忽略了它与宿主的相互作用。

近年来，随着分子生物学的发展，"基因水平的柯赫法则"应运而生，其要点也有四个：第一，应在致病菌株中检出某些基因或其产物，而无毒力菌株中则无；第二，如有毒力菌株的某个毒力基因被破坏，则菌株的毒力应减弱或消除，或者将此基因克隆到无毒株内，后者成为有毒力菌株；第三，将细菌接种动物时，这个基因应在感染的过程中表达；第四，在接种动物体内能检测到这个基因产物的抗体，或产生免疫保护。该法则也适用于细菌以外的微生物，如病毒等。

(二)细菌致病性的特点

1. 细菌的种类决定疾病的性质

由于细菌侵入和定居机体的部位、致病机理和致病能力的不同，对动物致病程度也不同，临床症状也表现出一定的特异性。

2. 细菌致病是细菌与细菌及动物之间相互作用的结果

(1)在正常情况下，动物体内的正常寄生菌对宿主没有致病作用，但是，一旦因各种因素而使寄居于同一部位的正常菌群的比例失调，或者动物的生理状态发生变化，它们迅速生长繁殖，并对宿主表现出致病性。

(2)许多病原菌或毒素，只有当它们通过特定途径进入机体并达到一定数量时才对动物表现出一定的致病作用。

(3)病原菌对动物的致病作用除表现出对易感动物的选择外，还取决于动物机体的生理和免疫状态。获得特异性免疫力的易感动物能抵抗相应病原菌的致病作用。

(三)细菌的毒力因子及分泌系统

细菌致病作用的强弱程度称为毒力。通常病原菌的毒力越大，其致病性就越强。但是同一种病原菌，因菌株的不同，其致病力大小也不相同。因此毒力是菌株的特征，同种病原微生物因型或株的不同而分为强毒株、弱毒株和无毒株。

构成病原菌毒力的物质称毒力因子，主要有侵袭力和毒素两个方面。此外，有些毒力因子尚不明确。近年来的研究发现，细菌许多重要的毒力因子的分泌与细菌的分泌系统有关。

1. 侵袭力

侵袭力是指病原菌突破机体防御屏障，在机体内生长繁殖和扩散的能力。细菌的侵袭力主要涉及菌体的表面结构和释放的侵袭蛋白或酶类。

(1)黏附和定植(定居)　黏附是指病原微生物附着在敏感细胞的表面。凡具有黏附作用的细菌结构成分均称为黏附素，主要有革兰阴性菌的菌毛，其次是非菌毛黏附素，如某些革兰阴性菌的外膜蛋白、革兰阳性菌的脂磷壁酸以及细菌的荚膜多糖等。大多数细菌的黏附素具有宿主特异性及组织嗜性，如大肠埃希菌的K88菌毛、F8菌毛仅黏附于人的尿道上端导致肾盂肾炎。

细胞或组织表面与黏附素相互作用的成分称为受体，多为细胞表面糖蛋白，其中的糖残基往往是黏附素直接结合部位，如大肠埃希菌1型菌毛结合D甘露糖，大肠埃希菌F5(K99)菌毛结合唾液酸和半乳糖。部分黏附素受体为蛋白质，如金黄色葡萄球菌的黏附素原结合蛋白受体为胶原蛋白。

细菌黏附在宿主消化道、呼吸道、生殖道、尿道和眼结膜等处，以免被肠蠕动、黏液分泌、呼吸道纤毛运动等作用清除。细菌黏附是细菌在动物体内定植(定居)的前提，细菌定植是细菌感染的第一步。

(2)干扰和逃避宿主的防御机制　致病菌黏附于细胞或组织表面后，必须克服机体局部的防御机制，特别是要干扰或逃避局部的吞噬作用及分泌抗体介导的免疫作用，才能发生感染。

病原细菌抗吞噬作用的主要机制包括以下几方面：第一，不与吞噬细胞接触，如通过外毒素破坏细胞骨架以抑制吞噬细胞的作用，如链球菌溶血素等。第二，抑制吞噬细胞的摄取，如荚膜、菌毛和链球菌的溶血蛋白。第三，在吞噬细胞内生存，如李氏杆菌被吞噬后，很快从吞噬小体中逸出，直接进入细胞质。第四，杀死或损伤吞噬细胞，细菌通过分泌外毒素或蛋白酶来破坏吞噬细胞的细胞膜，或诱导细胞凋亡，或直接杀死吞噬细胞。

(3)内化作用　病原细菌黏附于细胞表面后，进入吞噬细胞或非吞噬细胞内部的过程。结核分枝杆菌、李氏杆菌、衣原体等严格的胞内寄生菌及大肠埃希菌、沙门菌等胞外寄生菌的感染离不开内化作用，这些病原细菌一旦丧失进入细胞的能力，致力则显著下降。病原细菌通过内化作用进入深层组织或进入血液循环，借以从感染的原发病灶扩散至全身或较远的靶器官。

(4)增殖与扩散　细菌在宿主体内增殖是感染的重要条件。增殖速度对致病性极其重要，如果增殖较快，细菌在感染之初就能克服机体防御机制，易在体内生存；反之，若增殖较慢，则易被机体清除。不同病原菌引起疾病所需的数量有很大差异，一个健康的机体需要一次侵入数十亿甚至数百亿个沙门菌才会引发症状，而鼠疫杆菌只需要7个就能使某些宿主患上可怕的鼠疫。

细菌在宿主体内扩散，必须依靠自身分泌的一些侵袭性酶类，如透明质酸酶、胶原酶、凝血浆酶、卵磷脂酶和DNA酶等，这些酶作用于组织基质或细胞膜，造成损伤，增加其通透性，有利于细菌在组织中扩散及协助细菌抗吞噬。

2.毒素

毒素是细菌在生长繁殖过程中产生和释放的具有损害宿主组织、器官并引起生理功能紊乱的毒性成分。根据毒素的产生方式、性质和致病特点等，可将细菌毒素分为外毒素和内毒素两大类。在大多数情况下，外毒素一般简称毒素。

(1)外毒素　外毒素是由多数革兰阳性菌和少数革兰阴性菌合成并释放到菌体外的毒性蛋白质。在兽医学上常见的几种重要的细菌外毒素如表2.2所示。

外毒素的毒性作用强，小剂量即能使易感机体致死。如纯化的肉毒梭菌外毒素毒性最强，1 mg可杀死2 000万只小鼠；破伤风毒素对小鼠的半数致死量为6～10 mg。

表 2.2 几种重要的细菌的外毒素

细　菌	毒　素	作用机理	体内效应
肉毒梭菌	肉毒素	阻断乙酰胆碱释放	神经中毒症状、麻痹
葡萄球菌	肠毒素	作用呕吐中枢	恶心、呕吐、腹泻
破伤风梭菌	破伤风毒素	抑制神经元作用	运动神经元过度兴奋、肌肉痉挛
炭疽杆菌	毒素复合物	引起血管通透性增高	水肿和出血、循环衰竭

外毒素对机体的组织器官具有选择性，并引起特殊的病理变化。按细菌外毒素对宿主细胞的选择性和作用方式不同，可分为神经毒素、细胞毒素、肠毒素三类。

外毒素具有良好的免疫原性，可刺激机体产生特异性抗体，而使机体具有免疫保护作用，这种抗体称为抗毒素，抗毒素可用于紧急预防和治疗。外毒素经 0.3%～0.5% 甲醛溶液于 37 ℃处理一定时间后，可使其失去毒性，但仍保留很强的抗原性，称类毒素。类毒素注入机体后仍可刺激机体产生抗毒素，可作为疫苗进行免疫接种。

(2)内毒素　内毒素是革兰阴性菌细胞壁中的一种脂多糖，当菌体细胞死亡溶解时才能释放出来。内毒素的毒性作用无特异性，各种病原菌内毒素作用大致相同。其表现有引致发热、血液循环中白细胞骤减、组织损伤、弥漫性血管内凝血、休克等，严重时也可导致死亡。

内毒素和外毒素主要性质的区别如表 2.3 所示。

表 2.3 细菌外毒素和内毒素的基本特性比较

特性	外毒素	内毒素
化学性质	蛋白质	脂多糖
存在部位	细胞外的环境中	为细胞壁的构成成分，菌体溶解后释放
来源	某些 G^+ 菌分泌	G^- 菌细胞壁成分
耐热性	通常不耐热、不稳定，易被氧化	极为耐热、稳定，能被酸水解
毒性作用	特异性，对特定的细胞或组织发挥特定作用	全身性，致发热、腹泻、呕吐
毒性强度	强，往往致死，对宿主不致热	弱，很少致死，常致宿主发热
免疫原性	强	弱
能否产生类毒素	能，用甲醛处理	不能
检测方法	中和试验	鲎血试验

二、传染的发生

(一)传染与感染的概念

传染是指当病原菌侵入动物机体，克服机体防御功能，在一定部位生长繁殖，并引起不同程度的病理过程。当动物机体免疫力强，能阻止侵入病原微生物的生长繁殖，或将其全部消灭，则不发生传染，称为不易感性。反之，如果动物机体的抵抗力弱，病原微生物可在体内生长繁殖，造成危害，引起传染。

感染是指病原菌在宿主体内持续存在或增殖。细菌或其他微生物侵入机体后，由于受到机体各种防御功能的作用，往往被消灭。但在某些情况下，它们可以克服机体的防御功能在动物机体内生长繁殖和传播。

(二)传染发生的必要条件

传染的发生与发展与病原微生物的致病性、机体的易感性、外界环境条件等密切相关。

1. 毒力与数量

侵入机体的病原微生物必须具有一定的毒力,没有足够的毒力,不能引起传染;同时,还需一定数量的病原微生物。有一定毒力和一定数量的病原微生物才能抵抗和破坏机体的种种防卫屏障而深入扩散,进而生长繁殖,引起传染。即便是毒力强而感染量少或数量多而毒力弱,均不能发生传染。

2. 入侵门户

病原微生物能入侵易感动物体内,要经适当途径到达一定部位,才能生长繁殖,引起传染,如果侵入门户不适当,一般不能呈现致病作用。例如破伤风梭菌,必须在较深创伤的坏死组织中缺氧情况下,才能生长繁殖,产生毒素,侵害神经,引起疾病。

有些病原微生物却可以经由多种途径侵入动物体,引起疾病,如炭疽杆菌、结核分枝杆菌、布鲁氏菌等既能通过皮肤与黏膜,又能经消化道、呼吸道、生殖道等途径侵入体内,引起感染。

3. 易感动物

动物种类不同,对同一种病原微生物易感性是不相同的。如草食动物对炭疽杆菌非常易感,但禽类在正常情况下对炭疽杆菌无感受性。偶蹄兽(牛、羊、猪等)对口蹄疫病毒易感性非常大,而单蹄兽无感受性。

易感动物中,由于年龄、性别、营养状态等不同,对病原菌的抵抗力也有差别,有些病原微生物能使幼畜禽发病,而对同种成年动物的病原性很差,如小鹅瘟只侵害雏鹅,成年鹅不感染。

4. 外界环境条件

传染的发生与发展直接或间接地受外界环境条件的影响。外界条件一方面影响病原微生物的生命力、毒力以及接触或侵入动物体的可能性程度,同时对动物机体抵抗力也发生影响。

影响传染发生的外界条件有气候、季节、地理环境、温度、湿度及饲料、管理、兽医卫生措施等。气候、季节等自然因素可影响传染的流行,如乙型脑炎、马传贫病均由媒介昆虫传播,所以多发生在昆虫活跃的季节。

(三)传染的类型

传染一般是病原微生物先从局部侵入机体,逐渐侵犯全身,造成病理性损伤。传染的结局,一是动物机体的免疫力将病原微生物消灭,使传染终止,获得痊愈;二是病原微生物突破机体防御屏障,毒害机体,以致造成长期病症,甚至死亡。

1. 显性传染

侵入动物机体的病原微生物毒力强、数量多、机体无免疫力或免疫力降低时,在体内生长繁殖,破坏机体内环境稳定性,表现出明显的临床症状,称为显性传染。显性传染根据其发生范围又可分为局部传染和全身传染。

(1)局部传染　指病原微生物侵入机体后,在一定部位定居下来,生长繁殖,产生毒性产物,引起局部病害的传染过程。机体发生局部传染时,往往由于侵入的病原微生物毒力不大,数量不多,而机体的免疫力较强,可将侵入的病原微生物限制于局部,阻止它们扩散蔓延,并将其清除消灭,从而维护动物机体的健康。当然,若机体的抵抗力下降,局部传染也会进一步扩散为全身感染。

(2)全身传染　机体与病原微生物相互作用中，由于病原微生物的毒力强大，而机体的免疫功能薄弱，不能将病原微生物限制于局部，以致向周围扩散，经淋巴或者直接侵入血流，散布到病原微生物生长的靶器官(如肝、脾、肺、肾、肠、脑、皮肤等)，引起全身传染。

当病原菌自局部病灶不断侵入血液，但遇到体内的细胞和体液免疫作用，病原菌不再通过血流转送到其他组织或器官，在血流中持续存在短暂一段时间，称为菌血症。当病原菌从局部大量进入血流，并在血流和各个组织器官中生长繁殖产生病理变化的全身传染，称败血症，如炭疽等。感染化脓菌发生败血症的同时，化脓菌还沿血流进入其他脏器，引起化脓性病变的全身性传染称为脓毒败血症，如肝脓肿、肾脓肿等见于严重的葡萄球菌传染。当病原菌在局部生长繁殖过程中，产生的毒性产物进入血液和淋巴液中，送至敏感组织，引起特异症状，而细菌不侵入血流称为毒血症，如破伤风等。

2. 隐性传染

也称无临床症状感染。当动物机体抵抗力强，或者由于侵入的病原菌毒力小、数量少，病原菌与动物机体防御之间斗争时，可能造成轻度的病理损伤，但由于机体维持其内部环境的相对稳定，在临床上不出现或仅出现不明显的症状，这种传染称为隐性传染。但是隐性传染的动物仍有向外界散布病原而成为传染源的可能性，另外隐性传染能使动物机体获得一定程度的特异性免疫力，防止同种病原菌再次感染。所以，隐性传染在流行病学上有重要意义。隐性传染的发生，取决于病原菌的种类、毒力、数量以及动物机体的免疫状态。

3. 带菌现象

病原菌存在于某动物体内，并随时由动物机体散布到自然界，但病原菌对该动物不呈现毒害作用，这种状态称为带菌现象，而该动物体即为带菌者。带菌现象有两种类型，一种是动物机体患某种传染病痊愈之后，已经不表现任何临床症状，但其机体仍有病原菌生长繁殖，并不时地向外界排出，此种状态称为恢复期带菌现象，此种动物称为恢复期带菌者，此种带菌现象可延长数月、数年乃至终身。另一种是病原菌侵入动物体后，能在其中生长繁殖，并可向外界不断排出病原微生物，这种状态称为健康带菌现象，这种动物称为健康带菌者。不论何种类型带菌者，都是很危险的传染来源。因为，对具有明显临床症状的患病动物，较容易识别和防范，而对于带菌者，则往往不易察觉，不易防备，因而可造成更大的危害。

另外，根据病原菌侵入动物体引起传染的先后次序等情况，又可分为以下几种：由一种病原微生物引起的传染称为原发传染；动物感染了一种病原微生物的基础上，由于动物机体抵抗能力降低，另一种病原微生物继而引起的传染称为继发传染；同一种动物由两种或两种以上的病原菌引起的多种传染称为混合传染。

三、细菌检测技术

(一)检测细菌

视频 2.12　细菌检测技术

1. 直接涂片显微镜检查

在细菌病的实验室诊断中，形态结构检查的应用有两个时机，一是将病料直接涂片染色镜检；二是在细菌分离培养之后，将细菌培养物涂片染色，观察细菌的形态、排列及染色特性，这是鉴定分离菌的基本方法之一，也是进行生化鉴定、血清学鉴定的前提。

2. 分离培养

细菌的分离培养及移植是细菌学检验中最重要的环节，细菌病的诊断与防治以及对未知菌的研究，常需要进行细菌的分离培养。分离纯化的病原菌，除可为生化试验和血清学试验提供纯的细菌，也可用于细菌的计数、扩增和动力观察等。

3. 动物接种试验

实验动物接种的主要用途是进行病原体的分离与鉴定，确定病原体的致病力，恢复或增强细菌的毒力，测定某些细菌的外毒素，制备疫苗或诊断用抗原，制备诊断或治疗用的免疫血清，以及用于检验药物的治疗效果及毒性等。最常用的是本动物接种和实验动物接种。实验动物有“活试剂”或“活天平”之誉，是生物学研究的重要基础和条件之一。

4. 生化试验

细菌生化试验的主要用途是鉴别细菌。对革兰染色反应、菌体形态以及菌落特征相同或相似细菌的鉴别具有重要意义。

（二）检测细菌的抗原或抗体

1. 检测抗原

利用已知的特异抗体测定有无相应的细菌抗原可以确定菌种或菌型。实验室常用的方法为凝集性试验，近年来还采用了对流免疫电泳、放射免疫、酶免疫、气相色谱等快速检测细菌抗原的方法。

2. 检测抗体

现在抗体检测的方法众多，除传统的沉淀反应、凝集试验、补体结合试验外，标记免疫测定等已成为主要的免疫测定技术，免疫印迹法也发挥了明显的作用，一些快速测定法如快速斑点免疫结合试验也被广泛使用。

（三）检测细菌遗传物质（PCR 技术）

PCR 技术又称聚合酶链反应，是 20 世纪 80 年代末发展起来的一种快速的 DNA 特定片段体外合成扩增技术。PCR 的基本原理与体内复制类似，主要根据碱基配对原理，利用 DNA 聚合酶催化和 dNTP 的参与，引物依赖于 DNA 模板特异性引导 DNA 合成。诊断时可以根据已知病原微生物特异性核酸序列，设计合成引物。在体外反应管中加入待检的病原微生物核酸即模板 DNA，如果待检核酸与引物上的碱基匹配，在 dNTP 和 DNA *Taq* 聚合酶参与下，利用 PCR 仪就可扩增出 DNA。经琼脂糖凝胶电泳，见到预期大小的 DNA 条带出现，即可做出确诊。

此项技术具有特异性强、灵敏度高、操作简便、快速、重复性好和对原材料要求较低等特点。它尤其适于那些培养时间较长的病原菌的检查，如结核分枝杆菌、支原体等。

此外，还有逆转录 PCR（RT-PCR）、免疫-PCR 等技术也常用于检测病原体。

【实验操作】

一、细菌毒力和毒素检测技术

(一)实验目的

1.理解细菌毒力的表示方法,学会毒力增强和减弱的方法。

2.学会掌握细菌半数致死量测定步骤和计算方法。

3.了解鲎试验的原理及用途,掌握鲎试验的操作和结果判定的方法。

(二)仪器与材料

1.仪器

恒温箱、注射器、1 mL 吸管、试管等。

2.试剂

PBS 液、鲎试剂、标准内毒素、测试样品、蒸馏水或注射用水。

3.其他

营养肉汤培养基、麦康凯培养基、大肠埃希菌待检菌株、30 日龄小鼠。

(三)方法与步骤

细菌毒力和毒素的测定,在微生物实验研究中特别重要,尤其在疫苗效价、血清效能检定、药物疗效研究等,都必须预先将实验用的细菌(病毒或毒素)的毒力加以测定。

1.细菌毒力的表示方法

(1)最小致死量(MLD) MLD 是指使特定动物感染后一定时间内发生死亡的最小活微生物的量或毒素量。这种测定毒力的方法比较简单,但有时因动物的个体差异,而产生不确切的结果。

(2)半数致死量(LD_{50}) LD_{50} 是在一定时间内使实验动物感染后半数发生死亡的活微生物量或毒素量。这种测定毒力的方法比较复杂,但可避免动物个体差异所造成的误差。

(3)最小感染量(MID) MID 是能引起试验对象如动物、鸡胚或组织细胞等感染的最小病原微生物的量。

(4)半数感染量(ID_{50}) ID_{50} 是能使半数试验对象发生感染的病原微生物量。测定方法同 LD_{50}。

2.细菌毒力的增强与减弱方法

(1)细菌毒力增强的方法 连续通过易感动物,可使病原细菌的毒力增强。如多杀性巴氏杆菌通过小鼠、猪丹毒杆菌通过鸽子等都可以增强其毒力。有的细菌与其他微生物共生或被温和噬菌体感染也可增强毒力,例如,魏氏梭菌与八叠球菌共生时毒力增强,白喉杆菌只有被温和噬菌体感染时才能产生毒素而成为有毒细菌。

(2)毒力减弱的方法 常用的方法是将病原微生物连续通过非易感动物;在较高温度下培养;在含有特殊化学物质的培养基中培养。此外,在含有特殊抗血清、特异噬菌体或抗生素的培养基中培养,甚至长期进行一般的人工继代培养,也都能使病原微生物的毒力减弱。而通过基因工程的方法，去除毒力基因或用点突变的方法使毒力基因失活，则为减弱病原微生物的毒力开辟了新的途径。

3. 细菌毒力的测定方法

测定细菌毒力最常用的方法是半数致死量（LD_{50}）的测定。不同的病原菌的 LD_{50} 差别很大，因此测定前需提前做预试验，以确定合适的细菌接种稀释度。下面以致病性大肠埃希菌的 LD_{50} 为例进行介绍。

（1）细菌培养　将大肠埃希菌待检菌株接种于营养肉汤培养基，37 ℃培养 24～48 h，连续传 3～4 代；取最后一代培养物 5 000 r/min 离心 5 min，取沉淀物用 PBS 液反复漂洗离心 3 次；用无菌的生理盐水进行稀释，以麦氏比浊法进行细菌计数，调节浓度至约 3×10^{8} CFU/mL。

（2）动物分组与接种　将 70 只 30 日龄的实验小鼠进行随机分为 7 组，每组 10 只小鼠。在预试验的基础上，分别用 0.005 mL、0.010 mL、0.015 mL、0.020 mL、0.025 mL、0.030 mL、0.035 mL 以灌胃的方法对各组动物进行接种。

（3）结果观察记录　接种后每隔 12 h 观察一次各组死亡情况，并记录，连续 7 d。

（4）半数致死量计算　采用 Reed 和 Muench 法计算 LD_{50}。此法是在动物死亡、存活纪录的基础上，以死亡数由上向下加，存活数由下向上加的方法算出动物累积死亡数和存活数及死亡率。然后找出两个处于 50%死亡率上下限的实验组剂量，以 50%插入法，算出由上限接种量达到 50%死亡的接种差量比值，算出该比值量与 50%死亡率的上限相加，即为半数致死量（体积）。举例如表 2.4 所示，最后根据计算所得的菌液体积和浓度计算出待测菌株的半数致死量的细菌个数（CFU）。

表 2.4　LD_{50} 测定中实验小鼠死亡、存活统计表

接种量 /mL	死亡数 /只	死亡累计数 /只	存活数 /只	存活累计数 /只	动物总数 /只	死亡率 /%
0.005	2	2	8	40	42	4.8
0.010	2	4	8	32	36	11.1
0.015	4	8	6	24	32	25.0
0.020	4	12	6	18	30	40.0
0.025	5	17	5	12	29	58.6
0.030	7	24	3	7	31	77.4
0.035	6	30	4	4	34	88.2

注：$LD_{50}=0.020+0.005\times(50.0-40.0)/(58.6-40.0)=0.022\ 7$(mL)。

（5）细菌回收检查　对死亡小鼠进行剖检，记录肉眼病理变化，取相应病变部位在麦康凯培养基中划线接种，并对分离细菌进一步进行鉴定。

4. 细菌内毒素测定方法（鲎实验）

鲎为一种海洋生物，其血液中变形细胞裂解物中的某种酶经内毒素激活后，可使裂解物中的蛋白质呈凝胶状态。因此利用鲎试剂与内毒素反应，经一定时间后观察试剂凝固的程度，可测待检物品中有无内毒素存在。此方法可以测出极微量的内毒素［(0.1～0.000 1) μg/mL］，是一种快速、简单、敏感的检测内毒素的方法。

(1)取鲎试剂一支,按说明加入规定量的无热源的无菌蒸馏水使之溶解。

(2)取内毒素标准品,用无热源的无菌蒸馏水溶解。所稀释浓度按每批溶解物的敏感性而定,一般稀释至 20 Eu/mL(Eu 为内毒素单位)。

(3)取 3 支小试管,分别编号,按表 2.5 加入各成分,并进行相应操作。

表 2.5 内毒素检测操作术式 mL

项目	试管号		
	1 阳性对照	2 阴性对照	3 待检测组
鲎试剂溶液	0.1	0.1	0.1
标准内毒素稀释液	0.1	—	—
无热源的无菌蒸馏水	—	0.1	—
待检样	—	—	0.1

(4)轻轻混匀各试管,置 37 ℃水浴中孵育 1 h。孵育结束后,将试管从水浴中轻轻取出。不要振动试管,防止凝胶被破坏,产生假阴性。

(5)缓慢倒转试管 180°,若凝成固体凝块,则为阳性,记录为"++";若呈半流动状态,则为弱阳性,记录为"+";若仅见浑浊度增加,或有少量絮状物,或无变化,则为阴性,记录为"-"。

(四)实验作业

1. 细菌毒力的大小常用哪些指标表示?说明其含义。
2. 如何增强和减弱细菌的毒力?有何作用?
3. 简述细菌 LD_{50} 和内毒素测定的主要步骤。

二、病料的采取、保存及运送

(一)实验目的

1. 理解采取病料的意义,学会活体动物和死亡动物采集病料的常用方法。
2. 学会病料保存和包装送检的方法。

(二)仪器与材料

1. 器材

高压灭菌器、煮沸消毒器、外科刀、外科剪、镊子、试管、平皿、广口瓶、包装容器、注射器、采血针头、脱脂棉、载玻片、酒精灯、火柴或打火机等。

2. 药品

病料保存液、来苏儿等。

3. 新鲜动物尸体

(三)方法与步骤

1. 剖检前检查

当发现急性死亡动物天然孔出血时,先用显微镜检查其末梢血液抹片中是否有炭疽杆菌存在。如疑为炭疽,则不可随意剖检,只有在确定不是炭疽时方可进行剖检。

2. 病料采集时间

内脏病料的采取必须在死亡后立即进行，夏天不宜晚于 6～8 h，冬天不能晚于死亡后 24 h，否则时间过长，有肠内细菌侵入，易使尸体腐败，影响病原微生物的检出。取得病料后应立即送检。如不能立刻进行检验，病料应迅速存放于冰箱中。若需要采血清测抗体，最好采发病初期和恢复期两个时期的血清。

3. 器械的消毒

刀、剪、镊子、注射器、针头等煮沸消毒 30 min。器皿(玻璃制品、陶制品、珐琅制品等)可用高压灭菌或干烤灭菌。软木塞、橡皮塞置于 0.5% 石炭酸水溶液中煮沸 10 min。采取一种病料，使用一套器械和容器，不可混用。

4. 病料的采取

(1)活体动物病料的采取

①血液。一般应在疫病发作期或发热期采取。先用灭菌注射器吸取 5%灭菌枸橼酸钠溶液或 0.1%肝素 1 mL，再从被检动物静脉吸取血液至 5～10 mL，混合后注入灭菌试管或灭菌小瓶中，封口并贴上标签，迅速送检。若不能立即送检，可暂时置入普通冰箱中于 4 ℃下保存，但放置时间不能过久，以免引起溶血。

②口鼻分泌物。一般用灭菌棉签从口腔、鼻腔深部或咽喉部采取所需分泌物，也可用消毒的拭子采取咽或食道分泌物。

③乳汁。先用消毒剂清洗并消毒乳房、乳头，然后将最初挤出的乳汁弃去，再以灭菌容器采取 10～20 mL，加塞密封，冷藏保存。

④尿液。用灭菌容器采取中段尿，可在自然排尿时采取，也可用导尿管采取。采取的尿液应立即送检，若不能及时检查，应置于 4 ℃冰箱中保存。

⑤生殖道分泌物。可用灭菌棉签采取阴道深部或宫颈分泌物，采取后立即置入含有无菌肉汤或 pH 为 7.4 的磷酸盐缓冲液的试管中，冷藏送检。

⑥粪便。先用消毒液擦净肛门周围的污物，然后用灭菌棉签蘸取粪便，置入装有少量 pH 为 7.4 的磷酸盐缓冲液的试管中，立即冷藏送检。

⑦脓汁或局部渗出液。对未破口的肿胀病灶，用无菌注射器或吸管抽取脓汁或渗出液。对已破口的肿胀病灶，用无菌棉球或纱布，蘸取深部脓汁或渗出液。

⑧体腔液。胸腔积液、腹水、脑脊液、关节囊液等体腔内的液体，可用穿刺的方法采取。

(2)死亡动物病料的采取

①内脏实质器官。心、肝、脾、肺、肾等实质性器官组织，无菌采取有病变的部位 1～2 cm^2 小方块即可，无病变时也要采集。若动物幼小时也可采取完整的内脏器官，分别置于灭菌容器或青霉素瓶中。

②淋巴结。采取病变组织器官相邻近的淋巴结，采集淋巴结时应与周围组织一起采集，并尽可能多采几个。

③血液。通常在右心房采取心血，先用烧红的剪刀或刀片烙烫心肌表面，然后用灭菌的外科手术刀自烙烫处刺一小孔，再用灭菌吸管或注射器吸取血液，盛于灭菌的试管或青霉素小瓶中。

④胆汁。个体小的动物，可采集整个胆囊，大动物可用灭菌注射器吸取胆汁数毫升，吸取方法同心血烧烙采取方法。

⑤肠管或肠内容物。选择病变明显的一段肠管(5～10 cm)，用外科线扎紧两端，自扎线外侧剪断，把该段肠管置于灭菌器皿中。

⑥皮肤及羽毛。皮肤病料要选择病变明显区的边缘部分，用剪刀和镊子采取约 10 cm×10 cm 的皮肤一块，保存于 30%甘油磷酸盐缓冲液中。羽毛也应在病变明显的部位采集，用刀刮取少许羽毛及根部皮屑，放入灭菌容器中送检。

⑦脑脊髓及管骨。脑可纵切取其一半，必要时可采集部分骨髓或脊髓液，在某些情况下，可采取整个头部。若动物尸体腐败，可采取长骨或肋骨，从骨髓中检查细菌。脑及脊髓病料侵入 50%甘油生理盐水中，整个头部和骨骼可用浸泡过 0.1%升汞溶液的纱布或油布包裹。

⑧生殖器官。母畜应分别采取子宫、胎盘等病变部位的组织及其分泌物。公畜采取睾丸及附睾。

⑨胎儿、小动物及家禽。可采取整个动物尸体，用不透水的塑料薄膜包裹送检。

5.病料的保存

病料采取后，如不能立即检验，或需送往有关单位检验，应当加入适当的保存剂，使病料尽量保持新鲜状态。

(1)细菌检验材料的保存　将采取的脏器组织块，保存于饱和的氯化钠溶液或 30%甘油缓冲盐水溶液中，容器加塞封固。如系液体，可装在封闭的毛细玻管或试管运送。

(2)病毒检验材料的保存　将采取的脏器组织块，保存于 50%甘油缓冲盐水溶液或鸡蛋生理盐水中，容器加塞封固。

(3)组织学检验材料的保存　将采取的脏器组织块放入 10%福尔马林溶液或 95%酒精中固定。固定液的用量应为送检病料的 10 倍以上。如用 10%福尔马林溶液固定，应在 24 h 后换新鲜溶液一次。严寒季节为防病料冻结，可将上述固定好的组织块取出，保存于甘油和 10% 福尔马林等量混合液中。

6.病料的包装和运送

病料送往检验室时，病料容器一一标号，详加记录，附病料送检单，该单要复写三份，一份留为存根，两份寄往检验室，待检查完毕，退回一份。

(1)病料的包装　液体病料收集在灭菌的细玻璃管中，管口用火焰封闭，注意勿使管内病料受热。将封闭的玻璃管用废纸或棉花包装，装入较大的试管中，再装在木盒中运送。用棉签蘸取的鼻液及脓汁等物，可置于灭菌的试管中，剪取多余的签柄，严密加封，用蜡密封管口，再装入木盒内寄送。盛装组织或脏器的玻璃容器，包装时力求细致而结实，最好用双重容器。将盛材料的器皿和塞用蜡封口后，置于内容器中，内容器中衬垫缓冲物(如棉花、碎纸等)。当气候温暖时，须加冰块，没有冰块时加冷水和等量的硫酸铵搅拌，使之迅速溶解，可使水温降至零下。再将内容器置于外容器中，外容器内应置于废纸、木屑、石灰粉等缓冲物，再将外容器密封好。内外容器中所加缓冲物之量，以盛病料的容器万一破碎时能完全吸收其液体为度。外包装容器上需注明上下方向，写明“病理材料”“小心玻璃”标记。也可用广口保暖瓶盛装病料寄送。

(2)病料的运送　当怀疑为危险传染病(炭疽、禽流感)的病料时，应将盛病料的器皿放入金属匣内，将匣焊封加印后装入木匣寄送。病料装入容器内至送到检验部门的时间越快越好。途中避免接触高热及日光，避免振动、冲撞，以免腐败或病原菌死亡。远途可航空托运，电告检验单位及时提取。血清学和病理组织学检验材料，可妥善包装后邮寄。

(四)实验注意事项

①采取微生物检验材料时,要严格按照无菌操作手续进行,并严防散布病原。

②要有秩序地进行工作,注意消毒,严防本身感染及造成他人感染。

③正确地保存和包装病料,正确填写送检单。

④通过对流行病学、临诊病状、剖检材料的综合分析,慎重提出送检目的。

(五)实验作业

1. 如何采集活体动物的病料?如何采集死亡动物的病料?
2. 细菌性病料如何保存与运送?
3. 细菌性疾病实验室诊断的主要方法有哪些?

【经典考题】

一、名词解释

致病性　毒力　病原菌　传染　类毒素　抗毒素

二、单项选择题

1. 破伤风杆菌类毒素的化学本质是(　　)。

A. 蛋白质　　B. 多糖类　　C. 磷壁酸　　D. 脂多糖

2. 肉毒梭菌外毒素的化学本质是(　　)。

A. DNA　　B. 蛋白质　　C. RNA　　D. 脂多糖

3. 大肠埃希菌内毒素成分通常是(　　)。

A. 蛋白质　　B. 多糖类　　C. 脂多糖　　D. 脂蛋白

4. 大肠埃希菌感染引起鸡的眼炎,是一种(　　)。

A. 毒血症　　B. 全身传染　　C. 败血症　　D. 局部传染

5. 病原菌进入血液,但没有大量繁殖,只是短暂经过后向组织器官转移,称为(　　)。

A. 菌血症　　B. 毒血症　　C. 败血症　　D. 脓毒血症

6. 病原菌进入血液转移到全身,并在血液和组织器官中生长繁殖,称为(　　)。

A. 菌血症　　B. 毒血症　　C. 败血症　　D. 脓毒血症

7. 病原菌不进入血液,只在局部组织生长,但其毒素可进入血流致机体中毒,称为(　　)。

A. 菌血症　　B. 毒血症　　C. 败血症　　D. 脓毒血症

8. 化脓性细菌通过血流散播,致使多数组织器官出现化脓性感染,称为(　　)。

A. 菌血症　　B. 毒血症　　C. 败血症　　D. 脓毒血症

9. 细菌检验材料的保存可用(　　)作为保存液。

A. 饱和盐水　　B. 50%甘油缓冲盐水　　C. 10%福尔马林溶液　　D. 95%酒精

三、简答题

1. 简述柯赫法则的主要内容。
2. 简述细菌内毒素与外毒素的主要区别。
3. 简述细菌毒力因子的组成。
4. 简述传染发生的条件。
5. 简述细菌检测方法。

项目四　其他原核细胞型微生物

【学习目标】

1. 了解螺旋体的形态结构特点，掌握其致病性和微生物学诊断方法。
2. 了解支原体的形态结构和培养特点，掌握其致病性和微生物学诊断方法。
3. 了解立克次体的形态结构、分离培养特点，掌握其致病性和微生物学诊断方法。
4. 了解衣原体的形态结构、培养特点，了解其致病性和微生物学诊断方法。

一、螺旋体

螺旋体是一类介于细菌与原虫之间、细长而柔软、波状或螺旋状、运动活泼的原核单细胞微生物。螺旋体与细菌基本结构相似，具有细胞壁、细胞膜、细胞质和核质，以二等分裂繁殖，革兰染色阴性，但以吉姆萨染色或镀银染色为佳。大部分营自由的腐生生活或共生，无致病性，只有一小部分可引起人和动物的疾病。

（一）形态与结构

螺旋体细胞呈螺旋状或波浪状圆柱形，具有多个完整的螺旋。长短不等，大小为(5～250)$\mu m\times$(0.1～3)μm。某些螺旋体可细到足以通过细菌滤器。

螺旋体的细胞中心为原生质柱，外有2～100根以上的轴丝，又称为鞭毛，夹在原生质膜与外细胞壁和黏液层构成的外鞘之间。螺旋体通过轴丝而运动。螺旋体具有不定型的核，无芽孢，核酸兼有DNA和RNA，以横二等分裂法繁殖。

螺旋体革兰染色阴性，但较难染色。吉姆萨染色呈淡红色，镀银染色着色较好，菌体呈黄褐色，背景呈淡黄色。也可用印度墨汁或刚果红与螺旋体混合负染，螺旋体透明无色，背景衬有颜色，反差明显。以相差和暗视野显微镜观察螺旋体效果良好，既能检查形态又可分辨运动方式，较为常用。

（二）培养

除钩端螺旋体外，多不能用人工培养基培养，或培养较为困难。多数需厌氧培养。非致病性螺旋体、蛇形螺旋体、钩端螺旋体以及个别致病性密螺旋体与疏螺旋体可采用含血液、腹水或其他特殊成分的培养基培养，其余螺旋体迄今尚不能用人工培养基培养，但可用易感动物来增殖培养和保种。

（三）致病性

螺旋体广泛存在于自然界水域中，也有很多存在于人和动物体内。大部分螺旋体是非致病性的，只有一小部分是致病性的。如兔密螺旋体可致兔梅毒；猪痢疾蛇形螺旋体是猪痢疾的病原体；钩端螺旋体可感染多种动物，导致钩端螺旋体病；鹅疏螺旋体可致家禽的疏螺旋体病。

二、支原体

支原体(过去称霉形体)是介于细菌和病毒之间、营独立生活的最小单细胞微生物,能通过细菌滤器,对青霉素有抵抗力。

(一)形态与染色特性

支原体无细胞壁,细胞膜具有三层结构,内、外层为蛋白质及糖类,中间层是脂质。由于支原体细胞外只包有柔软的胞浆膜,故具有多形性、可塑性和滤过性。常呈球状、环状、杆状、螺旋状,有些偶见分枝丝状等不规则形状。革兰染色呈阴性,通常着色不良,用吉姆萨或瑞氏染色良好,呈淡紫色。

(二)培养

支原体对营养要求较高,培养时需加 10%～20%的动物血清。为抑制细菌生长,常在培养基中加入青霉素、醋酸铊等药物。支原体多数在有氧条件下生长良好,但用固体培养基分离培养时,在 5% CO_2 和 95% N_2 的环境中生长为佳,琼脂浓度则以 1%～1.5%为宜。适合生长的 pH 为 7.0～8.0。

支原体生长缓慢,在琼脂培养基上培养 2～6 d,才长出微小的菌落,必须用低倍显微镜才能观察到。菌落直径从 10～600 μm 不等,圆形、透明、露滴状。支原体的典型菌落呈"煎荷包蛋状",菌落中心深入培养基中、致密、色暗,周围长在培养基表面、较透明。

(三)抵抗力

支原体因无细胞壁而抵抗力很弱。一般加热 45 ℃ 15～30 min 或 55 ℃ 5～15 min 即被杀死。对重金属盐类、石炭酸、来苏儿等消毒剂均比细菌敏感,易被脂溶剂乙醚、氯仿所裂解。对影响细胞壁合成的抗生素如青霉素、头孢霉素有抵抗作用,对放线菌素 D、丝裂菌素 C 最为敏感,对影响蛋白质合成的抗生素如四环素族、多西环素、红霉素、螺旋霉素、链霉素等敏感。

(四)致病性

致病性支原体常寄生于多种动物呼吸道、泌尿生殖道、消化道黏膜表面,乳腺及关节等,单独感染时常常是症状轻微或无临床表现,当细菌、病毒等继发感染或受外界不良因素的作用,会引起疾病。疾病特点是潜伏期长,呈慢性经过,地方性流行,多具有种的特性。

(五)微生物学诊断

支原体形态多样,直接镜检意义不大,应取病料进行分离培养,分离的支原体经形态、生化试验做初步鉴定,进一步经生长抑制试验与代谢抑制试验确定。

1. 分离培养

加 10%～20%马或小牛血清于基础培养基中。初次分离生长缓慢,菌落呈典型的油煎蛋样。新分离菌株在鉴定前必须先进行细菌 L 型鉴定,支原体与细菌 L 型极相似。它们均无细胞壁,形态多样,具滤过性,对作用于细胞壁的抗生素有抵抗作用,菌落也都似"油煎蛋样"。其主要区别是在无抑制剂的培养基中连续传代后能否回复为细菌形态。

2. 生化性状测定

先做洋地黄苷敏感性测定,用以区别需要胆固醇与不需要胆固醇的支原体。再做葡萄糖、精氨酸分解试验将其分为发酵葡萄糖和水解精氨酸两类,以缩小选用抗血清的范围,进一步做血清学鉴定。

3. 血清学鉴定

血清学试验方法中特异性较强、敏感性较高、应用较多的是生长抑制试验和代谢抑制试验以及表面免疫荧光试验。

(1)生长抑制试验　即在接种被检支原体的平板培养基上，贴上含已知抗血清的圆纸片，培养后观察圆纸片周围有无菌落抑制圈的产生。抑制宽度达 2 mm 以上时为同种，无抑制圈为异种。

(2)代谢抑制试验　常用的有发酵抑制试验，即将支原体接种于含葡萄糖的液体培养基中，加入相应的抗血清，通过指示剂颜色的变化观察支原体分解葡萄糖产酸的活性是否被抑制。精氨酸代谢抑制试验，即将支原体接种于含精氨酸加指示剂的液体培养基中，能分解精氨酸使培养基变碱者，可因加入相应的抗血清所抑制。

(3)表面免疫荧光法　即用已知抗血清制成荧光抗体，直接染色琼脂块上的支原体菌落，在荧光显微镜下观察菌落的特异性荧光。也可用抗血清与菌落反应后再用荧光标记的抗抗体染色。

三、立克次体

立克次体是介于细菌和病毒之间的细胞内寄生的原核微生物，结构与细菌相似，以二分裂方式繁殖，对广谱抗生素敏感。

(一)形态与染色

细胞多形，可呈球形、球杆形、杆形，甚至呈丝状等，但以球杆状为主。大小介于细菌和病毒之间，球状菌直径为 0.2～0.7 μm，杆状菌大小为(0.3～0.6)μm×(0.8～2)μm。革兰染色阴性，吉姆萨染色呈紫色或蓝色，马基维罗氏染色呈红色。

(二)培养

立克次体酶系统不完整，缺乏合成核酸的能力，依赖宿主细胞提供三磷酸腺苷、辅酶Ⅰ和辅酶 A 等才能生长，并以二等分裂方式繁殖。多不能在普通培养基上生长繁殖，故常用动物接种、鸡胚卵黄囊接种以及细胞培养等方法培养立克次体。

(三)抵抗力

立克次体对理化因素抵抗力不强，尤其对热敏感，56 ℃ 30 min 即被灭活。对低温及干燥抵抗力强，在干燥湿粪中能保持传染性达 1 年以上，于 50%甘油生理盐水中 4 ℃可保存活力达数月之久。对广谱抗生素中的金霉素、四环素等敏感。青霉素一般无作用，而磺胺药物不仅不敏感，反有促进立克次体生长的作用。

(四)致病性

立克次体主要寄生于虱、蚤、蜱、螨等节肢动物的肠壁上皮细胞中，并能进入唾液腺或生殖道内。人畜主要经这些节肢动物的叮咬或其粪便污染的伤口而感染立克次体。立克次体进入机体后，多在网状内皮系统、血管内皮细胞或红细胞内增殖，引起内皮细胞肿胀、增生、坏死、微循环障碍及血栓形成，呈现皮疹、脑症状和休克等。人和动物感染立克次体后，可产生特异性体液免疫和细胞免疫，病后可获得坚强的免疫力。

(五)微生物学诊断

立克次体的检查可将病料制成血片或组织抹片，经适当方法染色后镜检。进一步检查可将病料处理后接种于鸡胚卵黄囊内或适宜的易感动物，用荧光抗体技术、血清中和试验或补体结合试验等法进行鉴定。

抗体检查可用已知抗原做凝集试验、补体结合试验或中和试验，以证实患病动物血清中是否有相应的抗体，从而诊断该病。凝集试验是利用某些能与立克次体多糖抗原的抗体发生交叉反应的变形杆菌株制成凝集抗原，检查某些立克次体病，这种凝集试验称为魏-斐二氏反应。中和试验可用豚鼠或鸡胚进行。

四、衣原体

衣原体是一群能通过细菌滤器、革兰阴性、具独特发育周期以二等分裂方式繁殖并形成包涵体、专性真核细胞内寄生的原核微生物。

(一)形态与染色

衣原体在宿主细胞内生长繁殖时，早期为无感染性的始体又称网状体期，后期为有感染性的原体期。原体颗粒呈球形，小而致密，直径 0.2～0.4 μm，普通光学显微镜下勉强可见。电子显微镜下中央有致密的类核结构。原体是发育成熟了的衣原体，吉姆萨染色呈紫色，马基维罗氏染色为红色。原体主要存在细胞外，较为稳定，具有高度传染性。始体颗粒体积较原体大二至数倍，直径为 0.7～1.5 μm，圆形或卵圆形，代谢活泼，以二分裂方式繁殖。始体是衣原体在宿主细胞内发育周期的幼稚阶段，是繁殖型，不具有感染性，吉姆萨和马基维罗氏染色均呈蓝色。

包涵体是衣原体在细胞空泡内繁殖过程中形成的集落形态。它内含无数子代原体和正在分裂增殖的网状体。成熟的包涵体经吉姆萨染色呈深紫色，革兰阴性。在细胞培养中衣原体的生活周期一般为 48～72 h，有些菌株或血清型可能更短些。在生活周期末包涵体破裂，导致大量衣原体进入胞质，引起宿主细胞的裂解死亡，从而衣原体得以释放。

(二)培养

衣原体具有严格的寄生性，能在鸡胚、细胞培养及动物体繁殖。可接种于 5～7 日龄鸡胚卵黄囊，一般在接种 3～5 d 死亡，取死胚卵黄囊膜涂片染色，镜检可见有包涵体、原体和网状颗粒。动物接种多用于严重污染病料中衣原体的分离培养。常用动物为 3～4 周龄小鼠，可进行腹腔接种或脑内接种。细胞培养可用鸡胚、小鼠、羔羊等易感动物组织的原代细胞，也可用 HeLa 细胞、Vero 细胞、BHK21 等传代细胞系来增殖衣原体。由于衣原体对宿主细胞的穿入能力较弱，可于细胞管中加入二乙氨基乙基葡聚糖或预先用 X 射线照射细胞培养物，以提高细胞对衣原体的易感性。

(三)抵抗力

衣原体对外界环境抵抗力不强，耐冷怕热，56～60 ℃仅能存活 5～10 min，－50 ℃可保存一年以上。对脂溶剂、去污剂以及常用的消毒药液均十分敏感，但对煤酚类化合物及石炭酸等一般较能抵抗。衣原体对四环素类药物最敏感，红霉素、氯霉素及多黏菌素 B 等次之，青霉素、头孢霉素类作用较弱，而链霉素、庆大霉素及新霉素等则无抑制作用。对磺胺药物的敏感性，因衣原体种的不同而异。

(四)致病性

衣原体中鹦鹉热衣原体可感染多种动物,引起鸟疫、绵羊和山羊及牛的地方性流产、牛散发性脑脊髓炎、牛和绵羊多发性关节炎以及猫的肺炎。人和动物自然感染衣原体后,可产生一定的病后免疫力。用感染衣原体的卵黄囊制成灭活苗免疫动物,可产生较好的预防效果。

(五)微生物学诊断

根据所致疾病的不同,选择采取肺、关节液、脑脊髓、胎盘等病料做触片或涂片,用吉姆萨、马基维罗氏染色时着色良好,还可用荧光抗体做特异染色。也可将上述病料处理后,接种鸡胚或鸭胚卵黄囊分离病原体,必要时可适当传代,分得病原后进行鉴定。动物试验可进行小鼠和豚鼠的腹腔接种。

对感染的人、牛、羊、家兔等血清中抗体可直接用补体结合试验检查,猪、鸭、鸡或其他禽血清抗体则必须用间接补体结合试验检查。此外,还可用琼脂扩散、间接血凝及 ELISA 等试验。对感染组织或细胞中抗原,可用荧光素标记或酶标记的衣原体属、种或型的特异单克隆抗体做免疫荧光或酶免疫法染色检查鉴定。

近年来,已采用核酸探针或 PCR 技术等来准确、灵敏地检测或鉴定鹦鹉热衣原体。

【经典考题】

一、单项选择题

1. 支原体是一类单细胞原核微生物,介于(　　)。

A. 细菌与原虫之间　B. 细菌与真菌之间　C. 真菌与病毒之间　D. 细菌与病毒之间

2. 立克次体是一类单细胞原核微生物,介于(　　)。

A. 细菌与原虫之间　B. 细菌与真菌之间　C. 真菌与病毒之间　D. 细菌与病毒之间

3. 衣原体是一类单细胞原核微生物,介于(　　)。

A. 细菌与原虫之间　B. 细菌与真菌之间　C. 立克次体与病毒之间　D. 细菌与病毒之间

4. 立克次体的必须在宿主细胞内(　　)。

A. 兼性寄生　B. 专性寄生　C. 阳性寄生　D. 阴性寄生

5. 衣原体离开宿主细胞后,(　　)。

A. 自由繁殖　B. 不能繁殖　C. 菌体裂解　D. 失去传染性

6. 下列观察螺旋体最好的方法是(　　)。

A. 革兰染色　B. 抗酸染色　C. Giemsa 染色法　D. 暗视野显微镜法

7. 支原体与病毒的相同点是(　　)。

A. 能在无生命培养基上生长繁殖　B. 个体微小,能通过滤菌器

C. 胞膜中含大量胆固醇　D. 对抗生素敏感

8. 能在无生命培养基上生长繁殖的最小的原核细胞型微生物是(　　)。

A. 细菌　B. 衣原体　C. 支原体　D. 立克次体

9. 立克次体与细菌的主要区别是(　　)。

A. 有细胞壁和核糖体　B. 含有 DNA 和 RNA 两种核酸

C. 以二分裂方式繁殖　D. 严格的细胞内寄生

10. 关于支原体的生物学性状，下述错误的是(　　)。

A. 无细胞壁　　B. 能通过滤菌器　　C. 呈多形性　　D. 有独特生活周期

二、简答题

1. 简述支原体与细菌 L 型的主要区别。
2. 以支原体与细菌做比较，指出支原体的主要特征。
3. 简述衣原体与病毒的主要区别。
4 简述立克次体的生物学特性和致病性。
5. 简述立克次体的培养方法。

模块三
真核细胞型微生物——真菌

【内容提要】

真核细胞型微生物具有完整的细胞核，包括核膜、核仁和染色体，胞质内有完整的细胞器，包括真菌、藻类和原生动物(原虫)等，主要是指真菌。真菌不含叶绿素，无根、茎和叶，营腐生或寄生生活。真菌包括霉菌和酵母菌，酵母菌无致病性，部分霉菌具有致病性，中毒性霉菌能产生毒素，致使人和动物发生急性或慢性中毒。霉菌的菌丝由霉菌孢子萌发而成，分为无隔菌丝和有隔菌丝。霉菌的繁殖方式包括无性繁殖和有性繁殖。无性繁殖产生的孢子称为无性孢子，大多数霉菌是通过无性孢子来进行繁殖的。有性繁殖产生的孢子称为有性孢子。真菌的生长繁殖条件与细菌不同，培养方式也有差异，真菌致病包括菌体进入动物体内致病和真菌毒素致病。

【学习目标】

1. 了解真菌的主要生物学特性，掌握真菌生长繁殖的条件、方式和微生物学诊断方法。
2. 学会真菌制片、形态观察和载片培养技术。
3. 学会真菌的分离培养方法和培养性状的观察。

真菌是一类不含叶绿素，无根、茎和叶，营腐生或寄生生活的真核细胞型微生物。真菌细胞比细菌大几倍至几十倍，光学显微镜下放大100～500倍就可看清。单细胞真菌呈圆形或卵圆形，如酵母菌；多细胞真菌大多长出菌丝和孢子，菌丝伸长分枝，交织成团，形成菌丝体，这类真菌称为丝状菌，又称霉菌。

一、霉菌

霉菌分解一些复杂有机物，如纤维素、几丁质等的能力比较强，同时也是青霉素、灰黄霉素、柠檬酸等的主要生产菌。但也有些霉菌是动物和农作物的病原菌；还有些霉菌能产生毒素，致使人和动物发生急性或慢性中毒，称为中毒性霉菌。

视频3.1 真菌及其检验技术

(一)霉菌菌丝形态结构

霉菌菌丝主要由孢子萌发而成(图3.1)。菌丝顶端延长,旁侧分枝,互相交错成团,形成菌丝体。霉菌菌丝平均宽度为3～10 μm,比一般细菌的宽度大几倍到几十倍。菌丝的细胞结构包括细胞壁、细胞膜、细胞核、细胞质及其内含物。

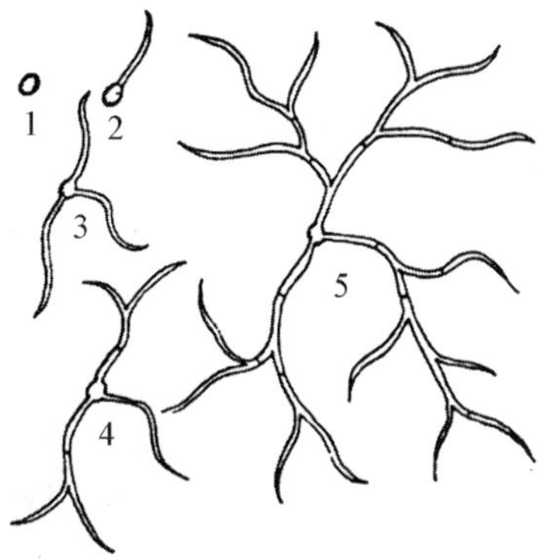

1.孢子 2.孢子萌发 3～5.菌丝生长

图3.1 孢子萌发和菌丝生长示意图

霉菌菌丝分为两种:一种无隔膜,呈长管状的分枝,细胞内含有许多核,称为无隔菌丝。无隔菌丝生长过程中只有细胞核的分裂和原生质的生长,而没有细胞数量的增多,如毛霉和根霉。另一种有隔膜,整个菌丝由分枝的成串多细胞组成,每个细胞内含一个或多个细胞核,称为有隔菌丝(图3.2)。虽然隔膜把菌丝隔成许多细胞,但是隔膜中间有孔相通,使细胞质、细胞核和养料互相沟通,因此仍应把其看成是一个完整的机体。菌丝生长,细胞的数目也随之增多。

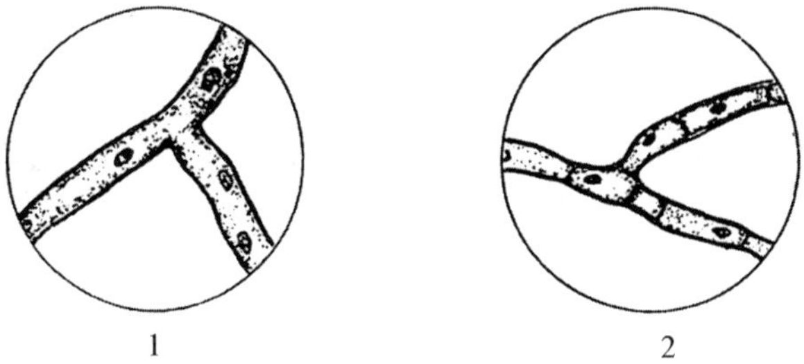

1.无隔菌丝 2.有隔菌丝

图3.2 营养菌丝示意图

霉菌菌丝的功能也有分工,伸入固体培养基内或蔓生于固体培养基表面具有摄取营养物质功能的菌丝,称为营养菌丝或基质菌丝;伸向空中的菌丝,称为气生菌丝;气生菌丝上能生出各种孢子进行繁殖的,称为繁殖菌丝。

(二)霉菌菌落特征

霉菌菌落比细菌菌落大,常常呈绒毛状、絮状和蜘蛛网状等。有些霉菌在固体培养基上呈扩散性生长,有的则有局限性。霉菌菌落最初往往是浅色或白色,当菌落上长出各种颜色的孢子后,菌落便呈现相应的颜色。有的霉菌由于能产生色素,使菌落背面也带有颜色,或进一步扩散到培养基中,使培养基变色。

(三)霉菌的繁殖方式

霉菌的繁殖能力很强,而且方式多样,如菌丝的碎片或截段即可发育成新的个体,即为断裂生殖。然而在自然界,霉菌是以产生各种无性或有性孢子来繁殖的。一般无性繁殖产生的个体多、快,是霉菌的主要繁殖方式,而且某些霉菌目前也只能见到无性繁殖。霉菌孢子的形态特征是分类的重要依据。

1. 无性繁殖

霉菌的无性繁殖是指不经过两性细胞的结合而形成新个体的过程。无性繁殖所产生的孢子称为无性孢子。大多数霉菌是通过无性孢子来进行繁殖的，如芽孢子(图 3.3-1)、节孢子(图 3.3-2)、厚垣孢子(图 3.3-3)、孢子囊孢子、分生孢子等，这些孢子萌发后形成新的个体。

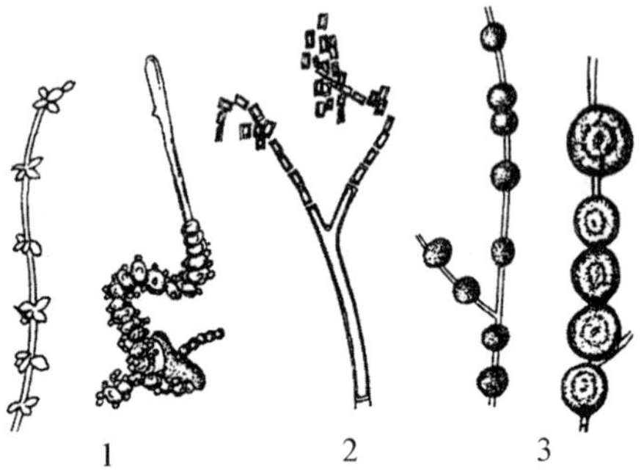

1. 芽孢子　2. 节孢子　3. 厚垣孢子

图 3.3　霉菌的无性孢子示意图

2. 有性繁殖

霉菌的有性繁殖是经过两性细胞结合(质配和核配)后，产生一定形态的孢子来实现的，这些孢子称为有性孢子。在霉菌中，性细胞的结合方式多种多样，但多数霉菌是在菌丝分化上分化出性器官进行交配的。霉菌的有性孢子有 4 种类型，包括合子、卵孢子、接合孢子和子囊孢子(图 3.4)。

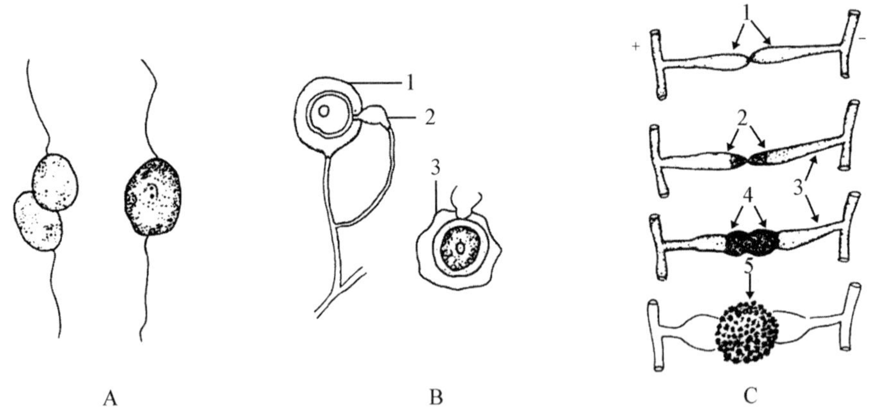

A. 配子结合形成合子　B. 卵孢子　1. 藏卵器　2. 雄器　3. 卵孢子

C. 根霉结合孢子的形成过程　1. 原配子囊　2. 配子囊　3. 配子囊柄　4. 配子囊结合　5. 接合孢子

图 3.4　几种有性孢子示意图

3. 霉菌孢子的抵抗力及其发芽

霉菌孢子对热、射线、药物、渗透压、干燥等的抵抗力比其营养细胞要强(如在液体中通常要 80 ℃加热 5 min 才死亡)，但比细菌的芽孢弱。孢子这一特性，有利于它们在自然界各种不良环境中保存自己的种族。

孢子碰到适宜的环境条件，首先吸水而膨胀，继而突破孢子壁出芽，生长成新的菌体（图 3.1）。

二、酵母菌

酵母菌用于酿酒、制馒头等，近年来又用于发酵饲料、单细胞蛋白质、石油脱蜡、维生素、有机酸及酶制剂的生产等方面。

(一)酵母菌形态及大小

酵母菌是单细胞微生物，具有典型的细胞结构，有细胞壁、细胞膜、细胞核、细胞质、细胞器及内含物等(图 3.5)。它们的形态取决于酵母菌的种类和培养条件，在一定的培养条件下，都具有相对稳定的形态。大多数酵母菌是球形、卵形、椭圆形、腊肠形、圆筒形等。

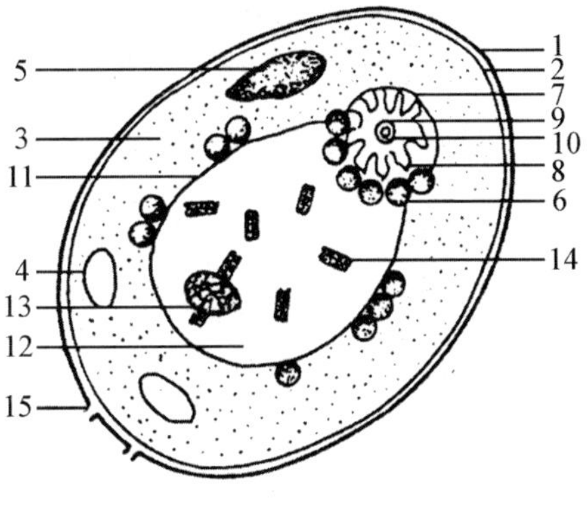

1. 细胞壁　2. 细胞膜　3. 细胞质　4. 脂肪体　5. 肝糖　6. 线粒体　7. 纺锤体　8. 中心染色质　9. 中心体　10. 中心粒　11. 核膜　12. 细胞核　13. 核仁　14. 染色体　15. 芽痕

图 3.5　酵母菌细胞构造示意图

酵母菌细胞比细菌大得多，其大小为(1～5)μm×(5～30)μm 或者更大，在高倍显微镜下可清楚地看到。

(二)酵母菌的细胞结构

细嫩酵母菌的细胞壁很薄，老龄变厚，由葡聚糖、甘露聚糖、几丁质等多糖和蛋白质、脂类以及无机盐类等成分组成。

细胞膜被细胞壁所包围，细嫩酵母菌的细胞质均匀，其后出现 1 个或 2 个液泡。当细胞渐渐生长变老时，在细胞质中和液泡内还有各种颗粒(异染颗粒、脂肪滴和肝糖)出现。

酵母菌细胞质中有细胞核、线粒体、核蛋白体、内质网、高尔基体和纺锤体。幼年细胞核呈圆形，成年细胞核呈肾形。核外包有核膜，核中有核仁和染色体。

酵母菌的细胞核、细胞质和细胞器的详细结构与一般的真核细胞相似。

(三)酵母菌的菌落特征

单独的酵母菌细胞是无色的，但在固体培养基上形成的菌落多数是乳白色的，少数是黄色或红色的。菌落表面光滑、湿润和黏稠，与某些细菌的菌落相似，但比细菌的菌落大且厚。酵母菌细胞生长在培养基表面，很容易将菌体挑起。有些酵母菌表面是干燥粉状的，有些种类培养时间长了，菌落呈皱缩状，还有些种类可以形成同心环等。

（四）酵母菌的繁殖

酵母菌一般以无性繁殖为主，在无性繁殖中又以出芽生殖（简称芽殖）为多见，个别为横分裂。酵母菌通常不产生孢子，只有在一定条件下才产生孢子。

1. 芽殖

酵母菌的出芽生殖，首先是在成熟的细胞（称母细胞）上长出一个称为芽体的突起，随后细胞核分裂成两个核，一个留在母细胞，一个与其他细胞物质一起进入芽体；当芽体逐渐长大，基部收缩，到一定时间自母细胞脱落，以后可继续成长，再行出芽生殖产生新个体。如果酵母菌生长繁殖旺盛，芽体尚未从母细胞上脱落，又从芽体上生出新的芽体，如此多次反复进行，母细胞与子细胞以极狭窄面积相连成串，似丝状的样子，则称为假菌丝。有些种类假菌丝，在两个细胞相连处的其他侧面（或四周）又生出芽，称为芽孢子。

2. 横分裂

横分裂又称裂殖。裂殖酵母不能出芽生殖，无性繁殖是以横分裂法进行，方法与细菌分裂相似。

3. 子囊孢子形成

子囊孢子是内生孢子，它们的形成决定于酵母菌的种类。子囊孢子的生成，或经两性细胞的结合行有性结合或有性繁殖，或不经两性细胞的结合孤雌生殖。

三、真菌的培养

（一）真菌生长繁殖的条件

1. 真菌生长繁殖的基本营养需要

多数真菌为异养菌，其生长繁殖的营养需要与细菌相似，但对各种物质的利用能力更强。例如，真菌既能分解单糖和双糖，又能利用淀粉、纤维素、木质素及多种有机酸。

真菌对氮素营养要求一般不严，除能利用氨基酸、蛋白质外，许多的真菌可利用尿素、铵盐、亚硝酸盐、硝酸盐作为氮源。真菌对营养要求不严，一般只要供给适当的碳水化合物和无机氮或有机氮就可以良好的生长繁殖。

2. 温度

大多数真菌的最适生长温度为 20～30 ℃。但不同种类的真菌对温度的要求也不同。一般真菌在 0 ℃以下停止生长，但并未死亡。但也有一些真菌在 0 ℃以下生长繁殖，可引起冷藏动物产品的败坏。而哺乳动物消化道的真菌在 37 ℃时生长的最好。

3. 氧气

绝大多数真菌具有需氧呼吸的特点，培养它们时需充足的氧气；有些真菌是兼性厌氧菌，如某些酵母菌在氧气充足时大量繁殖菌体，无氧时菌体减少而发酵产生酒精；少数是严格厌氧菌，如反刍动物瘤胃中的真菌。

4. 湿度与渗透压

真菌适宜生长在潮湿的环境里。某些真菌能生长在炼乳、果酱中，它们耐高渗透压，还有一些真菌，可以在稀薄的溶液中生长。

5. pH

大多数真菌喜生长在酸性环境中，它们在 pH 3～6 生长良好，而在 pH 1.5～10.0 也可以生长。

(二)真菌的分离

真菌的酵母态细胞、菌丝和孢子（无性或有性孢子），都可以生长成新的个体。据此，真菌的分离方法有菌丝分离法、组织分离法和孢子分离法 3 类。

菌丝分离法是设法将目的菌的菌丝片段分离出来，使其在适合的培养基上生长成纯的菌落，以获得纯菌种。常用划线法和稀释法两种。

组织分离法实际上也是菌丝分离的，因为一般的真菌组织都是密集的菌丝组成的。不过，真菌子实体的内部是没有污染杂菌的，只要将子实体全部或局部表面消毒，然后自其内用无菌工具和手术镊取一小块组织，直接放在适当的培养基上培养，即可获得纯菌种。

孢子分离法是利用无性或有性孢子能在适宜条件下萌发，生长成新的菌丝以获得纯菌种的一种方法。常用划线法和稀释分离法。

(三)真菌的培养

1. 固体培养

实验室进行菌种分离、菌种培养等工作，常用琼脂斜面和琼脂平板做固体培养，真菌在其上可以呈菌落或菌苔生长，便于观察和分离。

2. 液体培养

一般有浅层培养和深层培养两类。浅层培养是把液体培养基放置在浅盘或浅池中，尽量扩大液体与空气的接触面，使真菌能获得充分的氧气供应。培养时常为静置培养，真菌多在液体表面呈膜状或醭状生长，故称为表面培养。一般实验室工作或少量培养，可用浅层培养。

大量的液体培养常把液体培养基放在深层的容器内进行深层培养。由于深层液体空气供应不足，故必须在培养过程中用人工的方法，不断通入足够的空气，并做适当的搅拌，使真菌获得所需的氧气，并能在全部培养液中均匀生长。为了保证各种条件的控制和防止外来污染，必须使用密闭式容器，这就是一般所称的发酵罐。工业化生产，常使用定型的发酵罐设备。若采用大缸或大池进行通气培养，应有防止污染的设施。

真菌的生产培养方法有多种，培养后发酵产品也有多样，但其全部生产过程，包括斜面菌种培养、液体种子扩大培养、生产发酵和产品检验分装 4 个阶段。

四、真菌的致病性

有些真菌呈寄生性致病作用，有些真菌呈条件性致病作用，有些则通过产生毒素引起动物中毒来发挥致病作用。真菌性疾病大致包括：

1. 致病性真菌感染

主要是外源性真菌感染，包括皮肤、皮下组织真菌感染和全身或深部真菌感染。

视频 3.2　常见致病性真菌

2. 条件致病性真菌感染

主要是内源性真菌感染，通常发生于机体长期应用广谱抗生素、激素及免疫抑制剂时，某些非致病性的或致病性极弱的真菌引起的感染。如念珠菌、曲霉菌感染均为条件性真菌感染。

3. 真菌变态反应性疾病

真菌性变态反应有两种类型：一是感染性变态反应，它是一种迟发型变态反应，是在感染病原性真菌的基础上发生的；一是接触性变态反应，通常是由于吸入或食入真菌孢子或菌丝而引起的，分别属于Ⅰ～Ⅳ型变态反应。真菌性变态反应所致疾病的表现有过敏性皮炎、湿疹、荨麻疹和瘙痒症、过敏性胃肠炎、哮喘和过敏性鼻炎等。

4. 真菌毒素中毒

有些真菌生长在农作物及饲料上，本身带有毒素或在代谢过程中产生的毒素，动物食用后可导致中毒。引起的病变也多种多样，有的引起肝脏、胰腺、肾脏损害；有的引起神经系统功能障碍，出现抽搐、昏迷等症状；也有的可致造血功能损伤；有的有致癌作用等，如黄曲霉毒素可诱发肝癌。

五、真菌的微生物诊断方法

真菌病的诊断与细菌病的诊断有相似之处，但真菌的形态往往具有特征性，直接镜检和分离培养两种检查即可确诊，必要时可再做生化试验或动物接种。

视频 3.3　真菌病检测技术

1. 显微镜检查

多数标本不需染色即可直接镜检。有些标本用乳酸酚棉蓝染色后镜检，可见真菌染成蓝色或紫色。有些标本也可用革兰染色、瑞氏染色、吉姆萨染色和印度墨汁染色后镜检。毛发、角质等多用氢氧化钾湿片检查，即在病料上加 1 滴 10%～20%氢氧化钾液，加盖片微热处理，使标本溶解，稍压，镜检孢子、菌丝并观察其特点。标本也可用荧光素染色，在荧光显微镜下观察。

2. 分离培养

将病料接种于沙堡葡萄糖琼脂或血液琼脂，分别于室温及 37 ℃恒温箱中培养，培养后逐日观察。真菌一般生长较慢，往往需培养数日甚至数周。为防止或减少细菌污染，可在每毫升培养基中加 20～100 IU 青霉素和 40～200 μg 链霉素。

有些真菌病，可用变态反应进行诊断。对真菌毒素中毒性疾病，则应进行毒素检查和产毒真菌的检查。

【实验操作】

一、真菌制片、形态观察及载片培养技术

（一）实验目的

1. 掌握真菌水浸片的制备和封闭标本的制备，学会观察霉菌、酵母菌的形态。

2. 了解真菌载片培养法。

(二)仪器与材料

显微镜、亚甲蓝染色液、蒸馏水、载玻片、盖玻片、霉菌菌种、酵母菌种、解剖针、解剖镜、接种环、乳酸石炭酸液、50%酒精、纱布、合成树脂、7 cm 左右圆形滤纸、9 cm 平皿、“U”形玻璃棒、试管、滴管、固体培养基、20%的甘油、培养箱等。

(三)内容与方法

1. 真菌制片方法及其形态的观察

(1)真菌水浸片的制备　一般将真菌制成水浸片后，在显微镜下观察其细胞形态。常用亚甲蓝染色液制水浸片，可观察区分活或死的真菌细胞。在活的细胞中亚甲蓝被还原，细胞呈无色，死的细胞则被染成蓝色。若无须区别活细胞，可用蒸馏水制水浸片。

①霉菌水浸片的制备。在干净载玻片上加蒸馏水或亚甲蓝染色液一滴。取培养 2～5 d 的根霉或毛霉，培养 3～5 d 的曲霉或青霉，供作制片。霉菌要选择有无性孢子时期的菌丝体，用解剖针取少量菌丝体放在上述载玻片的液滴中，将玻片置于解剖镜下，细心地用解剖针将菌丝体分散成自然状态，然后加上盖玻片，防止产生气泡，盖后不再移动玻片，以免弄乱菌丝。

将制好的水浸片置显微镜下观察，注意菌丝有无隔膜，孢子囊柄与分生孢子柄的形状，孢子囊的形态，孢子囊孢子和分生孢子的形状和颜色，节孢子的形状等。

②酵母菌水浸片的制备。在干净载玻片上加蒸馏水或亚甲蓝染色液一滴。用灭菌接种环取培养 48 h 左右的酵母菌少许，放在液滴中轻轻涂匀；若为液体培养物则直接取一接种环培养物于载玻片上；取一干净盖玻片，先将其一边接触液滴，再慢慢放下盖玻片，避免产生气泡。将制好的水浸片在显微镜下观察，注意酵母菌的形态、大小和芽体，同时根据是否染颜色来区别死、活细胞。

(2)霉菌封闭标本片的制备　霉菌的封闭标本常用乳酸石炭酸液封片，其中含有甘油，不易干燥，而石炭酸则有防腐作用。在封片液中，还可加入棉蓝或其他酸性染料，更便于观察菌体。

首先取干净载玻片一块，中央滴加乳酸石炭酸液一滴，用解剖针取霉菌菌丝体少许，放入事先准备的 50%的酒精中停留片刻，洗掉脱落的孢子以及附着于菌丝与孢子之间的空气，然后把此菌丝体放入载玻片上的乳酸石炭酸液中，在解剖镜下，把菌丝体轻轻分开成自然状态。

加盖玻片后，于温暖干燥的室内停放数日，让水分蒸发一部分，使盖玻片与载玻片紧贴，即可封片。封片时，要用清洁的纱布或脱脂棉将盖玻片四周擦净，并在周围涂一圈合成树脂或加拿大树胶，风干后保存。

2. 真菌的载片培养

用上述制片方法要想制备成较完整而又很清楚的真菌标本，有一定的困难。而用载片培养法，不仅能够解决制片的困难，还更好观察菌丝分支和孢子着生状态。

取直径 7 cm 左右圆形滤纸一张，铺放于一个直径 9 cm 的平皿底部(图 3.6)，上放一个“U”形玻

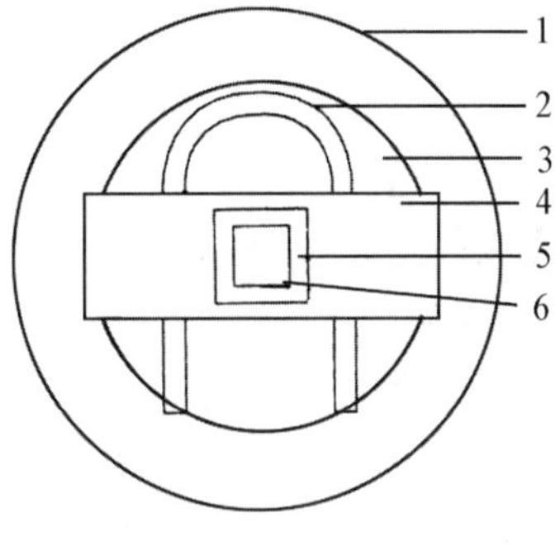

1. 培养皿　2.“U”形玻璃棒　3. 滤纸　4. 载玻片
5. 盖玻片　6. 固体培养基

图 3.6　真菌的载片培养示意图

棒，其上再平放一张干净的载玻片和一张盖玻片，盖好平皿盖进行灭菌。

挑取真菌孢子接入盛有灭菌水的试管中，摇振试管制成孢子悬液备用。用灭菌滴管吸取灭菌后融化的固体培养基少许，滴于上述灭菌平皿内的载玻片中央，并以接种环将孢子悬液接种在培养基四周，加上盖玻片，并轻轻压贴一下。为防止培养过程中培养基干燥，可在滤纸上滴加灭菌 20%的甘油液 3～4 mL，然后盖上平皿盖，即成所谓湿室载片培养。放在适宜温度（多数真菌为 20～30 ℃）的培养箱内培养，定期取出在低倍镜下观察，可以看到孢子萌发、发芽管的长出、菌丝的生长、无隔菌丝中孢子囊柄与孢子囊孢子形成的过程、有隔菌丝上足细胞的生长、锁状联合的发生、孢子着生状态等。

（四）实验作业

1. 如何制备霉菌和酵母菌的水浸标本片？
2. 如何制作霉菌封闭标本片？
3. 简述真菌载片培养的方法。

二、真菌的分离培养及观察

（一）实验目的

1. 学会真菌分离培养的方法。
2. 认识真菌菌落特征，比较与细菌菌落有何不同。

（二）仪器与材料

显微镜、亚甲蓝染色液、蒸馏水、载玻片、盖玻片、霉菌菌种、酵母菌种、解剖针、解剖镜、接种环、乳酸石炭酸液、50%酒精、纱布、合成树脂、7 cm 左右圆形滤纸、9 cm 平皿、“U”形玻棒、试管、滴管、固体培养基、20%的甘油、培养箱等。

（三）方法与步骤

1. 真菌的分离培养方法

（1）平板划线分离法

①取适合真菌生长的琼脂培养基熔化，冷却至 40～50 ℃，注入无菌平皿中，每个平皿 15～20 mL，制成平板待用。

②取要分离的材料（如田土等）少许，投入盛无菌水的试管中，振摇，使分离菌悬浮于水中。

③将接种环经火焰灭菌并冷却后，蘸取上述悬浮液，进行平板划线（划线方法同细菌的分离培养）。

④划线完毕，置 25 ℃温箱中培养 2～5 d，待长出菌落后，钓取可疑单个菌落先制片检查，若只有一种所需要的真菌生长，即可进行钓菌纯培养。若有杂菌可从单个菌落中钓少许菌制成悬液，再做划线分离培养，有时需反复几次，才能得到纯种。另外，也可在解剖镜的观察下，用无菌镊子夹取一段待分离的霉菌菌丝，直接放在平板上做分离培养，可获得该种霉菌的纯培养。

(2)连续稀释分离法(操作过程见图 3.7)

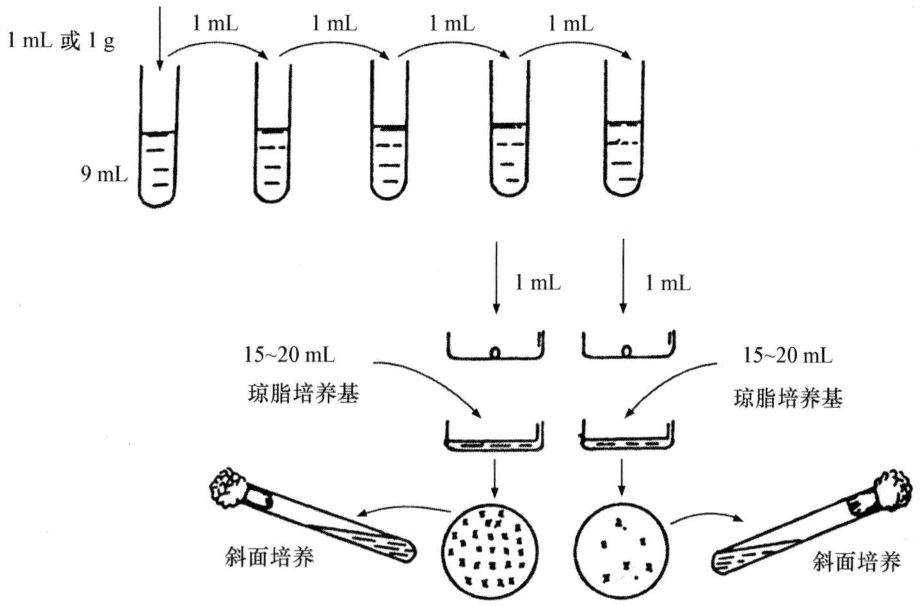

图 3.7　真菌连续稀释分离法示意图

①取装有灭菌水的试管 5 支(每管 9 mL),分别标记 1、2、3、4、5 号。取样品(如田土等)1 g 或 1 mL,投入 1 号管中,振摇,使悬浮均匀。

②用 1 mL 灭菌吸管,按无菌操作方法,从 1 号管中吸取 1 mL 注入 2 号管中,摇匀,同样由 2 号管取 1 mL 至 3 号管,依此类推,直至 5 号管。

③用 2 支无菌吸管分别由 4 号、5 号试管中各取 1 mL 悬液,并分别注入两个灭菌培养皿中,再加入融化后冷至 45～50 ℃的琼脂培养基 15～20 mL,轻轻在桌面上摇转,静置,使凝成平板。然后倒置温箱中培养,2～5 d 后,从中挑选单个菌落,并移植于斜面上。霉菌的分离多采用稀释分离法。

2. 真菌生长性状的观察

(1)琼脂平板上的菌落性状观察

①霉菌菌落。其菌落形态有绒毛状、絮状、绳索状等。菌落大小依种而异,有的能扩展到整个固体培养基,有的有一定的局限性。很多霉菌的孢子能产生色素,致使菌落表面、背面甚至培养基呈现不同的颜色,如黄色、绿色、青色、黑色和橙色等。

②酵母菌落。多呈油脂状或蜡脂状,表面光滑、湿润、黏稠,有的表面呈粉粒状、粗糙。多数菌落边缘整齐,菌落颜色有乳白色、黄色或红色等。

(2)液体培养基中的培养性状　主要观察培养基是否浑浊,有无菌膜、菌环及沉淀物。霉菌在液体培养基中生长,一般都在表面形成菌层,且不同的霉菌各有不同的形态。

(四)实验作业

1. 练习真菌的平板划线分离法和连续稀释分离法。

2.在琼脂平板培养基上形成的霉菌菌落有哪些特点？

【经典考题】

一、名词解释

真菌　菌丝　有隔菌丝　无隔菌丝　营养菌丝　气生菌丝

二、单项选择题

1.真菌属于(　　)。

A.绿色植物　B.原核微生物　C.非细胞型微生物　D.真核微生物

2.不属于真菌特点的是(　　)。

A.具有细胞壁　B.不含有叶绿素　C.有根、茎、叶　D.细胞核为真核

3.酵母菌是(　　)。

A.病原微生物　B.大多数有致病性,少数没有致病性

C.非病原微生物　D.大多数没有致病性,少数有致病性

4.在一定的条件下,酵母菌的形态(　　)。

A.具有典型的细胞结构　B.具有多型性

C.不具有典型的细胞结构　D.不能作为菌种鉴定依据

5.与霉菌相比,酵母(　　)。

A.能形成假菌丝　B.能形成基质菌丝　C.能形成气生菌丝　D.能形成繁殖菌丝

6.霉菌的菌丝发育到一定阶段能分化产生各种孢子,这样的菌丝称为(　　)。

A.假菌丝　B.基质菌丝　C.气生菌丝　D.繁殖菌丝

7.霉菌孢子是(　　)。

A.是霉菌的繁殖器官　B.是多个霉菌的浓缩物

C.是霉菌的休眠状态　D.是霉菌的死亡状态

8.大多数真菌喜生长是pH条件是(　　)。

A.酸性　B.中性　C.碱性　D.两性

9.病原性真菌生长繁殖的最适温度通常为(　　)。

A.10 ℃　B.25 ℃　C.37 ℃　D.50 ℃

三、简答题

1.真菌区别于其他微生物有哪些特点？

2.简述真菌的培养条件。

3.简述兽医临床常见的真菌性疾病。

模块四

非细胞型微生物——病毒

【内容提要】

病毒是没有细胞结构的微生物，体积微小，一般用纳米(nm)表示病毒大小，必须用电子显微镜放大一万倍以上才能观察到病毒的形态构造。病毒形态多种多样，主要有球形、砖形、弹状、丝状、蝌蚪形等。病毒的基本结构包括核酸和蛋白质外壳，特殊结构包括囊膜和纤突。只有基本结构组成的病毒称为裸露病毒，有基本结构和特殊结构组成的病毒称为囊膜病毒。病毒的化学组成包括核酸、蛋白质、糖类和脂类。病毒只含有一种核酸，能通过细菌滤器，具有干扰现象，部分病毒有血凝现象与血凝抑制现象。由于病毒没有完整的酶系统，不能独立进行新陈代谢，只能在活细胞内才能增殖，培养病毒的方法有动物接种、禽胚接种和组织细胞培养法。病毒感染的检测方法主要有电子显微镜直接检查病毒的形态结构、光学显微镜检查病毒形成的内基氏小体(包涵体)、病毒的分离培养及培养特性观察、血清学试验等方法。

项目一　病毒形态结构与培养

【学习目标】

1. 了解病毒的形态与大小，熟练掌握病毒的基本结构与特殊结构及其主要功能。
2. 掌握病毒增殖的方式与过程。
3. 学会病毒的动物接种与鸡胚接种培养技术。

按感染的对象不同，病毒可分为动物病毒、植物病毒和细菌病毒(即噬菌体)三大类。动物病毒种类多，可引起各种动物和/或人类传染病，造成严重损失。

一、病毒的基本特征

病毒与其他类型微生物比较，具有以下几个重要基本特征(表 4.1)：

(1)病毒颗粒非常微小，用电子显微镜才能观察到。

(2)病毒颗粒主要由核酸和蛋白质组成，每一种病毒含有一种核酸(DNA 或 RNA)。

视频 4.1　病毒的概念与发现

(3)病毒以复制方式繁殖,只能在活细胞内复制新的子代病毒。

(4)除利福平可抑制痘病毒复制外,其他抗生素对病毒的作用都不大。

(5)干扰素可抑制多种病毒的复制。

表 4.1 病毒与其他类型微生物的比较

微生物种类	在无活细胞培养基中生长	二分裂增殖	核酸类型	核糖体	对抗生素的敏感性	对干扰素的敏感性
细菌	+	+	D+R	+	+	−
立克次体	−	+	D+R	+	+	+
支原体	+	+	D+R	+	+	−
衣原体	−	+	D+R	+	+	+
病毒	−	−	D/R	−	−	+

注:D 指 DNA; R 指 RNA;+指有;−指无;D/R 指 DNA 或 RNA。

二、病毒的大小与形态

视频 4.2 病毒的形态与结构

(一)病毒的大小

病毒必需用电子显微镜(电镜)才能观察到,测量单位为纳米(nm)(1 nm $=10^{-6}$mm)。各种病毒的大小差异很大(图 4.1)。最大的病毒为痘病毒,直径可达 300 nm,相当于支原体的大小,用适当方法染色后在光学显微镜下可以观察到;中等大小病毒直径为 80～120 nm(如流感病毒);最小的病毒为圆环病毒,直径仅为 17 nm。

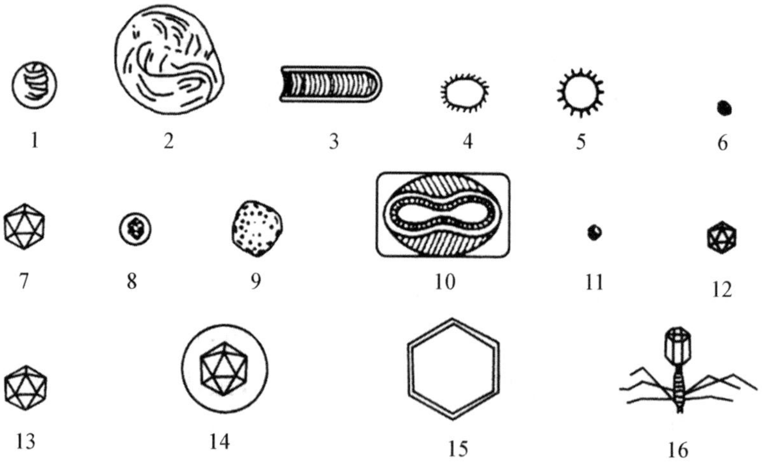

1. 正黏病毒 2. 副黏病毒 3. 弹状病毒 4. 白血病病毒 5. 冠状病毒 6. 小核糖核酸病毒 7. 呼肠弧病毒 8. 披盖病毒 9. 嵌沙样病毒 10. 痘病毒 11. 微小病毒 12. 乳多空病毒 13. 腺病毒 14. 疱疹病毒 15. 虹色病毒 16. 噬菌体

图 4.1 主要动物病毒的形态、大小示意图

大多数病毒可通过细菌滤器。

(二)病毒的形态

一个发育成熟具有感染性的病毒颗粒称病毒粒子(病毒子),在电子显微镜下观察有多种形态(图 4.1),主要有球形、砖形、弹状、丝状、蝌蚪形等。

(1)球形　大多数人类和动物病毒为球形或近似球形。如各种疱疹病毒、黏病毒、腺病毒等。

(2)砖形　病毒中较大的一类病毒多呈长方形,很像砖块。如各类痘病毒(天花病毒、牛痘病毒等)。

(3)弹状　病毒呈圆筒形,一端钝圆,另一端齐平,形似子弹头。如狂犬病病毒、动物水疱性口炎病毒等。

(4)丝状　多见于植物病毒,如烟草花叶病病毒等,但人类和动物某些病毒也呈丝状。如流感病毒、麻疹病毒等。

(5)蝌蚪形　由一卵圆形的头及一条细长的尾组成。如大多数噬菌体呈此形态。

病毒的大小和形态特征,可供鉴定病毒时参考。

三、病毒的结构和化学组成

成熟的病毒颗粒是由蛋白质衣壳(外壳)包裹着核酸(核心)构成的,核酸和衣壳的复合体称为核衣壳。结构较复杂的病毒,在其核衣壳外面还有一层富含脂质的外膜,即囊膜(图 4.2)。有的病毒囊膜上还有纤突。

病毒的主要组成成分为蛋白质、核酸,其次为脂类、糖类。

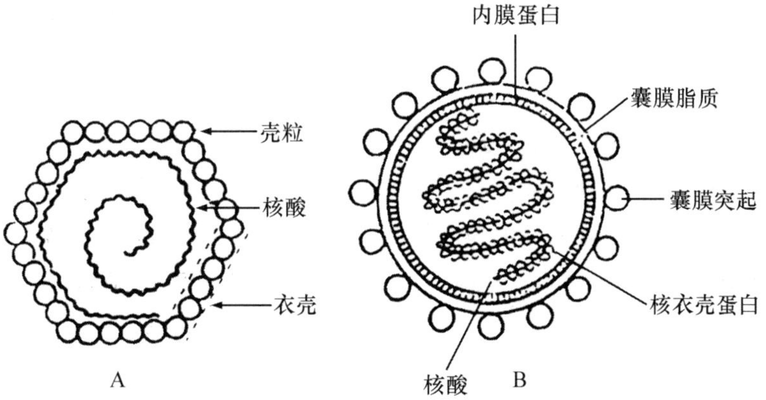

A. 裸露病毒(二十面体对称)　B. 囊膜病毒(螺旋对称)

图 4.2　动物病毒基本结构模式图

(一)病毒的基本结构

1. 病毒的核心

病毒的核心是核酸,核酸存在于病毒的中心部分,又称为芯髓。一种病毒只含有一种类型的核酸,即 DNA 或 RNA。DNA 大多数为双链,少数为单链,RNA 多数为单链,少数为双链。

核酸是病毒的遗传物质，控制着病毒的遗传、变异、增殖和对宿主的感染性等特性。某些动物病毒去除囊膜和衣壳，裸露的DNA或RNA也能感染细胞，这样的核酸称为传染性核酸。

2. 病毒的外壳

病毒的结构组成中，包围着病毒核酸及其结合蛋白的蛋白质鞘称为衣壳或壳体，衣壳由大量壳粒按一定几何构形堆积而成，病毒的核酸和衣壳合称核衣壳。壳粒是病毒衣壳的形态学亚单位，由一至数条结构多肽组成。根据壳粒的排列方式将病毒衣壳构形分为三种对称类型。

(1)二十面体对称　核衣壳形成球状结构，壳粒排列成二十面体对称形式，有20个等边三角形构成12个顶、20个面、30条棱的立体结构。病毒颗粒顶角由5个相同的壳粒构成，称为五邻体，而三角形面由6个相同壳粒组成，称为六邻体。大多数球状病毒呈这种对称型，包括大多数DNA病毒、反录病毒及微RNA病毒等。

(2)螺旋对称　壳粒呈螺旋形对称排列，中空，如正黏病毒、副黏病毒、弹状病毒及多数杆状病毒等。

(3)复合对称　壳粒排列既有螺旋对称又有立体对称的形式，如痘病毒与噬菌体。

衣壳的成分是蛋白质，在病毒核酸控制下于感染细胞内合成的。其主要功能：一是包裹核酸，形成保护性外壳；二是参与病毒粒子对易感细胞的吸附作用。此外，病毒的衣壳蛋白还具有抗原性。

(二)病毒的特殊结构

1. 囊膜

囊膜来源于宿主细胞，是某些病毒在出芽释放的过程中通过宿主细胞膜或核膜时获得的，主要成分是脂类和蛋白质。囊膜对衣壳有保护作用，且与病毒的抗原性和病毒对宿主细胞的亲和力有关。由于脂质是囊膜的重要结构成分，应用乙醚、氯仿等脂溶剂可除去脂质囊膜，从而使有囊膜病毒失去感染性。

有囊膜的病毒称为囊膜病毒，无囊膜的病毒称为裸露病毒。

2. 纤突

有些病毒囊膜表面有球杆状或穗状突起，称为纤突。纤突实质上是囊膜中镶嵌的病毒特异的蛋白质或糖蛋白。如流感病毒囊膜上的纤突有血凝素(HA)和神经氨酸酶(NA)，二者均为病毒特有的糖蛋白。纤突不仅具有抗原性，而且与病毒的致病力及病毒对细胞的亲和力有关。

3. 触须样纤维

腺病毒是唯一具有触须样纤维的病毒，腺病毒的触须样纤维是由线状聚合多肽和一球形末端蛋白所组成，位于衣壳的各个顶角。该纤维吸附到敏感细胞上，抑制宿主细胞蛋白质代谢，与致病作用有关。此外，还可凝集某些动物红细胞。

(三)病毒的化学组成

裸露病毒由核酸和蛋白质组成。囊膜病毒除核酸和蛋白质外，还含有脂类和糖类等。

1. 核酸

病毒只含有一种核酸，DNA或RNA。核酸有单股和双股，DNA病毒多数为双股，少数为单股(如细小病毒)；RNA病毒多为单股，少数为双股(如呼肠孤病毒)。

2. 蛋白质

病毒蛋白质主要是结构蛋白，包括衣壳蛋白、囊膜蛋白、基质蛋白和酶。此外，还有一些非结构蛋白，是由病毒基因组编码，在病毒复制过程中产生并具有一定的功能，但不结合于病毒粒子中的蛋白质。此处主要介绍病毒的结构蛋白。

(1)衣壳蛋白　衣壳蛋白是构成病毒壳体的蛋白质。主要功能是构成病毒外壳，保护病毒的核酸。裸露病毒的衣壳蛋白参与病毒与宿主细胞的吸附、病毒进入，决定病毒的宿主嗜性，同时它们还是病毒的表面抗原。

(2)囊膜蛋白　病毒囊膜蛋白包括囊膜中的蛋白和膜粒或纤突的蛋白。它们主要是糖蛋白，也有些是脂蛋白。它们与宿主细胞受体相互作用，介导病毒进入，启动病毒感染。此外，有的囊膜蛋白还具有凝集动物红细胞、融合细胞以及酶等活性。

(3)基质蛋白　有些囊膜病毒，如正黏病毒、副黏病毒等的囊膜内含有基质蛋白，起支撑囊膜、维持病毒外形等作用。

(4)酶类　病毒不具有进行自身复制的完整的酶系统，必须利用宿主细胞内复杂的酶系统，但有些病毒也含有一些不同种类的酶，如转录酶、修饰酶、蛋白激酶等。具有酶活性的蛋白多数结合于芯髓中，有些位于囊膜上。

3. 脂类

病毒的脂类主要来源于宿主细胞的脂类化合物，存在于囊膜上，包括磷脂、胆固醇、甘油三酯和脂肪酸等。脂类构成病毒囊膜的脂双层结构，是囊膜的重要成分。用乙醚、氯仿等脂溶剂处理囊膜病毒，可溶去囊膜中的脂类，使病毒灭活，失去感染性。无囊膜病毒不含脂类，处理后并不丧失感染性，因此常用乙醚、氯仿处理方法鉴定囊膜病毒。

4. 糖类

囊膜病毒的囊膜中还含有少量的糖类，以糖蛋白的形式存在。主要有半乳糖、甘露糖、氨基葡糖、葡萄糖等。糖类在病毒凝集红细胞中起重要作用。用糖苷酶处理具有血凝性的病毒，可破坏血凝素中的糖类，使血凝活性丧失。糖蛋白在病毒吸附、侵入宿主细胞中也起作用，而且是病毒的重要抗原。

四、病毒的增殖

视频 4.3　病毒的增殖

(一)病毒增殖方式

病毒缺乏自身增殖所需的完整酶系统，增殖时必须依靠宿主细胞合成核酸和蛋白质，这就决定了病毒在细胞内专性寄生的特性。病毒的增殖方式是复制，即病毒侵入宿主细胞内，利用宿主细胞的原料、能量、酶与场所，在病毒核酸的控制下合成子代病毒的核酸和蛋白质，然后装配成熟并释放到细胞外的过程。

在病毒感染细胞之后的一个短时间内，病毒完全消失，甚至在细胞内也找不到传染性的病毒颗粒，直至感染数小时后子代病毒的出现为止，这阶段称为隐蔽期，一般持续 2～12 h。

(二)病毒的复制过程

病毒复制的过程大致可以分为吸附与侵入、脱壳、生物合成、装配与释放 4 个主要阶段(图 4.3)。

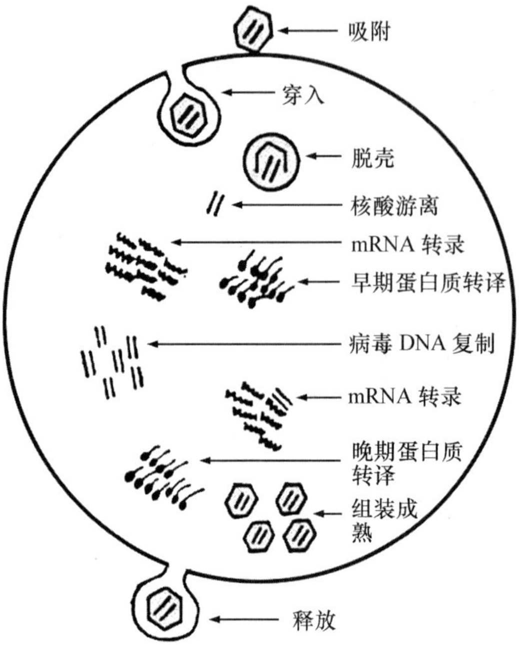

图 4.3 病毒复制过程示意图

视频 4.4 病毒的复制过程

1. 吸附与侵入

吸附于易感细胞是病毒复制的第一步。吸附包括静电吸附和特异性受体吸附两个阶段。首先，病毒靠静电引力吸附于宿主细胞表面，这种结合是可逆的、非特异性；然后病毒表面蛋白与细胞表面受体特异性结合，这种结合是不可逆的、具有特异性。特异性吸附对于病毒感染细胞至关重要，细胞表面有无特定病毒受体，直接影响是否对该病毒具有易感性。

吸附与侵入是一个连续的过程，目前发现病毒侵入细胞的方式主要有 3 种：一是病毒直接转入胞浆；二是细胞吞饮病毒；三是病毒囊膜同细胞膜融合。无囊膜的病毒以前两种方式侵入，有囊膜病毒常以第三种方式侵入细胞。

2. 脱壳

脱壳包括脱囊膜和脱衣壳两个过程。脱囊膜的过程是在侵入过程中完成，没有囊膜的病毒只有脱衣壳的过程。有的病毒在细胞膜上脱掉衣壳，病毒核酸直接进入细胞内，如口蹄疫病毒；多数病毒在细胞质或细胞核内脱去衣壳。

3. 生物合成

病毒脱壳后，释放核酸，这时在细胞内检查不到病毒颗粒，故称为隐蔽期。此时，宿主细胞在病毒基因的控制下合成病毒的核酸、蛋白质及所需的酶类，包括病毒核酸转录或复制时的聚合酶，最后是由新合成的病毒核酸和蛋白质装配成完整的病毒粒子。

4. 装配与释放

新合成的病毒核酸和蛋白质在感染细胞中逐步成熟，病毒核酸进入蛋白质衣壳形成完整的病毒粒子，是病毒的装配。大多数 DNA 病毒在细胞核内合成 DNA 并在细胞核内进行装配，但痘病毒和虹彩病毒却在细胞质内合成 DNA 和病毒蛋白并装配；RNA 病毒都在胞浆内装配。

大多数无囊膜的病毒蓄积在胞浆或胞核内，当细胞完全裂解时，释放出病毒粒子。而有囊膜的病毒则以出芽方式释放，在释放过程中病毒合成的特异性蛋白插入膜内形成特异性的囊膜蛋白，并排挤出原有的细胞膜蛋白；最终，核衣壳被囊膜包裹后释放到细胞外。如流感病毒，核衣壳在装配成熟的同时，血凝素和神经氨酸酶在胞浆内合成并嵌入细胞膜，在病毒出芽时获得这两种成分，并在囊膜表面形成纤突。

五、病毒的分类与命名

自然界中病毒的种类繁多，其分类方法也有多种。如根据核酸类型分为 DNA 病毒和 RNA 病毒。根据病毒寄生的对象可分为动物病毒、植物病毒、细菌病毒（噬菌体）等多种类型。

目前，国际公认的病毒分类和命名的权威机构为国际病毒分类委员会（ICTV），病毒分类的根据是病毒的形态、结构、核酸、多肽及对理化因素的稳定性等。随着分子生物学的发展，病毒基因组特征在病毒分类上的意义也越来越重要。从第 6 次病毒分类报告开始，把病毒分为三大类，即 DNA 病毒类、DNA 反转录与 RNA 反转录病毒类、RNA 病毒类。第 7 次分类报告之后，病毒分类形成了类、（目）、科（亚科）、属、（种）的分类系统，科、属是最主要单位。有的病毒分类地位不确定，而类病毒和朊蛋白在目前分类中也属病毒之内。

六、病毒的培养

病毒缺乏完整的酶系统和细胞器，不能在无生命的培养基中生长，必须在活细胞中才能增殖。故实验动物、禽胚（或鸡胚）以及体外培养的组织和细胞就成为人工培养病毒的对象。

视频 4.5　病毒的培养

【实验操作】

一、动物接种培养病毒技术

动物接种是将病毒以注射或口服等途径接种到实验动物体内，观察动物表现及剖检病理变化，必要时做病理组织学或血清学检查，以判断病毒增殖情况。动物接种技术可用于病毒的分离鉴定、确定病毒的致病力、制备疫苗或诊断用抗原及治疗用免疫血清等。常用的实验动物有小鼠、家兔、豚鼠、鸡等。

视频 4.6　鸡的剖检、病料采集与包装

（一）实验目的

掌握常用的动物接种方法与剖检方法。

（二）仪器与材料

1. 器材

消毒设备、注射器、头皮针、滴管、解剖盘及解剖刀剪、接种环、酒精灯、显微镜、碘酊和酒精棉球等。

2. 其他

病毒液、小鼠或家兔、鸡等。

(三)内容与方法

1. 动物的选择

(1)动物来源于非疫区、未接种过相应病毒疫苗、青壮年,经隔离饲养观察和检疫健康。

(2)对相应病毒易感,并十分敏感。

(3)家兔、小鼠、大鼠等应符合普通级或清洁级实验动物标准;鸡应属非免疫鸡或SPF级标准;犬和猫应品种明确,并符合普通级实验动物标准。

(4)体重、年龄要基本一致,个体差别不宜过大。

2. 动物的捉拿与保定

(1)小鼠的捉拿与保定　用右手从笼盒内将小鼠尾部捉住并提起,放在笼盖(或表面粗糙的物体)上,轻轻向后拉鼠尾,在小鼠向前挣脱时,用左手(熟练者也可用同一只手)拇指和食指抓住两耳和颈部皮肤,无名指、小指和手掌心夹住背部皮肤和尾部,并调整好小鼠在手中的姿势(图4.4)。这种保定方法多用于肌肉、腹腔和皮下注射等。

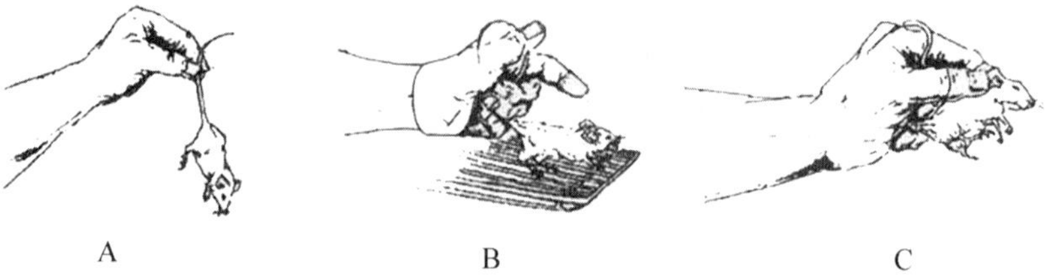

A. 抓尾部提起小鼠　B. 小鼠向前试图挣脱　C. 提起小鼠

图4.4　小鼠的捉拿与保定

(2)大鼠的捉拿及保定　因大鼠受攻击时,会咬人抓人,所以尽量不采用突然猛抓的方法。捉拿大鼠特别注意不能捉提尾尖,也不能让大鼠悬在空中时间过长,否则易激怒大鼠,容易致尾部皮肤脱落。

抓大鼠时若操作者不熟练,或者大鼠特别凶猛,操作者最好戴防护手套(帆布或硬皮质均可)。如若是灌胃、腹腔注射、肌内和皮下注射时,可将大鼠放在粗糙的台面上,右手向后牵拉鼠尾,左手拇、食指捏住鼠耳朵头颈部皮肤,余下三指紧捏住背部皮肤,置于掌心中,调整大鼠在手中的姿势后即可操作。另一个方法是张开左手虎口,迅速将拇、食指插入大鼠的腋下,虎口向前,其余三指及掌心握住大鼠身体中段,并将其保持仰卧位,之后调整左手拇指位置,紧抵在下颌骨上(但不可过紧,否则会造成窒息),即可进行实验操作。麻醉的大鼠可置于大鼠实验板上(仰卧位),用橡皮筋固定好四肢(也可用棉线),为防止苏醒时咬伤人,便于颈部实验操作,应用棉线将大鼠两上门齿固定于实验板上。

(3)兔的捉拿与保定　将兔耳部及颈背部毛皮一起提起,然后用另一只手托住兔臀部使其体重主要落在这只手上。兔一般不咬人,但应控制其四肢的活动以免抓伤操作人员。另外,不能只提兔双耳或双后腿,也不能仅抓腰、提背部皮毛,避免造成耳、肾、颈椎的损伤或皮下出血.麻醉后的兔的保定一般采用盒式保定架或台式保定架,这类保定方法适用于采血、注射、外科手术等。绑缚兔四肢时,应将保定绳打成活结,以免在紧急情况下迅速松绑困难,造成四肢骨折或其他部位的损伤。

3. 动物接种途径

动物接种途径主要有皮内接种、皮下接种、静脉接种、腹腔接种、脑内接种等，此外，动物接种还有鼻腔滴入接种、动物腮腺接种、脊椎内接种、家兔角膜划痕接种等途径。

(1)皮内注射　小鼠、家兔及豚鼠的皮内注射均需助手保定动物。由助手把动物伏卧或仰卧保定，接种者以左手拇指及食指夹起皮肤，右手持注射器，用细针头插入拇指及食指之间的皮肤内，针头插入不宜过深，同时插入角度要小，注入时感到有阻力且注射完毕后皮肤上有硬的隆起即为注入皮内。拔出针头，用消毒棉球按住针眼并稍加按摩。皮内接种要慢，以防使皮肤胀裂或自针眼流出注射物而散播传染。鸡皮内注射时由助手捉鸡，注射者左手捏住鸡冠或肉髯，消毒后在其皮内注射 0.1～0.2 mL，注射后处理同上。

(2)皮下注射　家兔及豚鼠的皮下注射与皮内注射法同样保定动物。在动物背侧或腹侧皮下结缔组织疏松部位剪毛消毒，接种者持注射器，以左手拇指、食指和中指捏起皮肤使之成一个三角形皱褶，或用镊子夹起皮肤，于其底部进针。感到针头可以随意拨动即表示插入皮下。当推入注射物时应感到流利畅通。注射后处理同皮内接种法。小鼠的皮下注射部位选在背部(背中线一侧)注射量一般为 0.2～0.5 mL。鸡的皮下注射可在颈部和背部。

(3)肌内注射　鸡的肌内注射由助手捉住或用小绳绑其两腿保定，小鸡也可由注射者左手提握保定，然后在其胸肌、腿肌或翅膀内侧肌肉处注射 0.1 mL。小鼠的肌内注射由助手捉住或用特制的保定筒保定，注射者左手握住小鼠的一后肢，在后肢上部肌肉丰满处消毒，向肌肉内注射 0.1～0.5 mL。

(4)腹腔注射　小鼠腹腔接种时，用右手提起鼠尾，左手拇指和食指捏头背部，翻转鼠体使腹部向上，把鼠尾和后腿夹于术者掌心和小指之间，右手持注射器，将针头平行刺入皮下，然后向下斜行，通过腹部肌肉进入腹腔(图 2.3)，注射量为 0.5～1.0 mL。家兔和豚鼠，先在腹股沟处刺入皮下，前进少许，再刺入腹腔，注射量为 0.5～5.0 mL。

(5)静脉注射　此法主要适用于家兔和豚鼠。将家兔放入保定器或由助手把住前后躯保定，选一侧耳边缘静脉，用 75%酒精涂擦兔耳并以手指轻弹耳朵，使静脉怒张。注射时，用左手拇指和食指拉紧兔耳，右手持注射器，使针头与静脉平行，向心方向刺入静脉内，注射时应无阻力且有血向前流动即表示注入静脉，缓缓注入接种物。若注射正确，注射后耳部应无肿胀。注射完毕，用消毒棉球紧压针眼，以免流血和注射物流出。一般注射 0.2～1.0 mL。

豚鼠常用抓握保定，耳背侧或股内侧剪毛、消毒，用头皮针刺入耳大静脉或股内侧静脉，注射量为 0.2～0.5 mL。若注射正确，注射后静脉周围应无肿胀。

(6)脑内注射　此法主要适用于乳鼠和乳兔，也可用于家兔、豚鼠和小鼠，注射部位在两耳根连线的中点略偏左(或右)。接种时用乙醚使动物轻度麻醉，术部用碘酊、酒精消毒，用小号针头经皮肤和颅骨稍向后下刺入脑内进行注射，注射完毕用棉球按压针眼片刻。乳鼠接种时一般不麻醉。家兔和豚鼠的颅骨较硬厚，最好事先用短锥钻孔，然后注射，深度宜浅，以免伤及脑组织。注射量一般家兔为 0.2 mL，豚鼠 0.15 mL，小鼠 0.03 mL。一般认为，注射后 1 h 内出现神经症状的，是接种时脑创伤所致，此动物应作废。

4. 接种后动物的饲养管理

实验动物接种后，可涂染料来识别，并在笼子上或鼠罐上贴上标签，标签上注明：动物特征、注射只数、注射日期、注射的病料等。接种病毒后的动物应提供良好的饲养条件，严格分类饲养，接种不同病毒的动物须分室饲养。作为对照组而未接种病毒的动物，也应分室隔离，并提供与实验组动物相同的饲养、管理条件。

接种后的动物须逐日观察，每日至少测温1～2次，弃去接种后24 h内死亡的动物。通常观察动物活动情况、食欲、粪尿及被毛状态，接种局部反应，体温曲线，呼吸、脉搏及特征性临床变化等。动物死后，应立即剖检，以免尸体腐败，影响病原分离及病变观察等。如果动物拖延很久不死，可用乙醚麻醉后扑杀。

5.实验动物的采血

大动物(马、牛、羊等)常用颈静脉采血法，猪则常用尾静脉(或断尾)采血法。

(1)大、小鼠采血

①尾静脉采血。将鼠用固定盒保定露出尾巴，或由助手握住头颈部保定，温敷尾巴使尾静脉舒张后断去(或切开血管)尾尖，吸取流出的血液。采完后可用6%液体火棉胶涂封伤口。

②后眼眶静脉丛采血。采血时，用拇指和食指自背颈部握住鼠，并对颈部轻压使头部静脉淤血，在凸出的眼球旁见到眼眶静脉。将消毒后的专用吸管用抗凝剂湿润内壁，从内侧眼角将吸管转向前，并轻压刺入Tenon氏筋膜，然后由鼻侧眼眶壁平行地对喉头方向推进深4～5 mm即到达后眼眶静脉丛，血液自然地进入吸管内。

③断头采血。用剪刀在鼠颈部将鼠头剪下，鼠头向下血液即滴入容器内。

④心脏采血。将鼠仰卧位保定在鼠固定板上，胸部去毛消毒，于左侧第3～4肋间用左手食指摸压住心脏，右手将针头刺入心脏，血液自然进入注射器内。

(2)兔、豚鼠采血

①心脏采血。将动物取仰卧位固定在板上。经腹部剪毛消毒后，将针头刺入跳动的心脏内抽血。

②耳缘静脉采血。可采取少量血液供实验用，采血操作与耳缘静脉注射相同。

③眼底采血。将针头或毛细管沿眼球眼眶间眼内角刺入至眼底静脉，可见血自动进入毛细管。一般可采1 mL以上。

(3)禽、鸟类采血　鸡、鸭、鸽等动物采血，多取翼根静脉采血法，先将翅展开露出腋窝部，拔除羽毛后消毒即可见一较粗的翼根静脉，将针头由翼根向翅膀方向平行刺入静脉，即可取血。

6.实验动物的剖检技术

实验动物接种死亡或扑杀后，对尸体进行解剖，以观察其病变情况，并取材料保存或进一步检查。一般剖检程序如下：

(1)肉眼观察动物体表的情况。

(2)将动物尸体仰卧固定于解剖板上，充分暴露胸腹部。

(3)用3%来苏儿或其他消毒液浸擦尸体的颈、胸、腹部的皮毛。

(4)用无菌剪刀自颈部至耻骨部切开皮肤，并将四肢腋窝处皮肤剪开，剥离胸腹部皮肤使其尽量翻向外侧。观察皮下组织有无出血、水肿等病变，腋下、腹股沟淋巴结有无肿胀等病变。

(5)用毛细管或注射器穿过腹壁吸取腹腔渗出液供直接培养或涂片检查。

(6)另换一套灭菌剪刀剪开腹膜，观察肝、脾及肠系膜等有无变化，采取肝、脾、肾等实质脏器各一小块放在灭菌平皿内，以备培养及直接涂片检查。然后剪开胸腔，观察心、肺有无病变，可用无菌注射器或吸管吸取心脏血液进行直接培养或涂片。

(7)必要时破颅取脑组织做检查。

(8)如欲做组织切片检查，将各种组织小块置于10%甲醛中固定。

(9)剖检完毕后应妥善处理动物尸体，以免病原散播。最好焚化或高压灭菌，若是小鼠尸体可浸泡于3%来苏儿液中消毒后，倒入焚尸坑中，使其自然腐败。解剖器械须煮沸消毒或高压灭菌，用具用3%来苏儿液浸泡消毒，然后洗刷。

(四)实验作业

1. 常用实验动物人工接种方法有哪些？

2. 如何选择和保定实验动物？

3. 简述实验动物尸体剖检一般程序。

二、鸡胚接种培养病毒技术

视频4.7 病毒的鸡胚接种

(一)实验目的

掌握病毒的鸡胚接种方法和收获方法。

(二)仪器材料

1. 器材

恒温箱、照蛋器、蛋架、超净工作台、1 mL注射器、20—27号针头、镊子、酒精灯、灭菌吸管、灭菌滴管、灭菌青霉素瓶、铅笔、透明胶纸、石蜡、2.5%碘酊及75%酒精棉球等。

2. 其他

种毒(新城疫病毒悬液)、受精卵(健康鸡群的受精卵，无母源抗体，产后10 d之内5 d最佳)。

(三)内容与方法

1. 鸡胚的选择

目前理想的鸡胚是SPF鸡胚。据国家标准，鸡胚不应含有鸡特定的22种病原体，如新城疫、马立克病、鸡痘、传染性法氏囊病和传染性支气管炎等。但由于SPF鸡饲养条件严格，价格昂贵，商品化种蛋供不应求，故常用非免疫鸡胚代替。不同病原对鸡胚的适应性也不同，如狂犬病和减蛋综合征病毒在鸭胚中比鸡胚中更易增殖，鸡传染性喉气管炎病毒只能在鸡和火鸡胚内增殖，而不能在鸭胚和鸽胚内增殖等。因此，实际应用时应加以严格选择。

2. 鸡胚接种方法

通常应用的鸡胚接种途径和收获方法有4种，即绒毛尿囊膜接种法、尿囊腔接种法、羊膜腔接种法和卵黄囊接种法(图4.5)，有时可采用静脉接种法或脑内接种法。

(1)尿囊腔接种

①接种方法。孵育9～11日龄的鸡胚，经照视后，划出气室及胚胎位置，标明胚龄及日期，气室朝上立于卵架上。在气室中心或远离胚胎侧气室边缘消毒，以钢锥在气室的中央或侧边打一小孔，针头沿孔垂直或稍斜插入气室(图4.5)，进入尿囊，向尿囊腔内注入0.1～0.3 mL新城疫病毒悬液，拔出针头，用融化的石蜡封孔，直立孵化。孵化期间，每晚照蛋，观察胚胎存活情况。弃去接种后24 h内死亡的鸡胚。

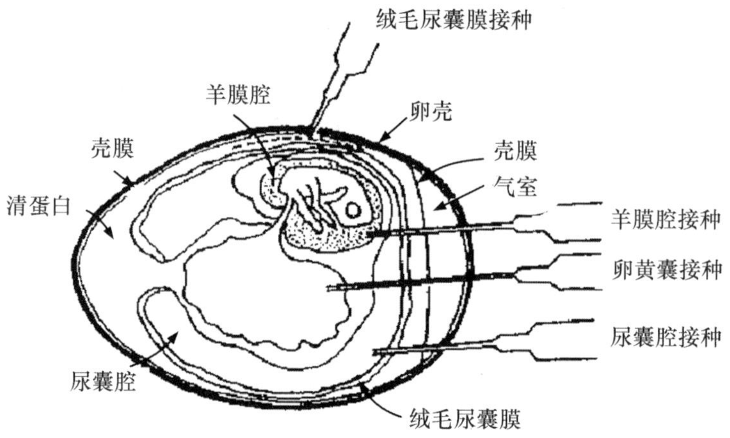

图 4.5 病毒的鸡胚接种部位

②收获方法。收获时间须视病毒的种类而定。新城疫病毒在接种后 24～48 h 即可收获病毒。收获前将鸡胚置于 0～4 ℃冰箱中冷藏 4 h 或过夜，使血管收缩，以免解剖时出血。气室朝上立于卵架上，无菌操作轻轻敲打并揭去气室顶部蛋壳，形成直径为 1.5～2.0 cm 的开口。用灭菌镊子夹起并撕开气室中央的绒毛尿囊膜，然后用吸管从破口处吸取尿囊液，每胚可得 5～6 mL，贮于无菌小瓶内，无菌检验后，冰冻保存，作种毒或试验用。

③消毒。将用过的镊子、注射器等放入煮沸锅消毒 5 min，取出后擦干包好，高压灭菌待用。卵壳、鸡胚等置于消毒液中浸泡过夜，然后弃掉。无菌室内用紫外线灯消毒 30 min。

(2)卵黄囊接种法

①接种方法。选用 6～8 日龄鸡胚，划出气室和胚胎位置，垂直放置在固定的卵架上。消毒气室端，在气室的中央打一小孔，针头沿小孔垂直刺入约 3 cm，向卵黄囊内注入 0.1～0.5 mL 病毒液(图 4.5)。拔出针头，用融化的石蜡封孔，直立孵化 3～7 d。孵化期间，每晚照蛋，观察胚胎存活情况。弃去接种后 24 h 内死亡的鸡胚。

②收获方法。将濒死或死亡鸡胚气室部消毒，直立于卵架上，无菌操作轻轻敲打并揭去气室顶部蛋壳。用无菌镊子撕开绒毛尿囊膜，夹起鸡胚，切断卵黄带，置于无菌平皿内。如收获鸡胚，则除去双眼、爪及嘴，置于无菌小瓶中保存；如收获卵黄囊，则用镊子将绒毛尿囊膜与卵黄囊分开，将后者贮于无菌小瓶中。收获的鸡胚或卵黄囊，经无菌检验后，放置－25 ℃冰箱冷冻保存。

③消毒。同尿囊腔接种法。

(3)绒毛尿囊膜接种法

①接种方法。选 9～12 日龄鸡胚，经照视后划出气室位置并消毒。在胚胎附近略近气室处，选择血管较少的部位以磨卵器磨一与纵轴平行的裂痕或将蛋壳锉开成三角形，小心挑起卵壳，造成卵窗，见到白色而有韧性的壳膜，以针尖小心挑破壳膜，注意切勿损伤其下的绒毛尿囊膜。另外在气室的顶端钻一小孔。在卵窗壳膜刺破处滴一滴无菌生理盐水，用橡皮乳头紧贴气室小孔，向外吸气，使卵窗部位的绒毛尿囊膜下陷形成一小凹。除去卵窗部的卵壳，用注射器或吸管滴入 2～3 滴病毒液于绒毛尿囊膜上。用透明胶纸封住卵窗，或用玻璃纸盖于卵窗

上，周围用石蜡封固，同时封气室端小孔（图 4.5）。接种部位朝上横卧孵化，不许翻动。每日自卵窗处检查，经 48～96 h，病变发育明显，鸡胚可能受感染死亡。

②收获方法。用碘酊消毒卵窗周围，用无菌镊子扩大卵窗至绒毛尿囊膜下陷的边缘，除去卵壳及壳膜，注意勿使其落入绒毛尿囊膜上。另用无菌镊子轻轻夹起绒毛尿囊膜，用无菌剪刀沿人工气室周围将接种的绒毛尿囊膜全部剪下，置于灭菌的平皿内，观察病变。病变明显的膜，可放入小瓶中保存。

③消毒。同尿囊腔接种法。

(4)羊膜腔接种法

①接种方法。选 12～14 日龄鸡胚，经照视后划出气室位置并消毒。按绒毛尿囊膜接种法造成人工气室，撕去卵壳膜，用无菌镊子夹起绒毛尿囊膜，在无大血管处切一 0.5 cm 小口。用灭菌无齿弯头镊子夹起羊膜，针头刺破羊膜进入羊膜腔，注入新城疫病毒液 0.1～0.2 mL。用透明胶纸封住卵窗，或用玻璃纸盖于卵窗上，周围用石蜡封固，同时封气室端小孔（图 4.5）。横卧孵化，不许翻动。每日检查发育情况，24 h 内死亡者弃去。通常培养 3～5 d。

②收获方法。用碘酊消毒卵窗周围，用无菌镊子扩大卵窗至绒毛尿囊膜下陷的边缘，除去卵壳、壳膜及绒毛尿囊膜，倾去尿囊液。夹起羊膜，用尖头毛细吸管或注射器穿入羊膜，吸取羊水，装入小瓶中冷藏。每卵可收获 0.5～1 mL。

③消毒。同尿囊腔接种法。

3.影响鸡胚增殖病毒的因素

(1)种蛋质量　最理想的鸡胚是 SPF 种蛋，其次是非免疫种蛋，而普通种蛋不适合用于病毒培养。

①病原微生物。鸡有很多疫病可垂直传递于鸡胚，如白血病、脑脊髓炎和支原体等。这些病原体影响接种病毒在鸡胚内的增殖，如新城疫病毒接种 SPF 鸡胚和非免疫鸡胚，在相同条件下增殖培养，前者鸡胚液毒价比后者至少高几个滴度。

②母源抗体。鸡在感染一些病原或接受一些抗原后，会使其种蛋带有母源抗体，从而影响病毒在鸡胚内的增殖，如鸡传染性法氏囊病病毒强毒株接种 SPF 鸡胚，鸡胚死亡率达 100%，但接种非免疫鸡胚，死亡率仅约 30%。

③抗生素。鸡混合饲料中常含有一定的抗生素。这种微量的抗生素可在蛋中引起残留，从而影响病毒的增殖。如用四环素喂产蛋母鸡，则鸡胚对立克次体和鹦鹉热衣原体的感染产生抵抗。

(2)孵化技术　为获得高滴度病毒，须有适宜的孵化条件，并加以控制，这样才会使鸡胚发育良好，有利于病毒增殖。

①温度。通常鸡胚发育的适宜温度为 37～39.5 ℃。根据孵化设备及孵化室的不同，实际采用的温度可作适当调整，如用机械通风的主体孵化机孵化，其适宜温度应控制在 37.8～38 ℃。有些病毒对温度比较敏感，如鸡胚接种传染性支气管炎病毒后，应严格控制孵化温度，不应超过 37 ℃。

②湿度。湿度可控制孵化过程中蛋内水分的蒸发。鸡胚孵化湿度标准为 53%～57%，火鸡胚孵化湿度比鸡胚高 5%～10%。

③通风。鸡胚在发育过程中吸入氧气，排出二氧化碳，随胚龄增长需更换孵化机内空气。目前使用的孵化机，通常采用机械通风法吸入新鲜空气排出部分污浊气体。如采用普通恒温

箱培养，则不应完全密闭，应定期开启以保持箱内空气新鲜。

④翻蛋。通常种蛋大头向上垂直放置入孵，在孵化过程中定期翻蛋，改变位置，既可使胚胎受热均匀，有利于发育；又可防止胚胎与蛋壳粘连。翻蛋在鸡胚孵化至第4～7天尤为重要。翻蛋还可改变蛋内部压力，使胚胎组织受热均匀，强制胚胎定期活动，促进胚胎发育。

(3)接种技术　不同病毒的增殖有不同的接种途径，同一种病毒接种不同日龄鸡胚获得的病毒量也不同。如通常鸡胚发育至13～14日龄，鸭胚发育至15～16日龄，尿囊液含量最高，平均6～8 mL，羊水1～2 mL。因此，由尿囊腔接种病毒时，应根据不同病毒培养所需要的时间选择最恰当的接种胚龄，以获得最高量病毒液。同时，接种操作应严格按照规定，不应伤及胚体和血管，以免影响其发育，使病毒增殖速度降低或停止。

此外，鸡胚污染是危害病毒增殖最严重的因素之一，应严格防止。因此必须做到：鸡胚接种时严格无菌操作；定期清扫消毒孵化室，保持室内空气新鲜，无尘土飞扬；种蛋入孵前先用温水清洗，再用0.1%来苏儿或新洁尔灭消毒，晾干。

(四)实验作业

1.如何判断鸡胚是否存活？

2.鸡胚的接种方法有哪几种，如何进行？接种时有何注意事项？

3.影响鸡胚增殖病毒的主要因素有哪些？

【经典考题】

一、名词解释

病毒　复制　纤突　核衣壳　裸露病毒　囊膜病毒

二、单项选择题

1.观察病毒个体形态的常用工具是(　　)。

A.光学显微镜　B.油镜　C.电子显微镜　D.普通放大镜

2.下列关于病毒的陈述中，正确的是(　　)。

A.病毒只能在活的细胞中增殖　B.病毒能在无细胞培养基中繁殖

C.同一个病毒可同时含两种核酸　D.绝大部分病毒对干扰素无敏感性

3.病毒的核酸通常是(　　)。

A.RNA　B.DNA　C.DNA或RNA　D.二者都不是

4.病毒的增殖方式是(　　)。

A.二等分裂　B.有性繁殖　C.出芽生殖　D.装配增殖

5.病毒复制过程的一般顺序是(　　)。

A.脱壳、侵入、吸附、生物合成、装配和释放

B.吸附、侵入、脱壳、装配、生物合成和释放

C.侵入、脱壳、生物合成、脱壳、装配和释放

D.吸附、侵入、脱壳、生物合成、装配和释放

6.病毒颗粒很小，测量单位一般为(　　)。

A.cm　B.mm　C.μm　D.nm

三、简答题

1.病毒有哪些基本形态？

2.简述病毒的主要化学组成及其功能。

3.病毒有哪些基本结构和特殊结构？

4.简述病毒增殖的基本过程。

项目二　病毒特性与病毒检测方法

【学习目标】

1.了解病毒的致病机理，理解病毒的干扰现象及干扰素的类型与作用。

2.学会病毒分离鉴定的方法。

3.学会病毒的血凝试验和血凝抑制试验的操作方法。

一、病毒的致病性

病毒主要的致病机制是通过干扰宿主细胞的营养和代谢，引起宿主细胞水平和分子水平的病变，导致机体组织器官的损伤和功能改变，造成机体持续性感染。

(一)病毒对宿主细胞的致病作用

1.干扰宿主细胞的功能

(1)抑制或干扰宿主细胞的生物合成　大多数杀伤性病毒所转译的早期蛋白质可抑制宿主细胞 RNA 和蛋白质的合成，随后 DNA 的合成也受到抑制。如小 RNA 病毒、疱疹病毒和痘病毒。

(2)破坏宿主细胞的有丝分裂　病毒在宿主细胞内复制，能干扰宿主细胞的有丝分裂，形成多核的合胞体或多核巨细胞。如疱疹病毒、痘病毒和副黏病毒。

(3)细胞转化　病毒的 DNA 与宿主细胞的 DNA 整合，从而改变宿主细胞遗传信息的过程称为细胞转化。转化后的细胞分裂周期缩短，能持续地旺盛生长。这种转化后的细胞在机体内可能形成肿瘤，如乳多空病毒、腺病毒、疱疹病毒等。

(4)抑制或改变宿主细胞的代谢　病毒进入宿主细胞后，其 DNA 能在几分钟内对宿主细胞 DNA 的合成产生抑制，同时，病毒抢夺宿主细胞生物合成的场地、原料和酶类，产生破坏宿主细胞 DNA 和代谢酶的酶类，或产生宿主细胞代谢酶的抑制物，从而使宿主细胞的代谢发生改变或受到抑制。

2.损伤宿主细胞的结构

(1)细胞病变　病毒在宿主细胞内大量复制时，其代谢产物对宿主细胞具有明显的毒性，能使宿主细胞结构发生改变，出现肉眼或显微镜下可见的病理变化，即细胞病变(CPE)。如空斑形成、细胞浊肿等。

(2)形成包涵体　新复制的子病毒及其前体在宿主细胞内大量堆积,形成光学显微镜下可见的特殊结构,称为包涵体;或病毒在宿主细胞内复制时,形成病毒核酸、蛋白质集中合成和装配的场所,即"病毒工厂",在镜下也可见到细胞内的特殊结构,也称为包涵体。

(3)破坏溶酶体　某些病毒进入宿主细胞后,使宿主细胞溶酶体膜的通透性增强,进而使溶酶体膜破坏,溶酶体被释放而使宿主细胞发生自溶。

(4)细胞融合　病毒破坏溶酶体使宿主细胞发生自溶后,溶酶体酶被释放到细胞外,作用于其他细胞表面的糖蛋白,使其结构发生变化,从而使相邻细胞的细胞膜发生融合。

(5)红细胞凝集　某些病毒的表面具有一些称为血凝素的特殊结构,能与宿主红细胞的表面受体结合,使红细胞发生凝集,称为病毒的凝血作用。如新城疫病毒、流行性感冒病毒、狂犬病病毒等。

3.引起宿主细胞的死亡或崩解

病毒在宿主细胞内复制,一方面病毒粒子及病毒代谢产物对宿主细胞的结构造成破坏,严重干扰宿主细胞的正常生命活动,引起宿主细胞的死亡;另一方面不完全病毒在宿主细胞内复制出大量的子病毒后,以宿主细胞破裂的方式释放,造成宿主细胞死亡。

(二)病毒对宿主机体的致病作用

1.病毒直接破坏机体结构

病毒对宿主细胞的损伤导致机体结构的破坏。有些病毒能破坏宿主毛细血管内皮和基底膜,导致出血、水肿和坏死,如猪瘟病毒、新城疫病毒、马传染性贫血病病毒等。有些病毒能在宿主血管内产生凝血作用,导致机体微循环障碍,如新城疫病毒、流行性感冒病毒等。有些病毒引起细胞转化而形成肿瘤,如鸡马立克病病毒、牛白血病病毒、禽白血病病毒等。有些病毒能破坏神经细胞的结构,引发机体的神经症状,如狂犬病病毒。有些病毒能破坏肠黏膜,影响营养和水分的吸收,引起剧烈的水样腹泻,如猪传染性胃肠炎病毒、猪流行性腹泻病毒等。

2.病毒代谢产物对机体的作用

病毒复制过程中产生的一些代谢产物,与宿主体内的某些物质结合而影响这些物质的功能发挥,或吸附于某些细胞的表面,改变细胞表面的抗原性,激发机体的变态反应而造成组织损伤。

病毒在破坏宿主细胞的过程中能释放出一些病理产物,这些病理产物可继发性地引起机体的结构和功能破坏。如细胞破裂后释放出来的溶酶体酶,可造成组织细胞的溶解和损伤,释放出来的5-羟色胺、组胺、缓激肽等可引发局部炎症反应。

二、病毒的干扰现象和干扰素

当甲、乙两种病毒同时感染一个细胞时,甲病毒能抑制乙病毒复制的现象,称为病毒的干扰现象。前者称为干扰病毒,后者称为被干扰病毒。干扰现象的本质是由于干扰素引起的。

1.病毒干扰的类型

(1)自身干扰　一株病毒在高度增殖时的自身干扰。

(2)同种干扰　同种病毒不同型或株之间的干扰。

(3)异种干扰　异种病毒之间的干扰,这种干扰现象最为常见。

2. 干扰现象发生的原因

(1)占据或破坏细胞受体　两种病毒感染同一细胞时,都需要细胞膜上的同一受体,先进入的病毒占据或破坏细胞受体,使另一种病毒无法吸附和侵入易感细胞,增殖过程被阻断。常见于某些病毒的同种干扰或自身干扰。

(2)争夺酶系统、生物合成原料及场所　两种病毒可能利用不同的受体进入同一细胞,但它们在细胞中增殖所需细胞的主要原料、关键性酶及合成场所是一致的,而且是有限的。因此,一种病毒占据有利增殖条件而正常增殖,另一种病毒则受限,增殖受到抑制。

(3)干扰素的产生　病毒之间存在干扰现象的最主要原因是先进入的病毒可诱导细胞产生干扰素,抑制其他病毒的复制。

3. 干扰素

干扰素是活细胞受到病毒感染或干扰素诱生剂的刺激产生的一种低分子量的糖蛋白。干扰素可释放到细胞外,被机体其他细胞吸收后,在细胞内合成抗病毒蛋白质。该抗病毒蛋白能抑制病毒蛋白的合成,从而抑制入侵病毒的增殖,起到保护细胞和机体的作用。

病毒是最好的干扰素诱生剂。细菌内毒素,某些微生物如李氏杆菌、布鲁氏菌、支原体、立克次体、真菌等,植物血凝素及某些合成的化学诱导剂如多聚肌苷酸、多聚胞苷酸等也属于干扰素诱生剂。

干扰素按照化学性质可分为 α、β 和 γ 3 种类型,其中 α 干扰素主要由白细胞和其他多种细胞在受到病毒感染后产生;β 干扰素由成纤维细胞和上皮细胞受到病毒感染时产生;而 γ 干扰素由 T 细胞和 NK 细胞在受到抗原或有丝分裂原的刺激后产生,它是一种免疫调节因子,主要作用于 T、B 淋巴细胞和 NK 细胞,增强这些细胞的活性,促进抗原的清除。所有哺乳动物都能产生干扰素,而禽类体内无 γ 干扰素。

干扰素的作用是非特异性的,具有广谱抗病毒作用,甚至对某些细菌、立克次体等也有干扰作用,但干扰素具有明显的动物种属特异性,如牛干扰素不能抑制人体内病毒的增殖,鼠干扰素不能抑制鸡体内病毒的增殖等。干扰素还具有抗肿瘤作用,不仅可抑制肿瘤细胞的增殖,而且能抑制肿瘤细胞的生长,同时又能调节机体的免疫功能,如增强吞噬细胞的功能,加强 NK 细胞等细胞毒细胞的活性,加快对肿瘤细胞的清除。

三、病毒的血凝和血凝抑制现象

部分病毒表面有血凝素,能与鸡、豚鼠、人等红细胞表面相对应受体结合,从而出现红细胞凝集现象,称为病毒的血凝现象,简称病毒的血凝。病毒的血凝现象是非特异性的。

当病毒与相应的抗病毒抗体结合后,能使红细胞的凝集现象受到抑制,称为病毒血凝抑制现象,简称病毒的血凝抑制。能阻止病毒凝集红细胞的抗体称为红细胞凝集抑制抗体,其特异性很高。

生产中病毒的血凝和血凝抑制试验主要用于某些有血凝现象的病毒性传染病的诊断及其抗体检测,如鸡新城疫、禽流感等。

四、病毒的其他特性

视频 4.8　病毒的其他特性

(一)病毒的包涵体

包涵体是某些病毒在细胞内增殖后，于细胞内形成的一种用光学显微镜可以看到的特殊“斑块”。病毒不同，所形成包涵体的形状、大小、数量、着色性及其在细胞中的位置等均不相同，故可作为诊断某些病毒病的依据。如狂犬病病毒在神经细胞浆内形成嗜酸性包涵体，伪狂犬病病毒在神经细胞核内形成嗜酸性包涵体。

(二)病毒的滤过特性

由于病毒形体微小，所以能通过孔径细小的细菌滤器，故人们曾称病毒为滤过性病毒。利用这一特性，可将材料中的病毒与细菌分开。但滤过性并非病毒独有的特性，有些支原体、衣原体、螺旋体也能够通过细菌滤器。随着科学技术的进步，人们已经可以生产出不同孔径的滤器，并已有了能够过滤病毒的滤膜。

(三)病毒的抵抗力

病毒对外界理化因素的抵抗力与细菌的繁殖体相当。研究病毒抵抗力，对于病毒病的扑灭、病毒的保存和病毒性疫苗的制备有重要意义。

1. 物理因素

病毒耐冷不耐热，通常温度越低，病毒生存时间越长。病毒对高温敏感，多数病毒在 55 ℃经 30 min 即被灭活。病毒对干燥的抵抗力与干燥的快慢和病毒的种类有关，如水疱液中的口蹄病病毒在室温中缓慢干燥，可生存 3～6 个月；若在 37 ℃下快速干燥迅即灭活。冻干法是保存病毒的好方法；大量紫外线和长时间日光照射能杀灭病毒。

2. 化学因素

(1)甘油　多数病毒对甘油有较强的抵抗力，因此常用 50％甘油缓冲生理盐水保存或寄送被检病毒材料。

(2)脂溶剂　脂溶剂能破坏病毒囊膜而使其灭活。常用乙醚或氯仿等脂溶剂处理病毒，来检查其有无囊膜。

(3)pH　病毒一般能耐 pH 5～9，通常将病毒保存于 pH 7.0～7.2 的环境中。但病毒对酸碱的抵抗力差异很大，例如肠道病毒对酸的抵抗力很强，而口蹄疫病毒则很弱。

(4)化学消毒药　病毒对氧化剂、重金属盐类、碱类和与蛋白质结合的消毒药等都很敏感。实践中常用苛性钠、石炭酸和来苏儿等进行环境消毒，实验室则常用高锰酸钾、过氧化氢等消毒，对不耐酸的病毒可选用稀盐酸消毒。

(四)噬菌体

感染细菌、支原体、螺旋体和真菌的病毒统称为噬菌体，它们又分别称为细菌噬菌体、支原体噬菌体、螺旋体噬菌体和真菌噬菌体。

噬菌体形态似蝌蚪状，但不同类型噬菌体的形态构造也有不同。有些具一个正二十面体的头和一条长而能收缩的尾，如大肠埃希菌 T4 噬菌体；有些尾部不能收缩，有些只有短尾，有些无尾，有些则整个呈长丝状。噬菌体的核酸，多数为 DNA，少数为 RNA。

一种噬菌体只对相应种类的细菌、支原体、螺旋体或真菌发生特异性感染和寄生，故可利用噬菌体鉴定细菌和治疗细菌性疾病。

五、亚病毒

亚病毒是个体更微小，结构和化学组成更简单，具有感染性的致病因子，又称亚病毒因子。亚病毒因子包括卫星因子、类病毒和朊病毒。

1. 卫星因子

卫星因子是必须依赖宿主细胞内共同感染的辅助性病毒才能复制的核酸分子，有的卫星因子也有外壳蛋白包裹，这些又称卫星病毒。多数卫星因子是植物病毒的卫星因子，也有些是动物病毒的卫星因子，如腺联病毒，它是一种单股 DNA 病毒，在宿主细胞内复制时必须有腺病毒和疱疹病毒的辅助。

2. 类病毒

类病毒是一类感染植物引起病害的感染因子。它们的结构只有单股环状的 RNA 分子，没有蛋白质外壳，RNA 的基因组很小，不编码任何蛋白质，复制必须完全依赖宿主细胞的酶系统，复制过程只是 RNA→RNA 的直接转录。因为这类感染因子的结构、性质与常规病毒不同，称为类病毒。

3. 朊病毒

朊病毒是一类感染人类和哺乳动物、引起亚急性海绵状脑病的感染因子，它们的结构主要是蛋白质，尚未确切证实是否含有核酸，故目前定名为朊病毒或蛋白侵袭因子。

目前研究认为，朊病毒是细胞正常蛋白变构后形成的具有感染性的蛋白。朊病毒对各种抗菌药物、消毒药物、不利理化因素都不敏感，无免疫原性，不引起宿主的免疫应答，也不诱导干扰素。在人和动物的潜伏期可长达数月至数十年，主要引起人和动物脑组织空泡变性，淀粉样蛋白斑块，神经胶质细胞增生等非炎症病变，导致神经症状，最终死亡。朊病毒引起的人类疾病有克-雅氏病、库鲁病、致死性家属性失眠症等；动物疾病有绵羊山羊痒病、猫海绵状脑病、鹿慢性消瘦病、羚羊等野生动物海绵状脑病以及牛海绵状脑病（疯牛病）等。

六、病毒检测技术

基于病毒的分离与鉴定基础上，检测病毒的方法可分为三类：一是病毒感染性的检测，即感染单位的测定。二是病毒的血清学检测，可用已知特异性抗体检测感染细胞或组织中的病毒，也可检测宿主体内对病毒感染所产生的特异性抗体。三是病毒的分子检测与诊断，可以检测感染细胞或组织中的具有特定序列的病毒核酸片段。

视频 4.9　病毒的实验室检查

【实验操作】

一、病毒的分离与鉴定

(一)实验目的

1. 熟悉病毒检验材料的采集、保存、运送及处理方法。

2. 了解病毒的形态结构观察方法,掌握病毒理化特性测定的内容和方法。

3. 了解病毒核酸检测的主要方法。

(二)实验内容与步骤

1. 病料的采集、保存及处理

病毒性病料采集的原则、方法以及保存运送的方法与细菌性病料的采集、保存和运送方法基本是一致的,不同之处主要有以下几点:

(1)采样的时间　最理想的时间是疾病的急性期;濒死动物的样品或死亡之后立即采集的样品也有利于病毒的分离。血清应在发病早期和恢复期各采集一份。

(2)样品的选择　不同病毒病采集的样品各有不同,特别注意采集病毒含量高的部位。一般按下列原则选择病料,呼吸道疾患采集咽喉分泌物;中枢神经疾患采集脑脊液;消化道疾患采集粪便;发热性疾患或非水泡性疾患采集咽喉分泌物、粪便或全血;水泡性疾患采集水泡皮或水泡液。从剖检的尸体中一般采集有病变的器官或组织。

(3)样品的保存　绝大多数病毒是不稳定的,样品一经采集要尽快冷藏。若样品不能当天使用,有些可放在50%甘油磷酸盐缓冲液(含复合抗生素)中低温保存,液体病料采集后可直接加入一定量的青、链霉素或其他抗生素,以防细菌和霉菌的污染。若要冷冻保存,一般要保存于−70 ℃以下;忌放−20 ℃,因为该温度对有些病毒活性有影响。现场采集的样品要尽快用冷藏瓶(加干冰或水冰)送到实验室检验。

(4)样品的处理　采集病料样本在接种细胞、鸡胚或动物之前,都需要做适当的处理,以保证病毒分离培养的成功概率。采集的器官或组织样本如肺、脑、肝、脾、淋巴结等,可取一小块进行充分研磨或组织捣碎机粉碎,加入含青、链霉素的Hanks液,离心取上清液作为接种物;鼻液、浓汁、乳汁等分泌物或渗出液、粪便,应加入高浓度的抗生素,充分混匀后,置4 ℃冰箱内处理2～4 h或过夜,离心后取上清液作接种用;咽喉拭子在取样后应迅速将其浸泡入含有2%犊牛血清和一定浓度的青、链霉素的Hanks液中,充分刷洗棉拭子,反复冻融3～5次,离心后取上清液作为接种材料。

2. 显微镜直接检查法

(1)光学显微镜检查法　光学显微镜主要用于病毒性病料中包涵体的检查和细胞培养物CPE的观察。病毒包涵体的检查是将被检样品,如从狂犬病病犬采集的大脑海马角,直接制成涂片、组织切片或冰冻切片,染色后,用普通光学显微镜直接检查。包涵体检查对某些能形成包涵体的病毒病诊断具有重要意义,如狂犬病病毒、痘病毒。但包涵体的形成有个过程,出现率不是100%,在包涵体检查时应注意。

细胞培养物出现的CPE通常用低倍显微镜观察,一般要求每天检查1～2次,诸如细胞的凝缩、团聚,细胞浆的颗粒变性等,都可在不染色的情况下于低倍显微镜下看到。如欲检查细胞的包涵体或详细观察细胞的变化,可将细胞培养物染色后用光学显微镜观察。当细胞培养物不出现 CPE 时，则需要利用荧光抗体技术，借助荧光显微镜进行病毒的鉴定。

(2)电子显微镜检查法 常用超薄切片技术和负染技术，在电子显微镜下观察病毒的形态和超微结构。

超薄切片技术主要用于观察感染细胞内的病毒形态和存在部位。超薄切片的样品必须采自活体，经固定、脱水、包埋后，用特殊专用的切片机切片，再用 1%～3%饱和醋酸铀乙醇溶液在室温下染色 30 min 后，即可在电镜下观察。

负染技术主要用于检测细胞外游离的病毒，特别适用于难以培养的病毒。待检样品要尽可能纯净，先将病料处理、离心后收集上清液或将细胞培养物冻融、离心后收集上清液，再取少量这样的病毒悬液经 1%～3%磷钨酸染色 30 s 至 1 min 后，立即在电镜下观察。在兽医学临床诊断上，该方法对某些形态特征明显的病毒如疱疹病毒、痘病毒等所致的传染病，结合临床症状及流行病学资料，常可以做出快速的初步诊断或确诊。

免疫电镜技术是应用病毒的特异性抗体的电镜技术，可检出某些凭形态特别较难区分的病毒。由于抗体与病毒颗粒相结合，凝集了样品中的病毒，可提高检出率。高浓度的抗血清或单克隆抗体是决定免疫电镜成败的关键材料。

3. 病毒的分离培养

将病毒与病料中其他成分分离的方法有细菌滤器过滤、高速离心和用抗生素处理 3 种。例如用口蹄疫的水疱皮病料进行病毒分离培养时，先将送检的水疱皮置平皿内，以灭菌的 pH 7.6 磷酸盐缓冲液洗涤 4～5 次，并用灭菌滤纸吸干，称重后置于灭菌乳钵中剪碎、研磨，加 Hank's 液制成 1∶5 悬液，为防止细菌污染，每毫升加青霉素 1 000 IU，链霉素 1 000 μg，置 2～4 ℃冰箱内作用 4～6 h，然后以 3 000 r/min 速度离心沉淀 10～15 min，吸取上清液做接种用。将处理好的病毒液接种于动物、禽胚或细胞，观察接种对象的变化或通过病毒抗原的检测，对病毒进行进一步鉴定。

4. 病毒的鉴定

(1)电子显微镜检查 根据观察到的病毒粒子的形态、大小、对称型、排列及在细胞内的位置等特征进一步诊断。

(2)病毒的核酸型鉴定 常用的为卤化核苷酸法。如 FUDR(氟脱氧尿核苷)或 IUDR(碘脱氧尿核苷)为常用的卤化核苷酸，它们是 DNA 代谢抑制剂。当用单层细胞培养病毒时，加入含有 FUDR 或 IUDR 的细胞营养液，DNA 病毒的复制受到抑制，而绝大多数 RNA 病毒不受影响。

5. 病毒理化特性测定

(1)热敏感性试验 有些病毒对热敏感，50 ℃30 min 可被灭活。因其敏感性受细胞营养液中某些物质浓度的影响，故在实验中的条件要一致。

(2)阳离子稳定性试验 某些病毒如肠道病毒和呼肠孤病毒可被高浓度二价阳离子如 $MgCl_2$ 稳定，使其 50 ℃ 60 min 不被灭活。也有另外一些病毒如腺病毒、疱疹病毒和痘病毒反而使其增加了对热的敏感性。

(3)酸敏感性试验 指某些病毒如口蹄疫病毒在 pH 3.0 溶液中作用 30 min，可使其感染力降低，而对另一些病毒如猪水泡病病毒则没有作用。

(4)胰蛋白酶敏感试验 某些病毒如肠道病毒、冠状病毒和轮状病毒等对胰蛋白酶有较强抵抗力，而另一些病毒如疱疹病毒和痘病毒等则对胰蛋白酶敏感。

(5)脂溶剂敏感试验　大多数有囊膜病毒对脂溶剂敏感，经乙醚或氯仿等脂溶剂处理后即失去感染力。

6. 中和试验

应用已知的免疫血清与细胞培养物混合，感作一定时间后进行培养，用病毒液接种敏感细胞。观察细胞培养板各孔细胞培养物的CPE、红细胞吸附能力等。出现能被某一已知血清特异性抑制的感染培养物，就是存在相应病毒的证明。

7. 分子生物学诊断

应用PCR、核酸杂交和DNA芯片等技术，可以直接检测样品中病毒的核酸及抗原，从而对病毒做出快速准确的鉴定。

8. 动物或鸡胚接种试验

将病料或感染培养物接种敏感动物或鸡胚，根据实验动物或鸡胚的症状、死亡情况以及病理变化等，判断接种物中有无致病性病毒的存在。

9. 病毒的血清学诊断

病毒的血清学诊断主要有两个目的，一是应用已知抗体鉴定病毒的种类乃至型别；二是由发病动物采集血清标本，应用全病毒或特异性病毒抗原，测定发病动物体内的特异性抗体，或进一步比较动物急性期和恢复期血清中的抗体效价，了解病毒性抗体是否有明显的增长，从而判定病毒感染的存在。血清学实验在病毒性传染病的诊断中占有重要地位，常用的类型有凝集试验、血凝和血凝抑制试验、沉淀试验、中和试验、补体结合试验、免疫标记技术等。根据实际情况，可选择特异性强、灵敏度较高的血清学试验进行诊断。

(三)实验作业

1. 病毒检测包括哪些内容？
2. 病毒性材料如何处理可提高病毒分离培养的成功概率？
3. 如何测定病毒的核酸型？

二、病毒的血凝和血凝抑制试验

视频4.10　病毒的血凝试验

视频4.11　病毒的血凝抑制试验

(一)目标

熟练掌握病毒的血凝及血凝抑制试验（微量法）的操作方法及结果判定，明确其应用价值。掌握血凝价和血凝抑制效价的判定方法及标准。

(二)仪器与材料

1. 器材

微量血凝板(“V”形 96 孔)、微量移液器及(50 μL)吸头、微型振荡器、恒温箱、离心机、天平、注射器。

2. 试剂

生理盐水,pH 7.0～7.2 的磷酸盐缓冲液、3.8%柠檬酸钠溶液等。

3. 其他

新城疫标准抗原(Lasota 种毒感染的鸡胚尿囊液,HA 效价在 1∶640 以上,或其他毒株生产的抗原)、新城疫阳性血清(HI 效价为 1∶640)。

(三)方法与步骤

1. 0.5%鸡红细胞悬液的制备

先用注射器吸取 3.8%柠檬酸钠液(其量为所采血量的 1/5),从成年健康鸡翅静脉采血至所需血量,置离心管中,用 20 倍量 pH 7.0～7.2 磷酸盐缓冲液洗涤 3～4 次,每次以 2 000 r/min 离心 3～4 min,最后一次 5 min,每次离心后弃上清液和白细胞层。最后根据离心管中沉淀的红细胞量,用生理盐水稀释成 0.5%红细胞悬液。

2. 病毒的血凝(HA)试验

(1)操作术式见表 4-2

表 4-2　新城疫病毒血凝抑制试验操作术式　　滴

孔号	1	2	3	4	5	6	7	8	9	10	11	12
稀释度	2	4	8	16	32	64	128	256	512	1 024	2 048	对照
生理盐水	1	1	1	1	1	1	1	1	1	1	1	1
病毒抗原	1 ↘	1 ↘	1 ↘	1 ↘	1 ↘	1 ↘	1 ↘	1 ↘	1 ↘	1 ↘	1 ↘	弃 1
0.5%红细胞悬液	1	1	1	1	1	1	1	1	1	1	1	1
感作	振荡 1 min,20～30 ℃静置 20 min,每 5 min 观察 1 次,观察 1 h											
结果举例	#	#	#	#	#	#	#	++	—	—	—	—

注:#为完全凝集;++为不完全凝集;—为不凝集。

①用微量移液器向反应板各孔分别加 pH 7.0～7.2 的磷酸盐缓冲液 1 滴(25 μL)。

②换一吸头吸取 1 滴病毒液,加于第 1 孔的生理盐水中,并用移液器挤压 3～5 次使液体混合均匀,然后取 1 滴移入第 2 孔,挤压混匀后取 1 滴移入第 3 孔,依次倍比稀释到第 11 孔,第 11 孔中液体混匀后从中吸出 1 滴弃去。第 12 孔不加病毒抗原,作对照。

③换一吸头吸取 0.5%红细胞悬液依次加入 1～12 个孔中,每孔加 1 滴。

④加样完毕,将反应板置于微型振荡器上振荡 1 min,并放室温(18～20 ℃)下作用 30～40 min,或置 37 ℃恒温箱中作用 15～30 min 取出,每隔 5 min 观察一次,观察 1 h 并判定结果。

(2)结果判定及记录

“+”表示红细胞完全凝集。红细胞凝集后均匀平铺于反应孔底面一层，边缘不整呈锯齿状，且上层液体中无悬浮的红细胞。

“−”表示红细胞未凝集。红细胞全部沉淀于反应孔底部中央，呈小圆点状，边缘整齐。

“±”表示红细胞部分凝集。红细胞凝集情况介于“+”与“−”之间。

新城疫病毒液能凝集鸡的红细胞，但随着病毒液被稀释，其凝集红细胞的作用逐渐变弱。稀释到一定倍数时，就不能使红细胞出现明显的凝集，从而出现可疑或阴性结果。能使一定量红细胞完全凝集的病毒最大稀释倍数为该病毒的血凝价，即一个血凝单位，常以 2^n 表示。

3. 病毒的血凝抑制(HI)试验

采用同样的血凝板，每排孔可测 1 份血清样品。

(1)制备 4 个血凝单位的病毒液　根据 HA 试验结果，确定病毒的血凝价，用生理盐水稀释病毒液，配制成 4 个血凝单位的病毒。稀释倍数按下式计算：4 个血凝单位病毒的稀释倍数＝病毒的血凝价/4。如病毒液的血凝价为 128 倍(2^7)，4 个血凝单位病毒的稀释倍数为 32 倍(2^5)。

(2)被检血清的制备　静脉或心脏采血完全凝固后自然析出或离心获得被检血清。

(3)操作术式见表 4.3

表 4.3　新城疫病毒血凝抑制试验操作术式　　滴

孔号	1	2	3	4	5	6	7	8	9	10	11	12
稀释度	2	4	8	16	32	64	128	256	512	1 024	对照	对照
生理盐水	1	1	1	1	1	1	1	1	1	1	1	1
特检血清	1 ↘	1 ↘	1 ↘	1 ↘	1 ↘	1 ↘	1 ↘	1 ↘	1 ↘	1 ↘	弃 1	
4 单位病毒	1	1	1	1	1	1	1	1	1	1	1	—
感作	振荡 1 min，20～30 ℃静置 15～20 min											
0.5%红细胞悬液	1	1	1	1	1	1	1	1	1	1	1	1
感作	振荡 1 min，20～30℃静置 20 min											
结果举例	−	−	−	−	−	−	−	++	++	#	#	#

注：# 为完全凝集；++ 不完全凝集；− 为不凝集。

①用微量移液器加生理盐水，1～12 孔各加 1 滴。

②换一吸头取抗新城疫血清 1 滴置于第 1 孔的生理盐水中，挤压 3～5 次混匀，吸出 1 滴放入第 2 孔中，然后依次倍比稀释至第 10 孔，并将第 10 孔的液体混匀后取 1 滴弃去。第 11 孔为病毒对照，第 12 孔为盐水对照。

③用微量移液器吸取稀释好的 4 单位病毒液，向 1～11 孔中分别加 1 滴。然后振荡 1 min，将反应板置室温下作用 20 min，或在 37 ℃恒温箱中作用 5～10 min。

④取出血凝板，用微量移液器向每一孔中各加入 0.5%红细胞悬液 1 滴，再将反应板置于微型振荡器上振荡 1 min，室温(18～20 ℃)下作用 20 min，或置 37 ℃温箱中作用 5～10 min。

⑤将反应板置 37 ℃恒温箱中作用 5～10 min 取出，观察并记录结果。

(4)结果判断及记录　将血凝板倾斜 70°角，凡沉淀于孔底的红细胞沿反应孔倾斜面向下呈线状流动，且呈现现象与盐水对照孔一样者为红细胞完全不凝集。

以出现红细胞完全不凝集(即完全抑制红细胞凝集)的血清最大稀释倍数为该血清的血凝抑制价或血凝抑制滴度,如表 4.3 所表示的血清的血凝抑制效价为 64 倍(2^6)。

(四)实验注意事项

(1)配制 0.5%红细胞悬液时不能用力摇振,以免把红细胞膜震破,造成溶血,影响实验效果。

(2) 在滴加材料时,注意每滴加一种材料更换一个吸头,以免病毒与红细胞混合,影响实验效果。

(3)稀释时将材料充分混匀后再吸出滴入下一孔中。

(4)适时观察结果,如果长时间放置,凝集的红细胞会沉降下来,造成观察结果不准确。

病毒的 HA-HI 试验,可用已知血清来鉴定未知病毒,也可用已知病毒来检测血清中的抗体效价,在某些病毒病的诊断及疫苗免疫效果的检测中应用广泛。

附:在生产中对鸡群进行抗体监测时,可直接用 4 单位病毒液稀释血清,其方法为:

(1)第 1 孔加 8 单位病毒 1 滴,第 2～11 孔各加 4 单位病毒 1 滴。

(2)换一吸头取待检血清 1 滴置于第 1 孔,挤压 3～5 次混匀,吸出 1 滴放入第 2 孔中,然后依次倍比稀释至第 10 孔,并将第 10 孔的液体混匀后取 1 滴弃去。振荡混匀后,置 37 ℃恒温箱中作用 15～30 min。

(3)1～12 孔各加 1%红细胞 1 滴,振荡混匀后,置 37 ℃恒温箱中作用 15～30 min。待对照病毒凝集后观察结果。

(4)判定结果,以 100%抑制红细胞凝集的血清最大稀释倍数为该血清的血凝抑制滴度。

(五)实验作业

1. 什么是病毒的血凝试验及血凝价?
2. 什么是病毒的血凝抑制试验及血凝抑制价?
3. 病毒的血凝试验及血凝抑制试验有什么用途?

【经典考题】

一、名词解释

干扰素　包涵体　血凝价　血凝抑制价　4 单位病毒　噬菌体

二、单项选择题

1. 干扰素能抑制(　　)。

A. 细菌的复制　B. 病毒的复制　C. 真菌的复制　D. 支原体的复制

2. 干扰素是病毒感染细胞产生的一种(　　)。

A. 脂肪　B. RNA　C. 蛋白质　D. DNA

3. 噬菌体的本质是(　　)。

A. 细菌　B. 质粒　C. 真菌　D. 病毒

4. 牛海绵状脑病的病原是(　　)。

A. 狂犬病病毒　B. 朊病毒　C. 流感病毒　D. 噬菌体

5. 病毒在细胞内繁殖后，于细胞内形成的一种用光学显微镜可以看到的特殊斑块是(　　)。

A. 包涵体　　B. 空斑　　C. 衣壳　　D. 噬菌体

6. 实验室中常用红细胞做试验，洗红细胞时常用的液体是(　　)。

A. 甘油　　B. 生理盐水　　C. 蒸馏水　　D. 饱和盐水

7. 朊病毒(或称朊毒体)的化学本质是(　　)。

A. 核酸和蛋白质　　B. 核酸和多糖　　C. 核酸　　D. 蛋白质

8. 假设病毒的血凝试验测得血凝价为 $1:2^6$，血凝抑制试验所用四单位病毒是将病毒稀释(　　)倍。

A. 1∶24　　B. 1∶25　　C. 1∶27　　D. 1∶28

三、简答题

1. 简述病毒的致病机理。

2. 简述病毒的血凝试验和血凝抑制试验原理。

3. 简述病毒干扰现象产生的原因。

4. 简述干扰素的作用。

模块五
微生物与环境

【内容提要】

微生物广泛分布于土壤、水、空气和动物体的体表及体内，大多数微生物对人和动物是有益的，只有少数病原微生物能引起人和/或动物的疾病。改变微生物的生存环境，可调控微生物的生长繁殖。利用物理、化学和生物学方法可抑制或杀死病原微生物的生长繁殖，从而控制传染病的发生和流行。物理灭菌法包括温度、干燥、光线和射线、渗透压和过滤除菌等方法，化学消毒法就是利用各种消毒防腐剂抑制或杀死病原微生物，生物因素包括抗生素、细菌素等。微生物与高等生物一样，也具有遗传和变异现象。改变微生物的生存环境可引起微生物变异，微生物变异包括遗传性变异和表型变异等。

项目一　微生物在自然界的分布

【学习目标】

1. 了解土壤、水、空气和正常动物体内和体表的微生物分布情况。
2. 熟练掌握动物正常菌群平衡的意义及其生理作用。

自然界中的物质处于由无机态转化为有机态，再由有机态转化为无机态的循环之中，微生物是自然界有机物转化的主导者。微生物不断分解和利用周围环境中的有机物质（如动物尸体和植物残体），除构成本身的细胞物质之外，还有大量的有机物被分解成无机物、水和二氧化碳，归还到土壤和大气中去，供植物合成有机物。

一、土壤中的微生物

土壤含有丰富的养料、水分和空气，是微生物的天然培养基，适宜大多数微生物生长繁殖。微生物在土壤中分布极广，但由于各种土壤中的营养成分、pH、温度、湿度等条件的不同，微生物的数量和种类也有很大的差异。表层土受日光照

视频 5.1　微生物在环境中的分布

射、雨水冲刷和干燥的影响,细菌的数量比较少。距地面 10～20 cm 深处的土壤微生物的数量最多,越往深处微生物的数量越少(表 5.1)。

表 5.1　不同深度的土壤微生物数量 CFU/g

深度/cm	细菌	放线菌	真菌
3～8	9 750 000	2 080 000	119 000
20～25	2 179 000	245 000	50 000
35～40	570 000	49 000	14 000
67～75	11 000	5 000	6 000
135～145	1 400	—	3 000

注:CFU 为菌落形成单位。

土壤中的微生物主要为细菌、放线菌、真菌、藻类和原生动物 5 类,其中以细菌的种类最多,数量最大,1 g 土壤中往往含有几千万个甚至几千亿个细菌。由于土壤中蕴藏着这样大量的有机体,它们一刻不停地进行着生命活动,这些活动对土壤中有机物的转化和植物生长,都起着决定性的作用。

土壤中的病原微生物来源于病畜尸体、粪尿及各种分泌物的污染,一般存活的时间不长,但能够形成芽孢的病原菌,如炭疽杆菌、破伤风梭菌、肉毒梭菌等,它们形成芽孢后在土壤中可存活几年甚至几十年,土壤一旦污染了这些细菌,则可形成疫源地(表 5.2)。

表 5.2　几种无芽孢病原微生物在土壤中的存活时间

病原微生物	存活时间	病原微生物	存活时间
结核分枝杆菌	5 个月,甚至达 2 年之久	化脓性球菌	2 个月
猪丹毒杆菌	166 d(土壤尸体内)	钩端螺旋体	9 个月(湿土)
巴氏杆菌	14 d(表层土壤中)	李氏杆菌	2 年
布鲁氏菌	100 d	猪瘟病毒	6 d
口蹄疫病毒	1 个月以上		

二、水中的微生物

各种天然水中,特别是污染水中含有大量的有机物质,适于细菌和真菌的生长繁殖,因此,水是仅次于土壤的微生物第二大天然培养基。水中的微生物主要来自土壤,其次是动物的排泄物及患病动物的血液及内脏等。水中微生物种类繁多,且以需氧芽孢杆菌居多。在污染的水源中,以大肠埃希菌、变形杆菌、粪链球菌较为多见。水中微生物的种类和数量受各种因素的影响。泉水、井水中微生物数量较少,湖水、河水等地面水中微生物较多。通过大城市的河流,由于汇集了许多污染水,微生物数量很多,但离市区稍远,河水被清洁的支流冲淡,再加上有机物的沉淀及各种物理、化学和生物学因素综合作用,水中的微生物数量逐渐减少,称为水的"自洁作用"。

由于患病人、畜排泄物及内脏的污染，在医院、兽医院、屠宰场、皮毛加工厂等排出的污水，常含有一定的病原微生物，容易造成传染病的传播。进入污水中的病原微生物主要有炭疽杆菌、恶性水肿杆菌、鼻疽杆菌、伤寒杆菌、痢疾杆菌、霍乱弧菌、布鲁氏菌、巴氏杆菌和钩端螺旋体等。这些细菌在水中的存在时间与细菌的种类、水的性质和温度等有关。一般在水中可生活数天到数周，长者可达几个月或半年。

测定水的细菌总数，可以说明水被有机物污染的程度。菌落总数是指每克(每毫升)检样在需氧情况下，37 ℃培养 48 h，能在普通营养琼脂平板上生长的细菌菌落总数。测定水被粪便污染的程度，最好的指标是测定大肠埃希菌数，通常以大肠埃希菌指数和大肠埃希菌价来表示。每 1 000 mL 水中的大肠埃希菌数，称为大肠埃希菌指数。大肠埃希菌价即能检出大肠埃希菌的最小水量(mL)。当前常通过检查水中的大肠菌群数来制订饮水的卫生学指标。大肠菌群是指一群在 37 ℃培养 24 h 能分解乳糖产酸产气，需氧和兼性厌氧的革兰阴性无芽孢杆菌，这一群细菌包括大肠埃希菌、枸橼酸杆菌、肠杆菌属、克雷伯氏菌属中的一部分，还包括其他属，甚至肠杆菌科以外的符合上述特性的细菌。目前我国规定：生活饮用水的标准为 1 mL 水中细菌总数不超过 100 个，大肠埃希菌指数不超过 3，大肠埃希菌价不低于 300，每 1 000 mL 水中大肠杆菌群数不超过 3。

三、空气中的微生物

1. 空气中细菌的分布

空气本身缺乏细菌生活所必需的营养物质，加之干燥及日光对细菌的生命活动的影响，故空气中细菌不多。但由于人群和各种动物不断排出细菌，如动物的吼叫、喷嚏、咳嗽时喷出的飞沫等微粒进入空气，土壤中的细菌也会随尘埃进入空气中，所以空气中含有各种细菌。进入空气中的细菌主要为细菌的芽孢、产生色素的细菌和某些抵抗力较强的球菌、放线菌、霉菌的孢子、酵母菌等。

空气中细菌的种类和数量，随地区、季节、气候等环境条件而有所不同。人口稠密的大城市上空细菌最多，农村较城市少，森林、草地和田野上空较居住区少，海洋、高山及冰雪覆盖的地面上空细菌数量更为稀少。多风干燥时期，空气中细菌最多，雨后细菌较少。

室内空气的细菌数量一般较室外多，特别是公共场所，如电影院、学校等，每立方米空气中常含有 2 万个以上的细菌。畜舍空气中的细菌数较一般房间更高(表 5.3)。当打扫卫生、刷洗皮毛、更换垫草时畜舍空气中的细菌数大为增加，这些细菌和尘埃一般要经过 1～2 h 才能沉降下来。因此，挤奶前 1～2 h，要停止这些操作，以免尘埃飞扬，污染牛奶。

表 5.3　不同地方空气中细菌的数量　　CFU/m^3

地方	细菌数量	地方	细菌数量
畜舍	1 000 000～2 000 000	宿舍	20 000
城市街道	5 000	市区公园	200
海洋上空	1～2	北极(北纬 80°)	0

2. 空气中的病原性细菌及空气感染

在自然空气中，基本上没有病原性细菌的存在，但在病人和病畜周围的空气中，往往可以找到由病源或病畜咳嗽与打喷嚏时排出的病原性细菌，如结核分枝杆菌、溶血性链球菌、葡萄球菌、肺炎球菌、绿脓杆菌等。通过咳嗽，细菌可以传播到几米远，健康动物呼吸就会受到感染，称为飞沫传染。

空气中的细菌虽然一般是非病原性的，但他们常常污染培养基、生物制品，引起食品、饲料变质或造成手术感染等。因此，在进行细菌接种、外科手术、生产生物制品等工作时，要进行无菌操作，严防细菌的污染。对于室内空气的消毒，常用紫外光照射、福尔马林熏蒸、乳酸熏蒸或2%乳酸喷雾等方法，均可取得良好消毒效果。

四、正常动物体的微生物

研究动物与微生物之间关系的科学称动物微生态学。动物的种类不同以及身体的生态部位不同，其微生物的种类和数量也不一样。这些微生物在正常情况下，与机体各部分保持着一定的动态平衡。如果由于某种原因，引起微生物动态平衡的失调，就可能引起疾病。动物体各器官的微生态区系特点各不同，现以消化道的微生态学为例，做一阐述。

（一）反刍动物微生态学

反刍动物的前胃没有胃腺，主要靠微生物的发酵作用消化饲料。其中瘤胃微生物区系的活动更具有代表性。

1. 瘤胃微生物的种类和作用

瘤胃内微生物主要为细菌和纤毛虫，其体积约占瘤胃液的10%，其中细菌和纤毛虫各占约50%，但细菌的数量和代谢活动，都远远超过纤毛虫。在1 g瘤胃内容物中，细菌数为$10^7 \sim 10^{13}$个。瘤胃内的细菌大多数为不形成芽孢的厌氧菌，也存在着一些兼性厌氧菌，如牛链球菌以及乳酸杆菌属的一些细菌。

Hungate等(1960)根据微生物对瘤胃内容物的利用和发酵产物不同，将瘤胃细菌归纳成几类，即纤维素分解菌、半纤维素分解菌、淀粉分解菌、蛋白质分解菌、脂肪分解菌及甲烷菌等。其主要功能是帮助反刍动物消化食物。饲料中70%～85%可消化的干物质和粗纤维在这里被消化分解。反刍动物需要的能量主要靠瘤胃内发酵形成的挥发性脂肪酸供给。饲料中的蛋白质进入瘤胃后，大部分被微生物产生的蛋白酶分解，并合成菌体蛋白，这类菌体蛋白易被动物消化，具有优良的生物学价值。反刍动物需要的B族维生素和维生素K，也主要由这些微生物合成。

2. 瘤胃微生物种群的关系

(1)瘤胃微生物与宿主之间的关系　瘤胃内具有高度的厌氧环境，温度为38～40 ℃，动物摄取的食物进入瘤胃，提供细菌繁殖的营养物质，瘤胃便形成了微生物生命活动极为理想的场所，因此微生物和动物机体之间处于极为密切的共生关系。

(2)瘤胃内细菌之间的关系　瘤胃内细菌菌群之间存在着协同作用，如琥珀酸是多种瘤胃细菌发酵的最终产物，瘤胃内糖类、蛋白质、脂肪的消化代谢，也存在着细菌之间的协同作用。瘤胃内菌群之间的这一协同作用，使瘤胃内物质的消化代谢正常进行。若环境条件改变(如突然变换饲料)，则会造成菌群失调，引起消化紊乱，导致瘤胃臌气等疾病。

(3)瘤胃中细菌与纤毛虫之间的关系　在瘤胃中，细菌和纤毛虫之间存在着拮抗作用和协同作用两种关系。当瘤胃微生物种群中没有纤毛虫只有细菌时，细菌数量明显增加。有人用绵羊进行实验，有纤毛虫存在时，瘤胃内细菌数为 2×10^{9} 个/mL，没有纤毛虫时，细菌数为 2×10^{11} 个/mL。接种纤毛虫后使瘤胃细菌数减少 98%，这可能是由于纤毛虫与细菌对食物的竞争以及纤毛虫捕食细菌的结果造成的。此外，纤毛虫也具有刺激细菌繁殖的作用。例如，瘤胃微生物对纤维素的分解，在细菌和纤毛虫单独存在的情况下，纤毛虫对纤维素的消化率为 6.9%，细菌为 38.1%，而二者共存时，纤维素的消化率提高到 65.2%，可见二者又具有协同作用。

(二)非反刍动物微生态学

非反刍动物(马、猪、兔等)的消化特点与反刍动物不同，其消化道微生态环境也不一样。

1.消化道微生物的种类

(1)胃　由于胃酸的作用，胃内微生物很少，当胃液酸度降低和患胃病时，胃内腺体中可发现大量的各式各样的微生物，包括腐败菌、霉菌和酵母菌。

(2)小肠　小肠中常定居有大肠埃希菌、肠球菌、芽孢杆菌和魏氏梭菌等。

(3)大肠　大肠中常定居大肠埃希菌、肠球菌、链球菌、双歧杆菌、乳酸杆菌等。

(4)菌群演替　动物在胚胎时期是无菌的，但在出生后不久就有数种微生物侵入肠道，逐渐形成一个微生物群体。例如，仔猪出生后 24 h 内在空肠、回肠、盲肠和直肠就定植了双歧杆菌、大肠埃希菌、乳酸杆菌、消化球菌、肠球菌、小梭菌、类杆菌、乳杆菌和酵母菌等。到 8～22 日龄达到高峰并形成一个以双歧杆菌、类杆菌、乳杆菌、大肠埃希菌和消化球菌为优势的定型菌群。以后随着日龄增大，各菌群的数量均有下降。

2.正常微生物群的生理作用

正常微生物群对马、猪和兔的营养和生物拮抗等方面起到重要作用，这是动物在长期进化过程中形成的保护自己和排除异己的重要生理功能。

(1)免疫　正常微生物群对马、猪等动物的体液免疫和细胞免疫均有一定影响，尤其是对局部细胞的免疫影响更大。在这些动物的肠道、呼吸道、泌尿生殖道等黏膜的固有层中有广泛的淋巴细胞，这些淋巴细胞在肠道菌(如大肠埃希菌、沙门菌等)、呼吸道菌(金黄色葡萄球菌、肺炎球菌、链球菌等)、泌尿生殖道菌(大肠埃希菌、链球菌、螺旋体等)等的刺激下可转化为浆细胞，产生 IgA。当 IgA 通过黏膜上皮细胞到达黏膜表面时成为分泌型 IgA。IgA 可以控制外袭菌的活动，保护固有菌，而固有菌可以保护分泌型 IgA 免受降解。固有菌与外袭菌能刺激淋巴细胞产生 IgA，但 IgA 只抑制外袭菌，不抑制固有菌，其机理尚不明确。

(2)营养　正常微生物群与马、猪等的营养有着密切的关系。它们在帮助消化、合成蛋白质、维生素等方面都有一定的作用。

①帮助消化。家兔胃肠道的细菌参与营养物质的消化。如纤维素只能在微生物纤维素酶的作用下才被消化。

②合成蛋白质。盲肠微生物能够利用非蛋白氮化合物合成蛋白质，这已在普通家兔和无菌家兔的比较试验中证实。

③合成维生素。家兔肠道内的微生物，尤其是在盲肠内的微生物能合成 B 族维生素和维生素 K，这些维生素在排出前未能全部被吸收，但因家兔食粪而被再吸收。

(3)生物拮抗　消化道的正常菌群对外来细菌的入侵具有很强的拮抗作用。产生生物拮抗作用的原因主要是厌氧菌的作用、细菌素的作用、免疫作用及特殊的生理生化环境。

【经典考题】

一、名词解释

菌落总数　大肠埃希菌指数　大肠埃希菌价

二、单项选择题

1. 关于正常机体内的微生物区系，描述正确的是(　　)。

A. 无任何作用　　B. 具特异性的免疫防护作用
C. 全是副作用　　D. 能为宿主合成多种有益维生素

2. 大肠埃希菌是动物肠道的正常菌群成员之一，下列描述正确的是(　　)。

A. 具特异性的免疫防护作用　　B. 全是副作用
C. 能为宿主合成多种有益维生素　　D. 无任何作用

3. 我国生活饮用水卫生标准是(　　)。

A. 每 1 000 mL 水中不得超过 3 个大肠菌群
B. 每 1 000 mL 水中不得超过 4 个大肠菌群
C. 每 100 mL 水中不得超过 3 个大肠菌群
D. 每 100 mL 水中不得超过 4 个大肠菌群

4. 以下环境中微生物分布最多的是(　　)。

A. 土壤中　　B. 水中　　C. 空气中　　D. 食物中

5. 引起菌群失调症的原因是(　　)。

A. 生态制剂的大量使用　　B. 正常菌群的耐药性明显改变
C. 正常菌群的增殖方式明显改变　　D. 正常菌群的组成和数量明显改变

6. 关于菌群失调的描述不正确的是(　　)。

A. 菌群失调进一步发展，引起的一系列临床症状和体征就可称为菌群失调症
B. 菌群失调症又称为菌群交替或二重感染
C. 长期使用抗生素会改变正常菌群成员的耐药性，从而引起菌群失调症
D. 可使用生态制剂治疗菌群失调症

三、简答题

1. 简述微生物在土壤、水、空气中的分布及其作用。

2. 反刍动物瘤胃中的微生物有哪些作用？
3. 简述非反刍动物胃肠道菌群平衡的意义。

项目二　外界环境对微生物的影响

【学习目标】

1. 了解各种物理、化学和生物学因素对微生物的影响。
2. 学会无菌室和动物饲养场的消毒。
3. 学会细菌的药敏试验-纸片扩散法的操作方法。

一、消毒与灭菌的概念

微生物的生长繁殖极易受到外界环境条件的影响。在适宜的环境条件下，微生物能正常生长发育，而当环境条件不适宜或发生剧烈变化时，微生物可由于代谢障碍而使生长受到抑制，甚至导致死亡。利用这一现象，使得我们可以采用多种物理、化学或生物学方法来抑制或杀死环境中的病原微生物，从而达到控制或消灭传染病的目的，对动物生产具有重要意义。在介绍各种外界因素对微生物的影响之前，阐明几个重要概念：

（1）灭菌　指杀灭物体上所有微生物（包括病原微生物、非病原微生物的繁殖体及其芽孢）的方法。

（2）消毒　用物理方法或化学消毒剂杀死病原微生物的方法。消毒只要求达到无传染性的目的，对非病原微生物及其芽孢并不严格要求全部杀死。用来消毒的药物称为消毒剂。

（3）防腐　用各种化学药品防止和抑制微生物生长繁殖的方法。用于防腐的化学药物称为防腐剂或抑菌剂。许多化学药物在低浓度时只有抑菌作用，用作防腐剂；当浓度增高或延长作用时间时则具有杀菌作用，用作消毒剂。

（4）无菌　是指没有活的微生物存在的状态。防止微生物进入机体或其他物品的操作技术称无菌操作。

视频 5.2　消毒与灭菌

视频 5.3　物理消毒法

二、物理因素对微生物的影响

(一)温度

温度是微生物生长繁殖的重要条件。微生物生长繁殖最旺盛时所需温度为最适温度,能够适应生长的最高或最低温度分别为最高温度和最低温度。根据细菌对生长温度的要求,将其分为嗜冷菌、嗜温菌和嗜热菌三类(表5.4)。

表5.4 细菌的生长温度范围

类型	生长温度/℃			存在场所
	最低温度	最适温度	最高温度	
嗜冷菌	−5～0	10～20	25～30	水和冷藏处的细菌
嗜温菌	10～20	18～28(37)	40～45	腐生菌、病原菌
嗜热菌	25～45	50～60	70～85	温泉、土壤、厩肥中的一些细菌

1.高温对微生物的影响

高温对微生物具有明显的致死作用,应用高温进行灭菌是最常用的物理方法。其原理是热力能破坏蛋白质和核酸中的氢键,导致微生物的核酸破坏,蛋白质变性或凝固,酶失去活性,新陈代谢发生障碍,从而引起死亡。

(1)干热灭菌法　干热灭菌法包括火焰灭菌法和热空气灭菌法。

火焰灭菌法:直接用火焰烧灼,能立即杀死全部微生物,是一种迅速而彻底的灭菌方法。主要用于接种环、玻璃片、试管口等耐烧物品的灭菌或焚烧垫草、病料、病畜尸体等。

热空气灭菌法:在干燥情况下,利用热空气灭菌,其优点是可保持物品的干燥。通常用干热灭菌箱来达到热空气灭菌的目的。将需灭菌的物品置于灭菌箱内,箱温160 ℃维持1～2 h,即可达到灭菌的目的。此法适用于各种玻璃制品和瓷器的灭菌。

(2)湿热灭菌法　湿热灭菌是利用蒸汽或直接在水中加热,杀灭物品中的微生物的方法。因为在湿热中蛋白质更容易凝固,湿热的穿透力比干热大,且湿热的蒸汽有潜热存在,可释放出更多的热量,所以湿热灭菌能力比干热强。在消毒灭菌时,如无特殊要求,应考虑使用湿热灭菌法。

煮沸法:100 ℃煮沸5～10 min,能杀死所有细菌的繁殖体。细菌的芽孢则需煮沸5～6 h才死亡。若水中加入2%～5%石炭酸,能增强杀菌力,15 min即可杀死炭疽杆菌的芽孢。若水中加入1%碳酸钠,可提高沸点达105 ℃,并使溶液偏碱性,在增强杀菌力的同时还可以减缓金属氧化,具有一定的防锈作用。此法常用于外科手术器械、注射器及针头等的消毒。

流通蒸汽灭菌法:此法是利用蒸笼或流通蒸汽灭菌器进行灭菌。100 ℃的蒸汽维持30 min能杀死繁殖体,但不能杀死芽孢,可将第一次灭菌后的物品放于室温或37 ℃温箱过夜,待其芽孢萌发,再100 ℃蒸30 min,如此连续3天,每天一次,即可保证被消毒物品达到灭菌的目的,这种连续应用流通蒸汽的灭菌法,又称为间歇灭菌法。此法常用于某些不耐高温的培养基如血清培养基、糖培养基等的灭菌。

高压蒸汽灭菌法:在常压下,水的沸点是100 ℃,超过正常压力,水的沸点会提高。用密封的高压蒸汽灭菌锅,使水蒸气充满锅内,增加压力,以提高水的沸点,达到短时间内杀灭包括细菌芽孢在内的所有微生物的效果。通常用 121.3 ℃维持 20～30 min,用压力表示为 1.0×10^5 Pa,达到完全灭菌的目的。此法适用于耐高温、不怕潮湿的物品的灭菌,如培养基、溶液、手术衣、金属器械、敷料、玻璃器皿等,所需温度及维持时间视灭菌物品的性质和要求决定。

巴氏消毒法:巴斯德首次创用将液体物质放在较低的温度下消毒,这样既可以杀死病原菌的繁殖体,又保持液体内不耐热的物质不变质,故称为巴氏消毒法。此法常用于牛奶和酒类等的消毒。具体方法可分为 3 种:第一种为低温维持巴氏消毒法,61～63 ℃加热 30 min;第二种为高温瞬时巴氏消毒法,71～72 ℃加热 15～30 s;第三种为超高温巴氏消毒法,让牛奶通过 132 ℃的管道 1～2 s,然后迅速冷却至 10 ℃以下,达到灭菌的目的,常温下保存期可长达半年。

2. 低温对微生物的影响

微生物对低温的耐受性较强,大部分微生物在低温状况下,新陈代谢逐渐减慢,甚至处于静止状态,温度升高又能恢复正常的生长繁殖。低温处理的目的并不是灭菌,而是抑制微生物的生长与繁殖,故常用低温来保存菌种、毒种和疫苗等。实验室内常用普通冰箱(0～4 ℃)来保存菌种,但菌种不同对低温的耐受力也有差异,大多数微生物能在液态氮环境中(－196 ℃)保存多年。

低温冷冻真空干燥是保存菌种、毒种、补体、疫苗等的良好方法。将保存的物质放在玻璃容器内,在低温下迅速冷冻,然后用抽气机抽去容器内的空气,使冷冻物质中的水分升华而干燥,最后在抽真空状态下严封瓶口保存。这样,微生物及其他物质在冻干状态下,可以长期保存而不失去活性。

(二)干燥

水分是微生物生长不可缺少的成分。在正常情况下,微生物体内所进行的各种生化反应均以水为媒质,在缺水的环境中,微生物的新陈代谢发生障碍,并最终死亡。各种微生物对干燥的抵抗力差异很大。如巴氏杆菌、鼻疽杆菌在干燥环境中仅存活几天;结核分枝杆菌能耐受干燥 90 d;芽孢对干燥有强大的抵抗力,如炭疽杆菌和破伤风梭菌的芽孢在干燥条件下可存活几年甚至几十年。干燥法常用于保存食物、饲料、药材等。盐渍或糖渍食品,可使微生物体内的水分逸出,造成生理性干燥而达到抑菌的目的。

(三)光线与射线

光线与射线对微生物的影响,随其性质、强度、时间、波长和作用的距离而有差异。常用的有日光、紫外线。

日光是有效的天然杀菌因素,对大多数微生物均有损害作用,许多微生物的繁殖体在直射日光下,经 1～2 h 能被灭活,因此,利用日光曝晒是常用的简易消毒方法。其主要的作用因素为紫外线,此外,热与氧气起辅助作用。但光线效应受很多因素的影响,如烟尘笼罩的空气、玻璃及有机物等都能减弱日光的杀菌力。

紫外线是一种低能量的电磁辐射,波长范围为 240～280 nm,最适的波长为 260 nm,这与 DNA 吸收光谱范围相一致。其杀菌原理是紫外线易被核蛋白吸收,使 DNA 的同一条螺旋体上相邻的碱基形成胸腺嘧啶二聚体,从而干扰 DNA 的复制,导致微生物的死亡或变异。紫外线的穿透能力弱，不能通过普通玻璃、尘埃，它的作用仅限于照射物体的表面，常用于手术室、病房、无菌操作实验室的空气消毒。紫外线对人体皮肤、眼睛均有损伤作用，使用时应注意防护。

（四）渗透压

各种微生物都有一个最适宜的渗透压。微生物对于渗透压有一定的适应能力，渗透压在一定范围内逐渐改变对于微生物的活力无多大影响，突然改变或超过一定限度的变化则会抑制微生物的生长繁殖甚至引起死亡。

将微生物置于浓盐水、浓糖水等高渗溶液中，菌体会高度脱水而发生"质壁分离"，导致微生物生长被抑制甚至死亡，所以生产中常用盐渍、糖渍法来保存食品或果品。将微生物置于低渗溶液中，由于水分渗入使细胞膨胀、破裂，引起"胞浆压出"，微生物因而死亡，所以常在细菌人工培养基中或制备细菌悬液时加入适量氯化钠，以保持渗透压的平衡。

（五）过滤除菌

过滤除菌法是利用机械的方法除去液体和空气中细菌。滤菌器含有的微细小孔只能使液体和病毒等较小的微生物通过，细菌不能通过，从而获得无菌液体。此法主要用于一些不耐高温灭菌的血清、毒素、抗毒素、酶、维生素、药液以及病毒的细胞培养液等的除菌。

三、化学因素对微生物的影响

视频 5.4　化学消毒法

视频 5.5　消毒剂的配制

很多化学制剂能影响细菌的生理生化反应，从而发挥防腐、消毒及治疗疾病的作用。用于抑制微生物生长繁殖的化学制剂称为防腐剂，用于杀灭动物体外病原微生物的化学制剂称为消毒剂，用于消灭宿主体内病原微生物的化学制剂称为化学治疗剂。

（一）化学消毒剂

1. 常用化学消毒剂的种类、原理及其用法

化学消毒剂的种类很多，杀菌作用机理也不相同。目前国际上公认的理想消毒剂的七条标准是：杀菌谱广，作用快速；性能稳定，便于储存和运输；无毒无味，无刺激，无致畸、致癌、致突变作用；易溶于水，不着色，易去除，不污染环境；不易燃易爆，使用安全；受有机物、酸碱和环境因素影响小；作用浓度低，使用方便，价格低廉。任何一种化学消毒剂都不可能达到理想的要求，因此，要达到较好的消毒效果，必须根据消毒对象、病原微生物的种类、消毒剂的特点等因素，选择适当的化学消毒剂进行消毒。生产中常用的化学消毒剂的种类、作用原理、使用方法及用途见表 5.5。

表 5.5　常用消毒剂的种类、作用原理与用途

类别	作用原理	名称	使用方法	用途
酚类	使菌体蛋白变性或凝固	苯酚	2%～5%	处理污物、用具，消毒车辆、墙壁、运动场等
		来苏儿	2%	手术前洗手及皮肤消毒
			3%～5%	器械、物品消毒
			5%～10%	动物圈舍及排泄物等消毒
醇类	使菌体蛋白变性沉淀	乙醇	70%～75%	皮肤及器械消毒
醛类	与菌体蛋白的氨基酸结合，直到还原作用	甲醛	25 mL/m^3	畜禽舍、孵化器空气熏蒸消毒
酸类	以 H^+ 的解离作用妨碍菌体代谢	乳酸	2%	空气消毒
		醋酸	5～10 mL/m^3	畜禽舍消毒
碱类	以 OH^- 的解离作用妨碍菌体代谢	氢氧化钠	2%～4%	动物圈舍、饲槽及运输车辆的消毒
		生石灰	10%～20% 石灰乳	涂刷消毒动物的圈舍、墙壁和地面
		漂白粉	5～10 mg/L	饮水消毒
			5%～20%	圈舍、粪池、排泄物、运输车辆的消毒
卤素类	破坏—SH 基，使酶活性受到抑制	氯胺	0.5%～1%	食具、器皿和设备消毒
			3%	排泄物和分泌物消毒
		三氯异氰尿酸钠	0.5%～1%	饮水、地面和粪便消毒
		碘酊	2%～5%	手术部位、注射部位消毒
氧化剂类	使菌体酶类发生氧化而失去活性	高锰酸钾	0.1%	冲洗创口、皮肤、尿道
		过氧乙酸	0.5%	动物圈舍、饲槽、车槽等物品的喷洒消毒
表面活性剂类	改变菌体细胞膜的通透性，造成病原体代谢过程受阻	新洁尔灭	0.1%	皮肤、黏膜及器械的消毒；也可用于动物圈舍、孵化场等环境的喷雾消毒
		消毒净	0.1%	皮肤创伤冲洗、器械消毒
挥发性烷化剂	与菌体蛋白发生烷化	环氧乙烷	50 mg/L	适用于精密仪器、医疗器械、生物制品、皮革、裘皮、羊毛、橡胶、塑料制品、图书、谷物、饲料等怕热、怕湿物品的消毒

2. 影响消毒剂作用的因素

(1)消毒剂的种类、浓度与作用时间　各种消毒剂的理化性质不同，对微生物的作用大小也有差异。例如，表面活性剂对革兰阳性菌的灭菌效果比对革兰阴性菌好，龙胆紫对葡萄球菌的效果特别强。同一种消毒剂的浓度不同，其消毒效果也不一样。大多数消毒剂在高浓度时起杀菌作用，低浓度时则只有抑菌作用。在一定浓度下，消毒剂对某种细菌的作用时间越长，其效果也越强。若温度升高，则化学物质的活化分子增多，分子运动速度增加使化学反应加

速，消毒所需要的时间可以缩短。

（2）微生物的污染程度　微生物污染程度越严重，消毒就越困难，因为微生物彼此重叠，加强了机械保护作用。所以在处理污染严重的物品时，必须加大消毒剂浓度，或延长消毒作用的时间。

（3）微生物的种类和生活状态　不同的细菌对消毒剂的抵抗力不同，细菌芽孢的抵抗力最强，幼龄菌比老龄菌敏感。

（4）环境因素　当细菌和有机物特别是蛋白质混在一起时，某些消毒剂的杀菌效果可受到明显影响。因此在消毒皮肤及器械前应先清洁再消毒。

（5）温度、湿度、酸碱度　消毒速度一般随温度的升高而加快，所以温度越高消毒效果越好。湿度对许多气体消毒剂有影响。酸碱度的变化可影响消毒剂杀灭微生物的作用。例如，季铵盐类化合物的戊二醛药物在碱性环境中杀灭微生物效果较好；酚类和次氯酸盐药剂则在酸性条件下杀灭微生物的作用较强。

（6）化学拮抗物　阴离子表面活性剂可降低季铵盐类和洗必泰的消毒作用，因此不能将新洁尔灭等消毒剂与肥皂、阴离子洗涤剂合用。次氯酸盐和过氧乙酸会被硫代硫酸钠中和，金属离子的存在对消毒效果也有一定影响，可降低或增加消毒作用。

3.消毒剂的科学选择

视频 5.6　消毒剂的选择

目前，市场上销售的消毒剂品种繁多、性能优越，极大地方便了选择和使用。但是，消毒剂毕竟不同于饲料和其他药物，一般为外用，有的消毒剂还有一定的毒性，使用不当，不仅会污染环境，还会损伤身体，造成经济损失，所以要有选择地科学使用。消毒剂的科学选择应注意以下几点：

（1）注意消毒剂的消毒效果　了解消毒剂的杀菌力如何，即在同一环境条件下，相同浓度下能否杀死更多的病原微生物；杀菌的速度如何，或者说该消毒剂对某种病原微生物有无快速的杀灭效果。选择时尽可能选择杀菌力强的消毒剂，或者根据当地疫情选择特效的消毒剂以阻止疫情发展，即选择高效消毒剂。

（2）注意消毒剂使用的生物安全性　所选择的消毒剂在使用过程中，既不能危害操作人员的身体健康，又不能对家禽机体造成损害，且不能在禽体内和蛋内蓄积，即不会影响养殖生产和降低蛋的品质。应选择低毒、无异味、低残留的消毒剂。

（3）选择价廉易得的消毒剂　由于消毒剂的使用次数较多，使用的范围较大，消耗量较多。在保证消毒效果的情况下，尽可能地选择相对廉价的消毒剂，这样有利于节约开支、增加收益。但是要杜绝不顾消毒效果，一味地追求低廉价格，而使用劣质消毒剂的现象。

（4）注意消毒剂的化学性质及其相关的特性如贮藏条件、有效期等　选择化学性质稳定，不易分解挥发，适合于一般贮藏条件，有效期长的消毒剂。如福尔马林（含甲醛量为37%～40%）的贮存温度，冬季不应低于10 ℃，否则甲醛在低温时会形成不可逆的不镕性多聚体结晶，影响使用效果。

（5）不同的场所选择使用不同的消毒剂　因地制宜，根据不同环境特点，选择与其相适的消毒剂，不仅会达到良好的效果，还能节约成本、提高效率。如饮水消毒常可选择漂白粉，其杀菌力强，使用方便且成本较低；高锰酸钾与福尔马林溶液配合使用可用于空舍的熏蒸消毒，氢氧化钠和生石灰常用于运输车辆、地面、污水的消毒，这样不仅降低了费用，也保证了效果。

(二)防腐剂

用于防腐的药物称为防腐剂。生物制剂(如疫苗、类毒素、抗毒素等)中常加入防腐剂,以防止杂菌生长。常用防腐剂有0.5%石炭酸、0.1～0.2%甲醛等。

(三)化学治疗剂

用于治疗由微生物或寄生虫所引起疾病的化学药物,称为化学治疗剂。化学治疗剂具有选择性毒性作用,能在体内抑制微生物的生长繁殖或使其死亡,对人体细胞一般毒性较小,可以口服、注射。化学治疗剂的种类很多,常用的有磺胺类、呋喃类和喹诺酮类等。

四、生物因素对微生物的影响

视频 5.7　生物消毒法

自然界中,各种微生物之间或者微生物与动植物之间,经常存在着相互影响的作用,如寄生、共生和拮抗现象等。

(一)寄生

一种生物从另一种生物获取其所需的营养,赖以为生,并往往对后者呈现伤害作用的现象,称为寄生。

(二)共生

两种或多种生物相处时,彼此并不相互损害而是互为有利的现象,称为共生。

(三)拮抗

当两种微生物生活在一起时,一种微生物能产生对另一种微生物有毒作用的物质,从而抑制或杀死另一种微生物的现象,称为拮抗。

1.噬菌体

感染细菌、真菌、放线菌或螺旋体等微生物的病毒称为噬菌体。噬菌体分布极广,凡是有细菌的场所,就可能有相应噬菌体的存在。噬菌体有严格的宿主特异性,只寄居在易感宿主菌体内,故可利用噬菌体进行细菌的流行病学鉴定与分型,以追查传染源。

噬菌体分毒(烈)性噬菌体和温和噬菌体两种类型。病毒侵入宿主细胞后,随即引起宿主细胞裂解的噬菌体称作毒性噬菌体。毒性噬菌体被看作正常表现的噬菌体。温和噬菌体则是指当它侵入宿主细胞后,其核酸附着并整合在宿主染色体上,和宿主核酸同步复制,宿主细胞不裂解而继续生长。这种不引起宿主细胞裂解的噬菌体称作温和噬菌体。

2.细菌素

细菌素是由细菌产生的有杀菌或抑菌作用的物质。按其性质可分为两类:一类是低分子量的蛋白质或肽,很难在电子显微镜下观察到这类物质的结构,对胰蛋白酶多不稳定;另一类是具有复杂结构的蛋白质颗粒,有噬菌体部分形态结构,易于在电子显微镜下观察,对胰蛋白酶稳定。细菌素对同种近缘菌株呈现狭窄的活性抑制谱,附着在敏感细胞特异性受点上。

3.抗生素

由某些微生物(包括细菌、真菌、放线菌属)在生活过程中产生的,对某些其他病原微生物具有抑制或杀灭作用的一类化学物质称为抗生素。

自1943年青霉素应用于临床以来,抗生素的种类已达几千种,在临床上常用的也有几百种。抗生素的作用原理大体可概括为以下方式:①抑制细胞壁的合成(如青霉素、头孢菌素);

②影响细胞膜的通透性(如多黏菌素、制霉菌素);③抑制蛋白质的合成(如氯霉素、卡那霉素);④抑制核酸合成(如灰黄霉素、利福霉素)。

在应用抗生素治疗感染性疾病的过程中,应充分认识到动物机体防御机制的重要性,不能过分依赖抗生素的功效而忽视了机体内在的因素,当动物机体免疫球蛋白的质量和数量不足、细胞免疫功能低下或吞噬细胞性能与质量不足时,抗生素治疗则难以奏效。因此,在应用抗生素的同时应尽最大努力使患病动物全身状况得到改善;采取各种综合措施,以提高机体抵抗能力,如降低患病动物过高的体温,纠正水、电解质和酸碱平衡失调,改善微循环,以及处理原发性疾病和局部病灶等。

【实验操作】

一、动物饲养场的消毒

视频 5.8 消毒基本知识

(一)实验目的

学会畜禽舍、土壤、粪便等消毒方法和检查消毒效果的方法。

(二)仪器与材料

喷雾消毒器、天平或台秤、盆、桶、缸、清扫及洗刷工具、高筒胶鞋、工作服、橡胶手套、新鲜石灰、粗制氢氧化钠、漂白粉、来苏儿、高锰酸钾、福尔马林等。

(三)方法与步骤

1. 畜舍、用具消毒

(1)先对畜舍地面、饲槽等进行彻底清扫。清扫前用清水或消毒液喷洒,以免灰尘及病原体飞扬,随后扫除粪便、垫草及残余的饲料等污物。该污物按粪便消毒法处理。水泥地面的畜舍再用清水冲洗。

(2)用化学消毒剂进行消毒。消毒液用量一般按 1 000 mL/m^2 计算。消毒时先由远门处开始,对天棚、墙壁、食槽和地面顺序均匀喷洒,后至门口,最后打开门窗通风,用清水洗刷饲槽等将消毒药味除去。

(3)化学药物蒸汽消毒,常用福尔马林,用量按照畜舍空间计算,福尔马林 25 mL/m^3、水 12.5 mL/m^3,两者混合后再放高锰酸钾(或生石灰)25 g/m^3。消毒前将畜禽赶出畜舍,舍内的管理用具、物品等适当摆开,门窗密闭,室温不低于正常室温(15～18 ℃)。药物反应可在陶瓷容器中进行,用木棒搅拌,经几秒钟即可产生甲醛蒸气。经 12～24 h 将门窗打开通风,药气消失后将家畜迁入。若需使用畜舍,可用氨气中和,按氯化铵 5 g/m^3、生石灰 2 g/m^3,加入 75 ℃水 7.5 g/m^3,混合于桶内放入畜舍。也可用氨水替代,按 25%氨水 12.5 mL/m^3,中和 20～30 min,打开门窗通风 20～30 min,动物即可迁入畜舍。

2. 地面土壤消毒

病畜停留过的畜舍、运动场等,先除去表土,清除粪便和垃圾。小面积的地面土壤,可用消毒液喷洒。大面积的土壤可翻地,在翻地的同时撒上干漂白粉,一般传染病时用量为 0.5 kg/m^3,炭疽等芽孢杆菌性传染病时用量为 5 kg/m^3,漂白粉与土混合后加水湿润压平。大牧场被污染后一般利用阳光或种植对病原微生物有害的植物,使土壤发生净化作用。

3. 粪便的消毒

(1)焚烧法　在地上挖一壕，宽 75～100 cm，深 75 cm，长度依粪便多少而定，在距离壕底 40～50 cm 处加一层铁梁(以不使粪便漏下为宜)，铁梁下面放置木材，铁梁上面放置欲消毒的粪便，若粪便太湿，可混合一些干草，以便烧毁。

(2)化学药品消毒法　用含 2%～5%有效氯的漂白粉溶液，或 20%石灰乳，与粪便混合消毒。

(3)掩埋法　将污染的粪便与漂白粉或生石灰混合后，深埋于地下 2 m 左右。

(4)生物热消毒法　有发酵池法和堆粪法。

①发酵池法。在距离水源、居民点及畜牧场一定距离处(200～250 m)挖池，大小方圆视粪便多少而定，池底池壁可用砖、水泥砌，使之不透水。若土质好，不砌也可。用时池底先垫一层土，每天清除的粪便倒入池内，直到快满时，在粪便表面铺一层干草或杂草，上面盖一层泥土封好。经 1～3 个月发酵后作肥料用。也可利用沼气发酵池进行消毒。

②堆粪法。在距离场舍 100～200 m 以外的地方选一堆粪场。在地面挖一浅沟，深约 20 cm，宽 1.5～2 m，长度随粪便多少而定。先将非粪便或蒿草等堆至 25 cm 处，再堆欲消毒的粪便，高达 1～1.5 m 后，在粪堆的外面铺一层 10 cm 厚的非污染性粪便或谷草，最外层抹上 10 cm 后的泥土。堆放 3 周到 3 个月，即可作肥料用。

4. 污水的处理

有沉淀法、过滤法、化学药品消毒法。常用的消毒方法是漂白粉消毒法，用量是每立方米漂白粉(含 25%活性氯)6 g(清水)或 8～10 g(浑浊的水)。

5. 消毒效果的检查

视频 5.9　消毒效果检查

(1)房舍机械清除效果检查　以地板、墙壁及房舍内设备的清洁度；管理用具的消毒确实程度及所采取的消毒粪便的方法来评定。

(2)消毒对象的细菌学检查　从消毒过的地板、墙壁、墙角及饲槽上取样品，在上述地方划 10 cm×10 cm 大小正方形数块，均用灭菌湿润棉花擦拭 1～2 min，随后将其置入中和剂(30 mL)中，并沾上中和剂，然后挤压，反复几次后，再放入中和剂中 5～10 min，用镊子将棉签拧干，然后移入装有 30 mL 灭菌水的罐内。

当以漂白粉作为消毒剂时，用 30 mL 次亚硫酸盐中和；碱性消毒剂用醋酸中和；福尔马林用氢氧化钠中和；对于克辽林、来苏儿、硫酸石碳酸及其他消毒剂，没有适当的中和剂时可用灭菌水。

样品送到实验室后，要在当天仔细拧干棉签，同时搅拌液体。用灭菌吸管吸取 0.3 mL 接种到远藤式琼脂培养基上，用灭菌“刮”将其涂布于琼脂表面，然后仍用此“刮”涂布第二个琼脂平板，接种后的培养基 37 ℃培养，24 h 后取出检查初步结果，48 h 后取出检查最后结果。若发现肠道菌的可疑菌落，再进行常规鉴定。若无肠道杆菌存在，证明消毒效果良好。

粪便生物热消毒效果检查：

①测温法。用装在金属套管内的最高化学温度表测定粪便的温度，由温度高低评价消毒效果。

②细菌学检查法。测定微生物数量及大肠埃希菌价。方法是取被检样品称量后，与砂混合置于研钵内研碎然后加入 100 mL 灭菌水并一起移入含有玻璃珠的烧瓶内，振荡 10 min 后用纱布过滤，将滤液分别接种于普通琼脂平板和远藤式琼脂平板上，37 ℃培养 24 h，于普通琼脂平板上计数细菌总数，于远藤式琼脂平板上测定大肠埃希菌价。样品应在粪便发热时采取。

(四)实验作业

1. 如何消毒畜禽舍和用具？粪便怎样消毒？

2. 如何检查消毒效果？

二、抗菌药物敏感性试验(纸片扩散法)

视频 5.10 药敏试验——纸片扩散法

(一)实验目的

掌握药敏试验的操作步骤和结果判断方法，从而选出敏感药物。

(二)仪器与材料

药敏试纸(购买或自制)、普通琼脂培养基、眼科镊、酒精灯、接种棒、直尺、培养箱、待测细菌培养物。

(三)方法与步骤

1. 接种细菌

将待测细菌划线接种到普通琼脂培养基上，接种细菌时要求均匀密集，尽可能布满细菌。(另：可取待测细菌置少量生理盐水中制成细菌混悬液，用灭菌棉拭子将待测细菌混悬液涂布于普通琼脂培养基表面，要求涂布均匀致密)。

2. 贴药敏试纸

将镊子于酒精灯火焰灭菌后略停，取药敏片(市售或自制)贴到平皿培养基表面。为了使药敏片与培养基紧密相贴，可用镊子轻按几下药敏片。为了能准确地观察结果，要求药敏片能有规律地分布于平皿培养基上；一般可在平皿中央贴一片，外周可等距离贴若干片(外周一般最多可贴 7 片)，每种药敏片的名称要记住，并在培养皿上注明接种的细菌名称、日期、姓名。要求两纸片间有 2 cm 以上的间距，粘贴牢固。

3. 培养

将琼脂培养皿放入 37 ℃恒温培养箱中培养 18～24 h。

4. 结果观察

在涂有细菌的琼脂平板上，抗菌药物在琼脂内向四周扩散，其浓度呈梯度递减，因此在纸片周围一定距离内的细菌生长受到抑制。过夜培养后形成一个抑菌圈，抑菌圈越大，说明该菌对此药敏感性越大，反之越小，若无抑菌圈，则说明该菌对此药具有耐药性。其直径大小与药物浓度、划线细菌浓度有直接关系。根据药敏试纸产生的抑菌圈大小，选出敏感药物(表 5.6)。

表 5.6 药敏试验判断标准

抑菌圈直径/(ϕ/d)	药物敏感性
ϕ/d>15 mm	高敏
10 mm≤ϕ/d≤15 mm	中敏
ϕ/d<10 mm	低敏或不敏感

5.影响药敏试验结果的因素

(1)培养基 应根据试验菌的营养需要进行配制。倾注平板时,厚度要合适(5～6 mm),不可太薄,一般 90 mm 直径的培养皿,倾注培养基 18～20 mL 为宜。培养基内应尽量避免有抗菌药物的拮抗物质,如钙、镁离子能减低氨基糖苷类的抗菌活性,胸腺嘧啶核苷和对氨苯甲酸(PABA)能拮抗磺胺药和 TMP 的活性。

(2)细菌接种量 细菌接种量应恒定,如太多,抑菌圈变小,能产酶的菌株会更加破坏药物的抗菌活性。

(3)药物浓度 药物的浓度和总量直接影响抑菌试验的结果,需精确配制。商品药应严格按照其推荐治疗量配制。

(4)培养时间 一般培养温度和时间为 37 ℃ 18～24 h,有些抗菌药扩散慢如多黏菌素,可将已放好抗菌药的平板培养基,先置 4 ℃冰箱内 2～4 h,使抗菌药预扩散,然后再放入 37 ℃温箱中培养,可以推迟细菌的生长,而得到较大的抑菌圈。

(四)实验作业

1.如何制作药敏试纸?

2.影响药敏试验结果的因素有哪些?

【经典考题】

一、名词解释

消毒 灭菌 防腐 无菌 消毒剂 防腐剂 共生 寄生 拮抗

二、单项选择题

1.关于紫外线杀菌不正确的是( )。

A.紫外线杀菌与波长有关 B.紫外线损伤细菌 DNA 构型

C.紫外线的穿透力弱,故对动物无害 D.紫外线适用于空气或物体表面的消毒

2.关于高压蒸汽灭菌法不正确的是( )。

A.灭菌效果最可靠,应用最广 B.适用于耐高温和潮湿的物品

C.可杀灭所有微生物 D.通常压力为 2.05 kg/cm^2,温度为 121.3 ℃

3.杀灭细菌芽孢最常用而有效的方法是( )。

A.紫外线照射 B.干烤灭菌法 C.流通蒸汽灭菌法 D.高压蒸汽灭菌法

4.湿热灭菌法中效果最好的是( )。

A.高压蒸汽灭菌法 B.流通蒸汽法 C.煮沸消毒法 D.巴氏消毒法

5.杀灭物体表面病原微生物的方法称为( )。

A.灭菌 B.防腐 C.无菌 D.消毒

6. 用于抑制微生物生长繁殖的化学药品，称为(　　)。

A. 消毒剂　　B. 抑菌剂　　C. 杀菌剂　　D. 杀虫剂

7. 过氧乙酸属于(　　)。

A. 酸类消毒剂　　B. 氧化剂类消毒剂　　C. 醇类消毒剂　　D. 烷化剂类消毒剂

8. X 射线对微生物(　　)。

A. 有促进作用　　B. 没有影响　　C. 有抑制或杀灭作用　　D. 有时促进，有时抑制

9. 培养基常用的灭菌方法是(　　)。

A. 火焰灭菌法　　B. 巴氏消毒法　　C. 热空气灭菌法　　D. 加压蒸汽灭菌法

10. 一种生物从另一种生物获取赖以生存的营养，并对后者造成损害的现象称为(　　)。

A. 共生　　B. 寄生　　C. 拮抗　　D. 协同

三、简答题

1. 为什么温热灭菌效果好于干热灭菌？
2. 影响消毒剂作用的因素有哪些？
3. 选择消毒剂有哪些要求？
4. 简述物理消毒法的类型。
5. 简述化学治疗剂与化学消毒剂的主要区别。

项目三　微生物的遗传和变异

【学习目标】

1. 掌握常见微生物的形态变异、结构与抗原性变异、菌落变异、毒力变异、耐药性变异等常见变异现象。

2. 理解基因突变和基因重组的含义和具体方式。

微生物与其他生物一样，具有遗传和变异的基本特性。遗传是亲代与子代之间的相似性，它保证了生物性状的相对稳定性。变异是亲代与子代之间的不相似性。遗传是相对的，变异是绝对的。遗传保证了物种的存在和延续，而变异推进了物种的进化和发展。在学习本项目内容时，应先清楚掌握以下几个概念。

(1)遗传型(基因型)　指某一生物个体所含有的全部遗传因子即基因组所携带的遗传信息。

(2)表型　指某一生物体所具有的一切外表特征及内在特性的总和，是其遗传型在合适环境下透过代谢和发育而得到的具体体现。

(3)变异　指在某种外因或内因的作用下生物体遗传物质结构或数量的改变，即遗传型的改变。

(4)饰变　指一种不涉及遗传物质结构改变而只发生在转录、翻译水平上的表型变化。其特点是整个群体中的几乎每一个体都发生同样变化，性状变化的幅度小；因其遗传物质不变，故饰变是不遗传的。

一、常见微生物的变异现象

视频 5.11 微生物的遗传变异

(一)形态变异

微生物在异常条件下生长发育时,可以发生形态的改变。如慢性炭疽病猪咽喉部分离到的炭疽杆菌,呈细长丝状;慢性猪丹毒病猪心脏病变部的猪丹毒杆菌呈长丝状。

(二)结构与抗原性变异

1. 荚膜变异

有荚膜的细菌在特定条件下,可以丧失形成荚膜的能力,如炭疽杆菌在动物体内和特殊培养基上能形成荚膜,而在普通培养基上则不形成荚膜。

2. 鞭毛变异

有鞭毛的细菌在某种条件下,可以失去鞭毛,如将有鞭毛的沙门菌培养于含 0.075%~0.1%石炭酸的琼脂培养基上,即可变为无鞭毛的变异型菌。

3. 芽孢变异

产芽孢杆菌也可失去形成芽孢的能力,如巴斯德在高温培养下(43 ℃)将炭疽杆菌育成弱毒株(不形成芽孢),毒力减弱。

(三)菌落变异

细菌的菌落最常见的有光滑型(S 型)和粗糙型(R 型)两种类型。S 型菌落表面光滑、湿润、边缘整齐;R 型菌落表面粗糙、枯干、边缘不整齐。绝大多数新分离的菌株为光滑型,在一定条件下可以变为粗糙型,称为 S-R 变异。S-R 变异伴随着 S 型抗原的丧失和病原菌毒力的减弱。极少数细菌(炭疽杆菌、结核分枝杆菌),其新分离的菌落正常为 R 型,在一定条件下变为 S 型,称为 R-S 变异。R 型比较稳定,在正常情况下较少出现变异。

(四)毒力变异

将微生物长期培养于不适宜的环境中,如培养于含化学物质的培养基或高温下,或反复通过非易感动物时,可促使其降低毒力。如卡介二氏将有毒的结核分枝杆菌在含有胆汁的甘油马铃薯培养基中经 13 年 230 次传代,培养成为失去毒力的变种,即卡介苗(BCG),可用于人工接种预防肺结核;再如从自然感染的动物体内分离出的狂犬病病毒对人和犬类致病力较强,若经家兔脑内连续传代后,其致病力减弱而不再引起人和犬发病,根据此变异现象,人们制备了狂犬病疫苗。

(五)耐药性变异

原来对某种药物敏感的细菌,可发生变异而形成能耐受该药物的耐药性菌株,有时甚至形成必须有该药物方能生长的依药性菌株。如将大肠埃希菌培育于含少量青霉素 G 的培养基中时,可诱导这些细菌产生青霉素酶破坏青霉素。

二、微生物变异机理

微生物变异可分为遗传型变异和非遗传型变异两种,后一类型的变异在细菌中颇为常见。

(一)非遗传性变异

外界环境条件发生变化,诱导细菌某一性状发生变化,而遗传物质不改变,改变的性状也不遗传给子代,称为非遗传变异或表现型变异。如炭疽杆菌菌落在普通琼脂培养基上为粗糙型,但在含血清或血液的培养基中,厌氧条件下培养,表现为光滑型。将变异的菌株移植到普通营养琼脂上,作需氧培养时,又表现为粗糙型。

(二)遗传性变异

细菌遗传物质结构发生突然而稳定的改变,引起性状的改变,这种改变可遗传给后代,即使恢复原来的条件,仍保持变异的性状,称为遗传性变异或基因型变异。这种变异通过基因突变和基因重组两种途径发生。

1.基因突变

细菌个体 DNA 分子中发生碱基对的增添、缺失或改变,引起的基因结构的改变,称为基因突变。基因突变通常发生在 DNA 复制时期,具有随机性、低频性和可逆性等共同特性。

根据碱基变化的情况,基因突变一般可分为碱基置换突变和移码突变两大类。

①碱基置换突变。DNA 分子中一个碱基对被另一个不同的碱基对取代所引起的突变,也称为点突变。点突变分转换和颠换两种形式。如果一种嘌呤被另一种嘌呤(A+G)取代或一种嘧啶被另一种嘧啶(T+C)取代则称为转换。嘌呤取代嘧啶或嘧啶取代嘌呤的突变则称为颠换。

②移码突变。DNA 片段中某一位点插入或丢失一个或几个(非 3 或 3 的倍数)碱基对时,造成插入或丢失位点以后的一系列编码顺序发生错位的一种突变。它可引起该位点以后的遗传信息都出现异常。发生了移码突变的基因在表达时可使组成多肽链的氨基酸序列发生改变,从而严重影响蛋白质或酶的结构与功能。

基因突变可以是自发的也可以是诱发的。自发产生的基因突变型和诱发产生的基因突变型之间没有本质上的不同。

(1)自发突变　指在没有人为影响的情况下生物体自然发生的变化。即细菌在正常生长繁殖条件下,无任何外界因素的影响而自然发生的变异。

自发突变率随生物性状不同而有一定的变异幅度,一般为 10^{-9}～10^{-6}。细菌的自发突变一旦发生便可一代代遗传下去,因此可以说该种变异是稳定的,但也有极少数的突变基因能发生回复突变。

自发突变的发生,虽然不需人为因素,但由于细菌所处的环境如培养基、温度、酸碱度等都不是绝对的,而是有一个变化范围,所以可通过由多因素低剂量的诱变发生。如利用空间的短波辐射、正常环境中低浓度诱变剂以及细菌代谢过程中产生的过氧化氢等产物对其进行诱变。同时,也可以在复制过程以互变结构效应产生自发突变,如 DNA 复制到一定位置时,T 以烯醇式或 C 稀有的亚氨基式出现,造成碱基错配,导致自发突变现象的发生。这些因素不是人为施加的,突变的概率很小,且需要的时间比较长。

(2)诱导突变　指在细菌的环境中人为加入理化因素而诱导细菌发生的突变。能够显著提高突变频率的各种理化因素统称为诱变剂。使用诱变剂可使突变率提高 10～10 万倍,平均提高 1 000 倍。

凡能使 DNA 结构发生变化的任何理化因素均可诱发基因突变。诱变剂的种类很多,可大致分为物理诱变剂和化学诱变剂。

①物理诱变剂。作用于 DNA 上，引起细菌的突变和死亡。常用的有快中子、紫外线、X 射线、γ 射线和 β 射线等。

a. 紫外线：紫外线光谱和核酸的吸收光谱一致。紫外光照射下，DNA 强烈吸收紫外线，导致自身分子内形成嘧啶二聚体以及嘧啶的水合物。

b. 电离辐射：X 射线和 γ 射线是高能电磁波，作用于染色体时一方面使碱基化学键断裂，DNA 和糖-磷间的化学键断裂；另一方面可间接地使水或其他有机分子产生自由基，作用于 DNA 分子上，这两种效应都是 DNA 发生的点突变。同时也可引起染色体断裂，造成大的损伤。

②化学诱变剂。作用于 DNA 碱基上，引起 DNA 分子复制时发生变化或掺入 DNA 分子引起变化，从而引发突变。

a. 烷化剂：药剂带有一个或多个活泼的烷基。通过烷基置换，取代其他分子的氢原子称为“烷化作用”所以这类物质称烷化剂。常用的烷化剂有甲基磺酸乙酯（EMS）、硫酸二乙酯（DES）、亚硝基乙基脲（NEH）、*N*-亚硝基-*N*-乙基脲烷（NEU）、乙烯亚胺（EI）、环氧化物等，导致 DNA 断裂、缺失或修补，从而使 DNA 在复制过程中出现错误。

b. 核酸碱基类似物：这类化合物具有与 DNA 碱基类似的结构，如原黄素、吖啶黄、吖啶橙。常用 5-溴尿嘧啶（BU）、5-溴去氧尿核苷（BudR）、马来酰肼（MH）等作为 DNA 的成分而渗入 DNA 分子中去，使 DNA 复制时发生配对错误，从而引起有机体变异。

c. 其他诱变剂：亚硝酸可通过氧化脱氨基作用使嘌呤或嘧啶脱去氨基，改变核酸结构和性质，造成 DNA 复制紊乱。HNO_2 还能造成 DNA 双链间的交联而引起遗传效应。叠氮化钠（NaN_3）是一种呼吸抑制剂，能引起基因突变，可获得较高的突变频率，而且无残毒。

2. 基因重组

由于不同 DNA 链的断裂和连接而产生 DNA 片段的交换和重新组合，形成新 DNA 分子的过程称基因重组。包括发生在生物体内（如减数分裂中异源双链的核酸交换）和在体外环境中用人工手段使不同来源 DNA 重新组合的过程。

（1）转化　是受体菌直接摄取供体菌提供的游离 DNA 片段整合重组，使受体菌的性状发生变异的过程。

基因的转化需要一定的条件：①细菌在摄取外源性 DNA 时需处于感受状态；②细菌的种类与能否摄入外源性的 DNA 有关，除链球菌属、嗜血杆菌属及芽孢梭菌属外，大多数细菌不能自然摄入外源性 DNA。革兰阳性菌和革兰阴性菌的转化方式不同。革兰阳性菌的感受态是由称为感受态因子（CF）的胞外信号诱导的，菌细胞上的特异受体和 CF 结合诱导新的蛋白质产生参与转化。革兰阴性菌的感受态产生不需 CF 诱导，必须是亲缘关系近的细菌 DNA 才能和受体菌整合。

（2）转导　是以噬菌体为媒介，将供体菌的基因转移到受体菌内，导致受体菌基因改变的过程。分为普遍性转导和局限性转导。

在偶然条件下，细菌的 DNA 片段或小质粒可被错误的包装在噬菌体头部，成为一个转导性噬菌体。由于这种错误包装是随机的，可将细菌染色体任何部位基因包装入噬菌体头部，故这种噬菌体引起的转导又称普遍性转导。

噬菌体 DNA 脱离宿主染色体时发生偏差，把自身一段 DNA 留在染色体上，而将细菌染色体上原整合部位两侧的基因带走。此错位切割的噬菌体是缺陷型噬菌体，这种只转导噬菌体整合位置相邻的个别特定基因的转导称为局限性转导。

(3)接合　是受体菌和供体菌直接接触，供体菌通过性菌毛将所带有的 F 质粒或类似遗传物质转移至受体菌的过程。主要见于革兰阴性菌。带有 F 质粒的细菌可形成性菌毛，称 F^+(雄菌)，无 F 质粒的细菌无性菌毛，称 F^-(雌菌)。F 质粒的接合分 3 种类型：① F^+ 与 F^- 接合，使 F^- 转变为 F^+，原来的 F^+ 仍为 F^+。这一过程仅涉及 F 质粒的传递，不涉及细菌染色体的转移。②Hfr(高频重组菌)与 F^- 接合，使 F^- 获得供菌染色体的部分 DNA 片段，而 F 质粒几乎不可能进入受体菌。③ F' 质粒与 F^- 接合，F' 质粒是从染色体上脱离下来带有细菌染色体上邻近基因的质粒，此过程使 F^- 转变为 F^+，同时获得供菌染色体部分 DNA 片段。革兰阳性菌依赖 CIA(聚集诱导因子)诱导的质粒接合方式。

(4)溶原性转换　是噬菌体的 DNA 与细菌染色体重组，使宿主菌遗传结构发生改变而引起的遗传型变异。溶原性细菌因此而获得新的特性。

(5)原生质体融合　两种经过处理失去细胞壁的原生质体混合可发生融合，融合后的双倍体细胞可发生细菌染色体间的重组。

三、获得微生物变异株的方法

(一)从自然变异中筛选

1. 从生产中选育

微生物会以一定频率发生自发突变，富于实际经验和善于细致观察的人们就可及时抓住这类良机来选育优良的生产菌株。例如，从污染噬菌体的发酵液中有可能分离到抗噬菌体的新菌株。

2. 定向培育优良菌株

定向培育是指用某一特定元素长期处理某一微生物培养物，同时不断对它们进行传代，以达到累积并选择相应的自发突变体的一种古老的育种方法。由于定向培育的自发突变频率较低，变异程度较轻微，所以培育新种的过程十分缓慢。定向培育法带有“守株待兔”的性质，除某些抗性突变外，一般要相当长的时间。

(二)传统的人工诱变方法

1. 微生物诱变育种程式

原始菌株(出发菌株)→纯化→离心收集菌体→细胞或孢子悬浮液制备→离心洗涤→(活细胞计数) 玻璃珠振荡分离→中间培养，过滤→突变株分离→初筛→复筛→生产性能试验。

2. 诱变育种注意事项

(1)挑选优良的原始菌株　以单倍体纯种为原始菌株，可排除异核体和异质体的影响；采用具有优良性状的菌株，如生长速度快，营养要求低的菌株；选择对诱变剂敏感的菌株。由于有些菌株在发生某一变异后，会提升对其他诱变剂的敏感性，故可考虑选择已发生其他变异的菌株为原始菌株。

(2)菌悬液的制备　一般采用生理状态一致(用选择法或诱导法使微生物同步生长)的单细胞或孢子进行诱变处理；所处理的细胞必须是均匀而分散的单细胞悬液；分散状态的细胞可

以均匀地接触诱变剂，又可避免长出不纯菌落。用于诱变育种的细胞应尽量选用单核细胞，如霉菌或放线菌的孢子或细菌的芽孢。细菌在对数期诱变处理效果较好。在实际工作中，要得到均匀分散的细胞悬液，通常可用无菌的玻璃珠来打散成团的细胞，然后再用脱脂棉过滤。另外，根据选用的诱变剂不同，菌悬液可用生理盐水或缓冲液配置。

(3)选择简便有效，最适剂量的诱变剂　目前常用的诱变剂主要有紫外线、硫酸二乙酯、*N*-甲基-*N*′-硝基-*N*-亚硝基胍(NTG)和亚硝基甲基(NMU)等。后两种因有突出的诱变效果，所以被誉为“超诱变剂”。剂量的选择受处理条件、菌种情况、诱变剂的种类等多种因素的影响。剂量一般指强度与作用时间的乘积。在育种实践中，常采用杀菌率来作为各种诱变剂的相对剂量。

(4)利用复合处理的协同效应　诱变剂的复合处理常呈现一定的协同效应，复合处理的方法包括两种或多种诱变剂的先后使用，同一种诱变剂的重复使用，两种或多种诱变剂的同时使用等。

(5)突变体的筛选　诱变处理使微生物群体中出现各种突变型，其中绝大多数是负变株。要获得预定的效应表型主要靠科学的筛选方案和筛选方法，一般要经过初筛和复筛两个阶段的筛选。

初筛一般透过平板稀释法获得单个菌落，然后对各个菌落进行有关性状的初步测定，从中选出具有优良性状的菌落。例如，对抗生素产生菌来说，选出抑菌圈大的菌落；对于蛋白产生菌来说，选出透明圈大的菌落。

复筛指对初筛出的菌株的有关性状做精确的定量测定。经过精细的分析测定，得出准确的数据。

(三)原生质体融合

通过人为的方法，使遗传性状不同的两个细胞的原生质体进行融合，借以获得兼有双亲遗传性状的稳定重组子的过程，称为原生质体融合。由此法获得的重组子，称为融合子。

原生质体融合的主要操作步骤是：先选择两株有特殊价值，并带有选择性遗传标记的细胞作为亲本菌株置于等渗溶液中，用适当的脱壁处理(如细菌和放线菌可用溶菌酶等处理，真菌可用蜗牛消化酶或其他相应处理)去除细胞壁，再将形成的原生质体(包括球状体)进行离心聚集，加入促融合剂 PEG(聚乙二醇)或借电脉波等元素促进融合，然后用等渗溶液稀释，再涂在能促使它再生细胞壁和进行细胞分裂的基本培养基平板上。待形成菌落后，再透过影印平板法，把它接种到各种选择性培养基平板上，检验它们是否为稳定的融合子，最后再测定其有关生物学性状或生产性能。

原生质体融合技术有许多优越性，它打破了微生物的种属界限，可以实现远缘菌株间的基因重组；可使遗传物质传递更完整，可快速组合性状，加速育种速度；可借助聚合剂同时将几个亲本的原生质体随机地融合在一起，获得综合几个亲本性状的重组体。

(四)基因工程

自进入 20 世纪 70 年代后，由于分子生物学，分子遗传学和核酸化学等基础理论的发展，产生了一种新的育种技术——基因工程。基因工程又称遗传工程，是指人们利用分子生物学的理论和技术，自觉设计，操纵，改造和重建细胞的基因组，从而使生物体的遗传性状发生定向变异，以最大限度地满足人类活动的需要。这是一种自觉的，可人为操纵的体外 DNA 重组技术，是一种可达到超远缘杂交的育种技术，更是一种前景宽广，正在迅速发展的定向育种新技术。

基因工程的基本操作包括目的基因的取得，载体系统的选择，目的基因与载体重组体的构建，重组载体导入受体细胞，“工程菌”或“工程细胞株”的表达，检测以及实验室和一系列生产性试验等。

(1)目的基因的取得　选择目的基因的途径有3种：选择适宜的供体细胞，以便从中采集分离到有生产意义的目的基因；通过逆转录作用由mRNA合成cDNA(互补DNA)；用化学方法合成特定功能的基因。

(2)选择载体　载体必须具备下列几个条件：是一个有自我复制能力的复制子；能在受体细胞内大量增殖，有较高的复制率；载体上最好只有一个限制性内切核酸酶的切口，使目的基因能固定地整合到载体DNA的一定位置上；载体上必须有一种选择性遗传标记，以便及时把极少数“工程菌”选择出来。目前原核受体细胞的载体主要有细菌质粒(松弛型)和λ噬菌体两类。真核细胞受体的载体主要有SV40病毒。

(3)目的基因与载体DNA的体外重组　对目的基因与载体DNA均采用限制性内切酶处，从而获得互补黏性末端或人工合成黏性末端。然后把两者放在较低的温度(5～6 ℃)下混合“退火”。在外加连接酶的作用下，供体的DNA片段与质粒DNA片段的裂口处被“缝合”，形成一个完整的有复制能力的环类重组体。

(4)重组载体引入受体细胞　体外回应生成的重组载体只有将其引入受体细胞后，才能使其基因扩增和表达。受体细胞可以是微生物细胞，也可以是动物细胞。把重组载体DNA分子引入受体细胞的方法很多。若以重组质粒作为载体时，可以用转化的手段；若以病毒DNA作为重组载体时，则用感染的方法。

在理想情况下，上述重组载体进入受体细胞后，能透过自主复制而得到大量扩增，从而使受体细胞表达出供体基因所提供的部分遗传性状，受体细胞就成了“工程菌”。

【经典考题】

一、名词解释

变异　基因突变　基因重组　转化　转导　转换　基因工程

二、单项选择题

1. 细菌的菌落油光滑型变为粗糙型的变异称为(　　)。

1. D菌落变异　B. H-O变异　C. V-W变异　D. S-R变异

2. S-R变异指的是(　　)。

1. 菌落的变异　B. 抗原性的变异　C. 运动力的变异　D. 耐药性的变异

3. 链球菌发生S→R变异后(　　)。

A. 毒力减弱　B. 毒力增强　C. 不影响毒力　D. 细菌死亡

4. 炭疽杆菌丧失荚膜产生能力后(　　)。

A. 毒力减弱　B. 毒力增强　C. 不影响毒力　D. 细菌死亡

5. 在细菌之间直接传递DNA是通过(　　)。

A. 鞭毛　B. 普通菌毛　C. 性菌毛　D. 核糖体

三、简答题

1. 常见微生物的变异现象有哪些？
2. 简述微生物遗传型变异的机理。
3. 简述获得微生物变异株的方法。
4. 简述微生物诱变育种注意事项。

模块六
动物免疫技术

【内容提要】

免疫是指机体识别并清除异物，从而保持体内外平衡和稳定的生理学反应，具有识别自身和非自身物质、高度特异性和记忆性，在动物体内发挥免疫防御、自身稳定和免疫监视作用，分为非特异性免疫和特异性免疫两大类。非特异性免疫可遗传，是动物出生前就具有的免疫能力，主要由屏障作用、吞噬作用和非特异性免疫因子组成。特异性免疫是动物出生后长期的生活过程中通过自动免疫和被动免疫获得的，包括体液免疫和细胞免疫两类。抗原具有抗原性，抗原性包含免疫原性和反应原性，异物性和分子结构复杂性是构成抗原的基本条件。抗体是特异性免疫分子，由抗原激发机体免疫系统产生，多见于血液中，包括 IgG、IgA、IgM、IgD、IgE 等五种抗体。抗原与相应的免疫应答产物(抗体或致敏淋巴细胞)在动物体内或体外可发生特异性反应。在动物体内发生的抗原与相应免疫应答产物的反应就称为免疫应答，特异性免疫应答分为致敏阶段、反应阶段和效应阶段。在动物体外有电解质参与条件下发生的抗原与抗体的反应称为血清学试验，包括沉淀试验、凝集试验、中和试验、有补体参与的反应和免疫标记技术等。变态反应是动物机体对部分抗原的再次刺激产生的病理性反应，分为Ⅰ、Ⅱ、Ⅲ、Ⅳ型变态反应。

项目一　免疫概述与非特异性免疫

【学习目标】

1. 熟练掌握免疫的概念、功能和类型。
2. 理解非特异性免疫的特点和构成，了解影响非特异性免疫的因素。
3. 了解非特异性免疫增强剂的概念与类型。

一、免疫概述

视频 6.1　免疫概述

(一) 免疫的概念

免疫(immune)一词原出于拉丁语“*immunis*”，意思是“免除赋税”，被引用到医学上，即为“免除感染”。现代免疫的概念是指机体识别自身与非自身的大分子物质，并清除非自身的大分子物质，从而保持机体内外平衡和稳定的生理学反应。免疫具有高度的特异性和记忆功能。正常情况下，这种生理功能对机体有益，可产生抗感染、抗肿瘤等维持机体生理平衡和稳定的免疫保护作用。免疫功能是动物长期进化过程中形成，当这一功能失调时，也会对机体产生有害的反应和结果，如引发超敏反应、自身免疫病和肿瘤等。

(二)免疫的功能

1. 免疫防御

免疫防御是指动物机体排斥外源性异物的功能。此功能包括两个方面：一是抗御外界病原微生物对机体的侵害；二是免疫排斥作用，即排斥异种或同种异体的组织及器官，这是组织器官移植需要克服的主要障碍。免疫防御功能正常时，动物能将入侵的微生物消灭清除，从而免除感染；当免疫防御功能异常亢进时，会造成超敏反应性组织损伤和功能障碍，导致传染性变态反应；而免疫防御功能低下或缺陷时，会引起机体的反复感染。

2. 自身稳定

由于新陈代谢动物每天都要产生大量衰老和死亡的细胞，它的积累会影响正常细胞的功能活动。自身稳定具有清除自身机体衰老死亡及变性损伤的细胞、保持机体正常细胞的生理活动、维护机体生理平衡的功能。此功能失调，会将正常的自身细胞误认为异物而被排斥和清除，导致自身免疫病。

3. 免疫监视

机体细胞常因病毒或理化等致癌因素诱导，突变成肿瘤细胞，这是机体内最危险的“敌人”。正常机体具有监视和及时清除体内出现的肿瘤细胞的功能。此功能降低或抑制，会使肿瘤细胞大量增殖而形成肿瘤。

(三)免疫的类型

机体免疫分为两大类：一类是非特异性免疫，即先天性免疫；另一类是特异性免疫，即获得性免疫或后天性免疫。特异性免疫又分为体液免疫和细胞免疫。

视频 6.2　免疫的类型

1. 非特异性免疫

非特异性免疫是动物生来就已具备的对某种病原微生物及其有毒产物的不感受性。它是动物在种族进化过程中，机体与微生物长期斗争的过程中建立起来的天然防御功能，是一种可以遗传的生物学特性。

先天性免疫可以表现在动物的种间，称为种免疫，例如牛不患猪瘟，马不患牛瘟，猪不患鸡新城疫等。对于某种病原微生物易感的动物，个别的品种或个别动物对其却具有特殊的抵抗力，即品种免疫或个体免疫。例如，某些品种的小鼠能抵抗肠炎沙门菌的感染，有些个体对于某种病原微生物较其他同种动物具有坚强得多的抵抗力。

2. 特异性免疫

特异性免疫是动物在出生后获得的对某种病原微生物及其有毒产物的不感受性。获得性免疫具有特异性，即动物机体只是对一定的病原微生物或其毒素有抵抗力，而对其他的病原微生物或其毒素仍有感受性。获得性免疫途径可分为天然自动免疫、天然被动免疫、人工自动免疫、人工被动免疫 4 个类型。

(1)天然自动免疫　动物自然感染了某种传染病痊愈后或经过隐性感染后，常能获得对该病的免疫力，称为天然自动免疫。如猪感染猪瘟耐过后可以对猪瘟获得较长时间的免疫力。

(2)天然被动免疫　动物在胚胎发育时期通过胎盘、卵黄或出生后通过初乳从免疫母体获得抗体而形成的免疫，称为天然被动免疫。抗体能否由母体的血液循环传递给胎儿，除取决于免疫球蛋白的理化性质外，也与胎盘的构造和通透性有关。

(3)人工自动免疫　动物由于接受了某种疫苗或类毒素等生物制品刺激以后所产生的免疫，称为人工自动免疫。免疫持续时间因生物制品的性质、机体的反应性等因素的不同而不同。因此，为了预防和控制传染病，除按规定定期地给动物注射疫苗或类毒素等生物制品外，还要注意提高机体的非特异性免疫力。

(4)人工被动免疫　动物注射了高免血清、免疫球蛋白、康复动物的血清或高免卵黄抗体后所获得的免疫。这种免疫产生迅速，注射免疫血清数小时后，机体即可建立免疫力。但其持续时间很短，一般仅为 2～3 周。这种免疫多用于紧急预防或治疗。

为了预防初生动物的某些传染病，可先给妊娠动物注射疫苗，使其获得或加强抗该病的免疫力，待分娩后，初生经初乳被动获得特异性抗体，从而建立相应的免疫力。这种方法是人工自动免疫和天然被动免疫的综合应用。

(四)免疫与传染的关系

病原微生物入侵动物机体，在体内增殖并引起损伤的过程，其表现为传染；机体防御系统抵抗病原微生物的入侵，即消灭入侵的病原微生物的过程，其表现为免疫。二者相互对抗，又相互依存。没有病原微生物的感染，就没有抵抗病原微生物的免疫发生。一般情况下，传染可激发机体产生免疫，而免疫的产生又可终止传染。二者力量的对比不同，机体表现的过程也不同。当机体免疫状态良好，而微生物能激发强烈的免疫应答，同时病原微生物毒力较低，免疫可终止传染；相反，如果机体由于某种原因导致免疫力低下，病原微生物入侵则容易引起传染。另外，机体的免疫功能过强，不是终止传染，而是造成对自身组织的损伤。

二、非特异性免疫

非特异性免疫是动物个体出生后就具有的天然免疫力，具有遗传性，能识别自身和非自身，但对异物无特异性区别作用。在抗传染免疫过程中，非特异性免疫发挥作用最快，起着第一线的防御作用，是特异性免疫的基础。

视频 6.3　非特异性免疫

(一)非特异性免疫的构成

1.屏障结构

(1)皮肤和黏膜　绝大多数病原微生物不能通过正常皮肤黏膜,这是因为皮肤和黏膜具有机械阻挡和排除作用,如呼吸道纤毛上皮的摆动,尿液、泪液、唾液的冲洗等。此外,皮下和黏膜下腺体的分泌液中含有多种抑菌和杀菌物质,如汗腺分泌的乳酸,皮脂腺分泌的脂肪酸,泪液和唾液中的溶菌酶等,都具有抑制或杀灭局部病原微生物的作用。另外,皮肤黏膜上还存在着正常菌群,对病原微生物具有拮抗作用。少数微生物如布鲁氏菌可以通过健康的皮肤和黏膜侵入机体,工作中应注意防护。当烧伤和皮肤发生外伤时,病原微生物可趁机侵入,引起感染。

(2)内部屏障

①血脑屏障。由软脑膜、脑毛细血管壁和胶质细胞形成的胶质膜构成,它能阻止血液中的病原菌和大分子毒性物质进入脑组织和脑脊髓液。血脑屏障是个体发育过程中逐步形成的,幼畜血脑屏障未发育完善而易感染侵害脑的传染病,如婴幼儿较易发生中枢神经感染,仔猪易发生伪狂犬病等。

②血胎屏障。由母体子宫内膜的基蜕膜和胎儿绒毛膜及滋养层细胞构成,是保护胎儿免受感染的防御结构。不过,这种屏障是不完全的,如猪瘟病毒感染怀孕母猪后可经胎盘感染胎儿,妊娠母体感染布鲁氏菌后往往引起胎盘发炎而导致胎儿感染。

此外,动物体内还存在着血睾屏障、血胸屏障等,都是保护机体正常生理活动的重要屏障结构。

2.吞噬作用

从生物进化和种系发生的观点看,吞噬作用是最原始的非特异性免疫反应。单细胞生物即有吞噬作用,而哺乳动物和禽类吞噬细胞的功能更加完善。当病原微生物突破机体的屏障进入机体后,即会遭到吞噬细胞的吞噬和围歼。

(1)吞噬细胞　吞噬细胞是吞噬作用的基础。动物体内的吞噬细胞主要有两大类:一类是以血液中的中性粒细胞为代表,个体较小,属于小吞噬细胞;另一类是单核吞噬细胞系统,包括血液中的单核细胞及单核细胞移行于各组织器官而形成的多种细胞,如肺脏中的尘细胞、肝脏中的枯否氏细胞、皮肤和结缔组织中的组织细胞、骨组织中的破骨细胞和神经组织中的小胶质细胞等。它们不仅具有强大的吞噬能力,还分泌调节免疫反应的免疫活性分子。

(2)吞噬过程　当病原体通过皮肤或黏膜侵入组织时,中性粒细胞等吞噬细胞便从毛细血管游出聚集到病原体存在部位,发挥吞噬作用。吞噬过程可分为趋化、识别与调理、吞入与脱颗粒及杀菌和消化等几个连续步骤。

①趋化作用。病原微生物进入机体后,吞噬细胞在细菌或机体细胞释放的趋化因子作用下,向病原微生物存在部位移动,对其进行围歼。

②识别与调理。吞噬细胞通过识别病原微生物表面的特征性物质而结合微生物并进行吞噬,病原微生物结合血清中的抗体和补体成分后,会更容易被吞噬,称为调理作用。

③吞入与脱颗粒。病原微生物与吞噬细胞接触后,吞噬细胞伸出伪足,接触部位的细胞膜内陷,将病原微生物包围并摄入细胞质内形成吞噬体。随后,吞噬体逐渐离开细胞边缘向细胞中心移动;与此同时,细胞内的溶酶体颗粒向吞噬体移动并靠拢,与之融合形成吞噬溶酶体,并

将含有各种酶的内容物倾于吞噬体内而起杀灭和消化细菌的作用，此现象为脱颗粒。

④杀菌和消化作用。溶酶体酶与吞噬体内的病原微生物混合后，通过酶的水解等作用将病原微生物杀死并分解成小分子残渣排除细胞外。

(3)吞噬的结果　吞噬细胞对异物的吞噬有两种不同的结果。

①完全吞噬。动物整体抵抗力和吞噬细胞的功能较强，病原微生物在吞噬溶酶体中完全被杀灭、消化后，连同溶酶体的内容物一起以残渣的形式排出细胞外。

②不完全吞噬。某些细胞内寄生的细菌如结核分枝杆菌、布鲁氏菌及某些病毒等，能抵抗吞噬细胞的消化作用而不被杀灭，甚至能在吞噬细胞内存活和繁殖，称为不完全吞噬。不完全吞噬可使吞噬细胞内的病原微生物逃避体内杀菌物质及药物的杀灭作用，甚至在吞噬细胞内生长、繁殖，或者随吞噬细胞的游走而扩散，引起更大范围的感染。

吞噬过程也可引起组织损伤。在某些情况下，吞噬细胞异常活跃，在吞噬过程中会释放溶酶体酶到细胞外，引起邻近组织的损伤。

3.正常体液中的抗微生物物质

正常动物的组织和体液中存在有多种抗微生物物质，如补体、溶菌酶等。它们对微生物有杀灭或抑制作用，并且可协同抗体、免疫细胞发挥更大的抗微生物作用。

(1)补体

①补体的概念。补体(complement，C)是存在于正常人和动物的血清中具有类似酶活性的一组蛋白质，包括九大类(C1～C9)近 20 多种球蛋白。它具有协助、补充和加强抗体及吞噬细胞免疫活性的作用。补体广泛存在于哺乳类、鸟类及部分水生动物体内，由巨噬细胞、肠道上皮细胞及肝、脾等细胞产生。各种免疫细胞膜上有各种补体的受体蛋白，动物体内正常血清中的补体与免疫细胞膜上的补体受体(complement receptor CR)组成一个补体系统，在机体非特异性免疫和特异性免疫效应中发挥重要作用。

各种动物血清中的补体组成和功能基本相同，但也有些差异。豚鼠血清中的补体系统成分完全，生物学活性好，故常用新鲜豚鼠血清或其冻干制品作为体外补体结合试验用的补体。

②补体系统的组成。动物正常的补体系统由补体蛋白、调节蛋白和补体受体蛋白等共 30 多种蛋白组成。补体蛋白共 11 种，按发现次序命名为 C1、C2、C3、C4、C5、C6、C7、C8、C9，其中 C1 又由 3 种亚单位蛋白 C1q、C1r、C1s 组成。调节蛋白则有 B 因子、D 因子、P 因子、H 因子等。补体受体有 CR1～CR5 及 C3aR、C4aR、C5aR 等。

③补体系统特性。补体系统具有含量稳定、代谢率极快和性质不稳定、非特异性和两面性、连锁反应性、合成部位的广泛性等特点。

④补体系统的激活。补体系统的激活有 3 种途径，C1 开始的经典途径，C3 开始的替代(旁路)途径，C4 开始的甘露聚糖结合凝集素途径(简称 MBL 途径)。

⑤激活补体的生物学效应。激活后的补休具有细胞溶解和细胞毒性损伤作用、抗病毒作用、调理作用、免疫黏附作用、趋化作用、过敏毒素作用等。

(2)溶菌酶　溶菌酶是一类低分子质量不耐热的碱性蛋白，主要来源于吞噬细胞，广泛分布于血清、泪液、唾液、乳汁、肠液和鼻液等分泌物中。溶菌酶作用于革兰阳性菌细胞壁中的肽聚糖，导致细菌崩解。若有抗体和补体存在，使革兰阴性细菌的脂蛋白受到破坏，则溶菌酶也能破坏革兰阴性细菌的细胞。溶菌酶也具有溶解真菌、抗病毒、抗肿瘤等作用。因溶菌酶有溶菌效果，无毒、副作用，也用于食品的防腐。

(3)抗菌肽　抗菌肽是一类具有杀菌作用的活性短肽的总称。抗菌肽广泛存在于动植物、人和细菌细胞内，具有广谱杀菌作用，其主要破坏细菌细胞膜，使细菌死亡。抗菌肽也有抗病毒、抗寄生虫、抗肿瘤等作用，是生物体重要的防御成分。

(4)细胞因子　细胞因子(CK)是指一类由免疫细胞(淋巴细胞、单核-巨噬细胞等)和相关细胞(成纤维细胞、血管内皮细胞、上皮细胞、某些肿瘤细胞等)产生的具有诱导、调节细胞发育及功能的高活性多功能小分子质量蛋白质。细胞因子(CK)不包括免疫球蛋白(抗体)、补体和一般生理性细胞产物。近几十年以来，应用分子生物学技术研究发现的细胞因子越来越多，对其结构、功能、在机体免疫中的作用以及临床应用的研究正迅速发展。

①细胞因子的共性。

a. 产生细胞与作用细胞多样性。有些细胞因子可由 2 种以上细胞产生，一种细胞因子可对多种细胞发挥作用。

b. 合成分泌快，近距离发挥作用，降解快。细胞受到抗原、丝裂原、病毒等刺激后几小时便可分泌细胞因子，24～48 h 产量达到高峰。细胞受到的刺激一旦停止，即停止产生细胞因子。细胞因子在体内降解快，多数只能对产生细胞和邻近细胞起作用。

c. 分子质量小，生物学作用强。细胞因子是小分子糖蛋白，分子质量小。体内各种细胞因子产量极微，但发挥的作用显著，主要是靶细胞上通常具有与细胞因子亲和力很高的细胞因子受体。

②细胞因子的分类及功能。

a. 白细胞介素(IL)。由单核/巨噬细胞和淋巴细胞分泌的，具有诱导造血干细胞、淋巴细胞发育、分化、增殖和分泌、调节细胞免疫、体液免疫等作用的细胞因子统称为白细胞介素。白细胞介素现已发现 30 多种，按其发现的次序编号为 IL-1、IL-2、IL-3……

b. 集落刺激因子(CSF) 由 T 细胞、上皮细胞、成纤维细胞等产生，具有促进造血干细胞增殖、分化以及刺激单核/巨噬细胞和粒细胞的活性等作用的细胞因子称为集落刺激因子。CSF 又分为粒细胞集落刺激因子(G-CSF)、巨噬细胞集落刺激因子(M-CSF)和红细胞生成素(EPO)，分别诱导造血干细胞分化发育为粒细胞、巨噬细胞和红细胞。

c. 干扰素(IFN)。病毒感染细胞产生的一种小分子蛋白质，被正常细胞吸收后，具有干扰病毒复制，抵抗病毒感染作用，因而命名为干扰素(详见模块四项目一)。

d. 其他细胞因子。包括肿瘤坏死因子(TNF)、转化生长因子(TGF-β)、表皮生长因子(EGF)、成纤维细胞生长因子(FGF)、神经细胞生长因子(NGF)、血管内皮生长因子(VEGF)、肝细胞生长因子(HGF)、血小板衍生的生长因子(PDGF)等。

4. 炎症反应

病原体一旦突破机体屏障而侵入体内，机体中各种吞噬细胞及体液因素则趋向病原入侵部位，围歼病原，往往在病原体侵入部位出现炎症反应。在炎症区内积聚大量体液防御因素，细胞死亡崩解后释放的抗感染物质(溶菌酶)，以及炎症部位的糖原酵解作用增强所产生的有机酸，都可以有效地杀灭病原微生物。在炎症过程中还能抑制病原体向外扩散，局限于炎症部位。

5. 机体组织的不感受性

机体的不感受性是指某种动物或其组织对该种病原或其毒素没有反应性。例如，给龟皮下注射大量破伤风毒素而不发病，但几个月后取其血液注射到马体内，马却死于破伤风。

（二）非特异性免疫增强剂

（1）微生物疫苗制剂　卡介苗可增强细胞免疫功能，对肿瘤治疗有辅助作用，对感冒及流感有一定的预防作用，因而广泛应用于基础免疫及疫苗的增强剂。

（2）生物制剂类增强剂　胸腺素能诱导淋巴细胞转化，促进淋巴细胞分裂与再生，加强细胞免疫。应用胸腺素制剂治疗胸腺功能不全及各种肿瘤疾病。免疫功能低下的人和动物，使用 r 球蛋白和干扰素，均能增强非特异性免疫。

（3）化学免疫增强剂　左旋咪唑有增强细胞免疫作用，聚肌胞不仅能诱导干扰素的产生，同时也是免疫增强剂。

（4）中草药免疫增强剂　不少中草药可增强非特异性免疫、提高机体抵抗各种微生物感染的能力。如黄芪、党参、灵芝等能增强单核-吞噬细胞功能，有类似卡介苗的作用；当归、白术、黄芩、红花等有一定的刺激机体增强免疫功能的作用。

（三）影响非特异性免疫的因素

动物的种属特性、年龄及环境因素都是机体非特异性免疫的重要影响因素。

1. 种属因素

不同种属或不同品种的动物，对病原微生物的易感性和免疫反应性有差异，这些差异决定于动物的遗传因素。例如，正常情况下，草食动物对炭疽杆菌十分敏感，而家禽却无感受性。

2. 年龄因素

不同年龄的动物对病原微生物的易感性和免疫反应性也不同。自然条件下，某些传染病仅发生于某些年龄段的动物。例如，幼小动物易患有大肠埃希菌病；布鲁氏菌病主要侵害性成熟的动物；老年动物的器官组织功能及机体的防御能力下降，因此容易发生肿瘤或反复感染。

3. 环境因素

气候、温度、湿度等环境因素的剧烈变化对机体免疫力有一定的影响。例如，寒冷能使呼吸道黏膜的抵抗力下降；营养极度不良，往往使机体的抵抗力及吞噬细胞的吞噬能力下降。因此，加强管理和改善营养状况，可以提高机体的非特异性免疫力。另外，剧痛、创伤、烧伤、缺氧、饥饿、疲劳等应激状态也能引起机体功能和代谢的改变，从而降低机体的免疫功能。

【经典考题】

一、名词解释

免疫　先天性免疫　获得性免疫　传染　补体　溶菌酶　细胞因子

二、单项选择题

1. 免疫对于机体（　　）。

A. 有利　　B. 有害

C. 无利、无害　　D. 正常情况下有利，某些情况下有害

2. 下列(　　)不是免疫的特点。

A. 特异性　　B. 记忆性

C. 识别自身与非自身　　D. 引起动物死亡

3. 下列(　　)不具有吞噬作用。

A. 淋巴细胞　　B. 单核巨噬细胞

C. 中性粒细胞　　D. 上皮细胞

4. 下列(　　)不属于细胞因子。

A. 白细胞介素(IL)　　B. 补体

C. 干扰素(IFN)　　D. 集落刺激因子(CSF)

5. 补体的激活途径有(　　)种。

A. 1　　B. 2　　C. 3　　D. 4

三、简答题

1. 免疫包括哪些功能？

2. 吞噬细胞如何发挥吞噬作用？其结果表现如何？

3. 简述补体的生物学特点及活性。

4. 非特异性免疫增强剂有哪些？

项目二　特异性免疫与变态反应

【学习目标】

1. 熟悉动物主要的免疫器官、免疫细胞和免疫分子。
2. 掌握抗原的概念、构成抗原的条件及重要的天然抗原。
3. 掌握抗体的概念、基本结构、特性、产生规律及在体液免疫中的作用。
4. 理解免疫应答的基本过程，掌握特异性免疫应答的抗感染作用。
5. 了解变态反应的概念、类型及防治方法。

一、免疫系统

免疫系统是动物机体内执行免疫功能的一系列器官、细胞和分子的总称。

视频 6.4　免疫系统

(一)免疫器官

免疫器官是淋巴细胞和其他免疫细胞发生、分化成熟、定居和增殖以及产生免疫应答的场所。根据发生和作用的不同，免疫器官分为中枢免疫器官和外周免疫器官两大类。

1. 中枢免疫器官

中枢免疫器官又称初级免疫器官或一级免疫器官，是免疫细胞发生、分化和成熟的场所。包括骨髓、胸腺和法氏囊(图 6.1)。

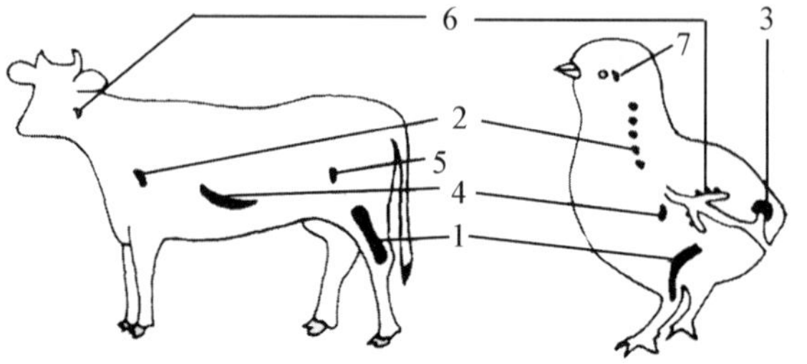

1. 骨髓　2. 胸腺　3. 法氏囊　4. 脾脏　5. 淋巴结　6. 扁桃体　7. 哈德尔氏腺

图 6.1　动物免疫器官示意图

(1)骨髓　骨髓是机体重要的造血器官和免疫器官。骨髓中的多能干细胞分化成髓样干细胞和淋巴样干细胞。一部分淋巴样干细胞分化为 T 细胞的前体细胞，随血流进入胸腺后，被诱导并分化为成熟的 T 细胞，又称胸腺依赖性淋巴细胞，参与细胞免疫。另一部分淋巴样干细胞分化为 B 细胞的前体细胞。在鸟类中，这些前体细胞随血流进入法氏囊发育为成熟的 B 细胞，又称囊依赖性淋巴细胞，参与体液免疫。在哺乳动物，这些前体细胞则在骨髓内进一步分化发育为成熟的 B 细胞。

(2)胸腺　哺乳动物的胸腺位于胸腔前纵隔内，鸟类的胸腺位于两侧颈沟中。胸腺是胚胎期发生最早的淋巴组织，出生后逐渐长大，青春期后开始逐渐缩小，以后缓慢退化，逐渐被脂肪组织代替，但仍残留一定的功能。胸腺是 T 细胞分化、成熟的场所。另外，胸腺能产生胸腺激素，可诱导 T 细胞分化、增殖、成熟为 T 细胞。

(3)法氏囊　法氏囊位于禽类泄殖腔上方，故又称腔上囊，是禽类特有的淋巴器官。雏鸡 1 日龄时，法氏囊重 50～80 mg，3～4 月龄时达 3～4 g，性成熟后逐渐退化萎缩。鸭、鹅的法氏囊退化较慢，7 月龄开始逐渐退化，大约 12 个月后完全消失。法氏囊是诱导 B 细胞分化成熟的场所，还兼有外周免疫器官的功能(禽的擦肛免疫基于此原理)。雏鸡法氏囊被切除或破坏，B 细胞成熟受到影响，接种抗原不能产生抗体。

2. 外周免疫器官

外周免疫器官又称次级免疫器官或二级免疫器官，是免疫活性细胞(如 T 细胞、B 细胞等)分布、增殖及进行免疫应答的场所。包括淋巴结、脾脏、禽哈德氏腺、黏膜免疫系统等。

(1)淋巴结　淋巴结分布于全身各部位淋巴管的径路上，定居着大量巨噬细胞、T 细胞和 B 细胞，其中 T 细胞占 75%，B 细胞占 25%。淋巴结起过滤捕捉淋巴液中的抗原，并在其中进行免疫应答的作用。鸡无淋巴结，但淋巴组织广泛分布于体内。鹅、鸭等水禽类主要有两对淋巴结，即颈胸淋巴结和腰淋巴结。

(2)脾脏　脾脏是动物体内造血、贮血、滤血和淋巴细胞分布及进行免疫应答的器官，脾脏中 T 细胞占 35%～50%，B 细胞占 50%～65%。血流中的部分抗原在脾脏中被巨噬细胞吞噬，加工并传递给 B 细胞，刺激 B 细胞分化增殖成浆细胞，产生抗体。

(3)哈德尔氏腺　又称瞬膜腺,位于眼窝中腹部,眼球后中央。它能分泌泪液润滑瞬膜,对眼睛具有机械保护作用。分布 T 细胞和 B 细胞,能接受抗原刺激,分泌特异性抗体,通过泪液带入上呼吸道黏膜,是口腔、上呼吸道的抗体来源之一,在上呼吸道免疫上起着非常重要的作用。故鸡新城疫弱毒疫苗等可通过滴眼接种免疫。哈德尔氏腺不仅可在局部形成坚实的屏障,而且能激发全身免疫系统,协调体液免疫。在雏鸡免疫时,它对疫苗发生应答反应,不受母源抗体的干扰,对免疫效果的提高,起着非常重要的作用。

(4)黏膜免疫系统　黏膜免疫系统包括肠黏膜、气管黏膜、肠系膜淋巴结、阑尾、腮腺、泪腺和乳腺管黏膜等的淋巴组织,共同组成一个黏膜免疫应答网络,故称为黏膜免疫系统。据研究,这一系统中分布的淋巴细胞总量比脾脏和淋巴结中分布的还要多,疫苗抗原到达黏膜淋巴组织,引起免疫应答,产生大量分泌性 IgA 抗体,分泌在黏膜表面,形成第一道特异性免疫保护防线,尤其对经呼吸道、消化道感染的病原微生物,黏膜免疫作用至关重要。

(二)免疫细胞

视频 6.5　免疫细胞

凡参与免疫应答的细胞或与免疫应答有关的细胞通称为免疫细胞。根据其功能差异可划分为免疫活性细胞、免疫辅佐细胞和其他免疫细胞。免疫活性细胞是免疫细胞中接受抗原刺激后能分化增殖,产生特异性免疫应答的细胞,主要是 T 细胞和 B 细胞,还有自然杀伤细胞、杀伤细胞等,在免疫应答中起核心作用。免疫辅佐细胞是在免疫应答过程中起重要辅佐作用的细胞,如单核吞噬细胞系统、树突状细胞,能捕获和处理抗原并能将抗原递呈给免疫活性细胞。其他免疫细胞是以其他方式参与免疫应答以及与免疫应答有关的细胞,如各种粒细胞和肥大细胞等。

1. T 细胞与 B 细胞

T 细胞和 B 细胞在光学显微镜下均为小淋巴细胞,从形态上难以区别。但它们表面存在着大量不同种类的蛋白质分子,这些表面分子又称为表面标志。T 细胞和 B 细胞的表面标志包括表面受体和表面抗原。

(1)T 细胞

①来源与分布。前 T 细胞进入胸腺后,在胸腺激素的诱导下,发育成 T 细胞(图 6.2)。成熟的 T 细胞经血流分布到外周免疫器官,并经血液→组织→淋巴→血液再循环分布于全身。T 细胞接受抗原刺激后活化、增殖和分化为效应 T 细胞,主导细胞免疫。效应 T 细胞大多数寿命较短,一般只存活 4～6 d,少部分转变为长寿的免疫记忆细胞,可存活几个月到几年。

②T 细胞的表面标志。T 细胞的表面标志包括表面受体和表面抗原。

T 细胞的表面受体包括 T 细胞抗原受体(TCR)、有丝分裂原受体、白细胞介素受体等。TCR 是指 T 细胞表面具有识别和结合特异性抗原的分子结构。

T 细胞表面抗原又称 T 细胞分化抗原(CD),如 CD2、CD3、CD4、CD8 等。CD2 即红细胞(erythrocyte,E)受体,主要分布于猪、牛、羊、马、骡等家畜成熟的 T 细胞表面,这些动物的 T 细胞在体外通过 E 受体能与绵羊红细胞结合形成玫瑰花样花环(E 花环)。B 细胞没有 E 受体,因此可用 E 花环试验区分 T 细胞和 B 细胞。

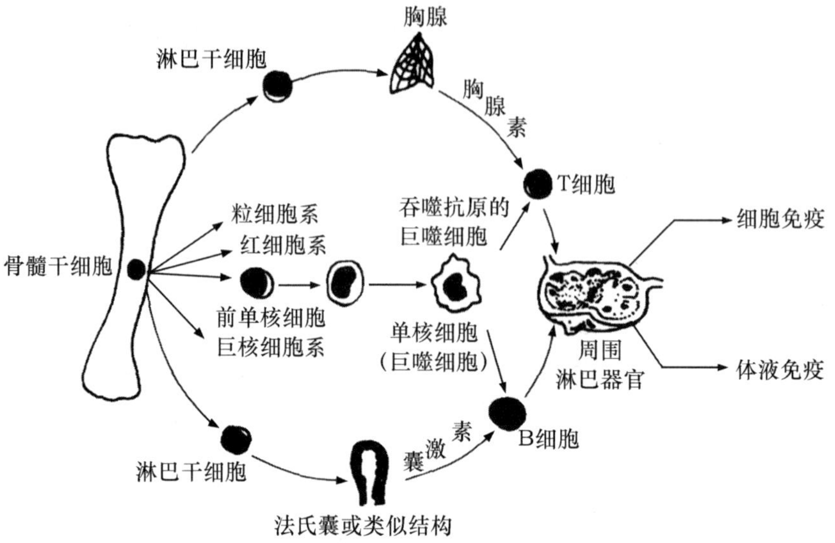

图 6.2 T 细胞和 B 细胞的来源、演化及迁移

③T 细胞的亚群及其功能。目前对 T 细胞亚群的划分是根据其 CD 抗原的不同而分为 CD4 和 CD8 两大亚群，然后再根据其在免疫应答中的功能不同进一步划分为不同的亚群。

$CD4^+$ T 细胞是指具有 $CD2^+$、$CD3^+$、$CD4^+$、$CD8^-$ 的 T 细胞，按功能分至少包括三个亚群：辅助性 T 细胞(T_H)是体内免疫应答所不可缺少的亚群，其主要功能为协助其他细胞发挥免疫功能；诱导性 T 细胞(T_I)能诱导 T_H 和 Ts 细胞的成熟；迟发型超敏反应性 T 细胞(T_D)在免疫应答的效应阶段和Ⅳ型超敏反应中能释放多种淋巴因子导致炎症反应，发挥清除抗原的功能。

$CD8^+$ T 细胞是指具有 $CD2^+$、$CD3^+$、$CD4^-$、$CD8^+$ 的 T 细胞，根据功能可分为两个亚群：抑制性 T 细胞(suppressor T cell，Ts)能抑制 B 细胞产生抗体和其他 T 细胞分化增殖，从而调节体液免疫和细胞免疫；细胞毒性或杀伤性 T 细胞（CTL 或 T_k）在免疫效应阶段识别并结合带抗原的靶细胞(如被病毒感染的细胞和癌细胞等)，释放穿孔素和通过其他机理使靶细胞溶解。

(2)B 细胞

①来源与分布。前 B 细胞在法氏囊或骨髓中分化发育成 B 细胞(图 6.2)。B 细胞分布于外周淋巴器官的非胸腺依赖区。B 细胞接受抗原刺激后，少数变为长寿的记忆细胞，参与淋巴细胞再循环，记忆细胞可存活 100 d 以上；多数进一步增殖分化为浆细胞，由浆细胞产生特异性抗体，发挥体液免疫功能。浆细胞寿命较短，一般只存活 2 d。

②B 细胞表面标志。B 细胞表面标志包括 B 细胞抗原受体(BCR)、Fc 受体(FcR)、补体受体(CR)、有丝分裂原受体等。

BCR 即细胞表面的免疫球蛋白(SmIg)，是鉴别 B 细胞的主要特征，BCR 的作用是识别结合抗原，引起 B 细胞的免疫应答。

FcR 常用 EA 玫瑰花环试验检测：在试管内，将绵羊红细胞、绵羊红细胞的免疫血清(含大量 IgG)及家畜的 B 细胞混合作用后，IgG 与红细胞结合，IgG 的 Fc 段与 B 细胞膜上的 Fc 受体结合，可在 1 个 B 细胞表面粘上几个红细胞，形成玫瑰花环。这种试验称为 EA 玫瑰花环试验，该试验可用于检测 B 细胞。

CR 常用 EAC 花环试验检测：将红细胞(E)、抗红细胞(A)和补体(CR)的复合物与淋巴细胞混合后，可见 B 细胞周围有红细胞形成的花环。该试验也可检测 B 细胞。

2. K 细胞与 NK 细胞

(1)杀伤细胞　简称 K 细胞，其表面具有 IgG 的 Fc 受体。当靶细胞(病毒感染的宿主细胞、恶性肿瘤细胞、移植物中的异体细胞以及某些较大的病原体如寄生虫等)与相应的 IgG 结合后，K 细胞可与结合在靶细胞上的 IgG 的 Fc 结合，从而使自身活化，释放细胞毒，裂解靶细胞，这种作用称为抗体依赖性细胞介导的细胞毒作用(ADCC)(图 6.3)。K 细胞主要存在腹腔渗出液、血液和脾脏中。K 细胞在抗肿瘤免疫、抗感染免疫和移植物排斥反应，清除自身的凋亡细胞等方面有一定的意义。

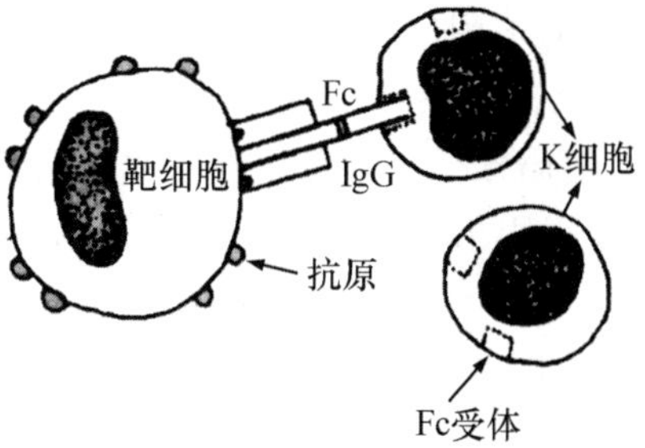

图 6.3　抗体依赖性细胞介导的细胞毒作用

(2)自然杀伤细胞　简称 NK 细胞，是一群既不依赖抗体参与，也不需要抗原刺激和致敏就能杀伤靶细胞的淋巴细胞。NK 细胞表面存在着识别靶细胞表面分子的受体结构，通过此受体与靶细胞结合发挥杀伤作用。NK 细胞表面也有 IgG 的 Fc 受体，即 NK 细胞也具有 ADCC 作用。NK 细胞主要存在于外周血和脾脏中。NK 细胞的主要生物学功能为非特异性地杀伤肿瘤细胞、抵抗多种微生物感染及排斥骨髓细胞的移植。

3. 辅佐细胞

机体的免疫应答主要由 T 细胞和 B 细胞介导完成，但免疫应答的完成，还需单核吞噬细胞、树突状细胞和郎罕氏细胞等的协助参与，对抗原进行捕捉、加工和处理，这些细胞称为辅佐细胞，简称 A 细胞。辅佐细胞是免疫应答中将抗原递呈给抗原特异性淋巴细胞的一类免疫细胞，故又称为抗原递呈细胞(APC)。

(三)免疫分子

机体内参与免疫的各种分子称为免疫分子。免疫分子种类很多，按其作用可分为非特异性免疫分子、特异性免疫分子和免疫相关分子。

1. 非特异性免疫分子

非特异性免疫分子主要有补体系统、溶菌酶、抗菌肽、细胞因子等，还包括白细胞分化抗原(CD)及 MHC 分子等。

2.特异性免疫分子

特异性免疫分子主要有T细胞抗原受体(TCR)、B细胞抗原受体(BCR)和体液中的免疫球蛋白(Ig)等。

3.免疫相关分子

免疫相关分子主要有白细胞分化抗原和黏附因子、主要组织相容性复合体编码因子。

(1)白细胞分化抗原和黏附因子　白细胞分化抗原是白细胞(包括淋巴细胞、单核/巨噬细胞、粒细胞)分化的不同群,成熟的不同阶段,以及活化过程中,出现在细胞表面的各种膜蛋白分子,因其是用单克隆抗体测定、归类的,统一以分化群(CD)命名和编号。红细胞、血小板、血管内皮细胞、成纤维细胞、上皮细胞及神经内分泌细胞等也有各种不同的CD分子。人和动物白细胞分化抗原已发现和命名340多种。

有的CD分子是免疫细胞上的标志分子,如T_H细胞的CD4,Tc细胞的CD8,借此可以从CD分子水平上检测免疫细胞。有的CD分子起免疫受体作用,如NK细胞的CD16是IgG的Fc受体。有的CD分子在免疫细胞之间起黏附作用,如T_H细胞的CD4、CD2,Tc细胞的CD8等。有些CD分子则在各种细胞之间起黏附作用,这些CD分子又称黏附分子。

(2)主要组织相容性复合体编码分子　所有脊椎动物组织细胞核的某对(小鼠第17对、人第6对)染色体中,都有一个主要组织相容性抗原基因连锁的多基因复合体,统称为主要组织相容性复合体(MHC)。MHC中有很多基因编码表达的蛋白分子与机体免疫及许多疾病,尤其是自身免疫病有关联。其中Ⅰ、Ⅱ、Ⅲ类区的基因分别编码MHC-Ⅰ、MHC-Ⅱ、MHC-Ⅲ类蛋白分子,与免疫相关。

①MHC-Ⅰ类分子。MHC-Ⅰ分子几乎表达于所有有核细胞膜上,是引起组织移植排斥反应的抗原,故MHC-Ⅰ类分子称为移植抗原,又称组织相容性抗原。MHC-Ⅰ类分子在免疫中的作用是递呈内源性抗原。感染病毒、胞内菌或肿瘤细胞等靶细胞的MHC-Ⅰ类分子将内源性抗原递呈给Tc细胞,激活Tc细胞,发挥杀伤靶细胞的功能。

②MHC-Ⅱ类分子。MHC-Ⅱ类分子常表达于专职抗原递呈细胞,在免疫中的作用是递呈外源性抗原,启动免疫应答,故MHC-Ⅱ类分子又称为免疫相关抗原。MHC中的Ⅱ类区基因称免疫应答基因。

③MHC-Ⅲ类分子。MHC-Ⅲ类区基因编码产生的Ⅲ类蛋白分子有多种,包括补体C2、C4、Bf、肿瘤坏死因子(TNF)等,分布于血清中,在机体免疫中各发挥其作用。

二、抗原与抗体

(一)抗原

视频6.6　抗原

凡是能刺激机体产生抗体和致敏淋巴细胞并能与之结合引起特异性反应的物质称为抗原(Ag)。抗原具有抗原性,抗原性包括免疫原性与反应原性两个方面。免疫原性是指抗原刺激机体产生抗体和致敏淋巴细胞的特性。反应原性是指抗原与相应的抗体或致敏淋巴细胞发生反应的特性。既具有免疫原性又有反应原性的物质称为完全抗原,又称免疫原,如微生物和异种蛋白。只具有反应原性而缺乏免疫原性的物质称为不完全抗原,又称半抗原,如多糖和某些药物。

1. 构成抗原的基本条件

(1)异源性　又称异物性。在正常情况下，动物机体能识别自身与非自身物质，只有非自身物质进入机体内才具有免疫原性。异源性包括以下几个方面：

①异种物质。异种动物之间的组织、细胞及蛋白质均是良好的抗原。通常动物之间的亲缘关系相距越远，生物种系差异越大，免疫原性越好，此类抗原称为异种抗原。

②同种异体物质。同种动物不同个体之间某些组织成分的化学结构也有差异，因此也具有一定的抗原性，如血型抗原、组织移植抗原，此类抗原称为同种异体抗原。

③自身抗原。动物自身组织细胞通常情况下不具有免疫原性，但在下列情况下可显示抗原性成为自身抗原：组织蛋白的结构发生改变，如机体组织遭受烧伤、感染及电离辐射等作用，使原有的结构发生改变而具有抗原性；机体的免疫识别功能紊乱，将自身组织视为异物，可导致自身免疫病；某些组织成分，如眼球晶状体蛋白、精子蛋白、甲状腺球蛋白等因外伤或感染而进入血液循环系统，机体视之为异物引起免疫反应。

(2)大分子物质　抗原物质的免疫原性与其分子大小有直接关系。在一定条件下，相对分子量越大，免疫原性越强。相对分子量在 1 000 以下的物质为半抗原，没有免疫原性，但与大分子蛋白质载体结合后可获得免疫原性。因此，蛋白质分子、复杂的多糖是常见的良好抗原，例如，细菌、病毒、外毒素、异种动物的血清都是抗原性很强的物质。

(3)分子结构与立体构象的复杂性　相同大小的分子若化学组成、分子结构和空间构象不同，其免疫原性也有一定的差异。一般而言，分子结构和空间构象越复杂的物质免疫原性越强，譬如含芳香族氨基酸的蛋白质比非芳香族氨基酸的蛋白质免疫原性强。同一分子不同的光学异构体之间免疫原性也有差异。

(4)物理状态　免疫原性的强弱也与抗原物质的物理性状有关。如球形蛋白质分子的免疫原性较纤维形蛋白质分子强；聚合状态的蛋白质较单体状态的蛋白质免疫原性强；颗粒性抗原比可溶性抗原的免疫原性强。

2. 抗原表位(抗原决定簇)

抗原大分子中被 T 细胞的 TCR、B 细胞的 BCR 或抗体特异识别结合的部位，称为抗原表位。被 TCR 识别结合的部位称 T 细胞表位，被 BCR 或抗体识别结合的部位称 B 细胞表位。抗原表位决定了抗原的活性和特异性，所以抗原表位又称抗原决定簇。抗原表位由 5～7 个氨基酸残基、单糖残基、核苷酸残基组成。不同抗原物质之间、不同种属的微生物间、微生物与其他抗原物质间，难免有相同或相似的抗原组成或结构，也可能存在共同的抗原表位，这种现象称为抗原的交叉性或类属性。

(1)B 细胞表位　细菌、病毒、血清蛋白等天然抗原表面通常有多种 B 细胞表位，每种 B 细胞表位都能识别结合相应 B 细胞克隆的 SmIg，诱导产生特异抗体，所以用天然抗原免疫动物制备的免疫血清中实际是含多种克隆特异抗体的混合物。抗原与免疫血清之间反应有高度的特异性，若两种抗原之间存在部分相同的成分或 B 细胞表位，在与免疫血清反应时可发生交叉反应。

(2)T 细胞表位　抗原的 T 细胞表位是由 8～12 个(内源性抗原)或 13～17 个(外源性)氨基酸组成的抗原肽，线性，多存在于抗原分子中。抗原经递呈细胞摄取、降解后，抗原肽与 MHC-Ⅰ或 MHC-Ⅱ类分子结合，被 Tc 或 T_H 细胞的 TCR 识别结合，引起免疫应答。

3. 抗原的分类

(1)根据抗原加入和递呈的关系分类

①外源性抗原。被单核巨噬细胞等白细胞外吞噬、捕获或与B细胞特异性结合，而后进入细胞内的抗原均称为外源性抗原，包括所有自体外进入的微生物、疫苗、异种蛋白等，以及自身合成而释放于细胞外的非自身物质，如肿瘤相关抗原、口蹄疫病毒的VIA抗原等。

②内源性抗原。自身细胞内合成的抗原，如细胞内寄生菌和病毒感染细胞所合成的细菌抗原、病毒抗原，肿瘤细胞合成的肿瘤抗原，称为内源性抗原。

(2)根据对胸腺(T细胞)的依赖性分类 在免疫应答过程中，依据是否有T细胞参加，将抗原分为胸腺依赖性抗原(TDAg)和非胸腺依赖性抗原(TIAg)。胸腺依赖性抗原如异种组织与细胞、异种蛋白、微生物及人工复合抗原等。非胸腺依赖性抗原如大肠埃希菌脂多糖(LPS)、肺炎链球菌荚膜多糖(SSS)、聚合鞭毛素(POL)和聚乙烯吡咯烷酮(PVP)等。

(3)根据抗原来源分类

①异种抗原。来自免疫动物不同种属的抗原性物质称为异种抗原。如各种微生物及其代谢产物对畜禽来说都是异种抗原，猪的血清对兔来说是异种抗原。

②同种异型抗原。与免疫动物同种而基因型不同的个体的抗原性物质称为同种异型抗原，如血型抗原、同种移植物抗原。

③自身抗原。能引起自身免疫应答的自身组织成分称为自身抗原。如动物的自身组织细胞、蛋白质在特定条件下形成的抗原，对自身免疫系统具有抗原性。

④异嗜性抗原。与种属特异性无关，存在于人、动物、植物及微生物之间的共同抗原称为异嗜性抗原，它们之间有广泛的交叉反应性。异嗜性抗原最先由Forssman发现，故又称Forssman抗原。

(4)根据抗原免疫动物后是否产生免疫保护性抗体分类

①保护性抗原。各种病原微生物结构中，有的蛋白抗原免疫动物后产生的抗体具有免疫保护作用，能中和相应病毒，或在补体、吞噬细胞、NK细胞的协助下能杀灭相应病原，这类抗原称保护性抗原。如鸡新城疫病毒的F和HN蛋白，口蹄疫病毒的VP_1和VP_4蛋白，致病性大肠埃希菌的K抗原等。

②非保护性抗原。有的病原体抗原免疫动物后产生的抗体没有免疫保护作用，称为非保护性抗原，其相应抗体称非保护性抗体，但检测动物血清中的非保护性抗体有助于诊断相应的传染病。如鸡白痢杆菌感染鸡，布鲁氏菌感染人和动物，产生的抗体没有免疫保护作用，但检测鸡血清中的鸡白痢杆菌抗体可诊断鸡白痢，检测人和动物血清中的布鲁氏菌抗体可诊断布鲁氏菌病。

4. 主要的微生物抗原

(1)细菌抗原 细菌的每种结构都由若干抗原组成，因此细菌是多种抗原成分的复合体。根据细菌的结构，抗原组成可分为菌体抗原、鞭毛抗原、荚膜抗原和菌毛抗原等(图6.4)。菌体抗原又称O抗原，是革兰阴性菌细胞壁脂多糖(LPS)的多糖侧链；鞭毛抗原又称H抗原，可刺激机体产生IgG和IgM，用其制备抗鞭毛因子血清，可用于沙门菌和大肠埃希菌的免疫诊断；荚膜抗原又称K抗原，是细菌主要的表面抗原；菌毛抗原又称F抗原，是某些革兰阴性菌表面的菌毛抗原，如大肠埃希菌的F4(K_{88})、F5(K_{99})抗原。

(2)病毒抗原 病毒一般有V抗原、VC抗原、S抗原(可溶性抗原)和NP抗原(核蛋白抗原)。V抗原又称为囊膜抗原，有囊膜的病毒均具有V抗原，其抗原特异性主要是囊膜上的纤

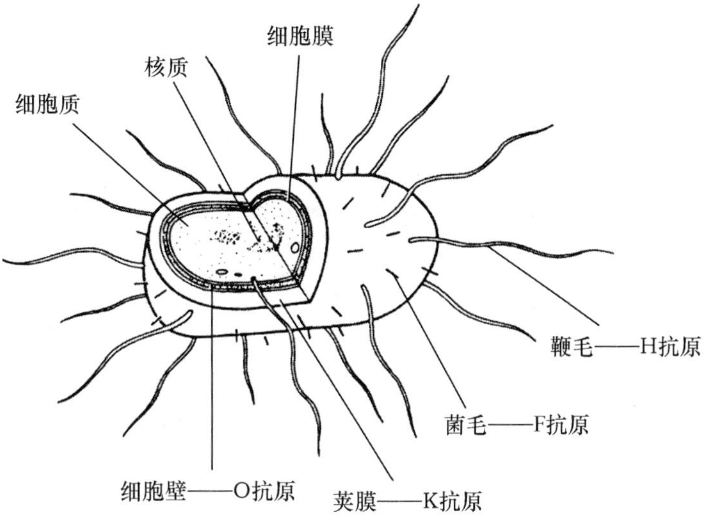

图 6.4　细菌构造及重要抗原示意图

突所决定的。如流感病毒囊膜上的血凝素和神经氨酸酶都是 V 抗原。V 抗原具有型和亚型的特异性。VC 抗原又称衣壳抗原。无囊膜的病毒，其抗原特异性决定于病毒颗粒表面的衣壳结构蛋白，如口蹄疫病毒的结构蛋白 VP1、VP2、VP3 和 VP4 即为此类抗原。

(3)毒素抗原　细菌外毒素具有很强的抗原性，能刺激机体产生抗体(即抗毒素)。外毒素经甲醛或其他方法处理后，毒力减弱或完全丧失，但仍保持其免疫原性，称类毒素。

(二) 抗体

视频 6.7　抗体

1. 免疫球蛋白与抗体的概念

免疫球蛋白(Ig)是指存在于人和动物血液、组织液及其他外分泌液中具有相似结构及抗体活性的球蛋白。依据化学结构和抗原性差异，免疫球蛋白可分为 IgG、IgM、IgA、IgD 和 IgE 五类。抗体(Ab)是指动物机体受到抗原物质刺激后，由 B 淋巴细胞转化为浆细胞产生的，能与相应抗原发生特异性结合反应的免疫球蛋白。抗体的本质是免疫球蛋白，它是机体对抗原物质产生免疫应答的重要产物，具有各种免疫功能，主要存在于动物的血液、淋巴液、组织液及其他外分泌液中。

2. 免疫球蛋白的分子结构

(1)免疫球蛋白的单体分子结构　所有的抗体分子都有相似的基本结构，称为单体。免疫球蛋白分子是由两条相同的重链和两条相同的轻链通过链间二硫键连接而成的对称四肽链结构。每条重链和轻链都分为氨基端(N 端)和羧基端(C 端)，排列形似“Y”分子，称为 Ig 分子的单体，是构成 Ig 分子的基本单位(图 6.5)。

组成免疫球蛋白 4 条对称肽链中的 2 条相同长链，称为重链(H 链)，由 420～440 个氨基酸组成。组成免疫球蛋白四条对称肽链中的两条相同短链，称为轻链(L 链)，由 213～214 个氨基酸组成，以二硫键连接于 H 链的上端外侧。

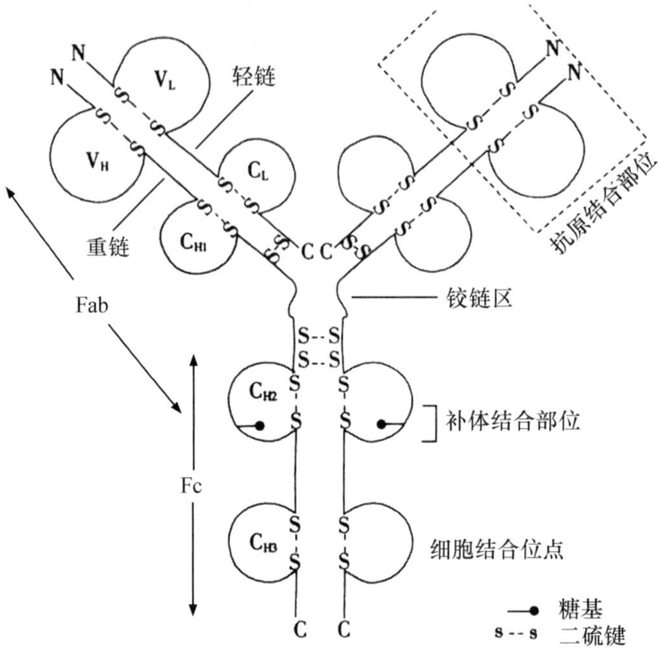

V_H.重链可变区段　V_L.轻链可变区段　C_H.重链恒定区段　C_L.轻链恒定区段　C.羧基末端　N.氨基末端

图 6.5　免疫球蛋白分子的基本结构

在 Ig 4 条肽链的 N 端(上端),L 链的 1/2 和 H 链的 1/4 区,氨基酸种类、排列顺序和构型随抗体特异性的不同而变化较大,称为可变区(V 区),V 区包括轻链可变区(V_L 区)和重链可变区(V_H 区)。V 区是抗体结合抗原的部位。在 Ig 4 条肽链的 C 端(下端),L 链的 1/2 和 H 链的 3/4 区,氨基酸种类、排列顺序和构型相对稳定,称为稳定区(C 区)。C 区包括轻链稳定区(C_L 区)和重链稳定区(C_H 区)。

Ig 2 条重链之间二硫键连接处附近的重链稳定区,有一个可转动的区域,称为铰链区。当 Ig 与抗原结合时,铰链区可发生转动,一方面利于抗原和抗体之间构型的更好匹配;另一方面使 Ig 变构、暴露出补体结合位点。

(2)免疫球蛋白的功能区　Ig 分子的多肽链因链内二硫键连接而将肽链折叠成几个球形结构,并与相应功能有关,故称为免疫球蛋白的功能区。每条 L 链有两个功能区:可变区(V_L 区)和稳定区(C_L 区)。IgG、IgA 和 IgD 的每条 H 链有 4 个功能区:一个可变区(V_H 区)和 3 个稳定区(CH_1、CH_2、CH_3 区)。IgM 和 IgE 多一个恒定区 CH_4。功能区的作用:①V_L 和 V_H 是抗原结合的部位;②C_L 和 CH_1 上具有同种异型的遗传标记;③CH_2 具有补体结合位点;④CH_3 具有结合单核细胞、巨噬细胞、粒细胞、B 细胞、NK 细胞、Fc 段受体的功能。

(3)免疫球蛋白酶水解片段　用木瓜蛋白酶水解免疫球蛋白,其裂解部位位于 H 链铰链区链间二硫键近 N 端(上端),形成 3 个大小相似的片段(图 6.6):两个 Fab 段,一个 Fc 段。抗体结合抗原的活性由 Fab 段所呈现,由 V_H 和 V_L 所组成的抗原结合部位,除结合抗原外,还是决定抗体分子特异性的部位。Fc 段无结合抗原活性,但可结晶,具有各类免疫球蛋白的抗原决定簇,与抗体分子的其他生物学活性有密切关系并有结合动物细胞的功能。

用胃蛋白酶消化免疫球蛋白后,其裂解部位位于 H 链铰链区链间二硫键近 C 端(下端),

可得到2个大小不同的片段(图6.5):一个具有双价抗体活性的F(ab)′2段,其特性与Fab段完全相同;另一个为无活性的pFc′段片段,无生物学活性。

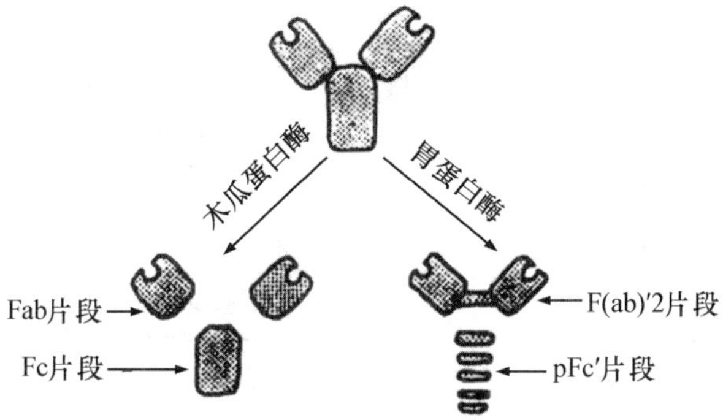

图6.6　Ig水解片段

3.免疫球蛋白的抗原性

抗体(Ab)是一种动物针对某种抗原产生的效应分子。但是,由于它是免疫球蛋白,结构复杂,分子量又大,对另一种动物来说就能构成抗原。所以说,抗体具有双重性。用一种动物的免疫球蛋白免疫异种动物,就能获得抗这种Ig的抗体,这种抗体称为抗抗体或二级抗体。抗抗体能与抗原-抗体复合物中的抗体结合,形成抗原-抗体-抗抗体复合物。免疫标记技术中的间接法就是利用标记抗抗体来进行的。

4.免疫球蛋白的主要特性与功能

五类免疫球蛋白(IgG、IgM、IgA、IgD、IgE)的结构、主要特性和功能均不相同。分泌型IgA为二聚体,IgM为五聚体(图6.7)。

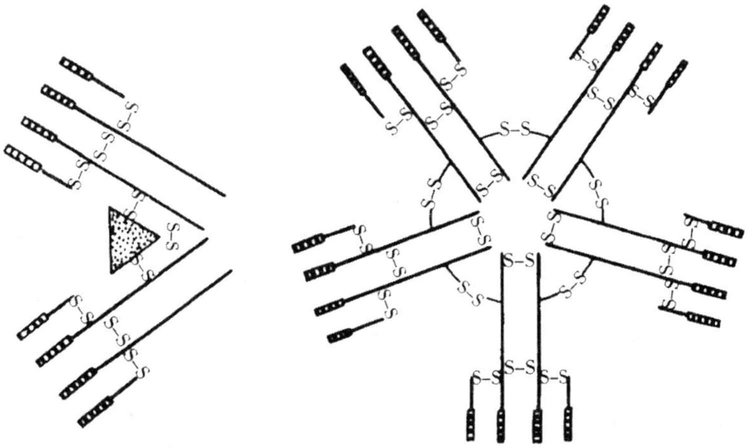

A　　B

A.分泌型IgA(二聚体)　B.IgM(五聚体)

图6.7　多聚体免疫球蛋白示意图

（1）IgG　IgG 是人和动物血清中含量最高的球蛋白，占血清免疫球蛋白总量的 75%～80%。IgG 能通过人和兔的胎盘，是介导体液免疫的主要抗体，以单体形式存在。在血液中产生稍迟，但含量高，维持时间长，对构成机体的免疫力有重要的作用，可发挥抗菌、抗病毒和抗毒素以及抗肿瘤等免疫学活性，能调理、凝集和沉淀抗原，同时也是血清学诊断和疫苗免疫后检测的主要抗体。IgG 是引起Ⅱ型、Ⅲ型变态反应及自身免疫病的抗体。

（2）IgA　IgA 以单体和二聚体两种形式存在。单体存在于血清中，称为血清型 IgA，占血清免疫球蛋白的 10%～20%，具有抗菌、抗病毒、抗毒素作用。二聚体主要存在于呼吸道、消化道、生殖道外分泌液中，以及初乳、唾液、泪液等分泌液中，称为分泌型 IgA（S IgA）。分泌型 IgA 对机体呼吸道、消化道等局部黏膜起着重要的保护作用。

对一些经黏膜感染的病原微生物，动物机体的分泌型 IgA 尤其重要。若动物呼吸道、消化道分泌液中存在这些病原体的相应的分泌型 IgA，则可抵抗其感染。在传染病的预防接种中，经滴鼻、点眼、饮水等途径，均可刺激机体产生相应的黏膜免疫力。

（3）IgM　IgM 以五聚体的形式存在，其分子质量是免疫球蛋白中最大的，又称为巨球蛋白，其含量仅占血清免疫球蛋白的 10%左右，是机体初次体液免疫反应最早出现的抗体。但持续时间短，因此，不是抗感染免疫的主要力量。机体被感染后，体内最早出现的是 IgM，后出现的是 IgG，因此可通过检查 IgM 进行早期诊断。

IgM 是高效能抗体，具有抗菌、抗病毒、中和毒素等免疫活性，由于其抗原结合位点多，因此杀菌、溶菌、促进吞噬等作用比 IgG 要强。IgM 有免疫损伤作用，它参与Ⅱ、Ⅲ型变态反应。同时也具有抗肿瘤作用。

（4）IgE　IgE 又称为皮肤致敏性抗体或亲细胞抗体，在血清中含量极微，参与Ⅰ型变态反应，在抗寄生虫感染中起重要作用。IgE 是由呼吸道、消化道黏膜固有层中的浆细胞产生。当发生过敏疾病或寄生虫特别是蠕虫感染时，IgE 抗体活性最强，而且能介导 ADCC 作用，杀死蠕虫。

（5）IgD　IgD 是以单体分子形式存在，分子量小，在血清中含量极低，不稳定，易被降解。有报道认为，IgD 与某些过敏反应有关。

5. 抗体产生的一般规律

动物机体初次和再次接触抗原后，引起机体抗体产生的种类以及抗体的水平等都有差异（图 6.8）。

视频 6.8　抗体产生的一般规律

（1）初次应答　某种抗原首次进入机体内引起的抗体产生过程，称为初次应答。初次应答的主要特点为：

①抗体产生的潜伏期比较长，细菌抗原一般经过 5～7 d 血液中出现抗体，病毒抗原为 3～4 d，而毒素则需经 2～3 周才出现抗体。潜伏期之后为抗体的对数上升期，抗体含量直线上升。此后为高峰持续期，抗体产生和排出相对平衡。最后为下降期。

②初次应答最早出现的抗体是 IgM，几天内达到高峰，然后下降；接着产生 IgG，IgA 产生最迟，常在 IgG 产生后 2 周至 1～2 个月才能在血液中检出；产生的抗体中以 IgM 为主。

③初次应答产生的抗体总量较低，维持时间也较短，与抗原的亲和力较弱。其中 IgM 的维持时间最短，IgG 可在较长时间内维持较高水平，其含量也比 IgM 高。

（2）再次应答　动物机体第二次接触相同的抗原时，体内产生的抗体过程，称为再次应答。再次应答的特点为：

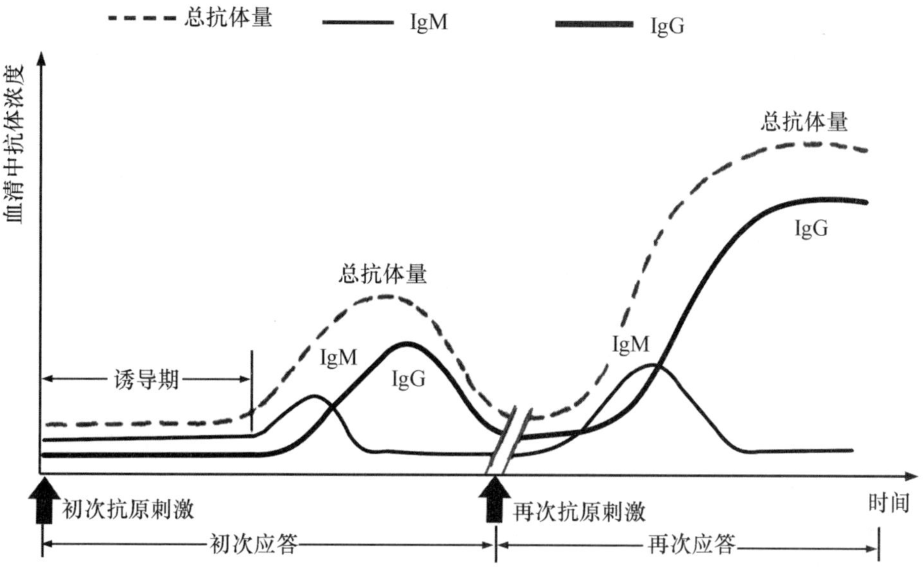

图 6.8　初次应答与再次应答抗体产生规律

①抗体产生的潜伏期显著缩短，约为初次应答的一半。

②再次应答可产生高水平的抗体。机体再次接触与第一次相同的抗原时，起初原有抗体水平略有降低，接着抗体水平很快上升，比初次应答多几倍到几十倍，且维持时间较长，对抗原的亲和力更强。

③再次应答中产生抗体的顺序与初次应答相同，但以 IgG 为主，再次应答间隔时间越长，机体越倾向于只产生 IgG，经消化道等黏膜途径进入机体的抗原可诱导产生分泌型 IgA。

再次应答在抗体产生的速度、数量、质量以及维持时间等方面均优于初次应答，因此在预防接种时，间隔一定时间进行疫苗的再次接种，可起到强化免疫的作用。

(3)回忆应答　抗原刺激机体产生的抗体经一定时间后，在体内逐渐消失，此时若机体再次接触相同的抗原物质，可使已消失的抗体快速回升，这称为抗体的回忆应答。

再次应答和回忆应答取决于体内记忆性 T 细胞和 B 细胞的存在，记忆性 T 细胞可很快增殖分化成 T_H 细胞，对 B 细胞的增殖和产生抗体起辅助作用；记忆性 B 细胞与抗原再次接触时，可被活化，增殖分化成浆细胞产生抗体。

6.影响抗体产生的因素

抗体是机体免疫系统受到抗原的刺激后产生的，因此抗体产生的水平取决于抗原和机体两个方面的因素。

(1)抗原方面

①抗原的性质。由于抗原的物理性状、化学结构和毒力的不同，对机体刺激的强度也不一样，所以机体产生抗体的速度和持续的时间也不同。给机体注射颗粒性抗原(如细菌)，经过 2～5 d 血液中就出现抗体。如果给机体注射可溶性抗原，如注射破伤风类毒素，需 3 周左右血液中才出现抗毒素。

②抗原的用量。在一定的限度内，抗体的产量随抗原用量的增加而相应的增加。但抗原量过多，超过了一定的限度，抗体的形成反而受到抑制，这种现象称为“免疫麻痹”。呈现“免疫

麻痹"的动物，经过一定时间，待大量抗原被分解清除后，麻痹现象可以解除。反之，如果抗原量太少，则不能刺激机体产生抗体。因此，在进行免疫接种时，必须严格按照规定使用，严禁随意加大或减少疫苗的量。

③免疫途径。由于抗原免疫途径的不同，抗原在体内停留的时间和接触的组织也不同，故产生的结果也不同。在实践中，免疫途径的选择应以能刺激机体产生良好的免疫反应为原则，一般按疫苗说明书推荐的免疫途径进行免疫接种。

④免疫的次数和间隔时间。一般菌苗需间隔 7～10 d，注射 2～3 次，类毒素 2 次注射间隔 6 周。

⑤佐剂。与抗原配合使用，有利于增强抗体的产生，以及延长抗体的持续期。

（2）机体方面

①遗传因素。除先天性免疫功能低下的个体外，大多数机体只要营养良好，都能产生足够的抗体。

②年龄因素。初生或出生不久的动物，免疫应答能力较差，主要因为其免疫系统还未发育健全，其次也与母源抗体的影响有关。老年动物免疫功能逐渐下降，也可影响抗体的产生。

③其他因素。营养不良的机体免疫系统发育不良、处于感染状态的动物免疫系统受到损害等，都可影响抗体的产生。

7.抗体的人工制备

（1）多克隆抗体　通常抗原如细菌、病毒、异种血清等具有多个抗原决定簇，可刺激机体多个具有相应抗原受体的 B 细胞发生免疫应答，产生多种针对不同抗原决定簇的抗体。这些混合的由多种不同克隆 B 细胞产生的抗体称为多克隆抗体。用抗原免疫动物后获得的免疫血清均为多克隆抗体。

（2）单克隆抗体　单克隆抗体指由一株 B 淋巴细胞杂交瘤增生而成的单一克隆细胞产生的高度均一（其血清型完全一致）、只针对一种抗原决定簇的抗体。与多克隆抗体相比单克隆抗体有下列优点：与抗原分子上特定抗原决定簇反应，具有单一特异性，可以测定抗原分子上用常规抗体无法测定的微细差异；用不纯的抗原可以制备出针对特定靶抗原甚至微量存在的靶抗原的抗体，无须通过吸收来提高其特异性；分泌特异单克隆抗体的杂交瘤细胞系一旦建立，即可根据需要生产，长期无限量供应完全同质的抗体。

三、免疫应答

免疫应答是指动物机体的免疫系统受到抗原刺激后，免疫细胞对抗原分子识别并产生一系列的反应以清除异物的过程。

视频 6.9　免疫应答

（一）免疫应答的场所与特点

免疫应答的主要场所是外周免疫器官及淋巴组织，其中淋巴结和脾脏是免疫应答的主要场所。参与机体免疫应答的主要细胞是 T 细胞和 B 细胞，表现为细胞免疫和体液免疫。巨噬细胞、树突状细胞、郎罕氏细胞等是免疫应答的辅佐细胞。

免疫应答具有三大特点：一是特异性，即免疫应答是针对某种特异性抗原物质而发生的；二是具有免疫记忆性，当机体再次接触到同样抗原时，能迅速大量增殖、分化成致敏淋巴细胞和浆细胞；三是具有一定的免疫期，免疫期的长短与抗原性质、免疫次数、机体的反应性有关，短则数月，长则数年，甚至终身。

(二)免疫应答的基本过程

免疫应答的主要过程包括抗原递呈细胞(APC)对抗原的处理、加工和递呈;T、B淋巴细胞对抗原的识别、活化、增殖、分化;最后产生免疫效应分子——抗体、细胞因子,以及免疫效应细胞——细胞毒性T细胞(CTL)和迟发型变态反应T细胞,并最终将进入机体内的抗原物质清除(图6.9)。免疫应答的过程可人为地分为以下三个阶段。

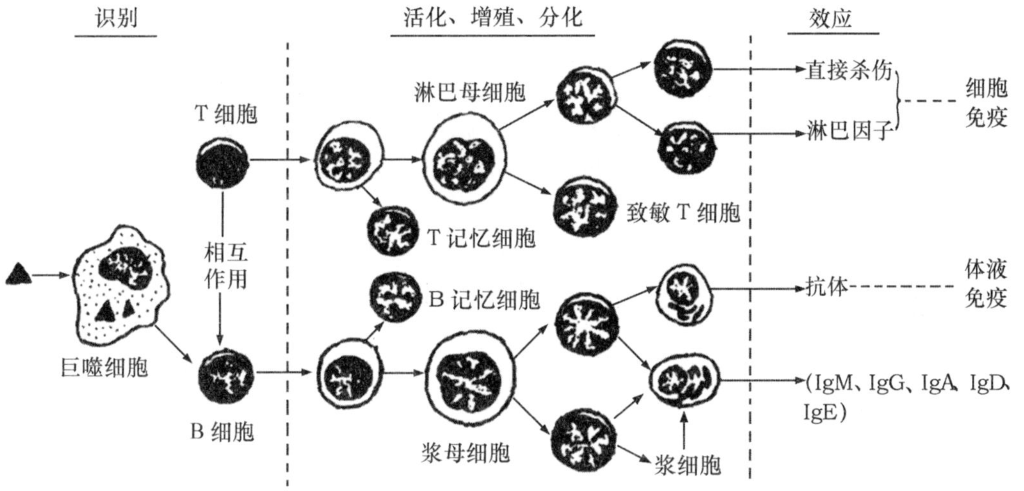

图6.9 免疫应答基本过程示意图

1. 致敏阶段

致敏阶段又称感应阶段、识别阶段,即处理和识别抗原阶段。抗原递呈细胞(APC)对进入体内的抗原捕获、加工处理和提呈,以及抗原特异性淋巴细胞(T细胞和B细胞)对抗原的识别阶段。外源性抗原进入机体后,被巨噬细胞吞噬,并通过巨噬细胞内溶酶体的作用,将大分子抗原颗粒消化、降解,而保留其具有免疫原性的抗原部分。这部分抗原多浓集于巨噬细胞表面,通过细胞直接接触的方式将抗原信息传递给T细胞;或者再经T细胞将抗原信息传递给B细胞,T细胞、B细胞对抗原进行识别后引起细胞免疫或体液免疫。

2. 反应阶段

反应阶段即增殖与分化阶段。反应阶段是T细胞或B细胞受抗原刺激后活化、增殖、分化,并产生效应性淋巴细胞和效应分子的过程。T淋巴细胞增殖分化为淋巴母细胞,最终成为效应性淋巴细胞,并产生多种细胞因子;B细胞增殖分化为能够合成与分泌抗体的浆细胞。少数T、B淋巴细胞分化为长寿的记忆细胞(Tm和Bm)。记忆细胞贮存着抗原的信息,可在体内存活数月、数年或更长的时间,以后再次接触同样抗原时,便能迅速大量增殖、分化成致敏淋巴细胞或浆细胞。

3. 效应阶段

效应阶段是免疫效应细胞(细胞毒性T细胞和迟发型变态反应T细胞)和效应分子(细胞因子和抗体)发挥细胞免疫效应和体液免疫效应,最终清除抗原物质的过程。

(三)免疫应答的类型

1. B细胞免疫应答(体液免疫应答)

B细胞免疫应答是指机体内黏膜免疫系统以外的B细胞特异性识别抗原、转化、增殖、分化成浆细胞,分泌抗体分布在体液中,特异性消除抗原的过程,又称为B细胞介导的免疫应答或体液免疫应答。抗体是浆细胞合成分泌的各类免疫球蛋白的总称,是体液免疫中发挥免疫效应的效应分子。

2. T细胞免疫应答(细胞免疫应答)

T细胞免疫应答是指机体内T细胞(包括T_H、T_C)对抗原进行特异性免疫应答的过程,又称T细胞介导的免疫应答或细胞免疫应答。T细胞在抗原的刺激下,增殖分化为效应性T淋巴细胞并产生细胞因子,直接杀伤或激活其他细胞杀伤、破坏抗原或靶细胞,从而发挥免疫效应过程。

在细胞免疫应答中最终发挥免疫效应的是效应性T淋巴细胞和细胞因子。效应性T淋巴细胞主要包括细胞毒性T细胞和迟发型变态反应性T细胞;细胞因子是细胞免疫的效应因子,对细胞性抗原的清除作用较抗体明显。

广义的细胞免疫包括巨噬细胞的吞噬作用,K细胞、NK细胞等介导的细胞毒作用和T细胞介导的特异性免疫。

四、特异性免疫的抗感染作用

一般情况下,机体内的体液免疫和细胞免疫是同时存在的,它们在抗微生物感染中相互配合和调节,以清除入侵的病原微生物,保持机体内环境的平衡。

(一)体液免疫的抗感染作用

(1)中和作用　抗毒素与外毒素结合后,可阻碍外毒素与动物细胞的结合,使之不能发挥毒性作用。抗体与病毒结合后,可阻止病毒侵入易感细胞,保护细胞免受感染。

(2)免疫溶解作用　一些革兰阴性菌(如霍乱弧菌)和某些原虫(如锥虫)与体内的抗体结合后,可激活补体,从而导致菌体或虫体溶解或死亡。

(3)调理作用　抗原抗体复合物与补体结合后,可以增强吞噬细胞的吞噬作用,称为调理作用。近年发现,红细胞除具有携氧功能外,也能结合补体,从而增强嗜中性粒细胞的吞噬作用。

(4)抗体依赖性细胞介导的细胞毒作用(ADCC)IgG与靶细胞结合后,可通过Fc段与效应细胞(NK细胞、巨噬细胞、中性粒细胞)表面Fc受体结合,增强效应细胞对靶细胞的杀伤作用。

(5)对病原微生物生长的抑制作用　一般来说,细菌的抗体与细菌结合后,不会影响细菌的生长和代谢,仅表现为凝集和制动现象。而支原体和钩端螺旋体的抗体与之结合后,表现出生长抑制作用。

(二)细胞免疫的抗感染作用

(1)抗胞内菌感染　胞内菌有结核分枝杆菌、布鲁氏菌、鼻疽杆菌等。抗胞内菌感染主要是细胞免疫。致敏淋巴细胞释放出一系列淋巴因子,与细胞一起参加细胞免疫,以清除抗原和携带抗原的靶细胞,使机体得到抗感染的能力。

(2)抗真菌感染　深部感染的真菌,如白色念珠菌、球孢子菌等,可刺激机体产生特异性抗体和细胞免疫,其中以细胞免疫更为重要。

(3)抗病毒感染　某些病毒病的免疫主要以细胞免疫为主。致敏淋巴细胞可直接破坏被病毒感染的靶细胞,另外,淋巴因子可激活吞噬细胞,增强其吞噬功能,以及合成干扰素抑制病毒的增殖。

五、变态反应

(一)变态反应的概念和类型

视频 6.10　变态反应

1. 变态反应的概念

免疫系统对再次进入机体的同种抗原做出过于强烈或不适当的异常反应,从而导致组织器官的炎症、损伤和功能紊乱,称为变态反应。由于变态反应主要表现为对特定抗原的反应异常增强,故又称超敏感性反应。除炎症反应、组织损伤和功能紊乱外,变态反应与维持机体正常功能的免疫反应并无实质性的区别。

引起变态反应的抗原称为过敏原或变应原。完全抗原、半抗原或小分子的化学物质均可成为变应原,如异种动物血清、异种动物组织细胞、病原微生物、寄生虫、动物皮毛、药物等,可通过消化道、呼吸道、皮肤、黏膜等途径进入动物体内,导致机体出现变态反应。

变态反应发生的过程可分为两个阶段:第一阶段为致敏阶段,当机体初次接触变应原后,产生相应的抗体(主要是 IgE,其次是 IgG、IgM)或致敏淋巴细胞及淋巴因子,经过一个潜伏期(一般为 2～3 周)动物进入致敏状态;第二阶段为反应阶段,当致敏状态的机体再次接触同一种变应原时,机体被激发产生变态反应。

2. 变态反应的类型

根据变态反应原理和临床特点,将变态反应分为 4 个型:即过敏反应(Ⅰ型)、细胞毒型变态反应(Ⅱ型)、免疫复合物型变态反应(Ⅲ型)和迟发型变态反应(Ⅳ型)。其中前三型是由抗体介导的,反应发生较快,称速发型变态反应;Ⅳ型则是 T 细胞介导的,与抗体无关,反应发生较慢,至少 12 h 以后发生,故称迟发型变态反应。

(1)Ⅰ型变态反应(过敏反应)

①发生机制。过敏原首次进入机体,刺激机体产生亲细胞的抗体 IgE。IgE 吸附于皮肤、呼吸道和消化道黏膜组织中的肥大细胞、血液中的嗜碱性粒细胞等细胞表面,使机体呈致敏状态。当敏感机体再次接触同种过敏原时,过敏原与吸附在细胞表面上的 IgE 结合,导致细胞内的分泌颗粒迅速释放出各种生物活性物质,如组织胺、5-羟色胺、缓激肽、过敏毒素等,这些活性物质作用于相应器官,导致毛细血管扩张,通透性增加,血压下降,腺体分泌增多,呼吸道和消化道平滑肌痉挛等反应。若反应发生在皮肤,则引起荨麻疹、皮肤红肿等反应;发生在肠胃道,则引起腹痛、腹泻等反应;发生在呼吸道,则引起支气管痉挛、呼吸困难和哮喘等反应;若全身受影响,则表现为血压下降,引起过敏性休克,甚至死亡。

②临床类型。过敏性休克是最严重的一种Ⅰ型变态反应性疾病,主要由药物(如青霉素)或异种血清引起,其他药物如普鲁卡因、链霉素、有机碘等偶尔也可引起过敏性休克。少数机体吸入植物花粉、细菌、动物皮屑、尘螨等抗原物质时,可出现发热、鼻部发痒、喷嚏、流涕等过敏性鼻炎及气喘、呼吸困难等外源性支气管哮喘等。

(2)Ⅱ型变态反应(细胞毒型变态反应)

①发生机制。本型变态反应的变应原可以是受侵害细胞本身的表面抗原如血型抗原,也可以是吸附在细胞表面的相应抗原,如药物半抗原、荚膜多糖、细菌内毒素脂多糖等。这些变

应原能刺激机体产生抗体 IgG 或 IgM。当 IgG 或 IgM 与细胞上的相应抗原或吸附于细胞表面的相应抗原、半抗原发生特异性反应时，形成抗原-抗体-细胞复合物，可激活补体系统，引起细胞溶解或被吞噬细胞吞噬，导致组织损伤及功能障碍。

②临床类型。由沙门菌引起的传染病常伴发溶血，是细菌内毒素脂多糖吸附在患者红细胞表面而造成Ⅱ型变态反应的结果。另外，不同血型输血引起的溶血反应、初生幼畜溶血性贫血、马传染性贫血病病毒引起马溶血性贫血、细小病毒引起水貂阿留申氏病、某些药物引起的粒细胞减少症也属于这一类型。

(3)Ⅲ型变态反应(免疫复合物型变态反应)

①发生机制。抗原如某些病原微生物、异种血清进入机体，产生相应的抗体(IgG、IgM 或 IgA)，抗原与相应抗体结合形成抗原-抗体复合物，即称免疫复合物。由于抗原与抗体比例不同，所形成的免疫复合物的大小和溶解性也不同。当抗体量大于抗原量或两者比例相当时，可形成分子较大的不溶性免疫复合物，易被吞噬细胞吞噬而清除；当抗原量过多时，则形成较小的可溶性免疫复合物，它能通过肾小球滤过，随尿液排出体外。所以，以上两种情况对机体都没有损害。只有当抗原略多于抗体时，可形成中等大小的免疫复合物，它既不易被吞噬细胞吞噬，又不能通过肾小球滤过随尿液排出体外，故会较长时间地存留在血流中，当血管壁通透性增高时，可沉积于血管壁、肾小球、关节滑膜和皮肤等组织上，激活补体，引起相应组织器官的水肿、出血、炎症和局部组织坏死等一系列反应。

②临床类型。兽医临床上常见的免疫复合物疾病有急性血清病、肾小球肾炎、关节炎、过敏性肺炎等。

(4)Ⅳ型变态反应(迟发型变态反应)

①发生机制。机体在某些抗原如结核分枝杆菌、副结核分枝杆菌、布鲁氏菌、鼻疽杆菌等初次刺激下，体内 T 细胞分化为致敏淋巴细胞和记忆细胞，使机体进入致敏状态，这一时期需要 1～2 周。当机体再次与相同抗原接触时，致敏淋巴细胞释放出多种淋巴因子，吸引和激活吞噬细胞向抗原集中，并加强吞噬，形成以单核细胞、淋巴细胞等为主的局部浸润，导致局部组织肿胀、化脓甚至坏死等炎性变化。抗原被消除后，炎症消退，组织即恢复正常。

②临床类型。在兽医诊断中，如检疫牛群是否有结核病，可用结核菌素(OT)，给牛皮内注射或滴眼，观察局部是否发生炎症反应，以做出诊断。同理，也可用鼻疽菌素点眼检测马鼻疽。接触性皮炎、器官移植排斥反应、结核分枝杆菌或布鲁氏菌对动物的感染等过程中都伴随着 IV 型变态反应。

(二)变态反应的防治

为防止变态反应的发生，应确定变应原，避免动物与之接触。出现变态反应后，应及时治疗，促使损伤组织结构和功能的恢复。

1. 确定变应原

一定剂量的变应原可引起明显的局部变态反应，而对动物整体功能无影响，利用这一原理进行过敏试验，可确定变应原，如人的青霉素皮内试验等。

2. 脱敏疗法

在用高免血清、抗毒素进行治疗时，为防止异种蛋白引起变态反应，可采用少量、多次注射的方法，称为脱敏疗法。如给动物首次皮下注射 0.2～2.0 mL，间隔 15～30 min 后，再注射 10～100 mL，若无严重反应，15～30 min 后再注射至全量。

3. 药物疗法

肾上腺素、麻黄素、氨茶碱等药物能抑制粒细胞释放活性物质，缓解平滑肌痉挛，可用于过敏性休克的抢救。苯海拉明、氯苯那敏等具有抗组织胺的作用，阿司匹林为缓激肽的拮抗剂，这些药物均可用于消除或缓解过敏症状。此外，维生素 C 和钙制剂不仅可解痉，而且能降低毛细血管的通透性。另外，还可采取强心、补液等辅助疗法。

【经典考题】

一、名词解释

特异性免疫　免疫活性细胞　ADCC　抗原　半抗原　抗原决定簇　免疫应答　体液免疫　细胞免疫　抗体　单克隆抗体　变态反应　变应原

二、单项选择题

1. 胸腺的作用是(　　)。

A. B 细胞定居场所　B. T 细胞定居场所

C. T 细胞成熟、分化场所　D. B 细胞产生免疫应答的场所

2. 免疫应答的发生场所是(　　)。

A. 骨髓　B. 胸腺　C. 腔上囊　D. 淋巴结

3. 属于非特异性免疫的是(　　)。

A. 弱毒感染　B. 细胞免疫　C. 正常菌群　D. 体液免疫

4. 激活之后可以产生抗体的细胞是(　　)。

A. B 细胞　B. T 细胞　C. NK 细胞　D. K 细胞

5. 参与黏膜免疫反应的抗体是(　　)。

A. 五聚体 IgM　B. 单体 IgG　C. 二聚体 IgA　D. 单体 IgD

6. 不属于抗体生物学作用的是(　　)。

A. 吞噬作用　B. 中和作用　C. 激活补体　D. ADCC

7. 机体再次接触抗原后，大量产生的抗体是(　　)。

A. IgA　B. IgG　C. IgM　D. IgE

8. 通过吸食母体初乳，使幼畜获得的免疫保护作用属于(　　)。

A. 人工主动免疫　B. 人工被动免疫　C. 天然被动免疫　D. 天然主动免疫

9. 吸入花粉引起的哮喘属于(　　)。

A. Ⅰ型超敏反应　B. Ⅱ型超敏反应　C. Ⅲ型超敏反应　D. Ⅳ型超敏反应

10. 参与Ⅰ型变态反应的抗体是(　　)。

A. IgM　B. IgG　C. IgA　D. IgE

三、简答题

1. 中枢和外周免疫器官各包括哪些？分别有哪些功能？

2. 抗原应具备哪些条件？

3. 简述抗体的基本结构及其各部分的功能。

4. 简述免疫应答的基本过程。

5. 简述影响抗体产生的因素。

6. 变态反应有哪些主要类型？

项目三　免疫检测技术

【学习目标】

1. 理解血清学试验概念、特点及影响因素，学会操作凝集试验和沉淀试验。
2. 理解补体结合试验、中和试验和免疫标记技术的原理。
3. 学会运用免疫荧光法和酶联免疫吸附法检测猪瘟。
4. 了解E玫瑰花环试验和淋巴细胞转化试验的原理及应用。

一、体液免疫检测技术——血清学试验

视频 6.11　血清学试验

(一)血清学试验的概念

抗原与相应的抗体无论在动物体内还是体外均能发生特异性结合反应，并表现出特定的现象。因抗体主要存在于血清中，通常将体外发生的抗原抗体反应统称为血清学反应或血清学试验。现代的抗原抗体反应早已突破了血清学反应的概念。抗原和抗体的体外反应是应用最为广泛的一种免疫学技术，为疾病的诊断、抗原和抗体的鉴定及定量提供了良好的方法。因此广泛应用于微生物的鉴定、传染病和寄生虫病的监测和诊断。

(二)血清学试验的特点

1. 特异性和交叉性

血清学试验具有高度的特异性。由于抗原决定簇的组成、结构不同，所诱导产生的抗体也不同。一种抗原只能与相应抗体结合，表现出高度的特异性。如抗猪瘟抗体只能与猪瘟病毒结合而不能与口蹄疫病毒或者其他病毒相结合；同样，抗口蹄疫抗体也只能与口蹄疫病毒结合而不能与其他病毒相结合。这种特异性可用于分析、鉴别各种抗原和进行疾病的诊断。但若两种抗原之间含有部分共同抗原时，则发生交叉反应。如肠炎沙门菌的血清能凝集鼠伤寒沙门菌。一般亲缘关系越近，交叉反应的程度也越高。交叉反应是区分血清型和亚型的重要依据。

2. 敏感性

抗原抗体的结合具有高度敏感性的特点，不仅可定性检测，还可以定量检测微量、极微量的抗原或抗体，其敏感度大大超过化学分析方法。血清学试验的敏感性视其种类而异。

3. 可逆性

抗原与抗体的结合是分子表面的结合，这种结合是可逆的，结合条件为0～40 ℃、pH 4～9。如温度超过60 ℃或pH降到3以下，或加入解离剂(如硫氰化钾、尿素等)时，则抗原抗体复合物又可重新解离，并且分离后抗原或抗体的性质仍不改变。利用这一特性，可进行免疫亲和层析，以提取免疫纯的抗原或抗体。

4. 反应的二阶段性

第一阶段为抗原与抗体的特异性结合阶段，此阶段反应快、仅数秒至数分钟，但不出现可见反应。第二阶段为可见阶段，这一阶段抗原抗体复合物在环境因素（如电解质、pH、温度、补体）的影响下出现各种可见反应，如表现为凝集、沉淀、补体结合等。此阶段反应慢、需数分钟、数十分钟或更久。第二阶段受电解质、pH、温度等因素的影响。

5. 最适比例与带现象

大多数抗体为二价，抗原为多价，因此只有两者比例合适时，才能形成彼此连接的大复合物，血清学反应才出现凝集、沉淀等可见的反应现象。如果抗原过多或抗体过多，则抗原与抗体的结合不能形成大复合物，抑制可见反应的出现，称为带现象。当抗体过量时，称为前带；抗原过多时，称为后带。为克服带现象，在进行血清学反应时，需将抗原或抗体做适当稀释，通常是固定一种成分，稀释另一种成分。

6. 用已知测未知

所有的血清学试验都是用已知抗原测定未知抗体，或用已知抗体测定未知抗原。在反应中只能有一种材料是未知的，但可以用两种或两种以上的已知材料检测一种未知抗原或抗体。

（三）影响血清学试验的因素

（1）电解质　抗原与抗体发生结合后，由亲水胶体变为疏水胶体的过程中，必须有电解质参与才能进一步使抗原抗体复合物表面失去电荷，水化层破坏，复合物相互靠拢聚集形成大块的凝集或沉淀。若无电解质参加，则不出现可见反应。为了促使沉淀物或凝集物的形成，常用0.85%～0.9%（人、畜）或8%～10%（禽）的氯化钠或各种缓冲液（免疫标记技术）作为抗原和抗体的稀释液或反应液。但电解质的浓度不宜过高，否则会出现盐析现象。

（2）温度　较高的温度可以增加抗原和抗体的活性及接触的机会，从而加速反应的出现。因此，将抗原、抗体充分混合后，通常在37 ℃水浴中保温一定时间，可促使第二阶段反应的出现。也可用56 ℃水浴，则反应更快。但有的抗原和抗体需在低温下长时间结合，反应才能更充分。如补体结合试验在0～4 ℃冰箱结合效果更好。

（3）酸碱度　血清学试验要求在一定的pH下进行，常用的pH为6～8，过高或过低，均可使已结合的抗原抗体复合物重新解离。若pH降至抗原或抗体的等电点时，会发生非特异性的酸凝集，造成假象。

（4）振荡　适当的机械振荡能增加分子或颗粒间的相互碰撞，加速抗原抗体的结合反应，但强烈的振荡可使抗原抗体复合物解离。

（5）杂质和异物　试验介质中如有与反应无关的杂质、异物（如蛋白质、类脂质、多糖等物质）存在时，会抑制反应的进行或引起非特异性反应，故每批血清学试验都应设阳性对照和阴性对照试验。

（四）血清学试验的类型

血清学反应按抗原抗体性质不同可分为凝聚性反应（包括凝集试验和沉淀试验）、标记抗体技术（包括荧光抗体、酶标抗体、放射性同位素标记抗体、化学发光标记抗体技术等）、有补体参与的反应（补体结合试验、免疫黏附血凝试验等）、中和反应（病毒中和试验等）等已普遍应用的技术，以及免疫复合物散射反应（激光散射免疫测定）、电免疫反应（免疫传感器技术）、免疫转印以及建立在抗原抗体反应基础上的免疫蛋白芯片技术等新技术。

1.凝集试验

细菌、红细胞等颗粒性抗原或吸附在红细胞、乳胶等颗粒性载体表面的可溶性抗原，与相应抗体结合，在有适量电解质存在的情况下，经过一定时间，复合物互相凝聚形成肉眼可见的凝集团块，称为凝集试验。参与凝集试验的抗原称凝集原，抗体称凝集素。凝集试验可分为直接凝集试验和间接凝集试验。

(1)直接凝集试验　颗粒性抗原与相应抗体直接结合并出现凝集现象的试验称直接凝集试验。按操作方法可分为玻片法和试管法两种。

①玻片法。一种定性试验，可在玻璃板或载玻片上进行。将诊断血清(或诊断抗原)与待检悬液(或待检血清)各一滴在玻片上混合均匀，数分钟后，如出现颗粒状或絮状凝集，即为阳性反应。此法简便快速，适用于新分离细菌的鉴定或分型及抗体的定性检测。如大肠埃希菌和沙门菌等的鉴定，布鲁氏菌病、鸡白痢、禽伤寒和败血支原体病的检疫等。

②试管法。一种既可定性也可定量的试验，可在小试管中进行。操作时将待检血清用生理盐水或其他稀释液做倍比稀释，然后每管加入一定浓度等量抗原，混匀，37 ℃水浴或放入恒温箱中数小时，观察液体澄清度及沉淀物，视不同凝集程度记录为＋＋＋＋(100％凝集)、＋＋＋(75％凝集)、＋＋(50％)、＋(25％凝集)和－(不凝集)。根据每管内细菌的凝集程度判定血清中抗体的含量。以出现50％以上凝集的血清最高稀释倍数为该血清的凝集价，也称效价或滴度。本试验主要用于检测待检血清中是否存在相应的抗体及其效价，如布鲁氏菌病的诊断与检疫。

(2)间接凝集试验　将可溶性抗原(或抗体)先吸附于一种与免疫无关、一定大小的不溶性颗粒的表面，然后与相应的抗体(或抗原)作用，在有电解质存在的适宜条件下，所发生的特异性凝集反应，称为间接凝集试验(图6.10)。用于吸附抗原(或抗体)的颗粒称为载体，常用的载体有红细胞、聚苯乙烯乳胶，其次是活性炭、白陶土、离子交换树脂等。以红细胞为载体的间接凝集试验，称为间接血凝试验。由于红细胞几乎能吸附任何抗原，而且红细胞是否凝集容易观察，故间接血凝试验已广泛应用于血清学诊断的各个方面，如多种病毒性传染病、支原体病、衣原体病、弓形体病等的诊断和检疫。

此外间接凝集试验还包括乳胶凝集试验和协同凝集试验。

A.抗原致敏载体颗粒　B.已致敏的载体颗粒与相应抗体反应产生凝集

图6.10　间接凝集反应原理示意图

(陆承平，兽医微生物学，2001)

2.沉淀试验

可溶性抗原与其相应的抗体结合，在电解质参与下，抗原抗体结合形成白色絮状沉淀，出现白色沉淀线，称为沉淀试验。沉淀试验的抗原称为沉淀原，如细菌浸出液、含菌病料浸出液、血清以及其他来源的蛋白质、多糖、类脂体等；沉淀试验的抗体称为沉淀素。

沉淀试验可分为液相沉淀试验和固相沉淀试验，液相沉淀试验有环状沉淀试验和絮状沉淀试验，以前者应用较多；固相沉淀试验有琼脂凝胶扩散试验和免疫电泳技术。

视频 6.12　沉淀试验

(1)环状沉淀试验　一种在两种液体界面上进行的试验，是一种最简单、最古老的沉淀试验，目前仍广泛应用。方法为在小口径试管中加入已知沉淀素血清，然后小心沿管壁加入等量待检抗原于血清表面，使之成为分界清晰的两层。数分钟后，两层液面交界处出现白色环状沉淀，即为阳性反应，否则为阴性。试验中要设阴性、阳性对照。本法主要用于抗原的定性试验，如诊断炭疽的 Ascoli 试验、链球菌的血清型鉴定、血迹鉴定和沉淀素的效价滴定等。

(2)絮状沉淀试验　抗原与抗体在试管内混合，在电解质存在下，抗原抗体复合物可形成絮状物。在最适比例时，出现反应最快和絮状物最多。相反，抗原或抗体过剩均会抑制沉淀的出现。例如用 4～5 列试管，先将抗原从 1∶10 开始对倍稀释，每管 0.5 mL；抗血清用 1∶(5～40)4 个稀释度，每管 0.5 mL。振荡混匀后放置温室，在黑暗背景下观察记录较早出现反应的试管，数小时后比较各管浑浊度。以反应出现最早且浑浊度最大的试管为抗原抗体的最适比。本法常用于毒素、类毒素和抗毒素的定量测定。

(3)琼脂扩散试验　是指抗原抗体在琼脂凝胶内扩散，特异性的抗原抗体相遇后，在凝胶内的电解质参与下发生沉淀，形成可见的沉淀线，这种反应简称琼扩。本试验中使用的 1%～2%的琼脂凝胶，琼脂形成网状构架，空隙中是 98%～99%的水，扩散就在此水中进行。1%～2%琼脂所形成的构架网孔较大，允许分子质量在 20 万以下甚至更大些的大分子物质通过，绝大多数可溶性抗原和抗体的分子量在 20 万以下，因此可以在琼脂凝胶中自由扩散，所受阻力甚小。二者在琼脂凝胶中相遇，在最适比例处发生沉淀，此沉淀物因颗粒较大而不扩散，故形成沉淀带。

一种抗原抗体系统只出现一条沉淀带，复合物抗原中的多种抗原抗体系统均可根据自己的浓度、扩散系数、最适比等因素形成自己的沉淀带。本法的主要优点是能将复合的抗原成分加以区分，根据沉淀带出现的数目、位置以及相邻两条沉淀带之间的融合、交叉、分支等情况，了解该复合抗原的组成。

琼脂扩散试验有多种类型，如单向单扩散，单向双扩散，双向单扩散，双向双扩散，其中的双向单扩散，双向双扩散最为常用。

①双向单扩散。又称辐射扩散，试验在玻璃板或平皿上进行，用 1.6%～2.0%琼脂加一定浓度的等量抗血清浇成琼脂凝胶板，厚度为 2～3 mm，在其上打直径为 2 mm 的小孔，孔内滴加相应抗原液，放入密闭湿盒中扩散 24～48 h。抗原在孔内向四周扩散，在比例适当处与凝胶中的抗体结合形成白色沉淀环。此白色沉淀环的大小随扩散时间的延长而增大，直至平衡为止。沉淀环面积与抗原浓度成正比，因此可用已知浓度抗原制成标准曲线，即可用以测定抗原的量。

此法在兽医临床已广泛用于传染病的诊断，如鸡马立克病的诊断。即将马立克病高免血清浇成血清琼脂平板，拔取病鸡新换的羽毛数根，自毛根尖端 1 cm 处剪下插入琼脂凝胶板上，阳性者毛囊中病毒抗原向周围扩散，形成白色沉淀环。

②双向双扩散。此法以1%琼脂浇成厚2～3 mm的凝胶板，在其上按设计图形打圆孔或长方形槽，封底后在相邻孔(槽)内滴加抗原和抗体，饱和湿度下扩散24～96 h，观察沉淀带。抗原抗体在琼脂凝胶中相向扩散，在两孔间比例最适的位置上形成沉淀带，当抗原抗体的浓度基本平衡时，沉淀带的位置主要决定于两者的扩散系数。若抗原过多，则沉淀带向抗体孔增厚或偏移；若抗体过多，则沉淀带向抗原孔偏移。

双扩散主要用于抗原的比较和鉴定，两个相邻的抗原孔(槽)与其相对的抗体孔之间，各自形成自己的沉淀带。此沉淀带一经形成，就像一道特异性屏障一样，继续扩散的相同抗原抗体，只能使沉淀带加浓加厚，而不能再向外扩散，但对其他抗原抗体系统则无屏障作用，它们可以继续扩散。沉淀带的基本形式有以下3种：两相邻孔为同一抗原时，两条沉淀带完全融合，如两者在分子结构上有部分相同抗原决定簇，则两条沉淀带不完全融合并出现一个叉角；两种完全不同的抗原，则形成两条交叉的沉淀带；不同分子的抗原抗体系统可各自形成两条或更多的沉淀带(图6.11)。

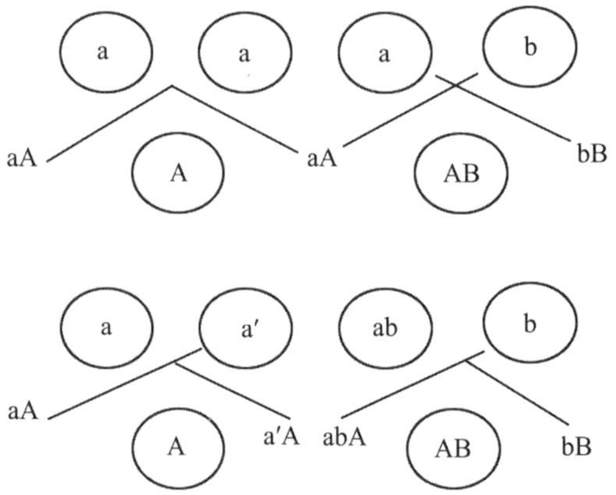

a、b. 单一抗原　ab. 同一分子上2个决定簇

A、B. 抗a、抗b抗体　a′. 与a部分相同的抗原

图6.11　琼脂扩散的基本类型

双扩散也可用于抗体的检测，测抗体时，加待检血清的相邻孔应加入标准阳性血清作对照。测定抗体效价时可倍比稀释血清，以出现沉淀带的血清最大稀释度为抗体效价(图6.12)。

目前此法在兽医临床上广泛用于细菌、病毒的鉴定和传染病的诊断。如检测马传贫、口蹄疫、禽白血病、马立克病、禽流感、传染性法氏囊病的琼脂扩散方法，已列入国家的检疫规程，成为上述几种疾病的重要检疫方法之一。

(4)免疫电泳　免疫电泳技术是把凝胶扩散试验与电泳技术相结合的免疫检测技术。即将琼脂扩散置于直流电场中进行，让电流来加速抗原与抗体的扩散并规定其扩散方向，在比例合适处形成可见的沉淀带。此技术在琼脂扩散的基础上，提高了反应速度、反应灵敏度和分辨率。在临床上应用比较广泛的有对流免疫电泳和火箭免疫电泳等。

①对流免疫电泳。是将双向双扩散与电泳技术相结合的免疫检测技术。大部分抗原在碱性溶液(pH>8.2)中带负电荷，在电场中向正极移动；而抗体球蛋白带电荷弱，在琼脂电泳时，由于电渗作用，向相反的负极移动。如果将抗体置于正极端，抗原置负极端，则电泳时抗原抗

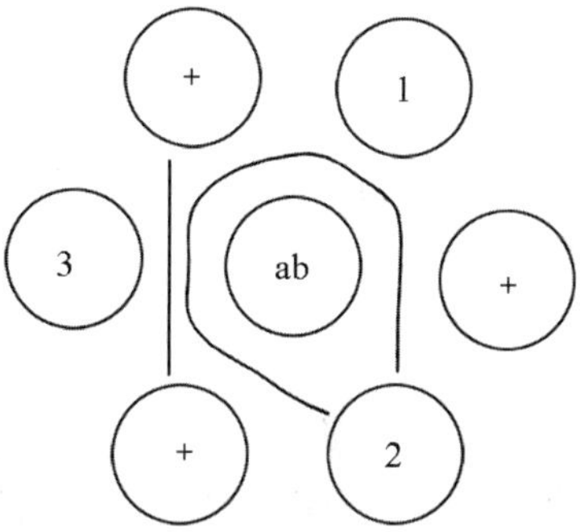

ab 为两种抗原的混合物，+为抗 b 的标准阳性血清，1、2、3 为待检血清。
结果：1 为抗 b 阳性，2 为阴性，3 为抗 a 抗 b 双阳性

图 6.12　双向双扩散用于检测抗体结果判定

体相向泳动，在两孔之间形成沉淀带。

试验时在凝胶板上打孔，两孔为一组，并排打孔两组，然后加样。抗原滴入负极端孔内，抗体滴入正极端孔内，进行电泳。泳动 30～90 min，观察结果。在两孔之间出现沉淀带，为阳性反应（图 6.13）。

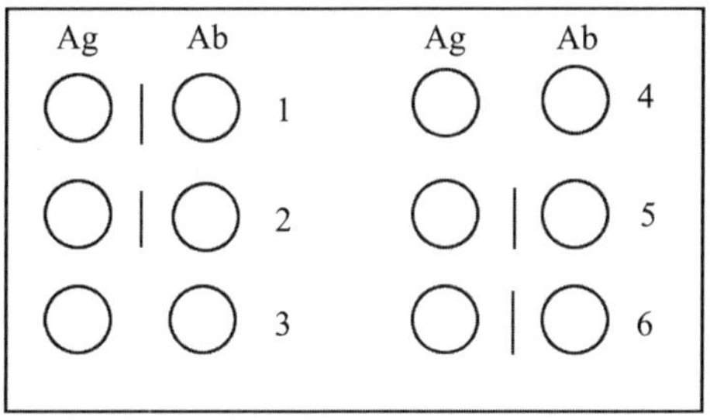

Ag 为抗原；Ab 为抗体；Ab1 为阳性参考血清；Ab4 为阴性参考血清；Ab2、3、5、6 为待检血清

图 6.13　对流电泳示意图

对流免疫电泳比双向双扩散敏感 10～16 倍，并大大缩短了沉淀带出现的时间，简易快速，现已用于多种传染病的快速诊断。如口蹄疫、猪传染性水疱病等病毒病的诊断。

②火箭免疫电泳。是将辐射扩散与电泳技术相结合的一项检测技术，简称火箭电泳。将 pH 8.2～8.6 的巴比妥缓冲液琼脂融化后，冷却至 56 ℃左右，加入一定量的已知抗血清，浇成含有抗体的琼脂凝胶板。在板的负极端打一列孔，孔径 3 mm，孔距 8 mm，滴加待检抗原和已知抗原，电泳 2～10 h。电泳时，抗原在含抗血清的凝胶板中向正极迁移，其前锋与抗体接触，形成火箭状沉淀弧，随抗原继续向前移动，此火箭状锋也不断向前推移，原来的沉淀弧由于抗原过量而重新溶解。最后抗原抗体达到平衡时，即形成稳定的火箭状沉淀弧（图 6.14）。在试验中由于抗体浓度保持不变，故火箭状沉淀弧的高度与抗原浓度成正比，本法多用于检测抗原的量（用已知浓度抗原作对比）。

3. 补体结合试验

可溶性抗原（如蛋白质、多糖、类脂质和病毒等）与相应抗体结合后，抗原抗体复合物可以

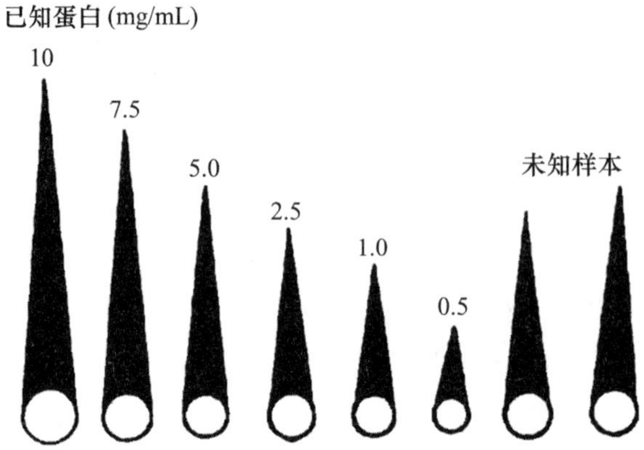

图 6.14　火箭免疫电泳

结合补体，但这一反应肉眼不能察觉，如再加入红细胞和溶血素，即可根据是否出现溶血反应来判定反应系统中是否存在相应的抗原或抗体，这个反应就是补体结合反应。

将红细胞多次注射于异种动物(如将绵羊红细胞多次免疫家兔)可使之产生相应的抗体(溶血素)，这种抗体与红细胞结合，若有补体存在时，则红细胞被溶解，这种现象称为溶血反应(或称溶血系统)，常在补体结合反应中用作测定有无补体游离存在的指示剂。可溶性抗原与相应抗体结合后，能结合补体，但往往不出现可见反应，这一过程称为溶菌反应(或称反应系统)，如加入一定量的补体，则在反应系统作用过程中补体全部被结合，无游离补体存在，此时再加入红细胞和溶血素(即溶血系统或指示系统)则不发生溶血反应。若溶菌系统中的抗原与抗体是不相对应的，则补体不参与作用，而游离于溶液中，加入溶血系统后则发生溶血。即如果反应系统中存在待测抗体(或抗原)，则抗原抗体发生反应后可结合补体；再加入指示系统时，反应液中已没有游离的补体而不出现溶血，为补体结合试验阳性。如果反应系统中不存在待测的抗体(或抗原)，则在液体中仍有游离的补体存在，当加入指示系统时会出现溶血，为补体结合试验阴性(图 6.15)。

视频 6.13　补体结合试验

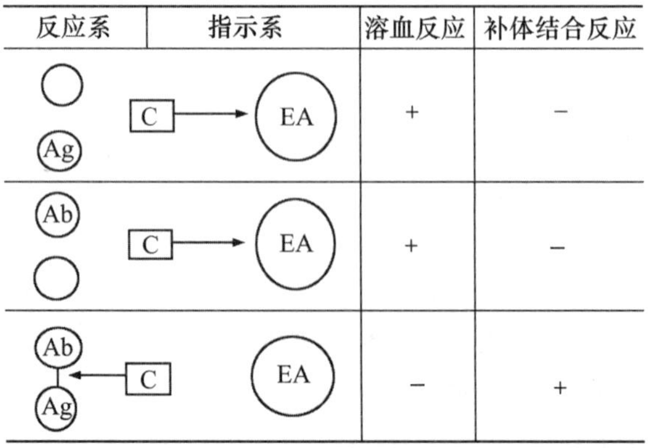

Ab. 抗体　Ag. 抗原　C. 补体　EA. 致敏红细胞

图 6.15　补体结合反应原理

补体结合反应不仅可用于诊断传染病，如鼻疽、牛肺疫、马传染性贫血、乙型脑炎、布鲁氏菌病、钩端螺旋体病、血锥虫病等，也可用于鉴定病原体，如对马流行性乙型脑炎病毒的鉴定和口蹄疫病毒的定型等。

4. 中和试验

病毒或毒素与相应抗体结合后，丧失了对易感动物、鸡胚和易感细胞的致病力，称为中和试验。本试验具有高度的特异性和敏感性，并有严格量的要求。

(1)毒素和抗毒素中和试验　由外毒素或类毒素刺激机体产生的抗体，称为抗毒素。抗毒素能中和相应的毒素，使其失去致病力。主要有以下两种方法：

体内中和试验是将一定量的抗毒素与致死量的毒素混合，在恒温下作用一定时间后，接种实验动物，同时设不加抗毒素的对照组。如果试验组的动物被保护，而对照组的动物死亡，即证明毒素被相应抗毒素中和。在兽医临床上，常用于魏氏梭菌和肉毒梭菌毒素的定型。进行此试验时，要测定毒素的最小致死量或半数致死量。

另一种是在细胞培养上进行的毒素中和试验和溶血毒素中和试验，方法同上。

(2)病毒中和试验　病毒免疫动物所产生的抗体，能与相应病毒结合，使其感染性降低或消失，从而丧失致病力。应该注意，抗体只能在细胞外中和病毒，对已进入细胞的病毒，则无作用；而且抗体并不都有中和活性，有些抗体与病毒结合后不能使其失活，如马传染性贫血病病毒与相应抗体结合后，仍保持高度的感染力。试验有体内和体外两种方法。

①体内中和试验。也称保护试验，即先给实验动物接种疫苗或抗血清，间隔一定时间后，再用一定量病毒攻击，视动物是否得到保护来判定结果。常用于疫苗免疫原性的评价和抗血清的质量评价。

②体外中和试验。是将病毒悬液与抗病毒血清按一定比例混合，在一定条件下作用一段时间，然后接种易感动物、鸡胚或易感细胞，根据接种后动物、鸡胚是否得到保护，细胞是否有病变来判定结果。此试验常用于病毒性传染病的诊断，如口蹄疫、猪水疱病、蓝舌病、牛黏膜病、牛传染性鼻气管炎、鸡传染性喉气管炎、鸭瘟和鸭病毒性肝炎等的诊断。此外，还可用于新分离病毒的鉴定和定型等。

5. 免疫标记技术

视频 6.14　ELISA

免疫标记技术是利用抗原抗体反应的特异性和标记分子极易检测的敏感性相结合形成的试验技术。免疫标记技术主要有荧光抗体标记技术、酶标抗体技术和同位素标记抗体技术。它们的敏感性和特异性大大超过常规血清学方法，现已广泛用于传染病的诊断、病原微生物的鉴定、分子生物学中基因表达产物分析等领域。其中酶标抗体技术最为简便，应用较广。这里主要介绍荧光抗体标记技术和酶标抗体技术。

(1)荧光抗体标记技术　荧光抗体标记技术是将荧光染料标记在抗体球蛋白分子上，制成荧光抗体。经荧光染料标记后的抗体，仍具有结合抗原的活性，与抗原结合后，可形成带有荧光的抗原抗体复合物，在荧光显微镜下，可观察到其发出的荧光。

荧光抗体标记技术是将抗原抗体反应的特异性、荧光素的敏感性及显微镜技术的精确性三者相结合的一种免疫检测技术。

①抗原标本片的制备。标本制作的要求首先是保持抗原的完整性，并尽可能减少形态变化，抗原位置保持不变。同时还必须使抗原标记抗体复合物易于接受激发光源，以便很好地观察和记录。这就要求标本要相当薄，并要有适宜的固定处理方法。

根据被检样品的不同，采用不同的制备方法。细菌培养物、血液、脓汁、粪便、尿沉渣及感染的动物组织等，可制成涂片或压印片。感染组织最好制成冰冻切片或低温石蜡切片。也可用生长在盖玻片上的单层细胞培养作标本。

标本的固定有两个目的：一是防止被检材料从载玻片上脱落，二是消除抑制抗原抗体反应的因素。最常用的固定剂是丙酮和 95% 的乙醇。固定后用 PBS 反复冲洗，干后即可用于染色。

②染色方法。荧光抗体染色法有多种类型，常用的有直接法和间接法两种。

a. 直接法。取待检抗原的标本片，滴加荧光抗体染色液于其上，置湿盒中，于 37 ℃作用 30 min，用 pH 7.2 的 PBS 液漂洗 15 min，冲去游离的染色液，干燥后滴加缓冲甘油（分析纯甘油 9 份加 PBS 1 份）封片，在荧光显微镜下观察（图 6.16）。标本片中若有相应抗原存在，即可与荧光抗体结合，在镜下见有荧光抗体围绕在受检的抗原周围，发出黄绿色荧光。直接法应设以下对照，标本自发荧光对照，阳性标本和阴性标本对照。该方法优点是简便、特异性高，非特异性荧光染色少。缺点是敏感性偏低，而且每检一种抗原就需要制备一种荧光抗体。

b. 间接法。取待检抗原的标本，首先滴加特异性抗体，置湿盒中，于 37 ℃作用 30 min，用 pH 7.2 的 PBS 液漂洗后，再滴加荧光色素标记的第 2 抗体（抗抗体）染色，再置湿盒中，于 37 ℃作用 30 min，用 PBS 液漂洗，干燥后封片镜检。阳性者形成抗原-抗体-荧光抗抗体复合物，发黄绿色荧光（图 6.17）。间接法对照除自发荧光、阳性和阴性对照外，首次试验时应设无中间层对照（标本加标记抗抗体）和阴性血清对照（中间层用阴性血清代替特异性抗血清）。间接法的优点是，比直接法敏感，对一种动物而言，只需制备一种荧光抗抗体，即可用于多种抗原或抗体的检测，镜检所见荧光也比直接法明亮。

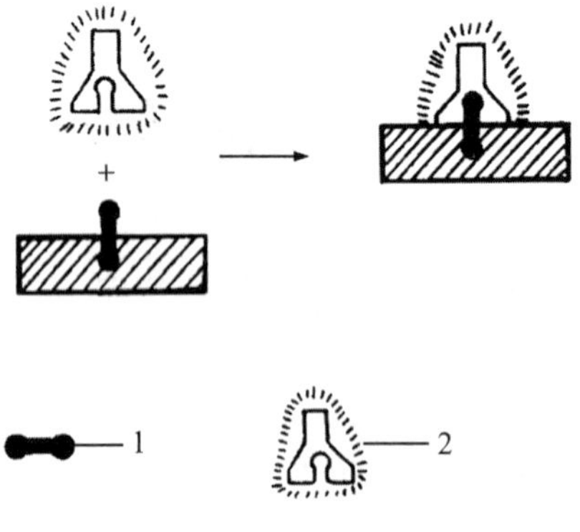

1. 抗原　2. 荧光抗体

图 6.16　直接荧光抗体染色法示意图

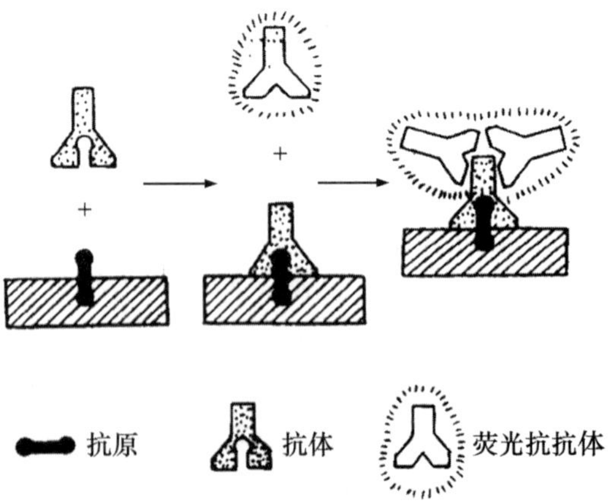

图 6.17　间接荧光抗体染色示意图

（2）酶标抗体技术　通过化学方法将酶与抗体相结合，酶标记后的抗体仍然保持着与相应抗原结合的活性及酶的催化活性。酶标抗体与抗原结合后，形成酶标抗体－抗原复合物，复合物上的酶，在遇到相应的底物时，催化底物呈现颜色反应。用于标记的酶主要有辣根过氧化物酶、碱性磷酸酶、葡萄糖氧化酶等，其中辣根过氧化物酶最为常用。其底物为过氧化氢，催化时需要供氢体，能产生褐色颜色反应。酶标记抗体可以对抗原或抗体定性、定量和定位，具有特异、敏感等优点并且无需特殊设备，因此应用十分广泛。

常用的免疫酶技术从方法上分为免疫酶组化法和酶联免疫吸附试验两大类。

①免疫酶组化法。用于在细胞或亚细胞水平上示踪抗原或抗体的所在位置（图 6.18）。常用的方法有直接法和间接法（图 6.18）。

直接法：首先把待检组织制成冰冻切片或触片，干燥后用甲醇固定。然后加入酶标抗体，作用后充分冲洗组织片。再加入底物（H_2O_2+DAB），置 37 ℃作用 25～30 min 后冲洗干净，晾干，在显微镜下观察。阳性者可见细胞内有棕褐色沉淀颗粒。直接法主要应用于细菌、病毒、寄生虫感染后在细胞水平上定性定位。

间接法：将酶标记在抗抗体（二抗）上，制成酶标二抗，检测时，将被检物固定于载玻片上，加入已知相应抗体，作用后洗去多余的抗体，再加入酶标记的抗抗体作用，加底物显色。

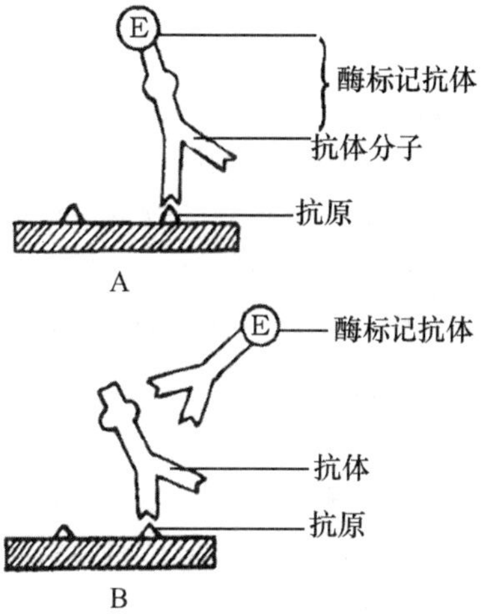

图 6.18　免疫酶组化染色法

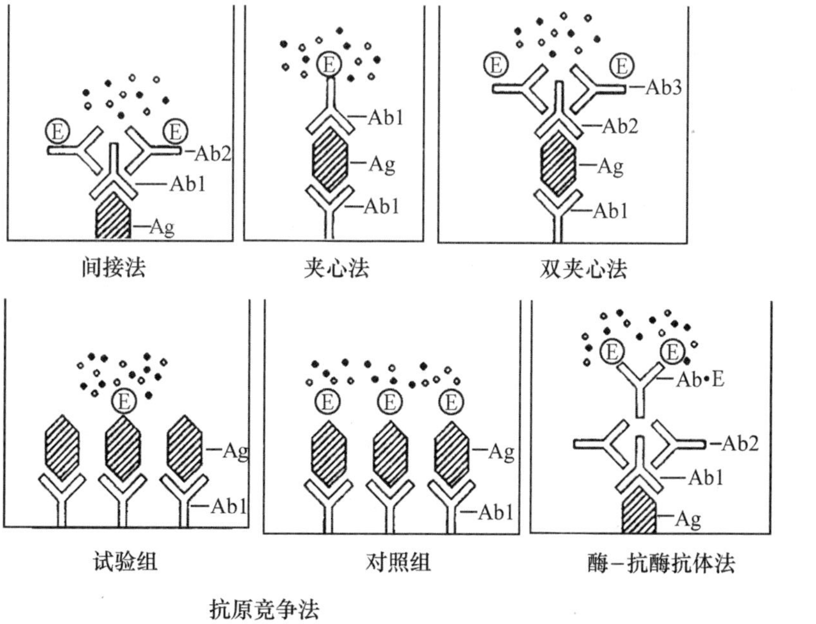

Ag. 抗原　Ab1. 特异性抗体　Ab2. 抗抗体　Ab3. 用另一种动物制备的特异性抗体
Ab·E. 酶与抗酶抗体复合物　E. 酶；黑色小点为底物酶解后的色素，白色小环为未被酶解的底物

图 6.19　酶联免疫吸附试验（ELISA）方法

②酶联免疫吸附试验(ELISA)。抗原或抗体吸附在固相载体上,在载体上进行免疫酶反应,底物显色后用肉眼或分光光度计判定结果。其结果判断比较客观,能测定极微量的抗原抗体。本法操作简单方便,目前广泛应用于各种抗原和抗体的检测。酶联免疫吸附试验有间接法、双抗体夹心法、抗原竞争法等多种方法(图 6.19)。

近年来,血清学试验与现代科学技术相结合,发展较快。加上半抗原连接技术的发展,几乎所有小分子活性物质均能制成人工复合抗原,以制备相应的抗体,从而建立血清学检测技术,使血清学技术的应用面越来越广,涉及生命科学的各个领域,成为生命科学进入分子水平不可缺少的检测手段。

在医学和兽医学领域已广泛应用血清学试验,直接或间接从传染病、寄生虫病、肿瘤、自身免疫病和变态反应性疾病的感染组织或血清、体液中检出相应抗原或抗体,从而做出诊断。对传染病来说,几乎没有不能用血清学试验诊断的。在群体检疫、疫苗免疫效果监测和流行病学调查中,也已大规模地应用检测抗体的血清学试验。此外,生物活性物质的超微定量、物种及微生物鉴定和分型等方面,也广泛应用血清学试验。

血清学试验方法的研究,正向着高度特异性、高度敏感性、精密的分辨能力、高水平的定位、试验电脑化、反应微量化、方法标准化、试剂商品化和方法简便快速等方面发展。

二、细胞免疫检测技术

动物体细胞免疫检测包括吞噬细胞、NK 细胞、T 细胞等数量及功能的检测。T 细胞免疫检测又分为体内试验和体外试验。体内试验主要是用变应原对机体进行迟发型变态反应试验,如结核菌素试验;体外试验是检测机体血液中 T 细胞总数,T 细胞受 PHA、ConA 或抗原作用后转化功能,$CD4^+$ T 细胞、$CD8^+$ T 细胞的数量、分泌的细胞因子及功能等。T 细胞免疫的体外试验包括 E 玫瑰花环试验、淋巴细胞转化试验等。

1. E 玫瑰花环试验

E 玫瑰花环试验是利用 T 细胞膜上的异种动物红细胞受体定量检测外周血液中 T 细胞数量,从而检测人和动物细胞免疫功能的一系列试验方法。其既可以检验 T 淋巴细胞,也可以检验 B 淋巴细胞。如 Et 花环、活性 E 花环试验、Es 花环等。不仅可以定性也可以进行 T 细胞的相对定量。

淋巴细胞是动物体内最主要的免疫活性细胞,由于其表面的标志和功能不同,一般分为 T 淋巴细胞和 B 淋巴细胞两大类型。而 T 淋巴细胞表面有红细胞受体,能与某些异种动物的红细胞结合,因此在一定的条件下,红细胞可以黏附到 T 淋巴细胞的周围而形成细胞团,镜检呈现玫瑰花环状。B 淋巴细胞表面则没有红细胞受体,所以不能形成由红细胞黏附所呈现的花环。借此来区分 T 淋巴细胞和 B 淋巴细胞。在实验中一般采用绵羊红细胞作为指示性细胞。

2. 淋巴细胞转化试验

T 淋巴细胞转化试验是体外检测 T 淋巴细胞功能的一种试验方法。T 淋巴细胞在体外培养时受到非特异性有丝分裂原(如 PHA、ConA)或特异性抗原刺激后,可出现代谢旺盛、蛋白质和核酸合成增加、细胞体积增大并能进行分裂的淋巴母细胞,此称为淋巴细胞转化现象。淋巴细胞转化率的高低,可以反映机体的细胞免疫水平。因此,可作为测定机体免疫功能的指标之一。

T 淋巴细胞在体外培养过程中，受有丝分裂原如植物血凝素（PHA）等刺激后，可转化为体积较大的母细胞，胞浆增多而深染，核增大并可见核仁，部分细胞可出现有丝分裂，计数转化细胞的百分率可反映机体的细胞免疫功能。

引起 T 淋巴细胞转化的刺激物大致可分为非特异性和特异性两类物质。

（1）非特异性刺激因子　植物血凝素（PHA）、刀豆素 A（ConA）、黄豆凝集素、花生凝集素、胃蛋白酶及胰蛋白酶等。

（2）特异性刺激因子　细菌类毒素、结核菌纯化蛋白衍生物（PPD）、疫苗、组织抗原、抗血清等。

其中以 PHA 的应用最为广泛，并且由其引起的转化率远远大于特异性刺激原的作用，而且与机体的致敏性无关。

【实验操作】

一、凝集试验检疫布鲁氏菌病

（一）实验目的

（1）巩固凝集试验的概念和类型，熟悉凝集试验在生产中的应用。

（2）学会操作平板凝集试验和试管凝集试验及其结果判断。

视频 6.15　试管凝集试验

（二）仪器与材料

玻璃板、刻度吸管、试管（1 cm×8 cm）、试管架、恒温箱、

布鲁氏菌平板凝集抗原、布鲁氏菌试管凝集用抗原、布鲁氏菌标准阳性、阴性血清、布鲁氏菌病待检血清、0.5%石炭酸生理盐水等。

（三）方法与步骤

1. 平板凝集试验检疫布鲁氏菌病

（1）方法与步骤

①取洁净玻板 1 块，用玻璃铅笔划成 3 cm×3 cm 方格若干，并注明待检血清号码。

②取 0.2 mL 吸管分别吸取 0.08 mL、0.04 mL、0.02 mL 和 0.01 mL 待检血清各放入一方格内。大规模检验时，可只做 2 个血清量，大动物用 0.04 mL 和 0.02 mL，中小动物用 0.08 mL 和 0.04 mL。每检 1 个样品需换 1 只吸管。

③每格内加布鲁氏菌平板凝集抗原 0.03 mL，滴在血清附近，而不要与血清接触。用牙签（或火柴杆）自血清量最小的一格起，将血清与抗原混匀，每份血清用 1 根牙签。

④混合完毕，将玻板置凝集反应箱上均匀加温或采用别的办法适当加温，使温度达到 30 ℃左右。3～5 min 内记录结果。

（2）结果判定　＋＋＋＋表示出现大的凝集块，液体完全清亮透明，即 100%凝集；＋＋＋表示有明显的凝集片，液体几乎完全透明，即 75%凝集；＋＋表示有可见的凝集片，液体不甚透明，即 50%凝集；＋表示液体浑浊，有小的颗粒状物，即 25%的凝集；－表示液体均匀浑浊，即不凝集。

以出现++凝集的血清最高稀释倍数作为该份血清的凝集价。大动物(牛、马、骆驼等)以 0.02 mL 出现凝集判为布鲁氏菌病血清阳性,0.04 mL 出现凝集判为可疑。中、小动物(猪、山羊、绵羊等)以 0.04 mL 出现凝集判为该份血清为布鲁氏菌病阳性血清,0.08 mL 出现凝集判为可疑。

2. 试管凝集试验检疫布鲁氏菌病

(1)方法与步骤

①取试管 4 支,另取对照管 3 支,共 7 支试管,置于试管架上。如检多份血清,则对照只需做一份。

②按表 6.1 加入 0.5%石炭酸生理盐水,另用 1 mL 的刻度吸管吸取 0.2 mL 待检血清加入第 1 试管中。反复吹吸 5 次混匀。

表 6.1 布鲁氏菌病试管凝集反应表 mL

要素	试验组				对照组		
					抗原对照	阳性对照	阴性对照
试管号	1	2	3	4	5	6	7
血清稀释度	1:25	1:50	1:100	1:200		1:25	1:25
0.5%石炭酸生理盐水	2.3	0.5	0.5	0.5	0.5		
被检血清	0.2	0.5	0.5	0.5			
阳性血清(1:25)					弃 0.5	0.5	
阴性血清(1:25)	弃 1.5						0.5

③从第 1 试管中吸取 1.5 mL 弃之,再吸取 0.5 mL 加入第 2 试管中,第 1 试管尚剩 0.50 mL。按第 1 管的办法吹吸混匀第 2 管,再从第 2 管吸取 0.50 mL 放入第 3 管,依此类推,将第 4 管混匀后,弃去 0.5 mL。第 5 管只加 0.5%石炭酸生理盐水 0.5 mL,第 6 管加 1∶25 稀释的布鲁氏菌病标准阳性血清,第 7 管加 1∶25 稀释的布鲁氏菌病标准阴性血清 0.5 mL。

④将购买的布鲁氏菌凝集抗原以 0.5%石炭酸生理盐水做 1∶20 稀释,使每毫升含菌为 8 亿,每管加 0.5 mL。

⑤全部加毕后,一起振摇,混匀,放入 37 ℃温箱 12~14 h,取出后置室温 2~4 h,观察并记录结果。

(2)结果判定 结果用"+"表示反应强度。++++表示液体完全透明,菌体完全被凝集呈伞状沉于管底;+++表示液体透明,菌体基本被凝集沉于管底;++表示液体不甚透明,管底有明显的凝集沉淀;+表示液体透明度不明显或不透明,有不明显的沉淀或有沉淀的痕迹;-表示液体不透明,呈均匀浑浊,管底无凝集。有时有少量菌体集中于管底中心,呈脐状,但振摇时,立即散开呈均匀浑浊。

以出现"++"的最高血清稀释倍数即为该份血清的效价,又称凝集价。大动物(马、牛、骆驼等)以凝集价 1∶100 以上判为阳性,1∶50 的凝集价判为可疑。中小动物(猪、羊、犬等)以凝集价 1∶50 以上判为阳性,1∶25 的凝集价判为可疑。

如对照管不符合要求时,试管须废弃重做。

(四)实验作业

1.什么是凝集试验？有哪些类型？

2.凝集试验为什么要设对照组？

3.简述平板凝集试验和试管凝集试验的优缺点及主要操作步骤。

二、沉淀试验检测炭疽杆菌

(一)实验目的

(1)掌握沉淀试验的概念和类型，熟悉沉淀试验在生产中的应用。

(2)会操作环状沉淀试验和琼脂扩散试验及其结果判断。

视频 6.16　琼脂扩散试验

(二)仪器与材料

试管 5 mm×50 mm、滴管、试管、打孔器、加样器、平皿、标准炭疽沉淀血清、待测炭疽沉淀抗原、牛血清白蛋白抗体、0.3%石炭酸生理盐水、精制琼脂粉、0.1 mol/L pH 7.4 PBS 液。

(三)方法与步骤

1.环状沉淀试验检测炭疽杆菌

(1)方法与步骤(图 6.20)

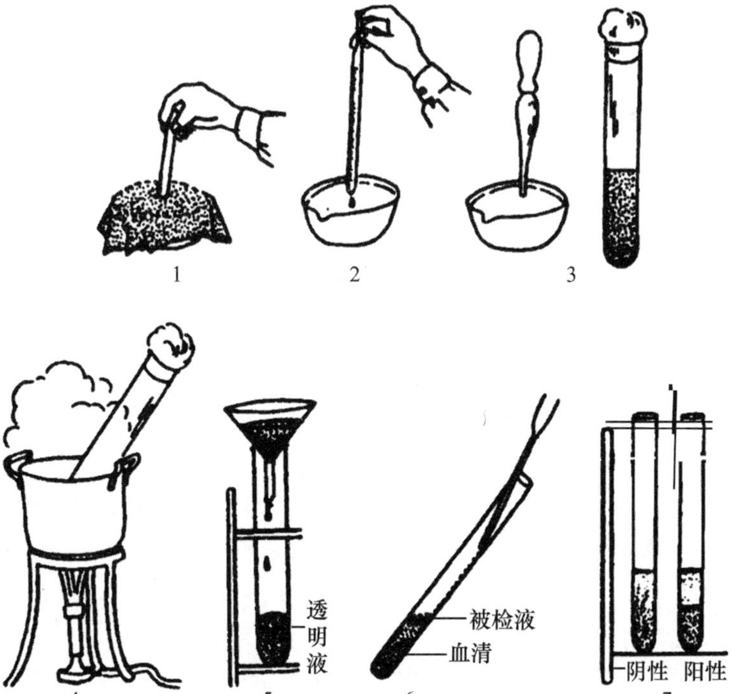

1.研碎　2.加 5~10 倍盐水　3.将乳剂装入试管中

4.煮沸 30 min　5.滤过　6.层积法　7.结果

图 6.20　炭疽环状沉淀试验操作方法图解

①待测抗原的提取。取可疑为炭疽而死的病畜的实质脏器 1 g，放入试管或小三角烧瓶中，加生理盐水 5～10 mL，煮沸 30～40 min，冷却后用滤纸过滤得清澈的液体，即为待测抗原。如病料是皮张，可采用冷浸法。将样品高压灭活后，剪成小块并称重，加约 5 倍的 0.5% 生理盐水，室温浸泡 18～24 h，滤纸过滤，即为待检抗原。

②取试管 5 支(5 mm×50 mm)置于试管架上，编号。第 1、2 试管内加炭疽沉淀血清，第 3、4 试管内加正常血清，第 5 管内加待检抗原，分别用毛细滴管加至 4～5 mm 高。

③第 1、4、5 试管轻轻叠加等量缓冲液，第 2、3 试管轻轻叠加等量待检抗原。为防止上下两界面破坏，可将小试管从试管架取出，微倾斜，沿试管壁加入缓冲液或抗原。

④在试管架上静置数分钟，观察结果。

2. 结果判定

第 2 管内两液界面出现白色环状沉淀带，其余管无此种沉淀带判为阳性。

3. 琼脂扩散试验检测炭疽

(1)方法与步骤

①取琼脂粉 1 g，加含有 1/万硫柳汞的 PBS 液 100 mL，水浴加热使之完全融化。

②取平皿(直径 9 cm)，将融化的琼脂倒入，每个平皿倒入 15～18 mL，使其厚度约为 2.5 mm，冷却后加盖，放入 4～8 ℃冰箱内，至少 4 h。

③按 7 孔梅花图案打孔(图 6.21)，中央孔一个，孔径 4 mm，外周孔 6 个，直径 6 mm 孔距 8 mm(中间孔至外周孔的中心距离)，封底。

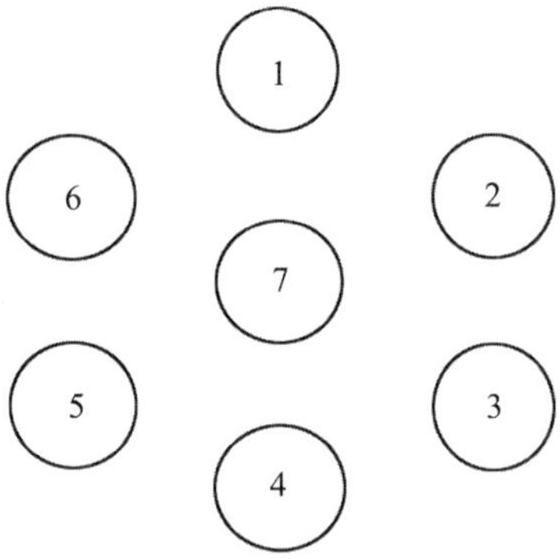

1、4 孔加阳性血清　7 孔加抗原　2、3、5、6 孔加被检血清

图 6.21　琼脂扩散打孔示意图

④中央孔加抗原，1、4 号孔加标准阳性血清，其余 2、3、5、6 孔分别加被检血清，加满为止。加毕后，平皿加盖，平放入铺有数层湿纱布的带盖搪瓷盘内，置 15～30 ℃条件下孵育。每日观察 1 次，连续 3 d。

(2)结果判定

当标准阳性血清孔与抗原之间出现一条明显致密的沉淀线时，再进行被检血清孔的判定。

阳性：被检血清孔与抗原孔之间形成一条沉淀线，或者标准阳性血清的沉淀线末端向内弯向毗邻的被检血清孔。

阴性：被检血清孔与抗原孔之间无沉淀线，且标准血清阳性孔与抗原孔之间的沉淀线直向毗邻的被检血清孔。

可疑：标准阳性血清孔与抗原孔之间的沉淀线末端似乎弯向毗邻被检血清孔，但不易判断。此种结果判为可疑。可疑结果必须进行复试，将抗原做 2×，4×，6×，8×等倍数稀释，进行琼脂扩散，观察时间可延长至 5 d，最后判定结果。

(四)实验作业

1. 什么是沉淀试验？有哪些类型？沉淀试验为什么要设对照组？

2. 简述环状沉淀试验的主要操作步骤。

3. 简述琼脂扩散试验的主要操作步骤。

三、补体结合试验鉴定口蹄疫病毒血清型

(一)实验目的

(1)掌握补体结合试验的概念和原理，了解其在生产中的应用。

(2)会进行补体结合试验(以口蹄疫诊断为例)。

(二)材料与仪器

水浴锅、离心机、试管、吸管、溶血素、补体(豚鼠新鲜血清或冻干补体)、口蹄疫 O、A、C 高免血清、病畜水泡皮毒、生理盐水等。

(三)方法与步骤

1. 方法与步骤

(1)绵羊红细胞悬液的制备　由健康公绵羊颈静脉采血，置于装有玻璃珠的烧瓶内，充分振荡，脱去纤维，制成脱纤血。用两层纱布过滤后，移入离心管内，加 2～3 倍的生理盐水，混匀后以 2 000 r/min 离心 10 min。吸去上清液，再加生理盐水，混匀后 2 000 r/min 离心弃上清液。如此反复三次，最后吸取红细胞泥用生理盐水配制成 2%的红细胞悬液。

(2)被检抗原的制备　取发病牛、羊、猪的新鲜水泡皮，洗净、称重、研磨，以生理盐水制成 1∶(2～3)的乳剂，室温下作用 1～2 h 或 4 ℃下作用 24 h，摇动后，以 3 000 r/min 离心 10 min，取上清液于 58 ℃灭活 40 min，即成被检抗原。

(3)溶血素效价滴定

①溶血素稀释。首先将溶血素进行 1∶100 稀释，即取 0.1 mL 溶血素加 9.9 mL 生理盐水，然后配制不同稀释度的溶血素稀释液(表 6.2)。

表 6.2　溶血素稀释表　　mL

稀释倍数	1∶1 000	1∶2 000	1∶4 000	1∶5 000	1∶6 000	1∶7 000	1∶8 000
1∶100 溶血素	0.1	0.1	0.1	0.1	0.1	0.1	0.1
生理盐水	0.9	1.9	3.9	4.9	5.9	6.9	7.9
全量	1.0	2.0	4.0	5.0	6.0	7.0	8.0

②补体稀释。用生理盐水将补体进行 1∶20 稀释。

③取试管 1 列，依次吸取每一稀释度的溶血素进行溶血素滴定(表 6.3)。

表 6.3 溶血素效价滴定 mL

溶血素稀释倍数	不同稀释倍数的溶血素								1 000×溶血素对照	补体对照	红细胞对照
	1∶100	1∶1 000	1∶2 000	1∶4 000	1∶5 000	1∶6 000	1∶7 000	1∶8 000			
稀释溶血素量	0.5	0.5	0.5	0.5	0.5	0.5	0.5	0.5	0.5	/	/
1∶20 补体	0.5	0.5	0.5	0.5	0.5	0.5	0.5	0.5	/	0.5	/
2%红细胞	0.5	0.5	0.5	0.5	0.5	0.5	0.5	0.5	0.5	0.5	0.5
生理盐水									0.5	0.5	1.0
37～38 ℃水浴锅内感作 15 min											
结果判定(举例)	全溶	全溶	全溶	全溶	部分溶	不溶	不溶	不溶	不溶	不溶	不溶

能使 0.5 mL 2%红细胞液完全溶血的溶血素的最大稀释倍数，称为 1 个单位溶血素或溶血素效价。在大多数补体结合试验中，滴定补体和正式试验时应用 2 个单位溶血素。口蹄疫补体结合试验应用 4 个单位溶血素，如表 6.3 结果举例，1 个溶血素单位为 1 ∶ 4 000，则 4 个单位溶血素的稀释度为 4 000÷4，为 1 ∶ 1 000。

(4)补体的滴定 分为溶血系统补体效价滴定和溶菌系统补体效价滴定。口蹄疫补体结合试验中只进行溶血系统补体效价滴定。用生理盐水将补体 1 ∶ 20 稀释，然后按表 6.4 进行补体滴定。

表 6.4 补体滴定 mL

每剂量含补体的百分数	0.5	1.0	1.5	2.0	2.5	3.0	3.5
1∶20 补体	0.05	0.10	0.15	0.20	0.25	0.30	0.35
生理盐水	0.45	0.40	0.35	0.30	0.25	0.20	0.15
工作量溶血素	0.5	0.5	0.5	0.5	0.5	0.5	0.5
2%红细胞液	0.5	0.5	0.5	0.5	0.5	0.5	0.5
生理盐水	1.0	1.0	1.0	1.0	1.0	1.0	1.0
37～38 ℃水浴锅内感作 15 min							
结果举例	不溶	不溶	部分溶	全溶	全溶	全溶	全溶

①取 7 支洁净试管，分别加入表中规定量的 1 ∶ 20 补体。

②于每个试管中补加生理盐水至 0.5 mL。

③每管加 4 单位的溶血素 0.5 mL。

④每管加入 2%红细胞 0.5 mL。

⑤37～38 ℃水浴锅中感作 15 min。

每剂量含补体的百分数是指 0.5 mL 补体溶液(1 ∶ 20 补体量于补足生理盐水量)中含补体的百分含量。计算方法为 1/20 ×(1 ∶ 20 补体的量)÷0.5。完全溶血的最小补体量，即为补体滴定度。如表 6.4 中举例结果为 2%，即在一个剂量内含 2%的纯补体。

本试验中补体的工作量是滴定度再加 1%，用 4 个补体量。按举例结果，其工作量应该是 3%，正式试验需用的 4 个补体量为：2 个单位是 3%、3 个单位是 3.5%、4 个单位是 4%、5 个单位是 4.5%。

(5)型别鉴定试验　以上试验准备完备后，可以进行病毒毒型的鉴定，同时进行对照试验。在对照试验成立的条件下立即对反应结果做出判定。毒型鉴定试验操作步骤按表 6.5 进行。

表 6.5　口蹄疫型别鉴定试验表　　mL

血清型别	O				A				C			
被检抗原	0.2	0.2	0.2	0.2	0.2	0.2	0.2	0.2	0.2	0.2	0.2	0.2
已知血清	0.2	0.2	0.2	0.2	0.2	0.2	0.2	0.2	0.2	0.2	0.2	0.2
补体单位	2	3	4	5	2	3	4	5	2	3	4	5
补体量	0.2	0.2	0.2	0.2	0.2	0.2	0.2	0.2	0.2	0.2	0.2	0.2
37～38 ℃水浴锅内感作 20 min												
致敏红细胞	0.4	0.4	0.4	0.4	0.4	0.4	0.4	0.4	0.4	0.4	0.4	0.4
37～38 ℃水浴锅内感作 30 min												
结果举例	—	—	—	—	＃	＃	＃	＃	—	—	—	—

注：—表示完全溶血　＋表示阻止 25%溶血　＋＋表示阻止 50%溶血　＋＋＋表示阻止 75%溶血　＃表示完全不溶血。

①致敏红细胞。将工作量的溶血素与 2%红细胞等量混合后，37 ℃水浴 15 min。

②用生理盐水稀释血清，一般做 1∶(3～5)稀释。

(6)对照试验　标准阳性血清对照、标准阴性血清对照、被检血清对照。操作步骤见表 6.6。

表 6.6　对照试验表　　mL

标准阳性血清	O	0.2	—	—	—	—	—
	A	—	0.2	—	—	—	—
	C	—	—	0.2	—	—	—
阴性血清					0.2		
被检血清						0.2	0.2
补体单位		2	2	2	2	2	—
补体量		0.2	0.2	0.2	0.2	0.2	—
生理盐水		0.2	0.2	0.2	0.2	0.2	0.2
37～38 ℃水浴锅内感作 20 min							
致敏红细胞		0.4	0.4	0.4	0.4	0.4	0.4
37～38 ℃水浴锅内感作 30 min							
结果		全溶	全溶	全溶	全溶	全溶	完全不溶

(7)结果判定　在对照试验成立的情况下进行结果判定。如被检抗原与已知抗体对应，则补体被溶菌系统利用，结果不溶血为阳性；如被检抗原与已知抗体不对应，则补体被溶血系统利用，结果溶血为阴性。

判定标准：口蹄疫型别鉴定试验表(表 6.6)中，各型血清试管全都溶血或仅第 1 管为“＋”的为阴性反应；第 2 管以上记为“＃”溶血的为阳性反应；仅第 1 管为“＋＋”溶血的为可疑反应,必须重复试验。

根据以上试验举例结果,A 型血清 4 个管全不溶血,O 型及 C 型血清各管均溶血,证明该被检抗原与 A 型口蹄疫抗体对应,故该被检材料为 A 型口蹄疫病毒。

(四)实验作业

1. 简述补体结合试验的原理。

2. 为什么要进行溶血素和补体的效价滴定?

3. 简述补体结合试验的主要步骤。

四、蓝舌病病毒与抗血清中和试验

(一)实验目的

(1)掌握中和试验的概念与类型,了解中和试验在生产中的应用。

(2)学会进行中和试验。

(二)仪器与材料

96 孔组织培养板、单头和多头微量移液器(20～200 μL)及滴头、微型振荡器、二氧化碳培养箱、细胞培养液、细胞维持液、细胞稀释液、蓝舌病病毒(1～24 血清型国际标准毒株)、蓝舌病标准阳性血清和阴性血清、被检血清、仓鼠肾细胞(BHK21)或非洲绿猴肾细胞(Vero)。

(三)方法与步骤

1. 方法与步骤

(1)病毒繁殖　将蓝舌病病毒 1～24(BLUV1～24)血清型分别接种 BHK21 或 Vero 细胞单层,37 ℃吸附 1 h 后加入维持液,置 5%二氧化碳培养箱于 37 ℃培养,接种 24 h 后逐日观察。待 CPE 达 75%以上时,收获病毒培养物,冻融 1 次或置冰浴中用超声波处理(40 μL、1 min),2 000 r/min 离心 20 min,分装小瓶,每瓶 1 mL,置－70 ℃保存备用。

(2)毒价测定　将各型病毒在 96 孔板上做 10^0～10^{-10} 稀释,每个稀释度做 8 孔,每孔病毒悬液为 50 μL,加入细胞悬液 100 μL (3×10^5 个细胞/mL),每块板设 8 孔细胞对照。置 5%二氧化碳培养箱于 37 ℃培养,从 72～168 h 逐日观察记录 CPE。按 Karber 方法计算出各型病毒的 TCID50(半数组织培养感染剂量)/50 μL。

(3)试验程序

①蓝舌病标准阳性血清、阴性血清、被检血清经 56 ℃ 30 min 灭能。

②设立对照。

细胞对照:设 4 孔正常细胞对照,每孔加细胞悬液 100 μL(3×10^5 个细胞/mL)、稀释液 100 μL。

阴性对照:设 4 孔阴性对照,每孔加阴性血清和 100 TCID50/50 μL 病毒悬液各 50 μL,再加入细胞悬液 100 μL(3×10^5 个细胞/mL)。

病毒回归对照:将各型病毒稀释成 1 000、100、10、1 TCID50/50 μL,每个稀释度做 4 孔,每孔加入病毒悬液 50 μL。再加入细胞悬液 100 μL(3×10^5 个细胞/mL),每孔补充稀释液 50 μL。

阳性对照:将阳性血清分别做 1∶4、1∶8、1∶16 稀释,每个稀释度做 4 孔,每孔加各稀释度阳性血清和 100 TCID50/50 μL 病毒悬液各 50 μL，再加入细胞悬液 100 μL（3×10^5 个细胞/mL）。

血清毒性对照：每份被检血清须按稀释度各设一孔毒性对照，每孔加各稀释度血清 50 μL，稀释液 50 μL 和细胞悬液 100 μL（3×10^5 个细胞/mL）。

（4）中和试验

①将每份被检血清做 1∶4、1∶8、1∶16 稀释，每个稀释度做 5 孔，每孔加各稀释度血清 50 μL。

②第 1 孔作为血清毒性对照，加入稀释液 50 μL 和细胞悬液 100 μL（3×10^5 个细胞/mL）。

③第 2～4 孔为正式试验孔，每孔加入病毒悬液 50 μL（100 TCID50/50 μL），振荡 3～5 min 置 37 ℃中和 1 h，加细胞悬液 100 μL（3×10^5 个细胞/mL）。

④置 5%二氧化碳培养箱于 37 ℃培养 7 d，于 24 h 后逐日观察 CPE 并进行记录。

2. 结果判定

当病毒对照在 100～300 TCID50/50 μL 出现 CPE，阳性、阴性、正常细胞、血清毒性对照全部成立时，才能进行判定。判定时间为 72～168 h。被检血清孔 50%出现保护判为阳性，低于 50%判为阴性。当某份血清的某一稀释度出现 50%或 50%以上保护时，该血清稀释度即为该份血清的中和抗体滴度。当中和抗体滴度≥1∶8 时判为阳性。

试验结果记录：出现 CPE 记为：+；无 CPE 记为：-。

附：培养液、维持液和稀释液配制

（1）培养液　199 培养基中加 10%无蓝舌病病毒抗体的胎牛血清（经 56 ℃、30 min 灭能），含青霉素 200 IU/mL、链霉素 200 μg /mL。

（2）维持液和稀释液　199 培养基中加 2%无蓝舌病病毒抗体的胎牛血清（56 ℃、30 min 灭能），含青霉素 200 IU/mL、链霉素 200 μg/mL。

（四）实验作业

1. 简述中和试验的类型。
2. 简述中和试验的主要步骤。

五、免疫标记技术检测猪瘟

（一）实验目的

（1）掌握免疫标记技术的概念与类型，了解其在生产中的应用。

（2）学会进行免疫荧光法检测猪瘟病毒和酶联免疫吸附试验检测猪瘟抗体。

（二）仪器与材料

荧光显微镜、冰冻切片机、载玻片、盖玻片、96 孔聚乙烯塑料板、酶标检测仪、pH 7.2 的 0.01 mol/L PBS 液、缓冲甘油、碳酸盐缓冲液、包被液、洗涤液、终止液、稀释液、猪瘟荧光抗体、兔抗猪酶标抗体、猪瘟病猪扁桃体或肾脏、多种病毒细胞培养液、被检猪血清、阳性猪瘟血清、健康猪血清等。

(三)方法与步骤

1. 免疫荧光法检测猪瘟病毒

(1)方法与步骤

①组织片的制作。取疑似猪瘟病猪的扁桃体与肾脏组织块,用冰冻切片机制成5~7 μm厚的冰冻组织切片,黏于厚度为0.8~1.0 mm的清洁的载玻片上,空气中自然干燥,立刻在室温下放入纯丙酮固定15 min,取出用PBS液轻轻漂洗数次,自然干燥或用电扇吹干后染色。如不能及时染色,可用塑料纸包好,放入低温冰箱中保存。

此外,也可做组织触片。将小块组织用滤纸将创面血液吸干,然后用玻片轻压创面,使之粘上1~2层细胞,自然干燥或用电扇吹干,固定后染色。

②荧光抗体染色(以猪瘟直接荧光抗体染色为例)。用PBS液将猪瘟荧光抗体稀释至工作浓度。滴加荧光抗体于固定的组织切片上,以覆盖为度,放入湿盒中,37 ℃作用30 min。将切片取出,用PBS液进行3×3 min浸洗(浸洗3次,换液3次,每次3 min),然后置室温中,待半干时以缓冲甘油封片,立即置荧光显微镜下观察。设立猪瘟抗血清做抑制染色试验,以鉴定荧光的特异性。将组织切片固定后,滴加猪瘟高免血清,37 ℃作用30 min,3×3 min浸洗后,以猪瘟荧光抗体染色,以下操作同前。结果应为阴性。将染色后的组织切片置激发光为蓝紫光或紫外光的荧光显微镜下观察,判定结果。

(2)结果判定

①阳性反应。扁桃体隐窝上皮或肾曲小管上皮细胞的胞浆内呈明亮的翠绿色荧光,细胞形态清晰。

②阴性反应。无荧光或荧光微弱,细胞形态不清晰。

附:所需试剂配制

(1)pH 7.2的0.01 mol/L PBS液　氯化钠8.0 g,氯化钾0.2 g,无水磷酸二氢钾0.2 g,无水磷酸氢二钠1.15 g,蒸馏水1 000 mL。将以上成分溶于水,并加入0.1 g硫柳汞防腐。

(2)缓冲甘油　优质纯甘油9份和碳酸盐缓冲液1份混合而成。

(3)碳酸盐缓冲液　0.5 mol/L碳酸钠1份,0.5 mol/L碳酸氢钠3份混合即成。

2. 酶联免疫吸附法检测猪瘟抗体(间接法)

(1)方法与步骤

①包被。用稀释液稀释猪瘟病毒抗原至1 μg/mL,以微量加样器每孔加样100 μL,置湿盒内37 ℃包被2~3 h,或4 ℃ 冰箱过夜。

②洗涤。以含0.05%吐温的PBS冲洗酶标板,共洗涤5次,每次3 min。

③封闭。以微量加样器在每孔内加1% PBS封闭液200 μL,置湿盒内37 ℃封闭3 h。

④洗涤。以含0.05%吐温的PBS冲洗酶标板,共洗涤5次,每次3 min。

⑤加待检血清。以微量加样器在每孔内加100 μL PBS,然后在酶标板的第1孔加100 μL待检血清,以微量加样器反复吹吸几次混匀后,吸100 μL至第2孔,依次倍比稀释至第12孔,剩余的100 μL弃去,置湿盒内37 ℃作用2 h。

⑥洗涤。以含0.05%吐温的PBS冲洗酶标板,共洗涤5次,每次3 min。

⑦加酶标抗体。用PBS将兔抗猪酶标抗体稀释至工作浓度,以微量加样器每孔100 μL,

置湿盒内 37 ℃作用 2 h。

⑧洗涤。以含 0.05%吐温的 PBS 冲洗酶标板，共洗涤 5 次，每次 3 min。

⑨加底物显色。取 10 mL 柠檬酸盐缓冲液，加邻苯二胺 OPD 4 mg 和 3% H_2O_2 100 μL，混匀后，每孔加入 100 μL，置湿盒内 37 ℃显色 10 min。

⑩终止反应。加 2 mol/L H_2SO_4 溶液终止反应，每孔 100 μL。

(2)结果判定

以酶标仪检测样品的 OD_{490}，检测之前，先以空白孔调零，当被检血清 OD/阴性血清 OD(P/N)≥2.1 即判为阳性，P/N＜2.1 则判为阴性。

注意：每块反应板均需在最后一排的后 3 孔设立阳性对照、阴性对照和空白对照。

附：试剂配制方法

(1)包被液　Na_2CO_3 1.59 g，$NaHCO_3$ 2.93 g，NaN_3 0.2 g，双蒸水 1 000 mL pH=9.6。

(2)磷酸缓冲盐水(PBS)　NaCl 8.0 g，KH_2PO_4 0.2 g，Na_2HPO_4(无水) 2.13 g，KCl 0.2 g，NaN_3 0.2 g，双蒸水 1 000 mL 调 pH=7.4。

(3)磷酸缓冲盐水-吐温(PBS-T)洗涤液　PBS 1 000 mL，吐温(Tween-20)0.5 mL，充分摇匀即成。

(4)稀释液(PBST-BSA)　PBST 100 mL，BSA 3 g，加 BSA 后静置 3～5 min 后充分摇匀即成。

(5)底物液

①pH 5.0 磷酸-柠檬酸缓冲液。0.1 mol/L 柠檬酸(21.014 g/1 000 mL)24.3 mL，0.2 mol/L Na_2HPO_4(28.4 g/1 000 mL)25.7 mL，蒸馏水 50 mL。

②邻苯二胺-H_2O_2 液。邻苯二胺(O-pHenylenediamine，OPD)40 mg，磷酸柠檬酸缓冲液加至 100 mL。新鲜配制使用，临用前按每毫升底物液，加入 30% H_2O_2 液 1 μL，测定波长 490 nm。

③3′,3′,5′,5′-四甲基联苯胺(TMB)。用二甲基甲酰胺(DMF)或二甲基亚砜(DMSO)配成 1%浓度，4 ℃保存，使用 3 个月以上，用时用 pH 5.0 底物液 9.9 mL 加入 0.1 mLTMB(1 mg)，再按每毫升底物液加入 1 μL H_2O_2 使用。

(6)终止液(2 mol/L H_2SO_4) 于 500 mL 蒸馏水中缓慢加入 760 mL 的浓硫酸(98%)，混匀即成。

(四)实验作业

1. 简述免疫标记技术的概念和类型。
2. 简述免疫荧光法检测猪瘟病毒的主要步骤。
3. 简述酶联免疫吸附试验检测猪瘟抗体的主要步骤。

【经典考题】

一、名词解释

血清学试验　最适比　带现象　凝集试验　沉淀试验　中和试验　免疫标记技术　E 玫瑰花环试验　淋巴细胞转化试验

二、单项选择题

1. 可参与凝集反应的抗原是(　　)。

A. 细菌抗原　　B. 病毒抗原　　C. 蛋白抗原　　D. 多糖抗原

2. 可参与沉淀反应的抗原是(　　)。

A. 细菌型抗原　　B. 细胞型抗原　　C. 蛋白质抗原　　D. 颗粒性抗原

三、简答题

1. 简述血清学试验的特点。
2. 血清学试验影响因素有哪些?
3. 什么是 ELISA? 简述其操作过程。
4. 什么是血清学反应? 其应用原则及注意事项是什么?
5. 什么是凝集反应和沉淀反应? 它们有什么异同点? 在兽医学上有何用途?
6. 琼脂扩散试验有几种类型? 各有什么特点?
7. 试述补体结合反应的原理及用途。
8. 免疫标记技术常用的有哪些? 各有什么特点?

模块七
动物主要病原微生物

【内容提要】

人和动物生存环境中有大量的微生物分布，其中有少部分是病原微生物。引起动物传染病的病原微生物主要是细菌和病毒，还有少量的其他病原微生物。常见动物病原细菌有大肠埃希菌、沙门菌、多杀性巴氏杆菌、布鲁氏菌、葡萄球菌、链球菌、炭疽杆菌、猪丹毒杆菌、破伤风梭菌等。常见动物病毒有口蹄疫病毒、禽流感病毒、痘病毒、狂犬病病毒、猪瘟病毒、猪传染性胃肠炎病毒、新城疫病毒、传染性法氏囊病病毒、马立克病病毒、小鹅瘟病毒、鸭瘟病毒、犬细小病毒、兔出血症病毒等。常见病原真菌有皮肤真菌、曲霉菌等。常见病原支原体有猪肺炎支原体、禽败血支原体等。常见病原螺旋体有猪痢疾蛇形螺旋体、钩端螺旋体等。常见病原立克次体有 Q 热立克次体、猪附红细胞体等。

项目一　动物主要病原细菌

【学习目标】

熟练掌握大肠埃希菌、沙门菌、多杀性巴氏杆菌、布鲁氏菌、葡萄球菌、链球菌、炭疽杆菌、猪丹毒杆菌、破伤风梭菌等常见病原细菌的形态及染色特性、培养条件、生化反应特性、抗原性及其变异、对环境条件的抵抗力、致病性和微生物检验方法。

一、大肠埃希菌

视频 7.1　大肠埃希菌

大肠埃希菌是动物肠道内正常寄生菌，能产生大肠埃希菌素，抑制致病性大肠埃希菌生长，对机体有利。但在一定条件下致病性大肠埃希菌可引起肠道外感染和肠道感染。

1. 生物学特性

(1)形态及染色　大肠埃希菌为革兰阴性杆菌，大小为(0.4～0.7) μm×(2～3) μm，两端钝圆，散在或成对(图 7.1)。大多数菌株为周身鞭毛和普通菌毛，除少数菌株外，通常无可见荚膜，但常有微荚膜。本菌对碱性染料有良好的着色性，菌

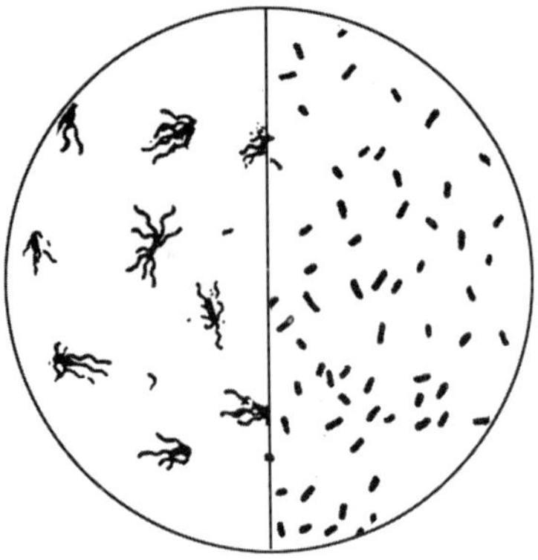

图 7.1 大肠埃希菌示意图

体两端偶尔略深染。

(2)培养特性 本菌为需氧或兼性厌氧菌，在普通培养基上生长良好，最适温度为 37 ℃，最适 pH 为 7.2～7.4。在普通营养琼脂上培养 18～24 h 时，形成圆形凸起、光滑、湿润、半透明、灰白色、边缘整齐或不太整齐(运动活泼的菌株)中等偏大的菌落，直径 2～3 mm。在 SS 琼脂上一般不生长或生长较差，生长者呈红色。一些致病性菌株(如致仔猪黄痢和水肿病者)在 5%绵羊血平板上可产生 β 溶血。在麦康凯琼脂上形成红色菌落。普通肉汤培养 18～24 h 时，呈均匀浑浊，管底有黏性沉淀，液面管壁有菌环，培养物常有特殊的粪臭味。

(3)生化特性 本菌能发酵多种糖类产酸产气，如葡萄糖、麦芽糖、甘露醇等产酸产气；大多数菌株可迅速发酵乳糖；约半数菌株不分解蔗糖；吲哚和甲基红试验均为阳性；VP 试验和枸橼酸盐利用试验均为阴性；几乎均不产生硫化氢，不分解尿素。

(4)抵抗力 大肠埃希菌耐热，加热 60 ℃ 15 min 仍有部分细菌存活。在自然界生存力较强，土壤、水中可存活数周至数月。5%石炭酸、3%来苏儿等 5 min 内可将其杀死。大肠埃希菌耐药菌株多，临床中应先进行抗生素敏感试验选择适当的药物以提高疗效。

(5)抗原与变异 大肠埃希菌抗原主要有 O、K 和 H 3 种，目前已确定的 O 抗原有 173 种，K 抗原有 80 种，H 抗原有 56 种。因此，有人认为自然界中可能存在的大肠埃希菌血清型可高达数万种，但致病性大肠埃希菌血清型数量是有限的。大肠埃希菌的血清型按 O∶K∶H 排列形式表示。如 O_{111} ∶ $K_{58(B)}$ ∶ H_{12}，表示该菌具有 O 抗原 111，B 型 K 抗原 58，H 抗原为 12。

2. 致病性

根据毒力因子与发病机制的不同，将病原性大肠埃希菌分为五类：产肠毒素大肠埃希菌(ETEC)，产类志贺毒素大肠埃希菌(SLTEC)，肠致病性大肠埃希菌(EPEC)，败血性大肠埃希菌(SEPEC)及尿道致病性大肠埃希菌(UPEC)，其中研究最清楚的是前二类。

(1)产肠毒素大肠埃希菌(ETEC) 是一类致人和幼畜腹泻最常见的病原性大肠埃希菌，其毒力因子为黏附素性菌毛和肠毒素。黏附素性菌毛是 ETEC 的一类特有菌毛，它能黏附于宿主的小肠上皮细胞，故又称其为黏附素或定居因子。目前，在动物 ETEC 中已发现的黏附素有 F4(K_{88})、F5(K_{99})、F6(987P)、F41、F42 和 F17。黏附素虽然不是导致宿主腹泻的直接致病因子，但它是构成 ETEC 感染的首要毒力因子。肠毒素是 ETEC 产生并分泌到胞外的一种蛋白质性毒素，按其对热的耐受性不同分为不耐热肠毒素(LT)和耐热肠毒素(ST)两种。LT 对热敏感，65 ℃加热 30 min 即被灭活。作用于宿主小肠和兔回肠可引起肠液积蓄，对此菌可应用家兔肠袢试验做测定。ST 通常无免疫原性，100 ℃加热 30 min 不失活，可透析，能抵抗脂酶、糖化酶和多种蛋白酶作用。对人和猪、牛、羊均有肠毒性，可引起肠腔积液而导致腹泻。

(2)产类志贺毒素大肠埃希菌(SLTEC) 是一类产生类志贺毒素(SLT)的病原性大肠埃希菌。在动物中，SLTEC 可致猪的水肿病。引起猪水肿病的 SLTEC 有两类毒力因子。黏附性菌毛 F18 是猪水肿病 SLTEC 菌株的一个重要的毒力因子，它有助于细菌在猪肠黏膜上皮细胞定居和繁殖。致水肿病 2 型类志贺毒素是引起猪水肿病的 SLTEC 菌株所产生的一种蛋白质性细胞毒素，导致病猪出现水肿和典型的神经症状。

3. 微生物学检验

（1）分离培养　病料直接在血液琼脂平板或麦康凯琼脂平板上划线分离，37 ℃恒温箱培养 18～24 h，观察其在各种培养基上的菌落特征和溶血情况。挑取麦康凯平板上的红色菌落或血平板上呈 β 溶血（仔猪黄痢与水肿病菌株）的典型菌落几个，分别转到三糖铁培养基和普通琼脂斜面做初步生化鉴定和纯培养。大肠埃希菌在三糖铁琼脂斜面上生长，产酸，使斜面部分变黄，穿刺培养，于管底产酸产气，使底层变黄且浑浊；不产生硫化氢。

（2）生化试验　分别进行糖发酵试验、吲哚试验、MR 试验和 VP 试验、枸橼酸盐试验、硫化氢试验，观察结果。

（3）动物试验　取分离菌的纯培养物接种实验动物，观察实验动物的发病情况，并做进一步细菌学检查。

（4）血清学试验　在分离鉴定的基础上，通过对毒力因子的检测便可确定其属于何类致病性大肠埃希菌。也可以做血清型鉴定。

二、沙门菌

沙门菌是一群寄生于人和动物肠道内的革兰阴性无芽孢杆菌，均有致病性，并有极其广泛的动物宿主，是一种重要的人畜共患病。

视频 7.2　沙门菌

1. 生物学特性

（1）形态及染色　沙门菌的形态和染色特性与大肠埃希菌相似，呈直杆状，大小（0.7～1.5）μm×（2.0～5.0）μm，革兰阴性。除鸡白痢沙门菌和鸡伤寒沙门菌无鞭毛不运动外，其余各菌均为周身鞭毛，能运动，个别菌株可偶尔出现无鞭毛的变种。大多数有普通菌毛，一般无荚膜。

（2）培养特性　本属大多数细菌的培养特性与大肠埃希菌相似。在肠道杆菌鉴别或选择性培养基上，大多数菌株因不发酵乳糖而形成无色菌落，如远藤琼脂和麦康凯琼脂培养时形成无色透明或半透明的菌落；SS 琼脂上产生 H_2S 的致病性沙门菌菌株，菌落中心呈黑色。与大肠埃希菌相似，在培养时易发生 S-R 型变异（表 7.1）。培养基中加入硫代硫酸钠、胱氨酸、血清、葡萄糖、脑心浸液和甘油等均有助于本菌生长。

表 7.1　大肠埃希菌与沙门菌在鉴别培养基上的菌落特征

细菌	鉴别培养基				
	麦康凯琼脂	远滕氏琼脂	伊红亚甲蓝琼脂	SS 琼脂	三糖铁琼脂
大肠埃希菌	红色	紫红色 有光泽	紫黑色带 金属光泽	红色	斜面黄色，底层变黄有气泡，不产 H_2S
沙门菌	淡橘红色	淡红色 或无色	较小无色透明	淡红色半透明，产 H_2S 菌株菌落中心有黑点	斜面红色，底层变黄有气泡，部分菌株产 H_2S

(3)生化特性　绝大多数沙门菌发酵糖类时均产气,但伤寒和鸡伤寒沙门菌从不产气。正常产气的血清型也可能有不产气的变型,常见沙门菌的生化特性见表 7.2。大肠埃希菌与沙门菌生化试验鉴别见表 7.3。

表 7.2　常见沙门菌的生化特性

菌名	葡萄糖	乳糖	麦芽糖	甘露醇	蔗糖	硫化氢	尿素分解	靛基质	甲基红	VP	枸橼酸盐利用
鼠伤寒沙门菌	⊕	−	⊕	⊕	−	+	−	−	+	−	
猪霍乱沙门菌	⊕	−	⊕	⊕	−	−	−	+	−	+	
猪伤寒沙门菌	⊕	−	⊕	−	−	−	−	−	+	−	−
都柏林沙门菌	⊕	−	⊕	⊕	−	+	−	−	+	−	+
肠炎沙门菌	⊕	−	⊕	⊕	−	+	−	−	+	−	
马流产沙门菌	⊕	−	⊕	⊕	−	+	−	−	+	−	+
鸡白痢沙门菌	⊕	−	−	⊕	−	+	−	−	+	−	−
鸡伤寒沙门菌	+	−	+	+	−	−	−	+	−	−	

注:⊕ 产酸产气,+ 阳性,− 阴性。

表 7.3　大肠埃希菌与沙门菌生化试验鉴别表

细菌名称	葡萄糖	乳糖	麦芽糖	甘露醇	蔗糖	吲哚试验	MR 试验	VP 试验	枸橼酸盐	H_2S 试验	动力
大肠埃希菌	⊕	⊕/−	⊕	⊕	v	+	+	−	−	−	+
沙门菌	⊕	−	⊕	⊕	−	−	+	−	+	+/−	+/−

注:⊕ 产酸产气,+ 阳性,− 阴性,+/− 大多数菌株阳性/少数阴性,v 种间有不同反应。

(4)抵抗力　本菌的抵抗力中等,与大肠埃希菌相似,不同的是亚硒酸盐、煌绿等染料对本菌的抑致作用小于大肠埃希菌,故常用其制备选择培养基,有利于分离粪便中的沙门菌。

(5)抗原与变异　沙门菌具有 O、H、K 和菌毛 4 种抗原。O 和 H 抗原是其主要抗原,且 O 抗原又是每个菌株必有的成分。

①O 抗原。是沙门菌细胞壁表面的耐热多糖抗原。一个菌体可有几种 O 抗原成分,以小写阿拉伯数字表示。

②H 抗原。是蛋白质性鞭毛抗原,共有 63 种,与 H 血清相遇,则在 2 h 之内出现疏松、易于摇散的絮状凝集。

③K 抗原。与菌株的毒力有关,故称为 Vi 抗原。有 Vi 抗原的菌株不被相应的抗 O 血清凝集,称为 O 不凝集性,Vi 抗原的抗原性弱,刺激机体产生较低效价的抗体。

2. 致病性

根据沙门菌致病类型的不同,可将其分为三群:第一群是具有高度适应性或专嗜性的沙门菌,如鸡白痢和鸡伤寒沙门菌仅使鸡和火鸡发病;马流产、牛流产和羊流产等沙门菌分别致马、牛、羊的流产等;猪伤寒沙门菌仅侵害猪。第二群是在一定程度上适应于特定动物的偏嗜性沙门菌,仅为个别血清型。如猪霍乱和都柏林沙门菌,分别是猪和牛羊的强适应性菌型,多在各自宿主中致病,但也能感染其他动物。第三群是非适应性或泛嗜性沙门菌,这群血清型占本属的大多数，鼠伤寒和肠炎沙门菌是其中的突出代表。经常危害人和动物的泛嗜性沙门菌有 20 余种，加上专嗜性和偏嗜性菌在内不过仅 30 余种。除鸡和雏鸡沙门菌外，绝大部分沙门菌培养物经口、腹腔或静脉接种小鼠，能使其发病死亡。但致死剂量随接种途径和菌种毒力不同而异。豚鼠和家兔对本菌易感性不及小鼠。

3. 微生物学检验

(1)分离培养　对未污染的被检组织可直接在普通琼脂、血琼脂或鉴别培养基平板上划线分离，37 ℃培养 12～24 h 后，可获得第一次纯培养。已污染的被检材料先进行增菌培养后再行分离。鉴别培养基常用麦康凯、伊红亚甲蓝、SS、去氧胆盐钠－枸橼酸盐等琼脂。

(2)生化试验　挑取几个鉴别培养基上的可疑菌落分别纯培养，进行生化特性鉴定。

(3)血清学分型鉴定　将纯培养物用生理盐水洗下与 A-E 组多价 O 血清做玻片凝集试验，再用各种单因子血清进行分群。在确定 O 群以后，则应测定其 H 抗原，写出抗原式。

此外，还可用乳胶颗粒凝集试验、ELISA、对流免疫电泳、核酸探针和 PCR 等方法进行快速诊断。

三、多杀性巴氏杆菌

视频 7.3　多杀性巴氏杆菌

多杀性巴氏杆菌是多种动物的重要病原菌。对鸡、鸭、鹅、野禽发生禽霍乱，猪发生猪肺疫，牛、羊、马、兔等发生出血性败血症。

1. 生物学特性

(1)形态及染色　本菌在病变组织中通常为球杆状或短杆状。球杆状或杆状形菌体两端钝圆，大小为(0.2～0.4) μm×(0.5～2.5) μm。单个存在，有时成双排列。病料涂片用瑞氏染色或亚甲蓝染色时，可见典型的两极着色(菌体两端染色深，中间浅)，无鞭毛，不形成芽孢(图 7.2)。新分离的强毒菌株有荚膜。革兰式染色阴性。

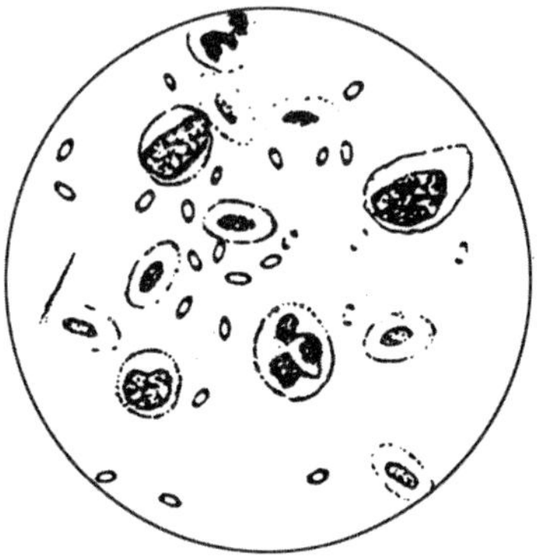

图 7.2　多杀性巴氏杆菌示意图

(2)培养特性　本菌为需氧或兼性厌氧菌。最适培养温度为 37 ℃，pH 7.2～7.4。对营养要求较严格，用血液琼脂平皿和麦康凯平皿同时分离。在血液琼脂平皿上培养 24 h 后，形成灰白色、圆形、湿润、露珠状菌落，不溶血。在血清肉汤中培养，开始轻度浑浊，4～6 d 后液体变清朗，管底出现黏稠沉淀，振摇后不分散，表面形成菌环。

(3)生化特性　本菌可分解葡萄糖、果糖、蔗糖、甘露糖和半乳糖，产酸不产气。大多数菌株可发酵甘露醇、山梨醇和木糖。一般对乳糖、鼠李糖、水杨苷、肌醇、菊糖、侧金盏花醇不发酵。可形成靛基质，触酶和氧化酶均为阳性，M. R. 试验和 V-P 试验均为阴性，石蕊牛乳无变化，不液化明胶，产生硫化氢和氨。

(4)抵抗力　本菌抵抗力不强。在阳光中曝晒 1 min、在 56 ℃ 15 min 或 60 ℃ 10 min 即可被杀死。埋入地下的病死鸡尸体，经 4 个月仍残留活菌。在干燥空气中 2～3 d 可死亡。

3%石炭酸、3%福尔马林，10%石灰乳，2%来苏儿，0.5%～1%氢氧化钠等 5 min 可杀死本菌。对链霉素、磺胺类及许多新的抗菌药物敏感。

(5)抗原与血清型　本菌主要以其荚膜抗原(K 抗原)和菌体抗原(O 抗原)区分血清型，前者有 6 个型，后者分为 16 个型。以阿拉伯数字表示菌体抗原型，大写英文字母表示荚膜抗原型，我国分离的禽多杀性巴杆氏菌以 5：A 为多，其次为 8：A；猪以 5：A 和 6：B 为主，8：A 与 2：D 其次；羊以 6：B 为多，家兔以 7：A 为主，其次是 5：A。

2. 致病性

本菌对鸡、鸭、鹅、野禽、猪、牛、羊、马、兔等都有致病性，急性型表现为出血性败血症并迅速死亡；亚急性型于黏膜关节等部位出现出血性炎症等；慢性型则呈现萎缩性鼻炎(猪、羊)、关节炎及局部化脓性炎症等。

3. 微生物学检验

(1)涂片镜检　采取渗出液、心血、肝、脾、淋巴结等病料涂片或触片，以碱性美液或瑞氏染色液染色，如发现典型的两极着色的短杆菌，结合流行病学及剖检变化，即可做初步诊断。

(2)分离培养　用血琼脂平板和麦康凯琼脂同时进行分离培养，麦康凯培养基上不生长，血琼脂平板上生长良好，菌落不溶血，革兰染色为阴性球杆菌。将此菌接种在三糖铁培养基上可生长，并使底部变黄。

(3)动物接种　取 1：10 病料乳剂或 24 h 肉汤培养物 0.2～0.5 mL，皮下或肌内注射于小鼠或家兔，经 24～48 h 死亡，死亡剖检观察病变并镜检进行确诊。

若要鉴定荚膜抗原和菌体抗原型，则要用抗血清或单克隆抗体进行血清学试验。检测动物血清中的抗体，可用试管凝集、间接凝集、琼脂扩散试验或 ELISA。

四、布鲁氏菌

布鲁氏菌是多种动物和人的布鲁氏菌病的病原，本属包括 6 个种：马耳他布鲁氏菌，又称羊布鲁氏菌；流产布鲁氏菌，也称牛布鲁氏菌；猪布鲁氏菌；犬布鲁氏菌；沙林布鲁氏菌；绵羊布鲁氏菌。

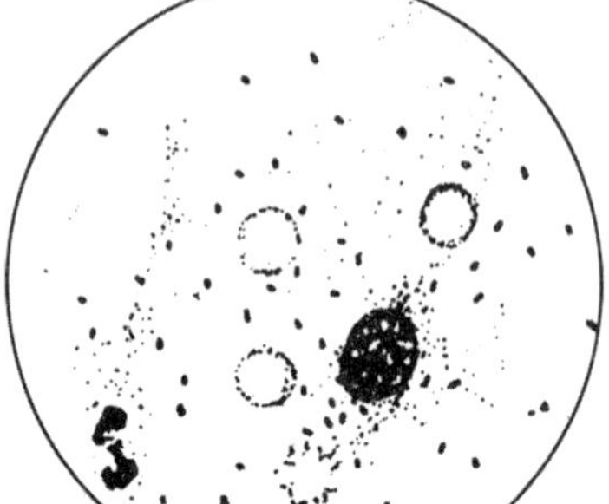

图 7.3　布鲁氏菌示意图

1. 生物学特性

(1)形态及染色　本菌呈球形、杆状或短杆形，(0.5～0.7) μm×(0.6～1.5) μm，多单在，很少成双、短链或小堆状。不形成芽孢和夹膜，无鞭毛不运动(图 7.3)。革兰染色阴性，吉姆萨染色呈紫色。柯氏法染色本菌呈红色，其他杂菌呈绿色。

(2)培养特性　本属细菌专性需氧，但许多菌株，尤其是在初代分离培养时尚需 5%～10% CO_2。最适生长温度 37 ℃，最适 pH 为 6.6～7.4。在液体培养基中呈轻微浑浊生长，无菌膜。在普通培养基中生长缓慢，加入甘油、葡萄糖、血液、血清等能刺激其生长。自固体培养基上培养 2 d 后，可见到湿润、闪光、圆形、隆起、边缘整齐的针尖大小的菌落，菌落可增大到 2～3 mm，呈灰黄色。

(3)生化特性　本菌触酶阳性,氧化酶常为阳性,不水解明胶或浓缩血清,不溶解红细胞,吲哚、甲基红和 VP 试验阴性,石蕊牛乳无变化,不利用柠檬酸盐。绵羊布鲁氏菌不水解或迟缓水解尿素,其余各种均可水解尿素。

(4)抵抗力　本菌对外界的抵抗力较强,在直射阳光下可存活 4 h,但对湿热的抵抗力不强,煮沸立即死亡。对消毒剂的抵抗力也不强,常用消毒剂即能杀死本菌。

(5)抗原　各种布鲁氏菌的菌体表面含有两种抗原物质,即 M 抗原(羊布鲁氏菌抗原)和 A 抗原(牛布鲁氏菌抗原)。这两种抗原在各个菌株中含量各不相同。如羊布鲁氏菌以 M 抗原为主,A∶M 约为 1∶20;牛布鲁氏菌以 A 抗原为主,A∶M 约为 20∶1;猪布鲁氏菌介于两者之间,A∶M 约为 2∶1。

2. 致病性

本菌被吞噬细胞吞噬成为胞内寄生菌,并在淋巴结生长繁殖形成感染灶。一旦侵入血流,则出现菌血症。不同种别的布鲁氏菌各有一定的宿主动物,例如我国流行的 3 种布鲁氏菌中,马耳他布鲁氏菌的自然宿主是绵羊和山羊,也能感染牛、猪、人及其他动物;流产布鲁氏菌的自然宿主是牛,也能感染骆驼、绵羊、鹿等动物和人,马和犬是此菌的主要贮存宿主;猪布鲁氏菌生物型 1、2 和 3 的自然宿主是猪,生物型 4 的自然宿主是驯鹿,生物型 2 可自然感染野兔。除生物型 2 外,其余生物型也可感染人和犬、马、啮齿类等动物。

3. 微生物学检验

(1)细菌学检查

①涂片镜检。病料直接涂片,做革兰染色和柯兹洛夫斯基染色镜检。

②分离培养。无污染病科可直接划线接种于适宜的培养基;而污染病料特定的选择性琼脂平板。初次培养应置于 5%～10%二氧化碳环境中,37 ℃培养。每 3 d 观察 1 次,如有细菌生长,可挑选可疑菌落做细菌鉴定;如无细菌生长,可继续培养至 30 d 后,仍无生长者方可示为阴性。

③动物试验。将病料乳剂腹腔或皮下注射感染豚鼠,每只 1～2 mL,每隔 7～10 d 采血检查血清抗体,如凝集价达到 1∶50 以上,即认为有感染的可能。

(2)血清学检查　包括血清中的抗体检查和病料中布鲁氏菌的检查两大类方法。常用的方法是采用玻板凝集试验、琥红平板凝集试验、乳汁环状试验、试管凝集试验、补体结合试验等。

(3)变态反应检查　皮肤变态反应一般在感染后的 20～25 d 出现,因此不宜做早期诊断。此法对慢性病例的检出率较高。

五、葡萄球菌

视频 7.4　葡萄球菌

葡萄球菌广泛分布于空气、饲料、饮水、地面及动物的皮肤、黏膜、肠道、呼吸道及乳腺中。绝大多数不致病,致病性葡萄球菌常引起各种化脓性疾患、败血症或脓毒血症,也可污染食品、饲料 引起中毒。

1. 生物学特性

(1)形态及染色　典型的金黄色葡萄球菌为圆形或卵圆形,直径 0.5～1.5 μm,排成葡萄串状，无芽孢，无鞭毛，有的形成荚膜或黏液层。革兰阳性，衰老、死亡的菌株呈阴性。

(2)培养特性　本菌需氧或兼性厌氧，在普通培养基、血琼脂上生长，麦康凯培养基不生长。最适 pH 7.0～7.5，最适温度 35～40 ℃。在普通琼脂培养基平板形成湿润、光滑、隆起的圆形菌落，直径 1～2 mm。在血液琼脂培养基平板上形成的菌落较大，产溶血素的菌株多为病原菌，在菌落周围呈现明显的β溶血。

(3)生化特性　触酶阳性，氧化酶阴性，多数能分解乳糖、葡萄糖、麦芽糖、蔗糖，产酸而不产气。致病菌株多能分解甘露醇。还能还原硝酸盐，不产生靛基质。

(4)抵抗力　在无芽孢菌中，葡萄球菌的抵抗力较强，常用消毒方法即能杀死。浓度为 1∶(1 000 000～3 000 000)龙胆紫可抑制其生长繁殖，故临床上用 1%～3%龙胆紫溶液治疗葡萄球菌引起的化脓症，效果良好。1∶2 000 000 洗必泰、消毒净、新洁尔灭，1∶10 000 杜米芬可在 5 min 内杀死本菌。

(5)抗原　葡萄球菌的抗原结构比较复杂，含有多糖及蛋白质两类抗原。

①多糖抗原。具有型特异性。金黄色葡萄球菌的多糖抗原为 A 型，表皮葡萄球菌的为 B 型。

②蛋白抗原。所有人源菌株都含有葡萄球菌蛋白 A（SPA)，来自动物源菌株则少见。SPA 能与人、猴、猪、犬及几乎所有哺乳动物的免疫球蛋白的 Fc 段非特异结合，结合后的 IgG 仍能与相应的抗原进行特异性反应，这一现象已广泛应用于免疫学及诊断技术。

2. 致病性

葡萄球菌能产生多种酶和毒素，如溶血毒素、血浆凝固酶、耐热核酸酶、肠毒素等，引起畜禽各种化脓性疾病和人的食物中毒。实验动物以家兔最敏感。细菌致病力的大小常与这些毒素和酶有一定的关系。

3. 微生物学检验

(1)涂片镜检　取病料直接涂片，革兰染色镜检。根据细菌形态、排列和染色特性做初步诊断。

(2)分离培养　将病料接种于血液琼脂平板，培养后观察其菌落特征、色素形成、有无溶血，菌落涂片染色镜检，菌落呈金黄色，周围呈溶血现象者多为致病菌株。

(3)生化试验　纯分离培养菌作生化试验，根据结果判定。

(4)动物试验　实验动物中家兔最为易感，皮下接种 24 h 培养物 1.0 mL，可引起局部皮肤溃疡坏死。静脉接种 0.1～0.5 mL，于 24～28 h 死亡；剖检可见浆膜出血，肾、心肌及其他脏器出现大小不等的脓肿。

发生食物中毒时，可将从剩余食物或呕吐物中分离到的葡萄球菌接种到普通肉汤中，于 30%二氧化碳条件下培养 40 h，离心沉淀后取上清液，100 ℃ 30 min 加热后，幼猫静脉或腹腔内注射，15 min 到 2 h 内出现寒战、呕吐、腹泻等急性症状，表明有肠毒素存在。用 ELISA 或 DNA 探针可快速检出肠毒素。

六、链球菌

链球菌种类很多，有些是非致病菌，有些构成人和动物的正常菌群，有些可致人或动物的各种化脓性疾病、肺炎、乳腺炎、败血症等。根据溶血特征可将链球菌分为 α 型溶血性链球菌、

β型溶血性链球菌、γ型溶血性链球菌三类。α型溶血性链球菌在菌落周围形成不透明的草绿色溶血环，多为条件性致病菌；β型溶血性链球菌菌落周围形成完全透明的溶血环，常引起人及动物的各种疾病；γ型溶血性链球菌菌落周围无溶血现象，一般为非致病菌。

视频 7.5　链球菌

链球菌的抗原结构比较复杂，包括属特异抗原（P抗原）、群特异抗原（C抗原）及型特异抗原（表面抗原）。依C抗原将乙型溶血性链球菌分为A、B、C、D、E、F、G、H、K、L、M、N、O、P、Q、R、S、T、U等19个血清群。

1. 生物学特性

（1）形态及染色　菌体呈卵圆形，单个或双个存在，在液体培养基中呈链状，不运动，革兰染色阳性。菌落小，呈灰白透明状，稍黏。

（2）培养特性　本菌为兼性厌氧菌，营发酵型代谢。培养基中必须加入血清或血液才能生长。在绵羊血琼脂培养基上培养，菌落周围有α溶血环，许多菌株在马血琼脂培养基上产生β溶血。

（3）生化特性　本菌能发酵葡萄糖、蔗糖、麦芽糖、海藻糖产酸，不能发酵阿拉伯糖、甘露醇、山梨醇、甘油和核糖。

（4）抵抗力　在水中该菌60 ℃可存活10 min，50 ℃可存活2 h。4 ℃的动物尸体中可存活6周。0 ℃灰尘中的细菌可存活1个月，粪中则可存活3个月。

2. 致病性

链球菌可产生链球菌溶血素、致热外毒素、链激酶、链道酶以及透明质酸酶等各种毒素或酶，可使人及、马、牛、猪、羊、犬猫、鸡等发生多种疾病。C群和D群的某些链球菌，常引起猪的急性败血症、脑膜炎、关节炎及肺炎等；E群主要引起猪淋巴结脓肿；L群可致猪的败血症、脓毒败血症。我国流行的猪链球菌病是一种急性败血型传染病，病原体属C群。人也可以感染猪链球菌病。

3. 微生物学检验

（1）涂片镜检　取适宜病料涂片，革兰染色镜检，若发现有革兰阳性呈链状排列的球菌，可初步诊断。

（2）分离培养　将病料接种于血液琼脂平板，37 ℃恒温箱培养18～24 h，观察其菌落特征。链球菌形成圆形、隆起、表面光滑、边缘整齐的灰白色小菌落，多数致病菌株形成溶血。

（3）生化试验　取纯培养物分别接种于乳糖、菊糖、甘露醇、山梨醇、水杨苷生化培养基做糖发酵试验，37 ℃恒温箱培养24 h，观察结果。

（4）血清学试验　可使用特异性血清，对所分离的链球菌进行血清学分群和分型。

七、炭疽杆菌

炭疽杆菌是引起人类、各种家畜和野生动物炭疽病的病原。本菌可引起各种家畜、野兽、人类的炭疽，牛、绵羊、鹿等易感性最强，马、骆驼、猪等次之，犬、猫等有相当的抵抗力，禽类一般不感染。

视频 7.6　炭疽杆菌

1. 生物学特性

(1)形态及染色　本菌为革兰阳性大杆菌，大小为(1.0～1.2) μm×(3～5) μm。无鞭毛，呈两端平齐、菌体相连的竹节状。可形成荚膜，在普通培养基上不形成荚膜，但在10%～20% CO_2 环境中，于血液、血清琼脂或碳酸氢钠琼脂上，则能形成较明显的荚膜。在培养基上，此菌常形成长链，并于18～24 h后开始形成芽孢，芽孢椭圆形，位于菌体中央。动物体内炭疽杆菌只有在接触空气之后才能形成芽孢。

(2)培养特性　本菌为需氧菌，但在厌氧的条件下也可生长。可生长温度范围为15～40 ℃，最适生长温度为30～37 ℃。最适pH为7.2～7.6。在普通琼脂上培养24 h后，强毒菌株形成灰白色不透明、大而扁平、表面干燥、边缘呈卷发状的粗糙菌(R)落(图)，无毒或弱毒菌株形成稍小而隆起、表面光滑湿润、边缘比较整齐的光滑(S)型菌落。普通肉汤培养基中培养24h后，上部液体仍清朗透明，液面无菌膜或菌环形成，管底有白色絮状沉淀，若轻摇试管，则絮状沉淀徐徐上升，卷绕成团而不消散。

(3)生化特性　本菌发酵葡萄糖产酸而不产气，不发酵阿拉伯糖、木糖和甘露醇。能水解淀粉、明胶和酪蛋白。VP试验阳性，不产生吲哚和 H_2S，能还原硝酸盐。牛乳经2～4 d凝固，然后缓慢胨化。

(4)抵抗力　本菌繁殖体的抵抗力不强，60 ℃ 30～60 min或75 ℃ 5～15 min即可杀死之。常用消毒剂如1∶5 000洗必泰1∶10 000新洁尔灭、1∶50 000度米芬等均能在短时间内将其杀灭。在未解剖的尸体中，细菌可随腐败而迅速崩解死亡。芽孢抵抗力特别大，在干燥状态下可长期存活，煮沸15～25 min、121 ℃灭菌5～10 min或60 ℃干热灭菌1 h方可杀死。

2. 致病性

本病原菌能致各种家畜、野兽和人类的炭疽，其中牛、绵羊、鹿等易感性最强，马、骆驼、猪、山羊等次之，犬、猫、食肉动物等则有相当大的抵抗力，禽类一般不感染。此菌主要通过消化道传染，也可以经呼吸道、皮肤创伤或吸血昆虫传播。食草动物炭疽常表现为急性败血症，菌体通常要在死前数小时才出现于血流。猪炭疽多表现为慢性的咽部局限感染，犬、猫和食肉动物则多表现为肠炭疽。

3. 微生物学检验

死于炭疽的病畜尸体严禁剖检，只能自耳根部采取血液，必要时可切开肋间采取脾脏。皮肤炭疽可采取病灶水肿液或渗出物，肠炭疽可采取粪便。已经误剖的畜尸，则可采取脾、肝、心血、肺、脑等组织进行检验。

(1)涂片镜检　病料涂片以碱性亚甲蓝、瑞氏染色或吉姆萨染色法染色镜检，如发现有荚膜的竹节状大杆菌，即可初步诊断；陈旧病料，可以看到“菌影”，确诊还需分离培养。

(2)分离培养　取病料接种于普通琼脂或血液琼脂，37 ℃培养18～24 h，观察有无典型的炭疽杆菌菌落。为了抑制杂菌生长，还可接种于喷他脒琼脂、溶菌酶－正铁血红素琼脂等炭疽选择性培养基。经37 ℃培养16～20 h后，挑取纯培养物与芽孢杆菌(如枯草芽孢杆菌、蜡状芽孢杆菌等)鉴别。

(3)生化试验　本菌能分解葡萄糖、麦芽糖、蔗糖、果糖和甘油，不发酵阿拉伯糖、木糖和甘露醇。能水解淀粉、明胶和酪蛋白。VP试验阳性，不产生靛基质和 H_2S，能还原硝酸盐。牛乳经2～4 d凝固，然后缓慢胨化，不能或微弱还原亚甲蓝。

(4)动物试验　将被检病料或培养物用生理盐水制成 1∶5 乳悬液，皮下注射小鼠 0.1～0.2 mL 或豚鼠、家兔 0.2～0.3 mL，如为炭疽，多在 18～72 h 败血症死亡。剖检时可见注射部位呈胶样水肿，脾脏肿大。取血液、脏器涂片镜检，当发现有荚膜的竹节状大杆菌时，即可确诊。

(5)血清学试验

①Ascoli 氏沉淀反应。系 Ascoli 于 1902 年创立，是用加热抽提待检炭疽菌体多糖抗原与已知抗体进行的沉淀试验。这个诊断方法快速简便，不仅适用于死亡动物的新鲜病料，而且对干的皮毛、陈旧或严重污染杂菌的动物尸体的检查也适用。但此反应的特异性不高，敏感性也较差，因而使用价值受到一定的影响。

②间接血凝试验。此法是将炭疽抗血清吸附于炭粉或乳胶上，制成炭粉或乳胶诊断血清。然后采用玻片凝集试验的方法，检查被检样品中是否含有炭疽芽孢。若被检样品每毫升含炭疽芽孢 7.8 万个以上，可表现阳性反应。

③协同凝集试验。此法可快速检测炭疽杆菌或病料中的可溶性抗原。将炭疽标本的高压灭菌滤液滴于玻片上，加 1 滴含阳性血清的协同试验试剂，混匀后，于 2 min 内呈现肉眼可见凝集者，即为阳性反应。

④串珠荧光抗体检查。将串珠试验与荧光抗体法结合起来。即将被检材料接种于含青霉素 0.05 IU/mL 的肉汤中培养后，涂片用荧光抗体染色检查。此法与常规检验的符合率达到 80%～90%，因而具有一定的实用价值。

⑤琼脂扩散试验。用来检查是否有本菌特异的保护性抗原产生。具体方法是将琼脂培养基上生长的单个菌落，连同周围琼脂一起切取，填入琼脂反应板上事先打好的孔中，与中央孔内于 16～18 h 前滴加的抗炭疽免疫血清进行 24～48 h 的扩散试验，阳性者有沉淀线。

还可应用酶标葡萄球菌 A 蛋白间接染色法和荧光抗体间接染色法等，检测动物体内的炭疽荚膜抗体进行诊断。

八、猪丹毒杆菌

视频 7.7　猪丹毒杆菌

本菌是猪丹毒病的病原体，又称为红斑丹毒丝菌。也可感染马、山羊、绵羊，引起多发性关节炎；鸡、火鸡感染后出现衰弱和下痢等症状；鸭感染后常呈败血经过，并侵害输卵管。广泛分布于自然界，可寄生于包括哺乳动物、禽类、昆虫和鱼类等多种动物。

1.生物学特性

(1)形态及染色　本菌为直或稍弯曲的小杆菌，两端钝圆，大小为(0.2～0.4) μm×(0.8～2.5) μm。病料中细菌常呈单在、堆状或短链排列，易形成长丝状。革兰阳性，在老龄培养物中菌体着色能力差，常呈阴性。无鞭毛不运动，无荚膜，不产生芽孢(图 7.4)。

(2)培养特性　本菌为微需氧菌或兼性厌氧。最适温度为 30～37 ℃，最适 pH 为 7.2～7.6。在普通琼脂培养基和普通肉汤中生长不良，如加入 0.5%吐温 80、1%葡萄糖或 5%～10%血液、血清则生长良好。在血琼脂平皿上经 37 ℃ 24 h 培养可形成湿润、光滑、透明、灰白色、露珠样的小菌落，并形成狭窄的绿色溶血环(α 溶血环)。在麦康凯培养基不生长。在肉汤中轻度浑浊，不形成菌膜和菌环，有少量颗粒样沉淀，振荡后呈云雾状上升。明胶穿刺生长特

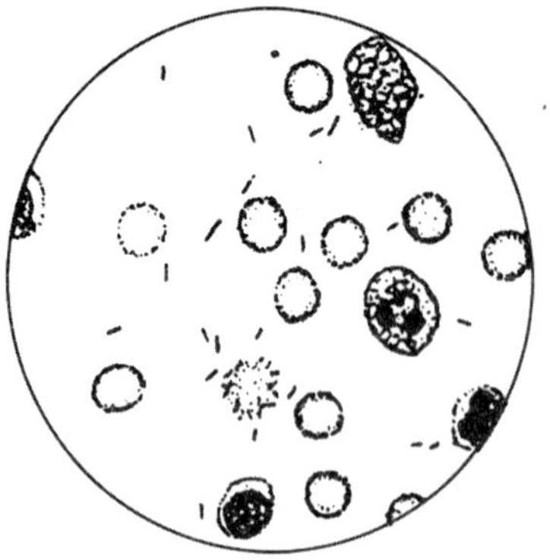

图 7.4 猪丹毒杆菌示意图

殊，沿穿刺线横向四周生长，呈试管刷状，但不液化明胶。

(3)生化特性　过氧化酶、氧化酶试验、MR、VP 试验、尿素酶和吲哚试验阴性，能产生硫化氢。在含 5%马血清或 1%蛋白胨水的糖培养基中可发酵葡萄糖、果糖和乳糖，产酸不产气，不发酵阿拉伯糖、肌醇、麦芽糖、鼠李糖和木糖等。

(4)抵抗力　本菌对腐败和干燥的环境有较强的抵抗力，尸体内可存活几个月，干燥状态下可存活 3 周，在经盐腌制的肉内可活 3～4 个月。实验室内猪丹毒杆菌培养物，在密封试管中细菌活力能保持 2 年，冷冻真空干燥条件下的菌种，30 年后仍然存活。对湿热的抵抗力较弱，70 ℃经 5～15 min 可完全杀死。对消毒剂抵抗力不强，1%漂白粉、0.1%升汞、5%石炭酸、5%氢氧化钠、5%福尔马林等均可在短时间内杀死本菌，此外，0.1% 的过氧乙酸和 10%生石灰乳也是目前喷洒或刷墙的较好消毒剂。细菌可耐 0.2%的苯酚，对青霉素很敏感。

(5)抗原与变异　本菌抗原结构复杂，具有耐热抗原和不耐热抗原。根据其对热、酸的稳定性，又可分为型特异性抗原和种特异性抗原。用阿拉伯数字为型号，用英文小写字母标示亚型，目前已将其分为 25 个血清型和 1a、1b 和 2a、2b 亚型。大多数菌株为 1 型和 2 型，从急性败血症分离的菌株多为 1a 亚型，从亚急性及慢性病病例分离的则多为 2 型。

2. 致病性

在自然条件下，可通过呼吸道或损伤皮肤、黏膜感染，引发 3～12 月龄猪发生猪丹毒；3～4 周龄的羔羊发生慢性多发性关节炎；禽类也可感染，鸡呈衰弱和下痢症状，鸭呈败血症经过。实验动物以小鼠和鸽子最易感。人可经外伤感染，发生皮肤病变，称“类丹毒”，因为病状与人的丹毒病相似，但后者由化脓链球菌所致。

3. 微生物学检验

病料采集，败血型猪丹毒，生前耳静脉采血，死后可采取肾、脾、肝、心血、淋巴结，尸体腐败可采取长骨骨髓；疹块型猪丹毒可采取疹块皮肤；慢性病例，可采心脏瓣膜疣状增生物和肿胀部关节液。

(1)涂片镜检　取上述病料涂片染色镜检，如发现革兰阳性、单在、成对或成丛的纤细的小杆菌，可初步诊断。如慢性病例，可见长丝状菌体。

(2)分离培养　取病料接种于血液琼脂平板，经 24～48 h 培养，观察有无针尖状菌落，并在周围呈 α 溶血，取此菌落涂片染色镜检，观察形态，进一步明胶穿刺等生化反应鉴定。

(3)动物试验　取病料制成乳剂，对小鼠皮下注射 0.2 mL 或鸽子胸肌注射 1 mL，若病料有猪丹毒杆菌，则接种动物于 2～5 d 死亡，死后取病料涂片镜检或接种培养基进行确诊。

(4)血清学诊断　可用凝集试验、协同凝集试验、免疫荧光法进行诊断。

九、破伤风梭菌

本菌又名破伤风杆菌，是人兽共患破伤风(强直症)的病原菌。污染受伤的皮肤或黏膜，产生强烈的毒素，引起人和动物发病。

1. 生物学特性

视频 7.8　破伤风杆菌

(1)形态及染色　本菌为两端钝圆、细长、正直或略弯曲的杆菌,大小为(0.5～1.7) μm×(2.1～18.1) μm,长度变化大。多单在,有时成双,偶有短链,在湿润琼脂表面上,可形成较长的丝状。大多数菌株具有周鞭毛而能运动,无荚膜。芽孢呈圆形,位于菌体一端,直径大于菌体,呈鼓槌状。幼龄培养物为革兰阳性,但培养 24 h 以后往往出现阴性染色者。

(2)培养特养　本菌为严格厌氧菌,接触氧后很快死亡。最适生长温度为 37 ℃。最适 pH 7.0～7.5。营养要求不高,在普通培养基中即可生长,菌落透明,有泳动性生长。在血琼脂平板上生长,可形成直径 4～6 mm 的菌落,菌落扁平、半透明、灰色,表面粗糙无光泽,边缘不规则,常伴有狭窄的 β 溶血环。在一般琼脂表面不易获得单个菌落,扩展成薄膜状覆盖在整个琼脂表面上,边缘呈卷曲细丝状。在厌氧肉肝汤中生长稍微浑浊,有细颗粒状沉淀,有咸臭味,培养 48 h 后,在 30～38 ℃适宜温度下形成芽孢,温度超过 42 ℃时芽孢形成减少或停止。20%胆汁或 6.5% NaCl 可抑制其生长。

(3)生化特性　生化反应不活泼,一般不发酵糖类,只轻微分解葡萄糖,不分解尿素,能液化明胶,产生硫化氢,形成靛青质,不能还原硝酸盐。VP 和 MR 试验均为阴性。神经氨酸酶阴性,脱氧核糖核酸酶阳性。

(4)抵抗力　本菌繁殖体抵抗力不强,但其芽孢的抵抗力极强。芽孢在土壤中可存活数十年,湿热 80 ℃ 6 h、90 ℃ 2～3 h、105 ℃ 25 min 及 120 ℃ 20 min 可杀死,煮沸 10～90 min 致死。干热 150 ℃ 1 h 以上致死芽孢,5%碳酸、0.1%升汞作用 15 h 杀死芽孢。

(5)抗原与变异　本菌具有不耐热的鞭毛抗原,用凝集试验可分为 10 个血清型,其中第Ⅵ型为无鞭毛不运动的菌株,我国常见的是第Ⅴ型。各型细菌都有一个共同的耐热菌体抗原,均能产生抗原性相同的外毒素,此外毒素能被任何一个型的抗毒素中和。

2. 致病性

此菌芽孢随土壤、污物通过适宜的皮肤黏膜伤口侵入机体时,即可在其中发育繁殖,产生强烈毒素,引发破伤风。此病在健康组织中,于有氧环境下,生长受抑制,而且易被吞噬细胞消灭。如在深而窄的创口,同时创伤内发生组织坏死时,坏死组织能吸收游离氧而形成良好的厌氧环境,或伴有其他需氧菌的混合感染,有利于形成良好的厌氧环境,芽孢转变成细菌,在局部大量繁殖而致病。

在自然情况下,本菌可感染很多动物。除人易感外,马属动物的易感性最高,其次是牛、羊、猪,犬、猫偶有发病,禽类和冷血动物不敏感,幼龄动物比成年动物更敏感。实验动物中,家兔、小鼠、大鼠、豚鼠和猴对破伤风痉挛毒素易感。

此菌产生两种毒素。一种为破伤风痉挛毒素,毒力非常强,可引起神经兴奋性的异常增高和骨骼肌痉挛。另一种为破伤风溶血素,不耐热,对氧敏感,可溶解马及家兔的红细胞,其作用可被相应抗血清中和,与破伤风梭菌的致病性无关。破伤风梭菌毒素具有良好的免疫原性,用它制成类毒素,可产生坚强的免疫,能非常有效地预防本病的发生。

3. 微生物学检验

破伤风具有典型的临床症状,一般不需微生物学诊断。如有特殊需要,可采取创伤部的分泌物或坏死组织进行细菌学检查。另外还可用患病动物血清或细菌培养滤液进行毒素检查，其方法为小鼠尾根皮下注射 0.5～1.0 mL，观察 24 h，看是否出现尾部和后腿强直或全身肌肉痉挛等症状，且不久死亡。进一步还可用破伤风抗毒素血清，进行毒素保护试验。

【经典考题】

一、单项选择题

1. 典型的大肠埃希菌菌落为（　　）。

A. S 型　　B. M 型　　C. R 型　　D. N 型

2. 链球菌发生 S→R 变异后，（　　）。

A. 毒力减弱　　B. 毒力增强　　C. 不影响毒力　　D. 细菌死亡

3. 炭疽杆菌丧失荚膜产生能力后，（　　）。

A. 毒力减弱　　B. 毒力增强　　C. 不影响毒力　　D. 细菌死亡

4. 葡萄球菌为需氧或兼性厌氧菌，营养要求（　　）。

A. 较高　　B. 有时高，有时不高　　C. 不高　　D. 不确定

5. 典型的沙门菌菌落的性状为（　　）。

A. S 型　　B. M 型　　C. R 型　　D. N 型

6. 多杀性巴氏杆菌的溶血特性为（　　）。

A. 完全溶血　　B. 不完全溶血　　C. 不溶血　　D. 有时溶血，有时不溶血

7. 猪丹毒杆菌经革兰染色为（　　）。

A. 紫色　　B. 红色　　C. 黑色　　D. 绿色

8. 可引起仔猪水肿病的病原体是（　　）。

A. 大肠埃希菌　　B. 沙门菌　　C. 巴氏杆菌　　D. 弯曲杆菌

9. 仔猪副伤寒的病原体是（　　）。

A. 大肠埃希菌　　B. 葡萄球菌　　C. 巴氏杆菌　　D. 沙门菌

10. 某动物发生急性死亡，怀疑为炭疽杆菌感染，临床上（　　）。

A. 可在现场随意解剖　　B. 可在兽医监督下现场解剖

C. 不应在现场解剖　　D. 可通过无菌操作现场解剖

二、简答题

1. 比较大肠埃希菌与沙门菌培养特性及生化特性的异同。
2. 葡萄球菌病和链球菌病的实验室诊断要点有哪些？
3. 简述炭疽杆菌微生物学诊断方法及采取病料时应注意的事项。
4. 多杀性巴氏杆菌的微生物学诊断要点有哪些？
5. 简述破伤风梭菌的致病条件及致病机制。
6. 简述猪丹毒的微生物学诊断要点及防制措施。

项目二　常见动物病毒

【学习目标】

掌握口蹄疫病毒、禽流感病毒、痘病毒、狂犬病病毒、猪瘟病毒、猪传染性胃肠炎病毒、猪呼吸与繁殖综合征病毒、新城疫病毒、传染性法氏囊病病毒、禽传染性支气管炎病毒、马立克病病毒、减蛋综合征病毒、小鹅瘟病毒、鸭瘟病毒、犬细小病毒、犬瘟热病毒、兔出血症病毒、朊蛋白等病毒的生物学特性、致病性和微生物诊断方法。

【理论知识】

一、口蹄疫病毒

口蹄疫病毒（FMDV）能感染牛、羊、猪、骆驼等偶蹄动物，主要表现为患畜的口腔黏膜、舌、蹄部和乳房等发生特征性的水疱。

视频 7.9　口蹄疫病毒和狂犬病病毒

1. 生物学性状

FMDV 是单股 RNA 病毒，无囊膜，二十面体立体对称，呈球形或六角形。FMDV 可在牛舌上皮细胞和甲状腺细胞、猪肾细胞、仓鼠肾细胞等细胞内增殖，并常引起细胞病变。鸡胚绒毛尿囊膜接种可增殖和致弱 FMDV。

口蹄疫病毒有 7 个不同的血清型，分别为 A、O、C、南非（SAT）1、南非（SAT）2、南非（SAT）3 及亚洲 1 型，各型之间无交互免疫作用。每一血清型又有若干个亚型，各亚型之间的免疫性也有不同程度的差异。

直射日光能迅速使口蹄疫病毒灭活，但污染物品如饲草、被毛和木器上的病毒却可存活几周之久。厩舍墙壁和地板上干燥分泌物中的病毒至少可以存活 1～2 个月。病毒经 70 ℃ 10 min、80 ℃ 1 min、1% NaOH 1 min 即被灭活，在 pH 3 的环境中可失去感染性。最常用的消毒液有 2%氢氧化钠溶液、过氧乙酸和高锰酸钾等。

2. 致病性

在自然条件下，60 多种偶蹄动物对口蹄疫病毒易感，马和禽类不感染。实验动物中豚鼠最易感，但大部分可耐过，因此常用其做病毒的定型试验。

3. 微生物学检查

世界动物卫生组织（OIE）把口蹄疫列为 A 类疫病，我国也把口蹄疫定为 14 个一类疫病之一，诊断必须在指定的实验室进行。

（1）病毒的分离鉴定　送检的样品包括水疱液和水疱皮等，常用 BHK 细胞、HBRS 细胞等进行病毒的分离，做蚀斑试验，同时应用 ELISA 试剂盒诊断。

（2）动物接种试验　采水疱皮制成悬液，接种豚鼠跖部皮内，注射部位出现水疱可确诊。

（3）血清学诊断　常用 ELISA、间接 ELISA 以及荧光抗体试验进行诊断。应用补体结合试验、琼脂扩散试验等可对口蹄疫血清型做出鉴定。

二、禽流感病毒

视频 7.10 禽流感病毒和新城疫病毒

禽流感病毒(AIV)是禽流感的病原体。禽流感又称欧洲鸡瘟或真性鸡瘟。高致病性禽流感(HPAI)已经被 OIE 定为 A 类传染病,我国把高致病性禽流感列为一类动物疫病。

1. 生物学性状

AIV 是单股 RNA 病毒,球形,也有的呈杆状或丝状,外有囊膜,囊膜表面有纤突。纤突有两类,一类是血凝素(H)纤突,现已发现 15 种,分别以 H1～H15 命名;另一类是神经氨酸酶(N)纤突,已发现有 9 种,分别以 N1～N9 命名。H 和 N 是流感病毒两个最为重要的分类指标,不同的 H 抗原或 N 抗原之间无交互免疫力,二者以不同的组合,产生多种不同亚型的毒株。H5N1、H5N2、H7N1、H7N7 及 H9N2 是引起鸡禽流感的主要亚型。禽流感病毒能凝集鸡、牛、马、猪和猴的红细胞。

AIV 能在鸡胚、鸡胚成纤维细胞中增殖。病毒通过尿囊腔接种鸡胚后,经 36～72 h,病毒量可达最高峰,导致鸡胚死亡,并使胚体的皮肤、肌肉充血和出血。高致病力的毒株 20 h 即可致死鸡胚。大多数毒株能在鸡胚成纤维细胞培养形成蚀斑。

该病毒 55 ℃ 60 min 或 60 ℃ 10 min 即可失去活力。对紫外线、大多数消毒药和防腐剂敏感,在干燥的尘埃中能存活 14 d。

2. 致病性

禽流感宿主广泛,各种家禽和野禽均可以感染,但以鸡和火鸡最为易感。病毒可通过野禽传播,特别是野鸭。除候鸟和水禽外,笼养鸟也可带毒造成鸡群禽流感的流行。也可能通过蛋传播。该病以急性败血症死亡到无症状带毒等多种病征为特征,高致病力毒株引起的高致病性禽流感,其感染后的发病率和病死率都很高。

感染鸡在发病后的 3～7 d 可检出中和抗体,在第 2 周时达到高峰,可持续 18 个月以上。

3. 微生物学检查

禽流感病毒的分离鉴定应在国务院认定的实验室中进行。

(1)病毒分离鉴定　活禽可用棉拭子从病禽气管及泄殖腔采取分泌物或粪便,死禽采集气管、肝、脾等送检。处理病料,取上清液接种于 9～11 日龄 SPF 鸡胚尿囊腔,收集尿囊液,用 HA 测其血凝性。病毒分离呈阳性后,再对病毒进行血凝素和神经氨酸酶亚型鉴定和致病力测定。

(2)血清学诊断　病毒鉴定的实验主要有 ELISA、琼脂扩散试验、HI 试验、神经氨酸酶抑制试验、RT-PCR 及致病力测定试验。

三、痘病毒

视频 7.11 痘病毒

痘病毒可引起各种动物的痘病。痘病的特征是皮肤和黏膜发生特殊的丘疹和疱疹,通常取良性经过。各种动物的痘病中以绵羊痘和鸡痘最为严重,病死率较高。

1. 生物学性状

引起各种动物痘病的痘病毒均为双股 DNA 病毒,有囊膜,呈砖形或卵圆形,是动物病毒中体积最大、结构最复杂的病毒。多数痘病毒在其感染的细胞内形成胞浆包涵体,包涵体内所含病毒粒子又称原生小体。大多数的痘病毒易在鸡胚绒毛尿囊膜上生长，并产生溃烂的病灶、痘斑或结节性病灶。

痘病毒对热的抵抗力不强。55 ℃ 20 min或37 ℃ 24 h均可使病毒丧失感染力。对冷及干燥的抵抗力较强，冻干至少可以保存3年以上，0.5%福尔马林、3%石炭酸、0.01%碘溶液、3%硫酸、3%盐酸可于数分钟内使其丧失感染力。

2. 致病性

绵羊痘病毒是羊痘病毒属的病毒。在自然条件下，只有绵羊发生感染，出现全身性痘疱，肺经常出现特征性干酪样结节，感染细胞的胞浆中出现包涵体。各种绵羊的易感性不同，死亡率在5%～50%不等。有些毒株可感染牛和山羊，产生局部病变。鸡痘病毒是禽痘病毒属的代表种，在自然情况下，各种年龄的鸡都易感，但多见于5～12月龄的鸡；有皮肤型和白喉型两种病型。皮肤型是皮肤有增生型病变并结痂，白喉型则在消化道和呼吸道黏膜表面形成白色不透明结节甚至奶酪样坏死的伪膜。

3. 微生物学检查

(1)原生小体检查　对无典型症状的病例，采取痘疹组织片，按莫洛佐夫镀银法染色后，在油镜下观察，可见有深褐色的球菌群样原型小颗粒，单在或呈短链或成堆，即为原生小体。

(2)血清学诊断　将可疑病料做成乳剂并以此为抗原，同其阳性血清做琼脂扩散试验，如出现沉淀线，即可确诊。此外，还可用补体结合试验、中和试验等进行诊断。

(3)病毒分离鉴定　必要时可接种于鸡胚绒毛尿囊膜或采用划痕法接种于家兔、豚鼠等实验动物，观察鸡胚绒毛尿囊膜的痘斑或动物皮肤上出现的痘疹进行鉴定。

四、狂犬病病毒

狂犬病病毒侵害动物的神经系统，能引起人和各种家畜的狂犬病。临床特征性为各种形式的兴奋和麻痹状态，病理组织学特征为脑神经细胞内形成包涵体即内基氏小体。

1. 生物学性状

狂犬病病毒是单股RNA病毒，呈子弹形，有囊膜及膜粒，圆柱状的核衣壳呈螺旋形对称。该病毒在pH 6.2、0～4 ℃条件下可凝集鹅的红细胞，并可被特异性抗体所抑制，故可进行血凝抑制试验。病毒在动物体内主要存在于中枢神经组织、唾液腺和唾液内。在自然条件下，能使动物感染的强毒株称野毒或街毒。街毒对兔的毒力较弱，如用脑内接种，连续传代后，对兔的毒力增强，而对人及其他动物的毒力降低，称为固定毒；可用于疫苗生产。感染街毒的动物在脑组织神经细胞可形成胞浆包涵体即内基氏小体。街毒可在大鼠、小鼠、家兔和鸡胚等脑组织、仓鼠肾和猪肾等细胞上培养，但一般不引起细胞病变，需用荧光抗体染色法以检测病毒抗原。通过实验动物继代后，病毒的毒力减弱，可用来制备弱毒疫苗。

本病毒能抵抗自溶及腐烂，在自溶的脑组织中可保持活力7～10 d。反复冻融、紫外线照射、蛋白酶、酸、胆盐、乙醚、升汞、70%酒精、季铵盐类消毒剂、自然光及热等处理都可迅速降低病毒活力，56 ℃ 15～30 min即可灭活病毒。

2. 致病性

各种哺乳动物对狂犬病病毒都有易感性。实验动物中，家兔、小鼠、大鼠均可用人工接种而感染，人也易感，鸽及鹅对狂犬病有天然免疫性。易感动物常因被疯犬、健康带毒犬或其他狂犬病患畜咬伤而发病。病毒通过伤口侵入机体，在伤口附近的肌细胞内复制，而后通过感觉或运动神经末梢及神经轴索上行至中枢神经系统，在脑的边缘系统大量复制，导致脑损伤，出现行为失控、兴奋继而麻痹的神经症状。本病的病死率几乎100%。

3. 微生物学检查

在大多数国家仅限于获得认可的实验室及具有确认资格的人员才能做狂犬病的实验室诊断。常用的诊断方法如下：

(1)包涵体检查　取病死动物的海马角，用载玻片做成压印片。室温自然干燥，滴加数滴塞莱染色液(由2%亚甲蓝醇15 mL，4%碱性复红2～4 mL，纯甲醇25 mL配成)，染1～5 s，水洗，干燥，镜检，阳性结果可见内基氏小体为樱桃红色。一般有70%～90%的病犬可检出胞浆包涵体，如出现阴性，应采用其他方法再进行检查。

(2)血清学诊断　免疫荧光试验是世界卫生组织推荐的方法，是一种快速、特异性很强的方法。还可采用琼脂扩散试验、ELISA、中和试验、补体结合试验等进行诊断。

五、猪瘟病毒

视频7.12　猪瘟病毒和非洲猪瘟病毒

猪瘟病毒(CSFV)只侵害猪，发病后死亡率很高。OIE将猪瘟列入A类传染病之一，并规定为国际贸易重点检疫对象。

1. 生物学性状

CSFV是单股RNA病毒，呈球形，有囊膜。本病毒只在猪源原代细胞如猪肾、睾丸和白细胞等或传代细胞如PK-15细胞、IBRS-2细胞中增殖，但不能产生细胞病变。猪瘟病毒没有血清型的区别，只有毒力强弱之分。在强毒株、弱毒株或几乎无毒力的毒株之间，有各种逐渐过渡的毒株。

该病毒对理化因素的抵抗力较强，血液中的病毒56 ℃ 60 min或60 ℃ 10 min才能被灭活，室温能存活2～5个月，在冻肉中可存活6个月之久，病毒冻干后在4～6 ℃条件下可存活一年。阳光直射5～9 h可失活，1%～2%烧碱或10%～20%石灰水15～60 min能杀灭病毒。猪瘟病料加等量含0.5%石炭酸的50%甘油生理盐水，在室温下能保存数周，可用于送检材料的防腐。猪瘟病毒在pH 5～10条件下稳定，对乙醚、氯仿敏感，能被迅速灭活。

2. 致病性

猪瘟病毒除对猪有致病性外，对其他动物均无致病性。人工感染于兔体后毒力减弱，我国已用猪瘟兔化弱毒株作为制造疫苗的种毒。已经证实猪瘟病毒与牛病毒性腹泻病病毒有共同的可溶性抗原，二者既有血清学交叉，又有交叉保护作用。

3. 微生物学检查

应在国家认可的实验室进行。

(1)病毒分离鉴定　采取疑似病例的淋巴结、脾、扁桃体、血液等，用猪淋巴细胞或肾细胞分离培养病毒，因为不能产生细胞病变，通常用荧光抗体技术检查细胞浆内病毒抗原。用RT-PCR可快速检测感染组织中的猪瘟病毒。

(2)血清学诊断　常用荧光抗体法、酶标抗体法或琼脂扩散试验等血清学实验来直接确诊病料中有无猪瘟病毒。

六、猪传染性胃肠炎病毒

猪传染性胃肠炎病毒（TGEV）是猪传染性胃肠炎的病原体，仅感染猪，而且各种年龄的猪均可感染。

1. 生物学性状

TGEV 是单股 RNA 病毒，有囊膜，形态多样，呈球形或椭球形。该病毒不易在鸡胚和实验动物体内增殖，可在猪肾细胞、猪甲状腺细胞和睾丸细胞上增殖。IBRS-2、ST、PK-15 细胞系是实验室进行病毒增殖的常用细胞系。TGEV 只有一个血清型，各毒株之间有密切的抗原关系。

该病毒对胰酶有一定抵抗力，在 pH 4～8 条件下稳定。病毒粒子对光敏感，在阳光下 6 h 即被灭活。在低温条件下储存稳定，－20 ℃条件下储存一年，病毒滴度无明显下降。但在 37 ℃条件下存放 4 d，病毒感染性全部丧失。

2. 致病性

猪传染性胃肠炎病毒仅引起猪发病，各种年龄猪均可感染发病，5 日龄以下仔猪的病死率可达 100%；随年龄增长，病死率逐渐降低，16 日龄以上仔猪的病死率降至 10%以下。

3. 微生物学检查

（1）病毒分离鉴定　病毒分离可用猪甲状腺原代细胞、猪甲状腺细胞株 PD5 或睾丸细胞，产生细胞病变，再进一步用中和试验进行鉴定。

（2）血清学诊断　取疾病早期阶段的仔猪肠黏膜做涂片或冰冻切片，通过荧光抗体或 ELISA 可快速检出病毒。采集发病期及康复期双份血清样品做中和试验或 ELISA 检测抗体，根据抗体的消长规律确定病毒的感染情况，是最确实的诊断方法。

（3）动物接种试验　取病猪粪便或空肠组织，制成 5%～10%悬液，取上清加抗生素处理后，喂给 2～7 日龄的仔猪，若病料中有病毒存在，仔猪常于 18～72 h 内发生呕吐及严重腹泻，并可引起死亡。

七、新城疫病毒

新城疫病毒（NDV）是鸡和火鸡新城疫的病原体。新城疫又称亚洲鸡瘟或伪鸡瘟，此病具有高度传染性，死亡率在 90%以上，对养鸡业危害极大。

1. 生物学性状

NDV 是 RNA 病毒，有的近似球形，有的呈蝌蚪状，有囊膜。囊膜上的纤突有血凝素、神经氨酸酶和融合蛋白，它们在病毒感染过程中发挥重要作用。神经氨酸酶介导病毒对易感细胞的吸附作用；融合蛋白以无活性的前体形式存在，在细胞蛋白酶的作用下裂解活化，暴露出末端的疏水区导致病毒与细胞融合；血凝素能使人、鸡、鸭、鸽、火鸡、豚鼠和小鼠等的红细胞出现凝集，这种血凝性能被特异的抗血清所抑制。NDV 多用鸡胚或鸡胚细胞来分离培养，引起的细胞病变主要是形成合胞体和蚀斑。该病毒只有一个血清型，但不同毒株的毒力有较大差异，根据毒力的差异可将 NDV 分成 3 个类型，强毒型、中毒型和弱毒型。

本病毒对外界环境抵抗力较强，pH 2～12 的环境下 1 h 不被破坏；在新城疫暴发后的 2～8 周，仍能从鸡舍内分离到病毒；在鲜蛋中经几个月，在冻鸡中经两年仍有病毒生存。易被紫外线灭活。常用消毒剂有2%氢氧化钠、3%～5%来苏儿、10%碘酊、70%酒精等，30 min内即可将病毒杀灭。

2. 致病性

NDV对不同宿主的致病力差异很大。鸡、火鸡、珍珠鸡、鹌鹑和野鸡对NDV都有易感性，其中鸡对NDV的易感性最高。而水禽（如鸭、鹅）可感染带毒，但不发病。抗体产生迅速，血凝抑制抗体在感染后4～6 d即可检出，并可持续至少2年。血凝抑制抗体的水平是衡量鸡群免疫力的指标。雏鸡的母源抗体保护可达3～4周。血液中IgG不能预防呼吸道感染，但可阻断病毒血症；分泌性IgA在呼吸道及肠道的保护方面具有重大作用。

3. 微生物学检查

（1）病毒分离鉴定　采取病鸡脑、肺、肝和血液等，处理后取上清液，接种鸡胚尿囊腔，检查死亡胚胎病变。收集尿囊液，用1%鸡红细胞做血凝试验，若出现红细胞凝集，再用新城疫标准阳性血清做血凝抑制试验即可确诊。病毒分离试验只有在患病初期或最急性期才能成功。

（2）血清学诊断　采集发病鸡群急性期和康复期的双份血清，血凝抑制试验测其抗体，若康复期比急性期抗体效价升高4倍以上，即可确诊。也可用病鸡组织压印片进行荧光抗体试验确诊，此方法更快、更灵敏。

八、传染性法氏囊病病毒

传染性法氏囊病病毒（IBDV）是鸡传染性法氏囊病的病原体。本病是一种高度接触性传染病，以法氏囊淋巴组织坏死为主要特征。

1. 生物学性状

IBDV是双股RNA病毒，为双股RNA病毒科禽双RNA病毒属的成员。病毒粒子直径55～60 nm，正二十面体对称，无囊膜。能在鸡胚、鸡胚成纤维细胞和法氏囊细胞中繁殖。该病毒有两个血清型，二者有较低的交叉保护，仅1型对鸡有致病性，火鸡和鸭为亚临床感染；2型未发现有致病性。毒株的毒力有变强的趋势。

IBDV对理化因素的抵抗力较强。耐热，56 ℃ 5～6 h，60 ℃ 30～90 min仍有活力。但70 ℃加热30 min即被灭活。病毒在－20 ℃贮存3年后对鸡仍有传染性，在－58 ℃保存18个月后对鸡的感染度不下降，并能耐反复冻融和超声波处理。在pH 2环境中60 min不灭活，对乙醚、氯仿、吐温和胰蛋白酶有一定抵抗力，在3%来苏儿、3%石炭酸和0.1%升汞液中经30 min可以灭活，但对紫外线有较强的抵抗力。

2. 致病性

IBDV的天然宿主只限于鸡。2～15周龄鸡较易感，尤其是3～5周龄鸡最易感。法氏囊已退化的成年鸡呈现隐性感染。鸭、鹅和鸽不易感，鹌鹑和麻雀偶尔也感染发病，火鸡只发生亚临床感染。病鸡是主要的传染源，粪便中含有大量的病毒，可污染饲料、饮水、垫料、用具、人员等，通过直接和间接接触传染。昆虫也可作为机械传播的媒介，带毒鸡胚可垂直传播。

IBDV可导致免疫抑制，诱发其他病原体的潜在感染或导致疫苗的免疫失败。目前认为该病毒可以降低鸡新城疫、鸡传染性鼻炎、鸡传染性支气管炎、鸡马立克病和鸡传染性喉气管炎等各种疫苗的免疫效果，使鸡对这些病的敏感性增加。据报道，鸡早期传染性法氏囊病，能降低鸡新城疫疫苗免疫效果40%以上，降低马立克病疫苗效果20%以上。

3. 微生物学检查

(1)病毒分离培养　采取病鸡法氏囊，处理后取上清液，接种鸡胚绒毛尿囊膜，接种后胚胎 3 d 左右死亡，检查其病变。也可用雏鸡或鸡胚成纤维细胞进行培养，用中和试验或琼脂扩散试验进一步鉴定。还可用 RT-PCR 等分子生物学技术进行快速诊断。

(2)血清学诊断　常用方法主要有琼脂扩散试验、中和试验、ELISA 等。

九、马立克病病毒

马立克病病毒(MDV)是鸡马立克病的病原体。鸡马立克病是一种传染性肿瘤疾病，以淋巴细胞增生和形成肿瘤为特征。

1. 生物学性状

MDV 是双股 DNA 病毒，属于疱疹病毒科疱疹病毒甲亚科的成员，又称禽疱疹病毒 2 型。MDV 在机体组织内以无囊膜的裸病毒和有囊膜的完整病毒两种形式存在。裸病毒为二十面体对称，直径为 85～100 nm；有囊膜的完整病毒近似球形，直径为 130～170 nm。其中具有感染性的为有囊膜的完整病毒，主要存在于羽毛囊上皮细胞中。

MDV 共分为 3 种血清型。致病性的 MDV 及其人工致弱的疫苗株均为血清 1 型；无毒力的自然分离株为血清 2 型；火鸡疱疹病毒(HVT)为血清 3 型，对火鸡可致产卵下降，对鸡无致病性。

有囊膜的感染性病毒有较大的抵抗力。随着病鸡皮屑的脱落，羽毛囊上皮细胞中的有囊膜的病毒会污染禽舍的垫草和空气，并借助它们进行传播。在垫草或羽毛中的病毒在室温下 4～8 个月和 4 ℃至少 10 年仍有感染性。禽舍灰尘中含有的病毒，在 22～25 ℃下几个月仍具有感染性。

2. 致病性

MDV 主要侵害雏鸡和火鸡，野鸡、鹌鹑和鹧鸪也可感染，但不发病。1 周龄内的雏鸡最易感，随着鸡日龄增长，对 MDV 的抵抗力也随之增强。发病后不仅引起大量死亡，耐过的鸡也会生长不良，MDV 还对鸡体产生免疫抑制，这是疫苗免疫失败的重要因素之一。MDV 各血清型之间具有很多共同的抗原成分，所以无毒力的自然分离株和火鸡疱疹病毒接种鸡后，均有抵抗致病性 MDV 感染的效力。疫苗接种后，常发现疫苗毒株和自然毒株在免疫鸡体内共存的现象，即免疫过的鸡群仍可感染自然毒株，但并不发病死亡。若疫苗进入鸡体内的时间晚于自然毒株，则不产生保护力，所以应在雏鸡 1 日龄进行接种。在 MDV 感染后 1～2 周，有免疫力的鸡体内可检测到沉淀抗体和病毒中和抗体。

3. 微生物学检查

(1)病毒分离培养　样品采集羽毛囊或脾，将脾脏用胰酶消化后制成细胞悬液或用鸡的羽髓液，接种 4～5 日龄鸡胚卵黄囊或绒毛尿囊膜，也可接种鸡肾细胞进行病毒培养。若有 MDV 增殖，在鸡胚绒毛尿囊膜上可出现痘斑或在细胞培养物中形成蚀斑现象。

(2)PCR 鉴定　PCR 方法具有很强的特异性和敏感性，适于马立克病的早期诊断。

(3)血清学诊断　主要用琼脂扩散试验、荧光抗体试验和间接血凝试验等。其中最简单的方法是琼脂扩散试验，中间孔加阳性血清，周围插入被检鸡羽毛囊，出现沉淀线即为阳性。

十、小鹅瘟病毒

小鹅瘟病毒(GPV)又名鹅细小病毒，是小鹅瘟的病原体。该病是一种急性或亚急性败血性传染病，主要发生于3～20日龄的雏鹅。

1. 生物学性状

GPV是单股DNA病毒，为细小病毒科细小病毒属的成员。病毒呈六角形或圆形，20～25 nm，无囊膜。本病毒初次分离培养必须使用12～14日龄鹅胚，经尿囊腔接种后5～7 d死亡。鹅胚适应毒株可在鹅成纤维细胞内增殖，引起细胞圆缩、脱落等细胞病变。GPV只有一个血清型。

本病毒对外界因素如热、酸、脂溶剂和胰酶等有很强的抵抗力，50 ℃ 3 h或37 ℃ 7 d对感染力无影响；在乙醚等脂溶剂或pH 3的酸性条件下处理后，接种鹅胚，与未经处理的病毒没有区别。本病毒与其他细小病毒属成员的一个显著区别，就是对多种动物和禽类的红细胞均无凝集作用。

2. 致病性

在自然条件下，小鹅瘟病毒只能感染雏鹅和雏番鸭。发病率和死亡率与雏鹅日龄有密切关系，随日龄增加，其发病率和死亡率逐渐降低，症状减轻，病程延长。7～10日龄发病率和死亡率最高，可达90%～100%；11～15日龄死亡率为50%～70%。16～20日龄为30%～50%，21～30日龄为10%～30%，1月龄以上为10%。康复后的雏鹅或经隐性感染的成年鹅可获得坚强的免疫力，并能将抗体通过卵黄传给后代，使雏鹅被动地获得抵抗GPV感染的能力。

3. 微生物学检查

(1)病毒分离鉴定　采集病死雏鹅的肝、脾、肾等器官，匀浆后取上清液，接种12～15日龄鹅胚尿囊腔，经3～6 d鹅胚死亡；若死胚出现典型病变，如绒毛尿囊膜增厚，全身皮肤充血，翅尖、趾、胸部毛孔、颈和喙旁均有出血点等，取尿囊液病毒通过理化特性测定、中和试验等做进一步鉴定。

(2)血清学诊断　常用的有中和试验和琼脂扩散试验，可用于检测鹅血清中的抗体，也可用于检测病死鹅体内的抗原。

十一、鸭瘟病毒

鸭瘟病毒(DPV)是鸭瘟的病原体，偶尔也能使鹅发病。鸭瘟传播迅速，大批流行时发病率和死亡率都很高，严重威胁养鸭业的发展。

1. 生物学性状

DPV是双股DNA病毒，呈球形，有囊膜。鸭瘟病毒可在8～14日龄的鸭胚中生长繁殖和继代，接种后多在3～6 d内死亡，剖检鸭胚肝脏有特征性的灰白色或灰黄色针尖大的坏死点。病毒也能在鸭胚细胞或鸡胚细胞培养物中增殖和继代，引起细胞病变，形成空斑和核内包涵体。人工接种可使1日龄小鸡感染。病毒只有一个血清型，但不同分离株毒力不同。

本病毒对外界因素的抵抗力较强。56 ℃ 10 min、50 ℃ 90～120 min能破坏其感染性；22 ℃以下30 d感染力丧失；含有病毒的肝组织，−20～−10 ℃低温347 d对鸭仍有致病力；

在－7～－5 ℃环境中，3 个月毒力不减；但反复冻融，则容易使之丧失毒力。在 pH 7～9 的环境中稳定，但 pH 3 或 pH 11 可迅速灭活病毒。70％酒精 5～30 min、0.5％漂白粉和 5％石灰水 30 min 即被杀死。病毒对乙醚、氯仿和胰酶敏感。

2. 致病性

在自然情况下，鸭瘟病毒主要侵害家鸭。各种年龄和品种的鸭均可感染，但以番鸭、麻鸭和绵鸭易感性最高，北京鸭次之。自然流行中，成年鸭和产蛋母鸭发病和死亡较高，1 月龄以下的雏鸭发病较少。

3. 微生物学检查

(1)病毒分离鉴定　采集病鸭的肝、脾或肾等病料，处理后取上清液，接种于 9～14 日龄鸭胚绒毛尿囊膜上，接种 4～14 d 鸭胚死亡，呈现特征性地弥漫性出血。本法敏感性不如用上清液接种 1 日龄易感鸭，易感鸭在接种 3～12 d 内死亡，剖检可见到该病的典型病灶。也可用细胞分离培养病毒，对分离到的病毒通过电镜观察、中和试验等进一步鉴定。

(2)血清学诊断　血清学试验在诊断急性感染病例中的价值不大，但鸭胚或细胞培养做中和试验，可用于监测。

十二、犬细小病毒

犬细小病毒(CPV)是犬细小病毒病的病原体，具有高度的稳定性，并经粪-口途径有效传播，所有犬科动物均易感，而且有很高的发病率与死亡率，所以犬细小病毒病能在全世界大流行。

1. 生物学性状

CPV 是单股 DNA 病毒，为细小病毒科细小病毒属成员。粪便中经负染的病毒粒子呈球形或六边形，直径约 20 nm，无囊膜。病毒可在多种细胞内增殖，近年来常用 MDCK 和 F81 等传代细胞分离培养病毒。病毒增殖后可引起 F81 细胞脱落、崩解等明显的细胞病变，能在 MDCK 内很好增殖，但无明显细胞病变。4 ℃下，犬细小病毒可凝集猪和恒河猴的红细胞，用此特性可作为鉴定犬细小病毒的参考指标。CPV 对外界因素有强大的抵抗力，能耐受较高温度和脂溶剂处理，而不丧失其感染力。

2. 致病性

犬细小病毒主要感染犬，尤其 2～4 月龄幼犬多发。健康犬直接接触病犬或污染物而遭受传染。本病在临床上主要有心肌炎型和肠炎型两种类型。组织学检查可见局灶性心肌坏死，心肌细胞内形成核内嗜碱性包涵体。患犬白细胞减少，病程稍长的犬可见小肠和回肠增厚，浆膜表面具有颗粒样物，呈现胸腺萎缩、脾及淋巴结淋巴滤泡稀疏以及腺上皮细胞坏死。

犬感染 3～5 d 后即可检出中和抗体，并达很高的滴度，免疫期较长。由母体初乳传给幼犬的免疫力可持续 4～5 周。

3. 微生物学检查

(1)病毒分离鉴定　取发病早期的粪样，处理后取上清液，接种于原代犬胎肠细胞培养，用荧光抗体技术、电镜及 HA-HI 试验进一步鉴定。

(2)血清学诊断　最简便的方法是采集发病早期病犬的粪便直接做 HA 试验，若能凝集猪或恒河猴的红细胞即可基本确诊。HI 试验主要用于检测血清或粪便中的抗体，适合于流行病学调查。

十三、兔出血症病毒

兔出血症病毒(RHDV)是兔出血性败血症的病原体。本病以呼吸系统出血、实质器官水肿、淤血及出血性变化为特征。

1. 生物学性状

兔出血症病毒呈球形,直径 32～36 nm,二十面体对称,无囊膜。该病毒具有血凝性,能凝集人类的各型红细胞,肝病料中的病毒血凝价可达 10×2^{20},平均为 10×2^{14}。该病毒也可凝集绵羊、鸡、鹅的红细胞,但凝集能力较弱,不凝集其他动物的红细胞。红细胞凝集试验在 pH 4.5～7.8 的范围内稳定,最适 pH 为 6.0～7.2;如 pH 低于 4.4,则会导致溶血;pH 高于 8.5,吸附在红细胞上的病毒将被释放。该吸附-释放现象可用于 RHDV 的提纯。

2. 致病性

引进的纯种兔和杂交兔比我国本地兔对该病毒易感,毛用兔比肉用兔易感。在自然条件下,只感染年龄较大的家兔;病毒主要通过直接接触传染,也可通过病毒污染物经消化道、呼吸道、损伤的皮肤黏膜等途径感染;大多为急性和亚急性型,发病率和死亡率都较高。2 月龄以下的仔兔自然感染时一般不发病。

3. 微生物学检查

(1)病毒抗原检测　无菌采取病兔的肝、脾、肾及淋巴结等,磨碎后加生理盐水制成 1∶10 悬液,冻融 3 次,3 000 r/min 离心 30 min,取上清液做血凝试验。把待检的上清液连续 2 倍稀释,然后加入 1%人"O"型红细胞,37 ℃作用 60 min 观察结果。凝集价大于 1∶160 判为阳性。再用已知阳性血清做 HT,如血凝作用被抑制(血凝抑制滴度大于 1∶80 为阳性),则证实病料中含有本病毒。也可用荧光抗体试验、琼脂扩散试验或斑点酶联免疫吸附试验检测病料中的病毒抗原。

(2)血清抗体检测　多用于本病的流行病学调查和疫苗免疫效果的检测,常用的方法是血凝抑制试验。也可用间接血凝试验检测血清抗体。

【经典考题】

一、单项选择题

1. 下列病毒中,无囊膜的是(　　)。

A. 马立克病病毒　　B. 口蹄疫病毒　　C. 鸡新城疫病毒　　D. 禽流感病毒

2. 关于禽流感病毒描述正确的是(　　)。

A. 有囊膜、核酸为 DNA　　B. 有囊膜、核酸为 RNA

C. 无囊膜、核酸为 DNA　　D. 无囊膜、核酸为 RNA

3. 动物病毒中体积最大、结构最复杂的病毒是(　　)。

A. 口蹄疫病毒　　B. 痘病毒　　C. 鸡新城疫病毒　　D. 禽流感病毒

4. 狂犬病的传染范围是(　　)。

A. 只传染给犬　　B. 只传染给人　　C. 只传染动物　　D. 能传染给人和多种动物

5. 猪瘟病毒的分类地位是(　　)。

A. 单股 RNA 病毒　　B. 双股 RNA 病毒
C. 单股 DNA 病毒　　D. 双股 DNA 病毒

6. 下列病毒中，主要引起腹泻的是(　　)。
A. 猪伪狂犬病病毒　　B. 日本脑炎病毒
C. 猪传染性胃肠炎病毒　　D. 猪圆环病毒

7. 下列病毒中，可以引起怀孕猪流产的是(　　)。
A. 猪繁殖与呼吸综合征病毒　　B. 猪传染性胃肠炎病毒
C. 猪圆环病毒　　D. 猪流行性腹泻病毒

8. 鸡新城疫病毒细胞凝集试验(HA)是由如下特性决定(　　)。
A. 病毒囊膜所具有的神经氨酸酶决定
B. 病毒囊膜所具有的神经氨酸酶和细胞表面的对应受体决定
C. 病毒囊膜所具有的血凝素决定
D. 病毒囊膜所具有的血凝素和细胞表面的相应受体决定

9. 传染性法氏囊病毒能引起(　　)的疾病。
A. 成年鸡　　B. 雏鸡或幼龄鸡
C. 成年鸡鸭鹅　　D. 幼龄鸡鸭鹅

10. 下列病毒中，可以导致家禽肿瘤的是(　　)。
A. 鸡传染性喉气管炎病毒　　B. 鸡马立克病病毒
C. 鸡痘病毒　　D. 鸡减蛋综合征病毒

11. 下列病毒中，以导致蛋鸡产蛋下降为主要致病特征的是(　　)。
A. 雏鸭肝炎病毒　　B. 鸡马立克病病毒
C. 鸡痘病毒　　D. 减蛋综合征病毒

12. 牛海绵状脑病的病原是(　　)。
A. 狂犬病病毒　　B. 朊蛋白　　C. 流感病毒　　D. 噬菌体

13. 下列病毒中，属于副黏病毒科成员的是(　　)。
A. 鸡痘病毒　　B. 口蹄疫病毒　　C. 新城疫病毒　　D. 禽流感病毒

14. 兔体交叉免疫试验是检查何病的方法(　　)。
A. 兔瘟　　B. 猪瘟　　C. 鸡瘟　　D. 犬瘟

15. 下列病毒中，无囊膜的是(　　)。
A. 马立克病病毒　　B. 口蹄疫病毒　　C. 鸡新城疫病毒　　D. 禽流感病毒

二、简答题

1. 简述口蹄疫病毒有哪些血清型？如何进行口蹄疫病毒的微生物学诊断。
2. 简述猪瘟病毒的微生物学诊断要点及防制措施。
3. 简述禽流感病毒的致病特点及防制措施。
4. 简述新城疫病毒的微生物学诊断要点及防制措施。
5. 简述传染性法氏囊病病毒的致病特点及防制措施。
6. 简述犬细小病毒的微生物学诊断要点。

项目三　动物常见其他病原微生物

【学习目标】

1. 掌握皮肤真菌、中毒性真菌、曲霉菌等生物学特性、致病性和微生物诊断方法。

2. 掌握猪肺炎支原体、禽败血支原体、丝状支原体丝状亚种、丝状支原体山羊亚种等动物病原支原体的生物学特性、致病性和微生物检验方法。

3. 掌握Q热立克次体、猪附红细胞体的主要生物学特性、致病性和微生物检验方法。

4. 掌握猪痢疾蛇形螺旋体、钩端螺旋体、兔梅毒密螺旋体的生物学特性、致病性和微生物检查方法。

一、动物常见病原真菌

病原真菌可分为感染性病原真菌和中毒性病原真菌两大类，但有的真菌既能感染动物组织，同时也产生毒素，如烟曲霉菌等。

(一)皮肤真菌

这是一类只侵害动物体表角化组织(皮肤、毛、发、指甲、爪、蹄等)的病原性真菌，感染后临床表现为皮肤发生丘疹、水泡、皮屑、脱毛、毛囊炎或毛囊周围炎、有黏性分泌物或上皮细胞形成痂壳等。

1. 生物学特性

菌丝均有分隔并分枝，不产生有性孢子。对营养要求不高，需氧，在葡萄糖蛋白胨琼脂上能良好生长。最适生长温度为22～28 ℃，一般要培养1周以后，长出的菌落有绒絮状、粉粒状、蜡样或石膏样；随着时间的延长，菌落形成灰白、淡红、橘红、红、紫、黄、橙、棕黄及棕色等颜色。

2. 微生物学诊断

皮肤真菌病最常用的检查方法为显微镜检查和分离培养鉴定。将患部用75%酒精消毒后，用镊子拔下感染部位被毛、羽毛；皮肤、皮屑及爪甲部病料用小刀刮取。

(1)镜检　将病料放在玻片上，加氢氧化钾液，在火焰上稍加热使材料透明，加盖玻片后用低倍及高倍镜检查。也可在被检材料上加1～2滴乳酸酚棉蓝，加盖玻片10 min后镜检。感染毛癣菌的毛，可见孢子在毛上呈平行的链状排列，有的孢子在毛内，有的孢子在毛内、外均可见。感染小孢子菌时，可见孢子紧密而无规则地排列在毛干周围。

(2)培养　将被检病料用酒精或石炭酸水浸泡2～3 min杀死杂菌，以无菌生理盐水洗涤后，接种于加有抗生素的葡萄糖蛋白胨琼脂培养基上，22～28 ℃培养2周，根据菌落特性、菌丝和孢子的特征进行鉴定。

3. 防制

皮肤真菌感染无特异预防方法，主要是注意皮肤卫生，避免与患畜接触，保持环境的干燥。

当畜禽发生皮肤真菌病时，可用5%或2%热碱水、3%福尔马林或0.5%过氧乙酸进行笼舍和桩柱的消毒。治疗可用灰黄霉素。

(二)中毒性病原真菌

凡能产生毒素、导致人和动物发生急性或慢性中毒的真菌，称为中毒性病原真菌。中毒性病原真菌主要有黑葡萄穗霉菌、镰刀菌属、青霉菌属和甘薯黑斑病霉菌等。真菌毒素是一类次生代谢产物，种类很多。人们根据各种真菌毒素毒性作用的靶器官分为肝脏毒、肾脏毒、神经毒、造血组织毒等几类。

真菌毒素的产生，除取决于菌株外，还依赖于外界环境因素，如基质、温度和湿度等。一般真菌产毒菌株易在食物、粮食、饲草等植物上生长产毒，而在乳、蛋等动物源基质上产毒能力较低。真菌的生长繁殖与温度及空气的湿度关系密切，大多数最适温度为25～30 ℃，低于10 ℃或高于40 ℃生长减弱，产生毒素的能力也会受到影响。基质含水量在17%～18%时，是真菌产毒的最适条件。

(三)曲霉菌属

曲霉菌中对畜禽危害严重的有黄曲霉、烟曲霉、寄生曲霉、棕曲霉、杂色曲霉、构巢曲霉、白曲霉及黑曲霉等。本菌常引起感染性疾病、变态反应性疾病与霉菌毒素中毒性疾病。

1. 黄曲霉菌

黄曲霉菌通常寄生于各类粮食、花生、棉籽、鱼粉及肉制品上，条件适宜时可大量繁殖，部分菌株在繁殖时能产生毒素，引起多种畜禽发生黄曲霉毒素症，并能导致癌症，严重危害人类的健康。

(1)生物学特性　黄曲霉菌的培养常用察氏培养基，最适温度为28～30 ℃，经10～14 d菌落直径可达3～7 cm，最初带黄色，然后变成黄绿色，老龄菌落呈暗色，表面平坦或有放射状皱纹，菌落反面无色或略带褐色。

不同动物对黄曲霉毒素的敏感性不同，鸭、兔、猫、猪、犬较敏感，猴、豚鼠、小鼠、羊敏感性较低。根据黄曲霉毒素的毒性作用，可将中毒分为3类，即急性或亚急性、慢性、致癌性。

(2)微生物学检查

①毒素检查。从可疑饲料中提取毒素，进行生物学鉴定。可用一日龄鸭进行试验，着重检查肝脏病变，可见坏死、出血以及胆管上皮细胞增生等。或用薄层层析法检测毒素。

②真菌分离鉴定。从可疑饲料分得真菌后，根据形态学及培养特点进行鉴定，并进行产毒试验。

(3)防制　防止饲料发霉，主要的措施是控制温度和湿度。一般粮食含水量在13%以下，玉米在12.5%以下，花生在8%以下，真菌即不易繁殖。另外，勿用发霉饲料饲喂动物。

2. 烟曲霉菌

烟曲霉菌是曲霉菌属致病性最强的霉菌，既可引起动物感染，如导致禽的曲霉性肺炎及呼吸器官组织炎症，并形成肉芽肿结节；也可产生毒素，导致动物发生痉挛、麻痹，直至死亡。

(1)生物学特性　在葡萄糖马铃薯培养基、沙堡氏培养基、血琼脂培养基上经25～37 ℃培养，生长较快，菌落最初呈白色绒毛状或棉絮样，迅速变为绿色、暗绿色以及黑色，外观呈细粉末状或绒毛状，菌落反面无色或带褐色。

(2)微生物学诊断　取病禽肺、气囊或腹腔上肉眼可见的小结节，置载玻片上，加生理盐水

1～2 滴，压盖玻片镜检，检查有无烟曲霉的特殊形态。也可取肺、肝或脾做切片，染色镜检可见呈花冠状分生孢子，即可确诊。分离培养时，取肝等实质器官，接种于马铃薯培养基上，37 ℃下培养 3 d，可见菌丝生长。

(3)防制　主要措施是加强饲养管理，保持禽舍通风干燥，不让垫草发霉。环境及用具保持清洁。本菌对一般的抗生素均不敏感，制霉菌素、两性霉素 B、灰黄霉素及碘化钾对本菌有抑制作用。

二、动物常见病原支原体

(一)猪肺炎支原体

本菌是引起猪地方流行性肺炎即猪喘气病的病原体。我国于 1973 年才分离到。感染后的死亡率不高，但严重影响猪的生长发育，给养猪业的发展带来严重危害。

1. 生物学特性

形态多样，大小不等。在液体培养物和肺触片中，以环形为主，也见球状、短链状和丝状等。可通过 300 nm 孔径滤膜，革兰染色阴性，着色不佳，吉姆萨或瑞士染色良好。兼性厌氧，对营养要求比一般支原体更高，在支原体专用培养基中生长，37 ℃培养 7～10 d 可长成直径 4 mm 的菌落，菌落圆形，中央隆起丰满，缺乏“脐眼”样特征。可用 6～7 日龄鸡胚卵黄囊或猪肺单层细胞培养。

对外界环境的抵抗力较弱，病料于 15～25 ℃保存 36 h 即失去致病力。病肺组织中的病原体在－15 ℃可保存 45 d，1～4 ℃可存活 4～7 d。经冷冻干燥的培养物在 4 ℃可存活 4 年。对常用化学消毒剂均敏感，对青霉素、红霉素和磺胺类药物等不敏感；对放线菌素 D、丝裂菌素 C 最敏感，对四环素类、泰乐菌素、螺旋霉素、林可霉素敏感。

2. 致病性

自然感染仅见于猪，可使不同年龄、性别、品种的猪感染，引起地方流行性肺炎，其中以哺乳仔猪和幼猪最为易感。本菌经呼吸道传播，将培养物滴鼻接种 2～3 月龄健康仔猪，能引起典型病变。环境因素的影响或猪鼻支原体以及巴氏杆菌等继发感染时，常使猪的病情加剧乃至死亡。

3. 微生物学诊断

根据临床症状、剖检变化，结合流行病学一般可确诊；必要时也可进行微生物学诊断。

初代分离培养可将病料研碎，接种于液体培养基中培养，为抑制猪鼻支原体干扰，可在液体培养基中加入抗猪鼻支原体免疫血清。常需连续移植盲目继代，逐渐适应繁殖后才能检出。动物感染试验可将分离的纯培养物或病料悬液，经气管、肺或鼻腔接种给健康仔猪，2 周后可发病。

进一步可用血清学代谢抑制试验、生长抑制试验、免疫荧光试验、间接血凝试验及酶联免疫吸附试验等鉴定。

(二)禽败血支原体

本菌是引起鸡和火鸡等多种禽类慢性呼吸道病的病原体，又称鸡败血支原体。从鸡、火鸡、珍珠鸡、野鸡、鹌鹑、鹧鸪、鸭、鸽、孔雀、麻雀等 10 多种禽类均分离到本菌。

1. 生物学特性

菌体通常为球形，直径为 0.2～0.5 μm，也有卵圆形或梨形。以吉姆萨或瑞氏染料着色良好，革兰染色为弱阴性。

需氧和兼性厌氧，对营养要求较高，在含灭活的马、禽或猪血清和酵母浸出液以及葡萄糖等的培养基中生长良好。为了抑制杂菌的生长需加入醋酸铊和青霉素，pH 7.8～8.0 为宜。在液体培养基中，37 ℃经 2～5 d 的培养，可呈现轻度浑浊乃至均等浑浊；在固体培养基上经 3～10 d，可形成圆形表面光滑透明、边缘整齐、菌落中央有颜色较深且致密的乳头状突起的露滴样小菌落，直径 0.2～0.3 mm。固体培养基上的菌落，于 37 ℃可吸附鸡、豚鼠、大鼠及猴的红细胞、人与牛的精子和 HeLa 细胞等，此吸附作用可被相应的抗血清所抑制。能在 5～7 日龄鸡胚卵黄囊内良好繁殖，使鸡胚在接种后 5～7 d 内死亡，病变表现为胚体发育不良，水肿、肝肿大、坏死等，死胚的卵黄及绒毛尿囊膜中含有大量本菌。

本菌对理化因素的抵抗力不强。离开机体后迅速失去活力。在肉汤培养物中－30 ℃能存活 2～4 年，经低温冻干后 4 ℃能存活 7 年，在卵黄中 37 ℃能存活 8 周，在孵化的鸡胚中 45 ℃经 12～24 h 处理可灭活。对泰乐菌素、红霉素、螺旋霉素、放线菌素 D、丝裂霉素最为敏感，对四环素、金霉素、链霉素、林可霉素次之，但易形成耐药菌株。对青霉素、多黏菌素、新霉素和磺胺类药物有抵抗力。

2. 致病性

本菌主要感染鸡和火鸡，引起呼吸道疾病，对鸡胚有致病性。也可感染珍珠鸡、鸽、鹧鸪、鹌鹑及野鸡等。病原体存在于病鸡和带菌鸡的呼吸道、卵巢、输卵管和精液中，可垂直传播。火鸡被感染发生鼻窦炎、气囊炎及腱鞘炎。并发细菌或病毒感染时，致病力增强。

3. 微生物学诊断

取呼吸道分泌物做分离培养和鉴定，但因分离率极低，一般常用血清学方法诊断。通常采用平板凝集试验，试管凝集试验、琼脂扩散试验、血细胞凝集抑制试验和免疫荧光试验等。

三、动物常见病原立克次体

（一）Q 热立克次体

Q 热立克次体又称贝氏柯克斯体，是 Q 热的病原体。蜱是传播媒介，牛、羊等动物是传染源。

1. 生物学特性

Q 热立克次体呈多形性，多见短杆状或球杆状，常排列成对或聚集成堆。个体较小，一般为(0.2～0.4) μm×(0.4～1) μm，无鞭毛或荚膜。吉姆萨染色呈紫色，马基维罗染色呈红色。革兰染色虽为阴性，但常不稳定，也可染成阳性。耐热、嗜酸、发育周期中能形成芽孢，具有滤过性，多在宿主细胞吞噬溶酶体内繁殖。对理化因素抵抗力较强，可通过气溶胶进行传播感染，是立克次体中唯一不借助媒介节肢动物传播的种。不能在普通培养基上生长，通常多用鸡胚、鸭胚和鼠胚细胞、豚鼠和乳兔肾细胞等培养。

2. 抗原性及其变异

Q 热立克次体有抗原相的变异。自然株为Ⅰ相，毒力强，免疫保护力强，可在小鼠体内连续传代，鸡胚卵黄囊多次传代逐渐变为Ⅱ相。Ⅰ相Q热立克次体可在感染动物早期诱导产生Ⅱ相抗体，晚期产生Ⅰ相抗体，因而Ⅱ相菌可与感染早期血清发生补体结合反应、凝集反应等，且抗体滴度较高，Ⅰ相菌与晚期血清呈阳性反应，滴度较低。与Ⅰ相菌不同，Ⅱ相菌只能诱导产生Ⅱ相抗体，而且Ⅰ相菌免疫动物诱发的Ⅱ相抗体比用Ⅱ相菌免疫还高。

3. 致病性

Q热立克次体引起人Q热，主要症状是发热、头痛、肌肉酸痛，并常伴有肺炎、肝炎等，病死率低。能感染Q热立克次体的动物有牛、羊、马、犬、猫和禽类等。被感染动物通常无明显症状，但它们的乳汁、粪和尿以及胎盘组织中均含有数量不等的病原体。排出体外的病原体污染外界环境，通过空气或接触污染物及吸吮乳汁而感染人畜。多种蜱可将本病原传染给动物。

4. 微生物学检验

Q热立克次体的检查可采取胎盘、子宫分泌物、乳汁及其他排泄物涂片，用马基维罗氏染色法或吉姆萨染色法染色镜检，如能在细胞内见有大量染成红色或紫色的球状或球杆状颗粒，可做初步诊断，但须与布鲁氏菌、鹦鹉热衣原体相鉴别。

分离培养Q热立克次体时可将病料腹腔接种仓鼠或豚鼠，待其发热后，取脾脏做涂片镜检，观察胞浆内的立克次体。也可用鸡胚或组织培养法分离病原体，用已知阳性血清做补体结合反应进行鉴定。血清学检查可采集被检动物血清，通过补体结合试验检查动物血清抗体，也可用此法检查乳清中抗体。所用抗原为感染的卵黄囊制备的Ⅱ相抗原。此外，也可用凝集试验及免疫荧光试验测定特异性抗体。

（二）猪附红细胞体

附红细胞体是寄生于红细胞表面、血浆及骨髓中的一群微生物，附红细胞体病是由附红细胞体感染机体而引起的人兽共患传染病。目前国际上广泛采用1984年版《伯杰细菌鉴定手册》进行分类，将附红细胞体列为立克次体目、无形体科、血虫体属（又称附红细胞体属）。在不同动物中寄生的附红细胞体各有其名，如绵羊附红细胞体、温氏血虫体、猪附红细胞体、牛附红细胞体和人附红细胞体等。迄今已发现和命名的附红细胞体有14种。猪附红细胞体寄生于猪的红细胞表面及血浆中，引起猪的附红细胞体病。

1. 生物学特性

附红细胞体呈圆形、卵圆形、环形、逗号形、月牙形、网球拍形和杆形等，附着于红细胞表面或游离于血浆中。直径0.2～2 μm，最大可达2.5 μm。游离于血浆中的附红细胞体做摇摆、扭转、翻滚等运动。但附着于红细胞表面时则看不到运动，当红细胞上附有多量附红细胞体时，有时能看到红细胞的轻微晃动、震颤。一个红细胞上可能附有1～15个附红细胞体，以6～7个最多见，被寄生的红细胞变形为齿轮状、星芒状或不规则形状。

附红细胞体的运动不受红细胞溶解的影响。在新鲜血滴涂片上，加一滴0.1%稀盐酸，将红细胞溶解后，附红细胞体活动力仍不减弱。但在涂片上加一滴1%碘液后，可使其运动停止，这一特性具有鉴别作用。

附红细胞体对于干燥和化学消毒剂的抵抗力不强，0.5%石炭酸于37 ℃经3 h可将其杀死，一般常用浓度的消毒药也可使其灭活。在4 ℃条件下用柠檬酸钠抗凝的无菌血液中可保存15～30 d，仍有感染力。附红细胞体对低温抵抗力强，在加入15%甘油的血液中，−30 ℃能保持80 d的感染力，冻干后可存活2 d。

附红细胞体多由吸血昆虫叮咬传播。使用未经严格消毒的器械，对猪进行剪齿、断尾、打记号、阉割或注射，也可造成交叉传播，此外，附红细胞体也可经胎盘传染给仔猪。

2. 致病性

附红细胞体吸附在红细胞上后，能够改变红细胞膜的通透性，使红细胞易于溶解和破裂，从而引起红细胞数量减少，血红蛋白含量降低，导致机体免疫功能下降，易于继发感染其他病原，以及出现高热、贫血、黄疸等现象。此外，猪附红细胞体使红细胞膜抗原发生改变，被自身免疫系统视为异物，导致自身免疫溶血性贫血。被感染红细胞的携氧能力降低，导致机体出现贫血和呼吸困难。

目前已有30多个国家和地区报告了动物附红细胞体感染。由于附红细胞体病的传播之广及其对畜牧经济所造成的危害之大，越来越引起全世界畜牧兽医界、外贸检疫界的重视。这种人畜共患传染性疾病，对人体的危害已逐渐引起医学界注意。

3. 微生物学检验

病原体的检查可采取病猪血液制成血涂片，然后用瑞氏或吉姆萨染色油镜观察，红细胞表面和血浆中有大小不等、形状不一的虫体即可确诊。瑞氏染色的虫体呈淡蓝色，吉姆萨氏染色虫体呈淡紫色或紫红色。被侵害的红细胞为红色，呈星状、齿轮状或菠萝状。

但当感染率低时，可用浓集法处理后，涂片染色检查，以提高检出率。红细胞的感染率一般在50%～60%，最高可达90%以上。附红细胞体易于着色，故多种染色液均可使用。也可采用补体结合试验、荧光抗体试验、间接血凝试验、酶联免疫吸附试验等血清学方法进行鉴定。此外，PCR方法也是进行该病诊断和研究的一种有价值的方法。

四、动物常见病原螺旋体

(一)钩端螺旋体

钩端螺旋体是一大类菌体纤细、螺旋致密，一端或两端弯曲呈钩状的螺旋体，其中少部分寄生性和致病性的螺旋体，可引起人和动物的钩端螺旋体病。

1. 生物学特性

钩端螺旋体用暗视野观察，形似细长的串珠样形态。菌体一端或两端可弯曲成钩状。以多种形式运动，如可做翻转和屈曲运动，使菌体形成C、S、O等字母形，且可随时迅速改变和消失。较好的染色方法是镀银染色法和刚果红负染，用暗视野显微镜较易观察其形态和运动力。

钩端螺旋体严格需氧，对营养要求不高，是一种较易在人工培养基上生长的致病性螺旋体。最适pH为7.2～7.4，最适温度为28～30 ℃。生长缓慢，一般需2～4 d才可生长，通常在接种后7～14 d生长最好。在固体培养基上可形成无色、透明、边缘整齐或不整齐、平贴于琼脂表面的菌落，大者4～5 mm，小者0.5～1.0 mm。故在挑取菌落时，应与琼脂一起钩取。

2. 致病性

致病性钩端螺旋体能引起人和多种动物的钩端螺旋体病，是一种人兽共患传染病。致病性钩端螺旋体可感染大部分哺乳动物和人类，鼠类和猪是钩端螺旋体的主要贮存宿主和传染来源，带菌率高，排菌期长。钩端螺旋体在家畜大多数呈隐性带菌感染而不显症状，但它可在肾脏内长期繁殖，并随尿不断排出，污染土壤和水源。人和家畜则通过直接或间接地接触这些污染源而被感染。钩端螺旋体病的临床表现因不同血清型而有所差异，但基本大同小异。急性病例的主要症状为发热、贫血、出血、黄疸、血红素尿及黏膜和皮肤的坏死；亚急性病例可表现为肾炎、肝炎、脑膜炎及产后泌乳缺乏症；慢性病例则可表现为虹膜睫状体炎、流产、死产及不育或不孕。

3. 微生物学诊断

检查用病料要根据病程而定，一般发病在 1 周内可采集血、脑脊髓液，剖检可取肝和肾；发病 1 周以后可采集尿液，死后为肾。如做血清学检查，可采集血液分离血清。常采用方法为：

将病料用差速离心集菌后，取沉淀物制成悬液的压滴标本片暗视野直接镜检，看有无钩端螺旋体的典型形态与运动方式。也可用吉姆萨染色或镀银染色法染色镜检，前者呈紫色，后者呈黑黄色。

分离培养可用柯氏培养基，病料接种后，置 28～30 ℃恒温箱内培养，每 5～7 d 观察一次钩端螺旋体生长情况并取样镜检，连续 4 周或更长时间，未见出现钩端螺旋体者可做阴性处理。如病料中含有钩端螺旋体，培养 7～10 d 后可观察到培养基略呈乳白色浑浊，轻摇试管有云雾状生长物向下移动，取培养物做暗视野检查，能见到大量的典型钩端螺旋体。

动物接种试验通常用豚鼠或乳仓鼠腹腔接种病料悬液，如病料中含有钩端螺旋体，接种 1～2 周后会出现体温升高和体重减轻，此时可剖检取肾和肝进行镜检和分离培养。

钩端螺旋体病的血清学检查方法很多，常用显微凝集溶解试验、补体结合试验、酶联免疫吸附试验、SPA 协同凝集试验、间接凝集试验，DNA 探针以及 PCR 技术等多种检测方法。

(二)猪痢疾蛇形螺旋体

猪痢疾蛇形螺旋体是猪痢疾的病原体，经口传染，病的传播迅速，发病率较高而致死率较低。

1. 生物学特性

菌体呈波浪形，多为 2～4 个弯曲，两端尖锐，形似双燕翅状。革兰阴性或弱阳性，吉姆萨染色微红色，也可用镀银法染色。能通过 0.45 μm 孔径的滤膜。对培养基的要求也相当苛刻，通常要在加入 10%胎牛或兔血清的酪蛋白胰酶消化物大豆胨汤或脑心浸液汤的液体或固体培养基及含有 N_2 和 10% CO_2 混合气体的条件下才能生长。菌落为扁平、半透明、针尖状，并有明显的 β 溶血。本菌能发酵葡萄糖和麦芽糖，不能发酵其他碳水化合物；在含 6.5% NaCl 条件下能生长。

2. 致病性

猪痢疾蛇形螺旋体常引发 8～14 周龄幼猪发病，临床表现为不同程度的出血性下痢和体重减轻。特征病变为大肠黏膜发生卡他性、出血性和坏死性炎症。以本菌的弱毒株口服或注射免疫抗体，只能产生微弱的保护力，如反复静脉注射则可产生对同菌株攻击的保护力。

3. 微生物学诊断

取新鲜稀粪、结肠病变组织或结肠内容物制成压滴标本，暗视野镜检或制作涂片或组织切片，用吉姆萨染色法、印度墨汁做负染或镀银染色法染色镜检。也可将待检样品与适量生理盐水混合后制成压滴标本片，置于相差或暗视野显微镜下镜检。

分离培养可采集镜检证实有可疑螺旋体存在的病料，用灭菌生理盐水做 5～10 倍稀释，轻度离心去沉渣，上清液用大孔径滤膜过滤，滤液再经 0.8 μm 和 0.45 μm 滤膜依次过滤。用血琼脂平板厌氧 37～38 ℃培养 3～6 d，每隔 2 d 检查 1 次，当观察到平板上出现强 β 溶血现象时，即可挑取可疑菌落，做成悬滴或压滴标本，用暗视野显微镜检查，或涂片染色镜检。

动物试验可将待检菌株的新鲜培养物制成悬液，给 10～12 周龄仔猪灌服，每天 1 次，每次灌服 50 mL/头（0.5～1×10^8 菌/mL），连续 2 d。若猪在接种后 30 d 以内，有一半下痢和产生肠道病变，即可证明具有致病力。此外，还可做猪结肠结扎试验。将饥饿 48 h 的 10～12 周龄仔猪，用常规方法结扎其结肠，每段 5～10 cm，间隔肠段为 2 cm 左右。然后向结扎肠管内注入待检菌液（10^8 菌/mL）5 mL，另设一个注入无菌生理盐水的肠段作为阴性对照。试验猪可饮水，停食 2～3 d，打开腹腔检查。如试验肠段出现明显膨胀，内含多量带黏液或血液的渗出物，黏膜肿胀、充血或出血，涂片镜检有大量蛇形螺旋体，即可确定菌株其致病性。对照肠段应无此反应。也可用体重 1.5～2 kg 的家兔做此项试验。

血清学可用直接或间接免疫荧光抗体染色法检查。

【经典考题】

一、单项选择题

1. 猪痢疾的病原体属于（　　）。

A. 细菌　　B. 真菌　　C. 螺旋体　　D. 病毒

2. 引起猪气喘病的主要病原是（　　）。

A. 大肠埃希菌　　B. 嗜血杆菌　　C. 沙门菌　　D. 支原体

3. 鹦鹉热的病原体属于（　　）。

A. 衣原体　　B. 支原体　　C. 螺旋体　　D. 细菌

4. 莱姆病的病原体属于（　　）。

A. 衣原体　　B. 支原体　　C. 螺旋体　　D. 真菌

5. 培养钩端螺旋体的最佳温度是（　　）。

A. 37 ℃　　B. 35 ℃　　C. 28 ℃　　D. 24 ℃

6. 人兽共患的螺旋体病是（　　）。

A. 钩端螺旋体病　　B. 梅毒　　C. 回归热　　D. 雅司病

7. 关于钩端螺旋体，下列哪项是错误的（　　）。

A. 鼠类和猪是主要传染源

B. 病后可获得对同型钩体较牢固的免疫力

C. 血中钩体消失后，肾内可存留较长时间

D. 钩体有较强的侵袭力，可通过正常或破损的皮肤黏膜侵入机体

8. 钩端螺旋体在分类学上属于（　　）。

A. 疏螺旋体系　　B. 密螺旋体系　　C. 细螺旋体系　　D. 粗螺旋体系

9. 钩端螺旋体所用的鉴别染色体是（　　）。

A. 革兰染色法　　B. 瑞氏染色法　　C. 镀银染色法　　D. 亚甲蓝染色法

10. 禽类慢性呼吸道病的病原体属于（　　）。

A. 细菌　　B. 真菌　　C. 支原体　　D. 立克次体

二、简答题

1. 病原性真菌的致病性表现在哪些方面？

2. 如何有效预防皮肤真菌感染？

3. 简述猪痢疾蛇形螺旋体的致病特点及微生物学诊断要点。
4. 简述钩端螺旋体的致病性及微生物学诊断要点。
5. 简述Q热立克次体的致病性及微生物学检验要点。
6. 什么是附红细胞体？在分类上属哪一类微生物？
7. 简述Q热立克次体的致病性及微生物学检验要点。
8. 简述猪肺炎支原体的致病作用及微生物学诊断要点。
9. 简述禽败血支原体的致病作用及微生物学诊断要点。

模块八
微生物应用技术

【内容提要】

兽用生物制品是用于动物的生物制剂，按其性质可分为疫苗、类毒素、诊断制品、免疫血清等。疫苗作为抗原接种动物后能产生自动免疫，达到预防传染病的目的。疫苗按病原体的类型分为细菌性疫苗、病毒性疫苗和寄生虫性疫苗等；按疫苗抗原性质和生产工艺分为活疫苗、死疫苗、基因疫苗和寄生虫疫苗等；按疫苗抗原种类和数量分为单(价)疫苗、多(价)疫苗和多联(混合)疫苗等；按疫苗菌(毒)株的来源分为同源疫苗和异源疫苗等。类毒素失去了外毒素的毒性，保留其抗原性，接种动物后能产生自动免疫，用于预防传染病，也可用于注射动物制备抗毒素。免疫血清注入机体后免疫反应产生快，但免疫持续期短，常用于传染病的紧急预防和治疗，属人工被动免疫。诊断制品包括诊断抗原和诊断抗体(血清)，主要用于传染病的诊断。生物制品的制备包括菌(毒)种的选择与培养、灭活、加入佐剂或免疫保护剂、成品检验等主要过程。免疫诊断技术主要包括血清学诊断、变态反应诊断和细胞免疫检测技术；免疫防治包括人工自动免疫、人工被动免疫、自然自动免疫、自然被动免疫。微生物技术在动物饲料生产、产品加工和微生态制剂中有广泛的应用。

项目一　生物制品的制备及检验

【学习目标】

1. 理解兽用生物制品的含义，掌握常用兽用生物制品的类型及应用注意事项。
2. 掌握疫苗、免疫血清、卵黄抗体的制备程序和检验方法。
3. 以制备鸡大肠埃希菌灭活苗为例，学会细菌性灭活疫苗的制备和检验方法。
4. 以制备抗猪瘟血清为例，学会免疫血清的制备和检验方法。
5. 以制备鸡传染性法氏囊病卵黄抗体为例，学会卵黄抗体的制备和检验方法。

一、兽用生物制品概念与类型

兽用生物制品即应用于动物的生物制剂，是根据动物免疫原理，结合现代生物技术方法，

视频 8.1 兽用生物制品的概念

利用微生物、寄生虫及其代谢产物或免疫应答产物制备的一类生物制剂，用于动物传染病、寄生虫病和其他相关疾病的预防、诊断和治疗。

现代生物技术包括基因工程、酶工程、细胞工程、发酵工程、生化工程以及后来衍生出来的第二代、第三代蛋白质工程、抗体工程、海洋生物技术等。

从狭义上讲，兽用生物制品主要指兽用疫苗（含类毒素）、免疫血清及诊断制品。

从广义上讲，兽用生物制品还包括微生态制剂（如双歧杆菌制剂、乳酸杆菌制剂、三株口服液、整肠生、爽舒宝、促菌生、畜禽益生素等），多种血液制剂（如血浆、清蛋白、球蛋白、纤维蛋白原以及胎盘球蛋白等），抗生素（如青霉素、链霉素、土霉素、庆大霉素等），动物脏器制剂（如胰蛋白酶、胰岛素、胸腺素、肝素等），非特异性免疫制剂（如干扰素、白细胞介素、转移因子、胸腺因子等），免疫增强剂（如脂多糖、多糖、免疫刺激复合物、缓释微球等）。

由此可见，兽用生物制品的含义和内容随着科学技术的发展而逐渐成为兽用保健制品。

（一）疫苗

1.疫苗的概念和特点

疫苗的传统定义是指用人工变异或从自然界筛选获得的减毒或无毒的活病原体制成的制剂，或用理化方法将病原体杀死制备的生物制剂，接种动物后能产生自动免疫力，这些制剂统称为疫苗，即疫苗是由活的或死的完整病原体制成的生物制品。随着现代生物技术的进步相继出现了亚单位疫苗、病毒载体重组疫苗、基因缺失疫苗以及核酸疫苗等，许多疫苗已不再是完整的病原体。疫苗的现代定义是病原的蛋白、多肽（肽）、多糖或核酸，以单一成分或含有有效成分的复杂颗粒形式，或通过活的减毒致病源或载体，进入动物机体后能产生灭活、破坏或抑制病原的特异性免疫应答。

疫苗接种动物后能产生特异性免疫应答，达到预防疾病的目的，包括细菌性疫苗、病毒性疫苗和寄生虫性疫苗。随着科学技术的发展，现代疫苗的用途有了新的发展，除用于预防传染病和寄生虫病外，已扩展到预防非传染性疾病（如自身免疫性疾病和肿瘤等），并出现了治疗性疫苗（如肿瘤、过敏和一些传染性疾病等）及生理调控性疫苗（如促进生长和控制生殖等）。

疫苗与一般药物具有明显的不同点，主要区别在于：一般药物主要用于患病动物，而疫苗主要用于健康动物；一般药物主要用于治疗疾病和减轻发病症状，而疫苗主要通过免疫机制使健康动物预防疾病；一般药物包括天然药物、化学合成药物、生化药品等，而疫苗均为生物制品。

2.疫苗的种类

（1）根据疫苗抗原性质和制造工艺，疫苗分为活疫苗、死疫苗、基因疫苗和寄生虫疫苗四类。

①活疫苗。简称活苗，包括弱毒疫苗、基因缺失苗和基因工程活载体苗。

活苗的优点是能在免疫动物体内短时间内繁殖；能刺激机体产生全身免疫反应和局部免疫反应，免疫力持久，有利于清除局部野毒；多为一次免疫，使用剂量小；生产产量高，成本低；有多种免疫途径且不需佐剂等。活苗的缺点是在自然界动物群体内持续传递后有毒力增强和返祖现象；有排毒危险或组织反应；有不同抗原的干扰现象；难以制成联苗，运输保存较困难，现多制成冻干苗。

a. 弱毒疫苗。利用具有良好免疫原性的病原微生物弱毒株经增殖培养后所制备的疫苗称弱毒疫苗，如猪瘟兔化弱毒苗、牛肺疫兔化弱毒苗、鸡痘鹌鹑化弱毒苗等。

b. 基因缺失苗。利用重组 DNA 技术去掉病毒致病基因组中某一片段，使缺损病毒株难以自发地恢复成强毒株，但并不影响其增殖和复制，且保持其良好的免疫原性，从而制备成免疫原性好且十分安全的基因缺失苗。如猪伪狂犬病基因缺失疫苗。

c. 基因工程活载体苗。利用基因工程技术将致病性微生物的免疫保护基因插入载体病毒或细菌的非必需区，构建成重组病毒或细菌，经培养后制备的疫苗。常用的载体病毒或细菌有痘病毒、腺病毒、疱疹病毒、大肠埃希菌和沙门菌等。

②死疫苗。简称死苗，包括完整病原体灭活后制备的灭活疫苗、亚单位疫苗、基因工程亚单位苗及抗独特型抗体疫苗。

死疫苗的优点是不能在免疫动物体内繁殖，比较安全，无全身性副作用，无毒力增强和返祖现象；有利于制造多价苗和多联苗；受外界环境影响小，容易保存和运输等。死疫苗的缺点是免疫剂量大，免疫期短，生产成本高，需多次免疫；免疫接种只能用注射方法，可能有毒性等副作用；一般只能诱导机体产生体液免疫和免疫记忆，故常需要佐剂来增强其免疫效果。

a. 灭活疫苗。选用免疫原性强的细菌、病毒等经人工培养后用理化方法将其杀死（灭活）后制成的疫苗称为灭活疫苗。其关键是病原体充分死亡，丧失感染性或毒性，又要保持其免疫原性。如猪口蹄疫、鸡减蛋综合征和兔出血症等灭活疫苗。

b. 亚单位疫苗。利用微生物的一种或几种亚单位或亚结构制成的疫苗称为亚单位苗或亚结构苗。致病性细菌、病毒经理化方法处理后，除去毒性物质，提取有效抗原成分或根据这些有效免疫成分分子组成，通过化学合成，制成亚单位疫苗。如大肠埃希菌菌毛疫苗、流感病毒血凝素疫苗等。

c. 基因工程亚单位疫苗。将病原体免疫保护基因克隆于原核或真核细胞表达系统，实现体外高效表达，获得重组免疫保护蛋白所制造的一类疫苗。目前，该类疫苗在人医或兽医临床应用尚不多，人乙肝重组蛋白疫苗是成功的典范。

d. 抗独特型疫苗。根据免疫网络学说原理，利用第一抗体中的独特抗原决定簇（抗原表位）所制备的具有抗原的“内影像”结构的第二抗体，该抗体具有模拟抗原的特性，故称为抗独特型疫苗。它可诱导机体产生体液免疫和细胞免疫，主要适用于目前尚不能培养或很难培养的病毒，以及直接用病原体制备疫苗有潜在危险的疫病。

③基因疫苗。又称 DNA 疫苗或核酸疫苗，是将编码某种抗原蛋白的基因置于真核表达系统的控制下，构成重组表达质粒 DNA，将其直接导入动物体内，通过宿主细胞的转录翻译系统合成抗原蛋白，从而诱导宿主产生对抗原蛋白的免疫应答，以达到预防和治疗疾病的目的。该类疫苗具有所有类型疫苗的优点，应用前景广阔。

④寄生虫疫苗。由于寄生虫大多有复杂的生活史，具有功能抗原和非功能抗原，其虫体抗原极其复杂并具有高度多变性，所以，较为理想的寄生虫疫苗不多。多数研究者认为，只有活的虫体才能诱发机体产生保护性免疫。国际上有些国家使用犬钩虫疫苗及抗球虫活苗等收到了良好的免疫效果，有些国家还相继生产了旋毛虫虫体组织佐剂苗、猪全囊虫匀浆苗、弓形体佐剂苗和伊氏锥虫致弱苗等。

(2)根据疫苗抗原种类和数量，疫苗分为单（价）疫苗、多（价）疫苗和多联（混合）疫苗。

①单(价)疫苗。利用同一种微生物菌(毒)株或同一种微生物中的单一血清型菌(毒)株的增殖培养物制备的疫苗为单(价)疫苗。单(价)疫苗对单一血清型微生物所致的疫病有免疫保护力,如鸡新城疫疫苗能使接种鸡获得完全的免疫保护。但单(价)疫苗仅能对多血清型微生物所致疾病中的对应血清型有保护作用,而不能使免疫动物获得完全的保护力,如猪肺疫氢氧化铝灭活疫苗,系由 6∶B 血清型猪源多杀性巴氏杆菌强毒株灭活后制造而成,对 A 型多杀性巴氏杆菌引起的猪肺疫则无免疫保护作用。

②多(价)疫苗。利用同一种微生物中多种血清型菌(毒)株的增殖培养物制备的疫苗称多(价)疫苗。多(价)疫苗能使免疫动物获得完全的保护力,且可在不同的地区使用,如钩端螺旋体二价及五价活疫苗、口蹄疫 A、O 型鼠化弱毒疫苗等。

③多联(混合)疫苗。利用不同的微生物增殖培养物,按免疫学原理和方法组合后制备的疫苗称混合疫苗,又称多联疫苗。根据制备疫苗时组合的微生物多少,分别称二联苗、三联苗、四联苗、五联苗等,如猪瘟-猪丹毒二联活疫苗、猪瘟-猪丹毒-猪肺疫三联活疫苗等。混合疫苗接种动物后,能产生对相应疾病的免疫保护,具有减少动物接种次数和使用方便等优点,是一针防多种疾病的生物制品。

(3)根据疫苗菌(毒)株的来源,疫苗分为同源疫苗和异源疫苗。

①同源疫苗。利用同种、同型或同源微生物株制备,又应用于同种类动物免疫预防的疫苗。如猪瘟兔化弱毒苗,可用于各种品种的猪预防猪瘟;牛肺疫兔化弱毒疫苗,能使各种品种的牛获得抵抗牛肺疫的免疫力。

②异源疫苗。异源疫苗包含两种含义:一是用不同种微生物的菌(毒)株制备的疫苗,接种动物后使其获得对疫苗中并未含有的病原体产生抵抗力,如犬在接种麻疹疫苗后,能产生对犬瘟热的抵抗力;兔接种兔纤维瘤疫苗后能使其抵抗兔黏液瘤病。二是同一种微生物中的某一种型(生物型或动物源型)的菌(毒)株制备的疫苗,接种动物后使其获得对异型病原体的抵抗力,如接种猪型布鲁氏菌弱毒菌苗后,能使牛获得对牛型布鲁氏菌的抵抗力,能使羊获得对羊型布鲁氏菌的抵抗力,能使绵羊获得对绵羊型布鲁氏菌的抵抗力。

3.疫苗使用注意事项

(1)疫苗的质量　疫苗应购自国家批准的生物制品厂家。购买及使用前应检查是否过期,并剔除破损、封口不严及物理性状(色泽、外观、透明度、有无异物等)与说明不符者。

(2)疫苗的保存和运输　疫苗必须按规定的条件保存和运输,否则会使疫苗的质量明显下降,影响免疫效果甚至会造成免疫失败。一般来说,灭活苗要保存于 2～15 ℃的阴暗环境中,非经冻干的活菌苗(湿苗)要保存于 4～8 ℃的冰箱中,这两种疫苗都不应冻结保存。冻干的弱毒苗,一般都要求低温冷冻－15 ℃以下保存,并且保存温度越低,疫苗病毒(或细菌)死亡越少。如猪瘟兔化弱毒冻干苗在－15 ℃可保存 1 年,0～8 ℃保存 6 个月,25 ℃约 10 d。

(3)疫苗的稀释与及时使用

器械的消毒:一切用于疫苗稀释的器具,包括注射器、针头及容器等,使用前必须洗涤干净,并经高压灭菌或煮沸消毒。注射器和针头尽量做到一头(只)换一个。绝不能一个针头从头打到尾。

稀释剂的选择:必须选择符合要求的稀释剂来稀释疫苗,除马立克病疫苗等个别疫苗要用专用的稀释剂外,一般用于滴鼻、滴眼、刺种、擦肛及注射的疫苗,可用灭菌的生理盐水或灭菌的蒸馏水作为稀释剂;饮水免疫时,稀释剂最好用蒸馏水或去离子水,也可用洁净的深井水,但不能用含消毒剂的自来水；气雾免疫时，稀释剂可用蒸馏水或去离子水，如果稀释水中含有盐类，雾滴喷出后，由于水分蒸发，盐类的浓度增高，也会使疫苗病毒死亡。为了保护疫苗病毒，可在饮水或气雾的稀释剂中加入0.1%的脱脂奶粉或山梨糖醇。

稀释方法：稀释疫苗时，首先将疫苗瓶盖消毒，然后用注射器把少量的稀释剂注入疫苗瓶中，充分摇振，使疫苗完全溶解后，再加入其余量的稀释剂。如果疫苗瓶太小，不能装入全部的稀释剂，应把疫苗吸出来放于一容器中，再用稀释剂把原疫苗瓶冲洗若干次，以便将全部疫苗病毒(或细菌)都洗下来。

疫苗应于临用前才由冰箱内取出，稀释后应尽快使用。尤其是活毒疫苗稀释后，于高温条件下或被太阳光照射易死亡，时间越长，死亡越多。一般来说，马立克病疫苗应于稀释后1～2 h内用完，其他疫苗也应于2～4 h内用完，超过此时间的要灭菌后废弃，更不能隔天使用。

(4)选择适当的免疫途径　疫苗接种的方法有滴鼻、点眼、刺种、皮下或肌内注射、饮水、气雾、滴鼻或擦肛等，应根据疫苗的类型、疫病特点及免疫程序来选择每次的接种途径，一般应以疫苗使用说明为准。例如，灭活疫苗、类毒素和亚单位疫苗不能经消化道接种，一般用于肌肉或皮下注射。注射时应选择活动少的易于注射的部位，如颈部皮下，禽胸部肌肉等。

(5)制订合理的免疫程序　目前没有适用于各地区及各饲养场的固定的免疫程序，应根据当地的实际情况制订。由于影响免疫的因素很多，免疫程序应根据疫病在本地区的流行情况及规律、畜禽的用途(种用、肉用或蛋用)、年龄、母源抗体水平和饲养条件，以及使用疫苗的种类、性质、免疫途径等方面的因素制订，不宜做统一要求。免疫程序应随情况的变化而做适当调整，不存在普遍适用的最佳免疫程序。血清学抗体检测是重要的参考依据。

(6)免疫剂量、接种次数及时间间隔　在一定限度内，疫苗用量与免疫效果呈正相关。过低的剂量刺激强度不够，不能产生足够强烈的免疫反应；而疫苗用量超过了一定限度后，免疫效果不但不增加，还可能导致免疫受到抑制，称为免疫麻痹。因此疫苗的剂量应按照规定使用，不得任意增减。

疫苗使用时，在初次应答之后，间隔一定时间重复免疫，可刺激机体产生再次应答和回忆应答，产生较高水平的抗体和持久免疫力。所以生产中常进行2～3次的连续接种，时间间隔视疫苗种类而定，细菌或病毒疫苗免疫产生快，间隔7～10 d或更长一些。类毒素是可溶性抗原，免疫反应产生较慢，时间间隔至少4～6周。

(7)疫苗的型别与疫病型别的一致性　有些传染病的病原有多种血清型，并且各血清型之间无交互免疫性，因此对于这些传染病的预防就需要对型免疫或用多价苗。如口蹄疫、禽流感、鸡传染性支气管炎的免疫就应注意对型免疫或使用多价苗。

(8)药物的干扰　使用活菌苗前后10 d不得使用抗生素及其他抗菌药，活菌苗和活病毒苗不能随意混合使用。

(9)防止不良反应的发生　免疫接种时，应注意被免疫动物的年龄、体质和特殊的生理时期(如怀孕和产蛋期)。幼龄动物应选用毒力弱的疫苗免疫，如鸡新城疫的首次免疫用Ⅳ系而不用Ⅰ系，鸡传染性支气管炎首次免疫用H_{120}，而不用H_{52}；对体质弱或正患病的动物应暂缓接种；对怀孕母畜和产蛋期的家禽使用弱毒疫苗，可导致胎儿的发育障碍和产蛋下降，因此，生产中应在母畜怀孕前、家禽产蛋前做好各种疫病的免疫工作，必要时，可选择灭活疫苗，以防引起流产和产蛋下降等不良后果。

免疫接种完毕，要将用过的用具及剩余的疫苗高压灭菌。同时注意观察动物的状态和反应，有些疫苗使用后会出现短时间的轻微反应，如发热、局部淋巴结肿大等，属正常反应。如出现剧烈或长时间的不良反应，应及时治疗。

(二)类毒素

类毒素是指细菌生长繁殖过程中产生的外毒素，经化学药品（如0.3%～0.5%甲醛）处理后，成为无毒性而保留免疫原性的生物制品。类毒素失去了外毒素的毒性，保留其抗原性，接种动物后能产生自动免疫，也可用于注射动物制备抗毒素。类毒素经过盐析并加入适量磷酸铝或氢氧化铝等吸附剂吸附后的类毒素即为精制类毒素。精制类毒素注入动物体后，能延缓吸收，长久地刺激机体产生高滴度抗毒素，增强免疫效果，如破伤风类毒素和明矾沉降破伤风类毒素等。

(三)免疫血清

动物经反复多次注射同一种抗原物质（细菌苗、病毒苗、类毒素等）后，机体体液中尤其血清中产生大量抗体，由此分离所得的血清称为免疫血清，又称高免血清或抗血清。免疫血清注入机体后免疫产生快，但免疫持续期短，常用于传染病的紧急预防和治疗，属人工被动免疫。临床上常用的有抗炭疽血清、抗猪瘟血清、抗小鹅瘟血清、抗鸭病毒性肝炎血清、破伤风抗毒素等。

1. 免疫血清的分类

根据制备免疫血清所用抗原物质的不同，免疫血清可分为抗菌血清、抗病毒血清和抗毒素（抗毒素血清）。根据制备免疫血清所用动物的不同，免疫血清还有同种血清和异种血清之分，用同种动物制备的血清称同种血清，用异种动物制备的血清称异种血清。抗细菌血清和抗毒素通常用大动物（马、牛等）制备，如用马制备破伤风抗毒素，用牛制备猪丹毒血清均为异种血清。抗病毒血清常用同种动物制备，如用猪制备猪瘟血清、用鸡制备鸡新城疫血清等。同种动物血清的产量有限，但免疫后不引起应答反应，因而比异种血清免疫期长。

除用免疫血清进行人工被动免疫外，在家禽常用卵黄抗体制剂进行人工接种，例如鸡群暴发鸡传染性法氏囊炎（IBD）时，用高效价 IBD 卵黄抗体进行紧急接种，可起到良好的防治效果。

2. 免疫血清使用注意事项

免疫血清一般保存于2～8 ℃的冷暗处，冻干制品在－15 ℃以下保存。使用时应注意以下几点。

（1）早期使用　抗毒素具有中和外毒素的作用，抗病毒血清具有中和病毒的作用，这种作用仅限于未和组织细胞结合的外毒素和病毒，而对已和组织细胞结合的外毒素、病毒及产生的组织损害无作用。因此，用免疫血清治疗时，越早越好，以便使毒素和病毒在未达到侵害部位之前，就被中和而失去毒性。

（2）多次足量　应用免疫血清治疗虽然有收效快，疗效高的特点，但维持时间短，因此必须多次足量注射才能收到好的效果。

（3）血清用量　要根据动物的体重、年龄和使用目的来确定血清用量，一般大动物预防用量为10～20 mL，中等动物为5～10 mL，家禽预防用量为0.5～1 mL，治疗用量为2～3 mL。

（4）途径适当　使用免疫血清适当的途径是注射，而不能经口途径。注射时以选择吸收较快者为宜。静脉吸收最快，但易引起过敏反应，应用时要注意预防。另外，也可选择皮下或肌内注射。静脉注射时应预先加热到 30 ℃左右，皮下注射和肌内注射量较大时应多点注射。

(5)防止过敏　用异种动物制备的免疫血清使用时可能引起过敏反应，要注意预防，最好用提纯制品。给大动物注射异种血清时，可采取脱敏疗法注射，必要时应准备好抢救措施。

(四)诊断制品

利用微生物、寄生虫或其代谢产物及含有其特异性抗体的血清制成的，专供传染病、寄生虫病或其他疾病诊断以及机体免疫状态检测用的生物制品，称为诊断制品。诊断制品包括诊断抗原和诊断抗体(血清)。

诊断抗原包括变态反应性抗原和血清学反应抗原，如结核菌素、布鲁氏菌素等均是变态反应性抗原，对于已感染的机体，此类诊断抗原能刺激机体发生迟发型变态反应，从而来判断机体的感染情况。血清学反应抗原包括各种凝集反应抗原，如鸡白痢全血平板凝集抗原、鸡支原体病全血平板凝集抗原、布鲁氏菌病试管凝集及平板凝集抗原等；沉淀反应抗原，如炭疽环状沉淀反应抗原、马传染性贫血琼脂扩散抗原等；补体结合反应抗原，如鼻疽补体结合反应抗原、马传染性贫血补体结合反应抗原等。应该指出的是在各种类型的血清学试验中，用同一种微生物制备的诊断抗原，会因试验类型的不同而有差异，因此，在临床使用时，应根据试验类型选择适当的诊断抗原使用。

诊断抗体包括诊断血清和诊断用特殊抗体。诊断血清是用抗原免疫动物制成的，如鸡白痢血清、炭疽沉淀素血清、魏氏梭菌定型血清、大肠埃希菌和沙门菌的因子血清等。此外，单克隆抗体、荧光抗体、酶标抗体等也已作为诊断制剂而得到广泛应用。研制出的诊断试剂盒也日益增多。

二、兽用生物制品命名

根据《兽用新生物制品管理办法》规定，兽用生物制品命名主要遵循以下 10 项原则。

(1)生物制品的命名原则以明确、简练、科学为基本原则。

(2)生物制品名称不采用商品名或代号。

(3)生物制品名称一般采用“动物种名＋病名＋制品名称”的形式。诊断制剂则在制品种类前加诊断方法名称。如牛巴氏杆菌病灭活疫苗、猪支原体肺炎微量间接血凝抗原。特殊的制品命名可参照此方法。

(4)多种动物共患病一般可不列动物种名。如气肿疽灭活疫苗、狂犬病灭活疫苗。

(5)我国规定，“由特定细菌、病毒、立克次体、螺旋体、支原体等微生物及寄生虫制成的主动免疫制品，一律称为疫苗”。如仔猪副伤寒活疫苗、牛瘟活疫苗。

(6)凡将特定细菌、病毒等微生物及寄生虫毒力致弱或采用异源毒制成的疫苗，称“活疫苗”；用物理或化学方法将其灭活后制成的疫苗，称“灭活疫苗”。

(7)同一种类而不同毒(菌、虫)株(系)制成的疫苗，可在全称后加括号注明毒(菌、虫)株(系)。如猪丹毒活疫苗(GC42 株)。

(8)由两种以上的病原体制成的一种疫苗，命名采用“动物种名＋若干病名＋×联疫苗”的形式。如羊黑疫、快疫二联灭活疫苗，猪瘟、猪丹毒、猪肺疫三联活疫苗。

(9)由同一病原的两种以上血清型制备的一种疫苗，命名采用“动物种名＋病名＋若干型名＋×价疫苗”的形式。如口蹄疫 O 型、A 型双价活疫苗。

(10)制品的制造方法、剂型、灭活剂、佐剂一般不标明。但为区别已有的制品，可以标明。

三、疫苗的制备及检验

(一)菌种、毒种的一般要求

菌种、毒种是国家的重要生物资源，世界各国都为此设置了专业性保藏机构。用于疫苗生产的菌种和毒种应该符合要求。

1. 背景资料完整

我国《兽医生物制品制造及检验规程》规定，经研究单位大量研究选出并用于生产的现有菌种、毒种，均由中国兽药监察所或其委托单位负责供应，而且菌(毒)种分离地、分离纯化时间等背景资料必须记录完整。

2. 生物学特性典型

生物学特性典型指形态、生化、培养、免疫学及血清学特性以及对动物的致病性和引起细胞病变等特征均符合标准。同时，菌种和毒种的血清型必须清楚。

3. 遗传性稳定

菌种、毒种在保存、传代和使用过程中，受各种因素影响容易变异，因此，菌种和毒种遗传性状必须稳定。

(二)菌种、毒种的鉴定与保存

1. 菌种、毒种的鉴定

在疫苗生产之前，要鉴定所用菌种和毒种的毒力、免疫原性及稳定性，确定强毒菌(毒)种对本动物、实验动物或鸡胚的致死剂量，弱度株的致死和不致死动物范围及接种的安全程度，通过强毒攻击免疫后动物，确定制造疫苗所用菌(毒)种的免疫原性；对制造弱毒活苗菌(毒)种需反复传代和接种易感动物，以检查其毒力是否异常增强。

2. 菌种、毒种的保存

为了保持稳定性，最好采用冷冻真空干燥法保存菌种和毒种。冻干的细菌、病毒分别保存于 4 ℃以下和－20 ℃以下，液氮是长期保存菌种的理想介质。

(三)灭活、灭活剂与佐剂

1. 灭活与灭活剂

疫苗生产中的灭活是指破坏微生物的生物学特性、繁殖能力和致病性，但尽可能保持其原有免疫性的过程。灭活的方法有物理法和化学法两种。加热法是一种常见的物理灭活法，但疫苗生产上主要采用化学灭活法。

用来进行灭活的试剂称灭活剂，如甲醛、苯酚、结晶紫及烷化剂等，其中甲醛应用最为广泛。甲醛的灭活作用是其醛基能够破坏微生物蛋白质和核酸的基本结构，导致微生物死亡而失去感染力。一般需氧菌和厌氧菌所用甲醛的浓度分别为 0.1%～0.2%和 0.4%～0.5%，37～39 ℃处理 24 h 以上，如气肿疽灭活苗常用 0.5%甲醛 37～38 ℃灭活 72～96 h；灭活病毒所用甲醛浓度为 0.05%～0.4%(多数为 0.1%～0.3%)，而灭活类毒素多用 0.3%～0.5%甲醛。

2. 佐剂

(1)佐剂的概念　本身无免疫原性，但与抗原物质合用能增强抗原的免疫原性和机体免疫应答，或改变机体免疫应答类型的物质称为佐剂。佐剂能提高抗原的免疫原性，增加抗原分子的表面积，延长抗原在体内的存留时间，增强机体特异性及非特异性免疫反应。

佐剂必须是无毒、无致癌性及其他副作用，而且易于吸收、吸附力强的纯净化学物质。佐剂疫苗保存1～2年后应不引起不良反应，效力无明显改变。

(2)常用佐剂　氢氧化铝和白油-Span佐剂是应用最为广泛的贮存性佐剂。

氢氧化铝胶又称铝胶，是常用佐剂之一，它既有良好的吸附性，又能浓缩抗原，减少注苗剂量。铝胶成本低，使用方便，且基本无毒，因而是动物疫苗的常用佐剂。我国目前在生产猪瘟-猪丹毒-猪肺疫三联苗及单价猪肺疫苗时，三联苗中的猪肺疫苗和单价猪肺疫苗，用铝胶稀释比用生理盐水稀释的免疫效果更好。不过，铝胶也有不足之处，如易引起轻度局部反应，冻后易变性，不引起明显的细胞免疫，可能对动物神经系统有影响等。

白油-Span佐剂是当前的主要油乳佐剂，该佐剂用轻质矿物油即白油作油相，Span-80或Span-85及吐温-80作为乳化剂。配制时可将白油与Span-80按照94∶6比例混合，再加总量2%的硬脂酸铝溶化混匀后，116 ℃高压灭菌30 min即为油相，将抗原溶液和吐温-80以94∶6比例混合作为水相，再将油相和水相按1∶1比例充分混匀，达到完全均质化即可。有研究证明，同时含油相和水相乳化剂的疫苗比仅含油相的疫苗免疫效果好，在37 ℃体温条件下更稳定，黏度也低。

(四)疫苗的制备

1.细菌性灭活苗的制备

此过程都必须在无菌条件下按照无菌操作进行。

(1)种子培养　选取1～3个品系毒力强、免疫原性好的菌株，按规定定期复壮和鉴定，将合格菌种增殖培养并经无菌检验、活菌计数达到标准后作为种子液。种子液保存于2～8 ℃冷暗处，在有效期内用完。

(2)菌液培养　选用固体表面培养、液体静置培养、液体深层通气培养或连续培养法，对种子液进行培养。一般固体培养易获得高浓度细菌悬液，含培养及成分少，但生产量较小，因此大量生产疫苗时常用液体培养法。

(3)灭活与浓缩　灭活时要根据细菌的特性选用有效的灭活剂和最适灭活条件。如猪丹毒氢氧化铝苗可加入0.2%～0.5%甲醛，37 ℃灭活18～24 h。此外，为提高某些灭活苗的免疫力，常采用离心沉降或氢氧化铝吸附沉淀等方法使菌液浓缩1倍以上。

(4)配苗与分装　配疫苗即按比例加入佐剂，可根据具体情况在灭活同时或之后进行。配苗须达到充分混匀，分装后立即加塞、贴签或印字。

2.细菌性活疫苗的制备

(1)种子液及菌液培养　选择合格的弱毒菌种增殖培养形成种子液，种子液在0～4 ℃可保存2个月。按1%～3%比例将种子液接种于培养基，依不同菌苗的要求制备菌液。如猪丹毒弱毒苗在深层通气培养中要加入适当植物油作消泡剂，并通入过滤除菌的热空气。菌液于0～4 ℃暗处保存，经抽样无菌检验、活菌计数合格后使用。

(2)浓缩、配苗与冻干　利用吸附剂吸附沉降和离心沉降等方法浓缩菌液可以提高单位活菌数，增强疫苗的免疫效果。浓缩菌液应抽样做无菌检验及活菌计数。

将检验合格的菌液按比例加入冻干保护剂(如5%蔗糖脱脂乳)配苗，充分摇匀后立即分装。随后将菌苗迅速放入冻干柜预冻和真空干燥，并立即加塞、抽空、封口，移入冷库保存后由质检部门抽样检验。

3.病毒性组织苗的制备

(1)种毒与接种　可选用抗原性优良、致病力强的自然毒株的脏器组织毒作为种毒，也可选用强毒株的增殖培养物，还可选用弱毒株组织毒种作为种毒，但都必须经纯度检验及免疫原性检验合格后才能使用。被接种的动物应该是清洁级(二级)以上，且对种毒易感性高的动物，接种途径可依生产目的和病毒性质分别选用脑内、静脉、肌内、皮下或腹腔注射等，如接种狂犬病疫苗时用兔脑毒种通过绵羊脑内接种途径获得。此外，接种后应每天观察和检查动物的各项指标，如精神、食欲和体温等。

(2)收获与制苗　根据观察和检查的结果选出符合要求的发病动物按规定方式剖杀，收集含毒量高的组织器官，如兔出血症组织灭活苗常收获病兔肝脏。

制备弱毒苗需按无菌操作剔除脏器上的脂肪与结缔组织，称重后剪碎并加适量保护剂制成匀浆，过滤和适当稀释后加余量保护剂及青霉素和链霉素各 500～1 000 IU/mL，充分摇匀并置 0～4 ℃处理，再检验纯度并测定毒价，合格者分装并冻干。

4.病毒性禽胚苗的制备

(1)种毒与接毒　目前，痘病毒、鸡新城疫、禽流感等疫苗仍利用禽胚特别是鸡胚制备。适应于鸡胚的种毒多系弱毒且为冻干毒种，使用前需在鸡胚上继代复壮 3 代以上和检验合格后方可用于生产。用于接毒的鸡胚必须来自 SPF(无特定病原动物)鸡群，以免除母源抗体及残留抗生素的影响。常用的接种途径有：卵黄囊接种(5～8 日龄鸡胚)、尿囊腔接种(9～11 日龄鸡胚)、羊膜腔接种(10～12 日龄鸡胚)、绒毛尿囊膜接种(11～13 日龄鸡胚)，接种后观察胚的活力，记录鸡胚死亡时间。

(2)收获与配苗　通常选择接毒后 48～120 h 内死亡的鸡胚，收获的组织依接种途径、病毒种类而定，主要有绒毛尿囊膜、尿囊液、羊水及胎儿，冷却后经纯度检验，按比例加入抗生素后方可用于制造湿苗或冻干苗。

5.病毒性细胞苗的制备

(1)培养液与细胞　培养液包括细胞培养液与病毒增殖维持液，前者含 5%～10%血清，而后者血清仅含 2%～5%。常用的细胞培养液有 MEM、DMEM 等。制造疫苗用细胞通常有原代细胞、二倍体细胞和传代细胞系。常选用来源广、生命力强及病毒适应性强的细胞，如鸡胚成纤维细胞(生产鸡新城疫Ⅰ系苗)、地鼠肾细胞(BHK21)以及非洲绿猴肾细胞(Vero 细胞)等培养病毒。

(2)接毒、收获和配苗　将种毒继代培养在适宜细胞的单层培养物上，适应后用作毒种。通常先培养出完整的细胞单层，倾去培养液，然后接种病毒，如猪水疱病弱毒病毒，待病毒吸附后加入维持液继续培养，待出现 70%以上细胞病变时即可收获病毒，这称为异步接种。有的病毒采取同步接种，即在接种细胞同时或不久接种病毒，使细胞和病毒同时增殖，如细小病毒，培养一定时间后收获。

收毒的时间和方法依疫苗性质而定，有的将培养瓶冻融数次后收集，或者加入 EDTA-胰蛋白酶液将细胞消化分散后收取。收获的细胞毒经纯度检验和毒价测定合格后，按常规方法配制灭活苗或冻干苗。

(五)成品检验

成品检验是保证疫苗品质的重要环节,一般由专门机构在接到检验通知书后执行。按规定需对产品随机抽样,分别用于成品检验和留样保存。我国规定灭活苗在 500 L 以下、500～1 000 L 以及 1 000 L 以上者分别每批抽样 5 瓶、10 瓶和 15 瓶;冻干苗每批 5 瓶。抽样后必须在规定期限内进行检验和出示结论。

1. 纯度检验及活菌计数

(1)纯度检验 即无菌检验。活菌苗及灭活苗灭活之前不得混有杂菌,为此,必须进行纯度检验。凡含有防腐剂、灭活剂或抗生素的疫苗需用培养及稀释后再移植培养。不同疫苗无菌检验所用培养基种类不同,通常选择最适合各种容易污染的需氧或厌氧杂菌生长而不适宜活菌苗细菌的培养基,如马丁肉汤琼脂斜面、普通琼脂斜面、血琼脂斜面及厌气肉肝汤和改良沙氏培养基等,分别将被检物 0.2～1 mL 接种到 50～100 mL 培养基中。除改良沙氏培养基置 20～30 ℃外,其余均置 37 ℃培养 3～10 d,观察有无杂菌生长,或按要求再做移植培养后判定结果。灭活苗培养应无细菌生长,弱毒活苗应无杂菌生长。某些组织苗(如鸡新城疫鸡胚组织苗)按规程允许存在一定数量的非病原性杂菌,如经纯度检验证明含污染菌,必须进行污染菌病原性鉴定及杂菌计数再做结论。

(2)活菌计数 弱毒活菌苗需通过活菌计数来计算头份数和保证免疫效果。通常用适量稀释的疫苗均匀接种最适平板培养基,置 37 ℃培养 24～48 h 后计数,以 3 瓶样品中最低菌数者确定每批菌苗的使用头剂。

2. 安全与效力检验

(1)安全检验 安全性是疫苗的首要条件,它主要包括外源性细菌污染、灭活或脱毒状况以及残余毒力检验等内容。用于疫苗安全检验的动物多属普通级或清洁级且敏感性高,符合一定的品种或品系、年龄、体重等规定,如猪丹毒菌以鸽和 10 日龄小鼠最敏感。除禽类疫苗可用本动物外,其他多可用小实验动物进行安全检验。

安全检验疫苗剂量常用免疫剂量 5～10 倍及以上,以确保疫苗使用的安全性。

凡规定要用多种动物做安全检验的产品,应以全部动物符合安全指标为合格;用小动物检验不合格的产品若按规定可用同源动物重检时,如同源动物仍不合格,则不能再用小动物重检。在安全检验期内如出现非本疫苗所致症状及病变或难以得出结论时,可做重检或用加倍动物重检。只有安全检验合格的疫苗方可出具证明,允许出厂。

(2)效力检验 主要包括免疫原性、免疫产生期与持续期的检验。菌(毒)种的免疫原性决定疫苗的免疫力,但在生产过程中如处理不当,会使其免疫原性受到影响,从而影响疫苗的免疫效果。此外,通常抗原性强的疫苗株对同源动物的免疫力产生较早,而且免疫保护期长。

任何疫苗免疫动物时均需一定的抗原量,即最小免疫量,通常以半数保护量(PD_{50})或半数免疫量(IMD_{50})表示。测定时,细菌或病毒的量应以菌落单位(CFU)或空斑单位(PFU)作为疫苗分装的剂量单位,而不是以稀释度为标准,如马立克病火鸡疱疹病毒苗以 1 500 PFU 作为一个最小免疫量。

疫苗的效力检验可采用活菌计数、病毒量滴定或血清学试验等多种方法,但最常用的仍是动物保护试验,即体内中和试验。设立对照动物,用疫苗对敏感实验动物或同源动物实行定量或变量免疫一定时间后用强毒攻击,如对照组动物死亡而免疫组动物受保护,且符合规定要求，表明疫苗效力合格；也可检测免疫动物血清中特异性抗体效价来检验疫苗的效力。

3. 其他检验

(1)物理性状检验　各种液体疫苗均有其规定的外在和内在的物理性状标准。凡含有异物、凝块、霉团或变色、变质者均应剔除；装量不准、封口不严、外观不洁及标签不符者均应废弃。灭活的铝胶苗静置时上部为黄棕色、黄褐色、粉红色或褐色透明液体，下部为铝胶沉淀，振摇后为均匀的混悬液。冻干苗应为海绵状疏松物，呈微白、微黄或微红色，无异物和干缩现象，安瓿口无裂缝及碳化物，常温下加水后应在 5 min 内完全溶解成均匀一致的混悬液。

(2)真空度检查　冻干苗在入库保存时或出库前 2 个月均应做真空度检查，剔除无真空制品，不符合真空标准的不得重抽真空后出厂。目前多用高频火花真空测定器检查，凡瓶内出现蓝紫色、紫色或白色亮光者为合格。

(3)残余水分测定　冻干苗残余水分含量不得超过 4%，否则会严重影响疫苗的保存期和质量。每批疫苗随机抽取 4 瓶(每瓶冻干物不少于 0.3 g)，用真空烘箱测定法或卡氏测定法测定其含水量。

四、免疫血清的制备及检验

(一)动物的选择与管理

1. 动物的选择

由于动物存在个体免疫应答能力的差异，所以用于制备血清的动物应为一个群体，达到一定数量。此外，还必须是选自非疫区，经过隔离观察和严格检疫后确认为健康的动物方可投入使用。通常制备抗毒素用异种动物，一般选择体型较大、体质强健的青壮年动物为宜。如破伤风抗毒素多用青年马制备；抗病毒血清常用同种动物制备，如抗猪瘟血清用猪制备。总体来看，马和驴血清含量高且外观颜色较好，所以常用于免疫血清的制备。

2. 动物的管理

制血清用动物应制订严格的管理制度，由专人负责饲养。经常喂以营养丰富及多汁的饲料、经常刷拭体表及每日给予 4 h 以上的运动。应定期检查免疫及采血期间的动物体温和健康状况。

(二)免疫原与免疫程序

1. 免疫原

制备抗菌血清可用弱毒活苗、灭活苗及强毒菌株。在最适条件下生长的固体或液体培养物，在对数生长期收获后作为免疫原，活菌抗原常用 16～18 h 的新鲜培养液，经纯度检验无杂菌后作为免疫原。抗病毒血清制备可用弱毒疫苗、血毒或脏器强毒。制备抗毒素的免疫原多用类毒素，也可根据需要使用毒素或细菌全培养物等。

制备免疫血清用的免疫原均须经过无菌检验。

2. 免疫程序

一般分为基础免疫和高度免疫两个阶段。基础免疫多用弱毒疫苗或灭活疫苗，而高度免疫则选用毒力较强毒株或自然强毒株。基础免疫先按常规预防剂量首免，约 7 d 或 2～3 周再用较大剂量免疫 1～3 次，从而为高度免疫中回忆应答打下基础，但免疫强度无须过大。基础免疫后间隔 2 周到 1 个月开始高度免疫。高度免疫所注射的免疫原为强毒株，而且免疫剂量逐渐增加。两次注射间隔时间多为 5～7 d，注射次数则视血清抗体效价 1～10 次不等。

注射途径常为皮下或肌肉多部位分点注射，每一注射点的抗原，特别是油佐剂抗原不宜过多。

（三）采血与抗血清的提取

1. 采血

按程序完成免疫的动物，经检验血清效价符合标准时即可采血。效价低者须加强免疫，若多次免疫血清效价仍不合格者应将动物淘汰。一般血清抗体效价高峰在最后一次免疫后 7～11 d，可采用全放血或循环注射后多次采血的方法。动物放血前应禁食 24 h，以防血脂过高，但需照常饮水。

2. 抗血清的提取

一般不加抗凝剂。采血量较大时可直接采血于事先用灭菌生理盐水或 PBS 液湿润过的玻璃筒内，置室温自然凝固 2～4 h，当有血清析出时在筒中加入灭菌不锈钢压铊，24 h 后用虹吸法将血清吸入灭菌瓶中。也可将血液采入 50 mL 离心瓶内，在血液自然凝固后离心分离血清。血清加 0.5％石炭酸或 0.01％硫柳汞防腐，放置数日后再做纯度检验和分装。

（四）免疫血清的检验

免疫血清检验的抽检比例同灭活苗，抽样后除要做无菌检验外，还要按规定进行安全检验和效力检验。所有血清制品都应为微带乳光橙黄色或茶色清朗液体，不应有摇不散的絮状沉淀和异物。若有沉淀时，稍加摇动，即成轻度均匀浑浊。装量、封口、瓶签同时检查。

五、卵黄抗体的制备及检验

产蛋鸡（鸭、鹅）感染某些病原后，其血清和卵黄内均可产生相应的抗体。因此，通过免疫注射产蛋鸡，即可由其生产的卵黄中提取相应的抗体，并可用于相应疾病的预防和治疗，该类制剂称为卵黄抗体。近年来，卵黄抗体已成为免疫血清的重要替代品，而且越来越受人们的重视。卵黄抗体可以在一定程度上克服血清抗体成本高、生产周期较长的弱点，并且具有同批动物连续生产的优点，但有潜伏野毒的危险。对生产用鸡（鸭、鹅）应做认真检疫。

我国已批准生产精制高免卵黄抗体。尽管抗不同病原卵黄抗体的制备过程有所不同，但制备原理和程序基本相同。鸡传染性法氏囊病抗体是用鸡传染性法氏囊强毒灭活后制备油乳剂灭活苗免疫接种 SPF 或健康产蛋鸡，从高免鸡蛋黄中提取抗体制成，用于鸡传染性法氏囊病早、中期感染的治疗和紧急预防。这里，以鸡传染性法氏囊病（IBD）卵黄抗体制备为例进行叙述。

用鸡 IBDV 囊毒组织灭活油乳剂抗原接种健康产蛋鸡，一般免疫 2～3 次，每次间隔 10～14 d，待卵黄琼扩反应效价达 1∶128 以上即可收蛋。无菌操作取出卵黄，加入适量灭菌生理盐水或 PBS，充分捣匀后用纱布过滤，再用辛酸提取抗体，加入终浓度 0.01％硫柳汞及青、链霉素使终浓度为 100 IU（μg）/mL 而制成。本品为略带棕色或淡黄色透明液体，久置后瓶底有少许白色沉淀，琼扩抗体效价应≥1∶32。成品除按《成品检验的有关规定》检验外，还必须进安全检验和效力检验，合格者才能临床应用。

本品于 2～8 ℃保存，有效期 18 个月。用于鸡 IBD 早期和中期感染的治疗和紧急预防，皮下、肌肉或腹腔注射均可。每次注射的被动免疫保护期为 5～7 d。

【实验操作】

一、鸡大肠埃希菌灭活苗的制备

视频 8.2 鸡大肠埃希菌灭活苗的制备

(一)实验目的

1. 以制备鸡大肠埃希菌灭活苗为例，学会制备和检验细菌性灭活疫苗。

2. 掌握种子的生产、菌液培养、灭活、配苗和半成品以及成品检验方法。

(二)仪器与材料

鸡大肠埃希菌灭活疫苗菌种、1～4 月龄健康鸡、超净工作台、恒温培养箱、冰箱、摇床、胶体磨、高压蒸汽灭菌锅、显微镜、酒精灯、温度计、普通试管、三角瓶、平皿、1 mL 注射器、疫苗瓶、瓶盖、记号笔、SPF 鸡隔离箱、蛋白胨营养琼脂培养基、普通肉汤培养基、T. G 小管、G. A 斜面和 G. P 小管、甲醛溶液、7 号白油、司盘-80 、硬脂酸铝和吐温-80 等。

(三)方法与步骤

1. 大肠埃希菌菌液培养

(1)种子液　将大肠埃希菌菌种，分别于小试管或小瓶普通肉汤培养基中，置 36～37 ℃保温 18～24 h，经纯度检验后作为种子液。

(2)细菌培养(小量培养)　将种子液接种于蛋白胨营养琼脂培养基表面，36～37 ℃保温 24 h。加适量灭菌生理盐水将细菌洗下，装入玻璃瓶中，充分振荡菌液，使细菌分散开。

(3)纯检　将培养的细菌菌液接种于琼脂培养基表面，36～37 ℃保温 24 h。观察菌落大小，应均匀一致。

(4)细菌计数　用麦氏比浊管法测定菌数，将菌数调整为 15 亿个/mL。

2. 细菌灭活

按菌液体积加入终浓度为 0.3%的甲醛溶液，于 37 ℃温箱中灭活 24 h，其间振荡数次。灭活后取少量菌液，接种于普通琼脂平板，37 ℃保温 24～48 h，进行灭活检验。菌液灭活后应无菌生长。

3. 乳化配苗

(1)油相准备　白油 94 份，硬脂酸铝 2 份，加热使硬脂酸铝溶化后，加司盘-80 6 份，110 ℃加热 30 min。

(2)水相准备　菌液 96 份，吐温-80 4 份，充分振荡，使吐温完全溶解。

(3)乳化　加入油相 1 份，开动胶体磨，慢速转动，徐徐加入水相 1 份，7 000～10 000 r/min 离心 5 min。

4. 成品检验

(1)物理性状　外观为乳白色乳剂。静置后，上层有微量淡黄色液体，下层有小量灰白色沉淀。

剂型(油包水型):取一清洁吸管,吸取小量疫苗滴于冷水中,第一滴分散属于正常现象,以后各滴均应不分散。

稳定性检验:可取疫苗装于试管内,3 000 r/min 离心 15 min,应不出现水层。

黏度检验:用 1 mL 吸管(下口内径 1.2 mm,上口的内径 2.7 mm)吸取 25 ℃左右的疫苗 1 mL,垂直自然流出,记录流出 0.4 mL 所需的时间,3 次平均值应在 10 s 以下。

(2)无菌检验 将成品直接接种 T. G 小管、G. A 斜面或适于本菌生长的其他培养基各 2 支,每支 0.2 mL,1 支置 37 ℃培养,1 支置 25 ℃培养。另取 0.2 mL 接种 1 支 G. P 小管,置 25 ℃培养。均培养 5 d,应无菌生长。

(3)安全检验 用 1～4 月龄健康鸡 4 只,各皮下注射 1 mL,注射后允许有轻微精神不振或食欲减退,但应在 48 h 内恢复,均应健康活泼。

(4)效力检验 用 3～6 月龄健康易感鸡 8 只,各颈部皮下注射疫苗 1 mL,3～4 周后,连同条件相同的对照组鸡 8 只,肌内注射致死量强毒菌液,观察 14 d,对照组鸡全部死亡,免疫组鸡至少保护 6 只为合格。

(四)实验作业

1. 简述鸡大肠埃希菌灭活苗的制备程序。
2. 鸡大肠埃希菌灭活苗必须经过哪些检验?

二、抗猪瘟血清的制备

视频 8.3 抗猪瘟血清的制备

(一)实验目的

1. 以制备猪瘟抗血清为例,学会制备免疫血清。
2. 掌握猪瘟抗血清检验方法和临床应用。

(二)仪器与材料

60 kg 以上健康猪、家兔、小鼠、注射器(50 mL,10 mL)及针头(9 号、6 号)若干、量筒、动物固定架、猪瘟弱毒疫苗、猪瘟血毒抗原、生理盐水、石炭酸等。

(三)方法与步骤

1. 健康猪的选择

选择体重 60 kg 以上健康猪,使用前隔离观察 7 d 以上。

2. 免疫

(1)选用猪瘟兔化弱毒疫苗做基础免疫,第 1 次免疫后 10～20 d 再进行一次免疫。

(2)选用猪瘟强毒血毒抗原做高度免疫,第 1 次肌内注射血毒抗原 100 mL,10 d 后第 2 次注射血毒抗原 200 mL,再经 10 d 后第 3 次肌内注射血毒抗原 300 mL。过 9～10 d 和 12～16 d 后按每千克体重采血 10～11 mL 和 8～10 mL 测定抗体效价,第 2 次采血后 2～3 d 再注射血毒抗原 300 mL,10 d 后重复间隔采血并注射抗原 1 次,如不剖杀放血,可定期采血并注射血毒抗原(每千克体重 1.5～2 mL),但从免疫完成到最后放血不超过 12 个月为宜。此外,也可将猪瘟康复猪注射血毒抗原后 10～14 d 采血,或经基础免疫后 7～10 d 再大剂量注射猪瘟病猪组织抗原(每千克体重 5 mL)后 16 d 采血。

3. 分离血清

血清分离后加入 0.5%石炭酸防腐，分装后冷藏保存。

4. 成品检验

除按《成品检验的有关规定》进行检验外，还需进行如下检验。

(1)物理性状检验　析出的抗血清应该是略带棕红色的澄清液体，久置后，有少许灰白色沉淀。

(2)无菌检验　将血清样品接种 T. G 小管，G. A 斜面或适于本菌生长的其他培养基各 2 支，每支 0.2 mL，1 支置 37 ℃培养，1 支置 25 ℃培养。另取 0.2 mL 接种 1 支 T. G 小管，置 25 ℃培养。均培养 5 d，应无菌生长。

(3)安全检验　2 只 18～22 g 小鼠，皮下注射 0.5 mL/只；1 只家兔，皮下注射 10 mL，1 只 350～400 g 豚鼠，皮下注射 10 mL，观察 10 d，均应健活。

(4)效力检验　体重 25～40 g 无母源抗体猪 7 头，分成 2 组，第 1 组 4 头，按每千克体重 0.5 mL 注射血清，同时注射猪瘟血毒 1 mL；第 2 组 3 头仅注射血毒，1 mL/头。如 24～72 h 后第 2 组猪发病，并于 16 d 内有 2 头以上死亡，而第 1 组猪 10～16 d 内至少健活 3 头时，血清判为合格。如第 1 组死亡 2 头或第 2 组不死或仅死 1 头时应重新检验。第 1 组死亡 3 头时判为不合格。

5. 保存与使用

2～5 ℃保存期 3 年。使用时，预防剂量为：8 kg 以下小猪 15 mL，8～15 kg 猪 15～20 mL，16～30 kg 猪 20～30 mL，30～45 kg 猪 30～45 mL，45～60 kg 猪 45～600 mL，60～80 kg 猪 60～75 mL，80 kg 以上猪 75～100 mL；治疗剂量加倍。

(四)实验作业

1. 制备抗猪瘟血清时如何免疫猪？
2. 免疫血清制备后必须经过哪些检验？
3. 免疫血清如何保存？预防和治疗剂量有何不同？

三、鸡法氏囊病卵黄抗体的制备

视频 8.4　鸡法氏囊病卵黄抗体的制备

(一)实验目的

1. 以鸡传染性法氏囊卵黄抗体为例，学会制备高免卵黄抗体的方法。

2. 熟悉高免卵黄抗体的检验方法。

(二)仪器与材料

烧杯、锥形瓶、漏斗、纱布、玻璃棒、0.5%新洁尔灭、生理盐水、双抗(青霉素、链霉素)、1% 硫柳汞等。

(三)方法与步骤

1. 卵黄抗体的制备

(1)选择健康无病的产蛋鸡群，开产前或开产后，以免疫原性良好的 IBD 油佐剂灭活苗

(发病鸡组织苗更好)肌内注射,3 mL/只,10～14 d后,重复注射一次,过10～14 d再注射一次,油苗剂量适度递增。

(2)第三次免疫后定期检测卵黄抗体水平,待琼脂扩散效价达1∶128时开始收蛋,4 ℃保存备用。效价降低到1∶64时停止收蛋,可再进行加强免疫。高免蛋合格时间大约持续1个月。

(3)将高免蛋用0.5%新洁尔灭溶液浸泡或清洗消毒,再用酒精棉擦拭蛋壳,取卵黄。

(4)根据卵黄抗体效价水平加入生理盐水进行稀释[稀释后的卵黄抗体琼脂扩散效价不低于(1∶16)～(1∶32)],加青霉素至1 000 IU/mL和链霉素至1 000 μg/mL,再加硫柳汞浓度达到0.01%,充分搅拌后分装于灭菌瓶内4 ℃保存。

2.卵黄抗体的检验

(1)理化性状检验 本品为略带棕色或淡黄色透明液体,于4 ℃长时间保存后,瓶底可有少许白色沉淀。用pH试纸测定其pH,应为6.8～7.2。

(2)无菌检验 取高免卵黄抗体0.2 mL,分别接种于鲜血琼脂平板、马丁肉汤和厌氧肉肝汤培养基,37 ℃培养48 h,均应无菌生长。

(3)安全检验 用体重18～22 g小鼠5只,每只皮下注射本品0.5 mL,用14日龄SPF雏鸡5只,每只皮下注射本品10 mL,观察10 d,小鼠和雏鸡均应全部健活。

(4)效力检验

①AGP抗体效价测定。8%氯化钠溶液100 mL加入1 g琼脂粉,加热融化后,浇制凝胶板。中央1孔外围6孔打孔,孔径3 mm,间距4 mm。将卵黄抗体用生理盐水做倍比稀释,取1∶8、1∶16、1∶32和1∶64稀释度的卵黄抗体,分别加入周围4个孔;另外2个孔分别加入IBDV阳性和阴性血清作对照;中间孔加IBDV AGP抗原,15～20 μL/孔。然后置37 ℃湿盒孵育24 h,在室温放置24～48 h。

②用鸡检验。取4～8周龄SPF鸡30只,随机分为3组,每组10只。第1组为健康对照组,不注射任何药品,单独隔离饲养。第2组和第3组,每只鸡点眼、滴鼻接种IBDV SNJ93株囊毒0.1 mL(100LD_{50})。隔离饲养24 h后,第2组皮下注射本品2 mL,第3组皮下注射生理盐水2 mL。观察每组鸡发病、死亡情况至第10天。

结果判定:第1组,鸡全部健活。第3组为攻毒对照组,应于攻毒后24～48 h发病,48 h后开始死亡,72 h全部发病,7 d内应死亡8只以上。第2组为早期感染治疗组,注射本品后12 h,即攻毒后36 h发病3～5只,再经8～12 h后恢复正常,观察7 d,应至少存活9只,判为合格。

3.注意事项

(1)鸡群应该选择健康无病的,机体免疫功能良好。

(2)要求抗原的免疫原性良好。

(3)制备成的高免卵黄抗体水平不低于(1∶16)～(1∶32)(IBD,琼脂扩散效价)。

(4)注意抗体的灭菌。使用前要进行效价测定和安全检验。

(四)实验作业

1.简述卵黄抗体的制备程序和注意事项。

2.卵黄抗体必须进行哪些检验?

【经典考题】

一、名词解释

兽用生物制品　疫苗　单(价)疫苗　多(价)疫苗　多联苗　同源疫苗　异源疫苗　类毒素　诊断制品

二、简答题

1. 按生物制品的性质,生物制品可分为哪几类?

2. 疫苗与一般药物的主要区别是什么?

3. 简述活疫苗和死疫苗的主要优缺点。

4. 制备疫苗的菌(毒)种有何要求?

5. 什么是佐剂? 制备疫苗常用哪些佐剂?

6. 合格疫苗和免疫血清需经哪些检验?

7. 简述制备免疫血清的一般程序。

8. 制备免疫血清时对动物有何要求?

项目二　免疫诊断与免疫防治

【学习目标】

1. 掌握血清学技术、变态反应诊断技术在生产上的应用,了解细胞免疫检测技术在生产上的应用。

2. 掌握动物免疫防治疾病的主要途径。

3. 学会分析免疫失败的原因及其对策。

一、免疫诊断

(一)血清学诊断

1. 疾病诊断

病原微生物及寄生虫分别是传染病和寄生虫病的病原,他们能刺激机体产生特异性抗体。取患病动物的组织或血清作为检测材料,利用适当的血清学试验,能够定性或定量地检测微生物或寄生虫抗原,确定他们的血清型及亚型,或者检测相应的抗体,从而对疾病进行确诊。目前,诊断用抗原已从微生物和寄生虫抗原扩展到肿瘤抗原等多种。

通过免疫学诊断,不仅能考查动物个体某一时间点所处的病理发展阶段和免疫应答能力,而且能通过对群体材料的定期检测,揭示全群动物抗体水平的动态变化规律,从而判断群体对某一特定疾病的易感性,对该病在群体中流行的可能性做出评估,即所谓流行病学分析。凝集试验、沉淀试验、中和试验、标记抗体技术等,正在越来越广泛地应用于此类诊断。

随着免疫学诊断技术的发展和完善,血清学诊断还可以用来检测植物体内的病毒等微生物抗原,诊断植物疾病。

2. 妊娠诊断

动物妊娠期间能产生新的激素，并从尿液排出。以该激素作为抗原，将激素抗原或抗激素抗体吸附到乳胶颗粒上，利用间接凝集试验或间接凝集抑制试验，检测孕妇或妊娠动物尿液标本中是否有相应激素存在，进行早期妊娠诊断。根据反应类型和条件不同，这些反应在室温下经过 3～20 min 就能观察到结果。另外，间接血凝抑制试验、琼脂扩散试验等也可用于妊娠诊断。

3. 生物活性物质的超微定量

利用血清学技术，尤其是酶免疫标记技术和放射免疫标记技术，可以检测出 ng(10^{-9}g)及 pg(10^{-12}g)水平的物质，实现对动物、植物和昆虫体内其他方法难以测出的微量激素、白细胞介素(IL)等生物活性物质的超微量测定。

4. 物种鉴定

免疫学技术还可用于揭示不同物种之间抗原性差异的程度，作为分析物种鉴定和生物分类的依据。另外，血清学试验能用于人和动物血型的分类与鉴定。

5. 免疫增强药物和疫苗研究

血清学试验还可用于研究疫苗免疫效力和评价免疫增强药物的功效，例如抗肿瘤药物的筛选，需要测定药物对细胞免疫功能的作用。

6. 免疫诊断与高新技术结合

免疫学诊断方法与其他先进技术相结合，还产生了许多新的免疫鉴定技术。例如，与荧光抗体染色法和免疫酶组织化学相结合，可以在细胞水平、亚细胞水平对抗原分子进行精确定位；与分子生物学技术相结合，产生了用于定量分析基因表达产物的免疫转印技术等。

(二)变态反应诊断

利用变态反应原理，通过已知微生物或寄生虫抗原在动物机体局部引发变态反应，能确定动物机体是否已被感染相应的微生物或寄生虫，并能分析动物的整体免疫功能。迟发型变态反应常用于诊断结核分枝杆菌、鼻疽杆菌、布鲁氏菌等细胞内寄生菌的感染。例如，将结核菌素进行皮内注射同时点眼，可以诊断动物是否已经感染结核分枝杆菌，目前，用结核菌素进行皮内注射、点眼诊断是动物结核病的规范化检疫方法。

(三)细胞免疫测定技术

细胞免疫检测技术是血清学试验无法代替的免疫测定技术。不仅可以揭示动物体内细胞免疫的水平和状态，分析特定抗原刺激 T 细胞后的细胞免疫机制，而且可以通过测定抗原进入机体后细胞免疫应答的变化，衡量抗原的免疫原性和免疫效力，还可以用正常 T 淋巴细胞检测干扰素、白细胞介素等免疫因子的生物活性及效价。常用的细胞免疫测定试验有 E 玫瑰花环试验、T 淋巴细胞转化试验和细胞毒性 T 细胞试验。

(1)E 玫瑰花环试验　T 细胞表面具有 CD2 红细胞受体，可以将动物红细胞结合在 T 细胞周围，在光学显微镜下呈现为玫瑰花环。通常用动物外周血淋巴细胞与绵羊红细胞在一定条件下孵育，经涂片、染色、镜检计数，可以确定血液中 T 淋巴细胞的比例和总数。

(2)T 淋巴细胞转化试验　能在体外检测 T 淋巴细胞功能。T 淋巴细胞与特异性抗原在体外共同培养时，细胞内代谢旺盛，蛋白质和核酸合成加强，细胞体积增大，转化为能分裂的淋巴母细胞。转化率的高低反映了机体针对这一抗原的特异性细胞免疫功能。如果用有丝分裂原(如 pHA 和 ConA)与 T 淋巴细胞培养，则转化率体现了机体细胞免疫功能的强弱。

(3)细胞毒性 T 细胞试验　TC 细胞是抗原刺激产生的 T 细胞亚群，无需补体参与就能特异性溶解、破坏靶细胞，在肿瘤免疫和病毒免疫中起重要作用。如果将肿瘤细胞、病毒感染的细胞等靶细胞与被同种抗原致敏的患者淋巴细胞共培养，然后检查靶细胞的死亡情况，就可以反映肿瘤病患者或病毒感染者特异性细胞免疫功能的强弱，判断疾病预后。也可以借以分析抗肿瘤药物和抗病毒药物的疗效。

二、免疫防治

视频 8.5　生物制品与免疫防治

机体对病原体的免疫力分为先天性免疫和获得性免疫两种。先天性免疫是动物体在种族进化过程中建立起来的天然防御能力，获得性免疫是动物体在个体发育过程中受到病原体及其产物刺激而产生的特异性免疫力，它具有高度的特异性。获得性免疫主要包括两大类型，即主动免疫和被动免疫，无论是主动免疫还是被动免疫都可通过天然和人工两种方式获得。

(一)人工主动免疫

给动物接种疫苗，刺激机体免疫系统发生应答反应，产生的特异性免疫力称为人工主动免疫。人工主动免疫所接种的物质是各种疫苗制品，包括微生物疫苗、类毒素和寄生虫疫苗等，因而有一定的诱导期，出现免疫力的时间与抗原种类有关，如病毒抗原需 3～4 d，细菌抗原需 5～7 d，毒素抗原需 2～3 周，然而人工主动免疫产生的免疫力持续时间长，免疫期可达数月甚至数年，而且有回忆反应，某些疫苗免疫后，可产生终生免疫。生产中人工主动免疫是预防和控制传染病和寄生虫病的行之有效的措施之一。由于人工主动免疫不能立即产生免疫力，需要一定的诱导期，所以在免疫防治中应着重考虑到这一特点。

(二)人工被动免疫

给机体注射免疫血清、康复动物血清或高免卵黄抗体而获得的对某种病原体的免疫力称为人工被动免疫。如抗犬瘟热病毒血清可防治犬瘟热，精制的破伤风抗毒素可防治破伤风，尤其是患病毒性传染病的珍贵动物，用抗血清防治更有意义。注射免疫血清可使抗体立即发挥作用，无诱导期，免疫力出现快。然而抗体在体内逐渐减少，免疫维持时间短，根据半衰期的长短，一般维持 1～4 周。

(三)天然主动免疫

天然主动免疫是指动物在感染某种病原微生物耐过后产生的对该病原体再次侵入的不感染状态，即产生了抵抗力。

(四)天然被动免疫

新生动物通过母体胎盘、初乳或卵黄从母体获得母源抗体从而获得对某种病原体的免疫力称为天然被动免疫。

天然被动免疫是免疫防治中非常重要的内容之一，在临床上应用广泛。由于动物在生长发育的早期（如胎儿和幼龄动物），免疫系统还不够健全，对病原体的抵抗力较弱，此时可通过获得母源抗体增强免疫力，以保证早期的生长发育。如用小鹅瘟疫苗免疫母鹅以防雏鹅患小鹅瘟。天然被动免疫持续时间较短，只有数周至几个月，但对保护胎儿和幼龄动物免于感染，特别是对于预防某些幼龄动物特有的传染病具有重要的意义。在初乳中的IgG、IgM可抵抗败血性感染，IgA可抵抗肠道病原体的感染。然而母源抗体可干扰弱毒疫苗对幼龄动物的免疫效果，导致免疫失败是其不利的一面。

三、影响免疫作用的因素

疫苗接种是预防动物传染病的有效方法，但免疫接种能否成功，不仅取决于疫苗的质量、接种途径和免疫程序等外部条件，还取决于动物机体的免疫应答能力这一内部因素。

视频 8.6 免疫失败的原因分析

（一）母源抗体

1. 母源抗体的概念

母源抗体是指新生畜禽通过胎盘、初乳、蛋黄等途径从母体获得的抗体。获得母源抗体的畜禽能在初生后几天或相当长一段时间内得到保护，免受某些传染病的感染。例如新生仔猪在两三个月内对猪丹毒杆菌，新生羔羊对布鲁氏菌具有较强的不感受性，关键在于获得了母源抗体。

2. 母源抗体的持续期

未吃初乳的新生动物，正常情况下其血清内只含有极低水平的免疫球蛋白，吮吸初乳的动物，血清免疫球蛋白的水平迅速升高，尤其是IgG，接近于成年动物的水平。由于肠壁上皮细胞吸收的特性，故在出生后24～36 h，其血清IgG的水平达到高峰。在吸收终止之后，这种被动获得的抗体，通过正常降解作用立即开始下降，下降的速度因动物种类、免疫球蛋白的类别、原始浓度及半衰期的不同而异。

母源抗体的持续时间并不等于能耐受强毒攻击的时间，耐受强毒攻击要求抗体保持在一定滴度之上。一般ND的HI抗体滴度为1∶（16～32）时可耐受强毒攻击，而当HI滴度为1∶8时弱毒疫苗接种后可以产生主动免疫。一般来说，母源抗体水平与免疫力有一定的相关性，对于动物的早期抗感染和免疫程序的制订具有重要作用。

（二）免疫程序

免疫程序是指根据动物疫病种类、疫苗的性质、动物机体的免疫反应以及免疫工作的实际条件等因素，而制订的计划免疫的具体实施程序。免疫程序的内容包括疫苗的种类、接种对象、方法、剂量、次数等。由于各地的疫病流行情况、动物种类、饲养管理条件等不同，目前没有一个通用的免疫程序，各地区应根据实际情况制订和实施。

（三）疫苗的种类和质量

1. 疫苗的种类

同种传染病可能有多种不同的疫苗预防，产生的免疫应答也各不相同。如鸡传染性支气管炎疫苗有荷兰型H52、H120及美国型M41等。在生产中若选择不当，常会导致免疫无效或严重反应，甚至诱发其他疾病。

2. 疫苗的质量

疫苗质量是免疫成败的关键因素。如疫苗的免疫原性差、污染了强毒、灭活方法不当、疫苗过期、疫苗的运输和保存不当等都会影响疫苗的免疫效果，引起免疫有效期内的畜禽群无免疫力或产生严重反应。如果用于制造疫苗的种蛋带有病原，如禽白血病或支原体病，除影响疫苗的质量和免疫效果外，还可能传播疾病。

3. 疫苗稀释剂

疫苗稀释剂的合格与否直接影响疫苗作用。未经灭菌或受污染而将杂质带进疫苗，不使用专用稀释剂(如马立克病)，饮水免疫时水质有问题或饮水器未消毒并未充分清洗，这些都会影响疫苗作用。

4. 不同疫苗间的相互干扰

将两种或两种以上有干扰作用的活疫苗同时接种，会降低机体对某种疫苗的免疫应答反应，如鸡传染性支气管炎对新城疫疫苗的干扰作用。干扰的原因可能有两个方面：一是两种病毒感染的受体相似或相等，产生竞争作用；二是病毒感染细胞后产生干扰素，影响另一种病毒的复制。

(四)免疫动物机体的影响

1. 动物感染某些疫病

在进行疫苗预防时，有一部分动物已感染了某些病原体而处于潜伏期，此时免疫接种常可使动物群在短时间内发病；某些疫病如传染性法氏囊病、马立克病、网状内皮增生病、传染性贫血等，可使动物体正常的免疫反应受到抑制；某些疫病如鸡新城疫、禽流感、传染性支气管炎、传染性喉气管炎等病毒可在动物机体内产生干扰素，影响特异性免疫的形成；此外，动物感染支原体病、大肠埃希菌病、沙门杆菌病等慢性传染病或寄生虫病时，使机体抵抗力下降，常由于免疫接种而产生应激，产生严重反应。

2. 遗传素质的影响

动物机体对接种疫苗后的免疫应答在一定程度上受遗传控制的，因此，不同品种，甚至同一品种的不同个体的动物，对同一种抗原的免疫反应强弱也有差别。个别动物机体先天性免疫缺陷，也常导致免疫无效或效力低微。

3. 继发性免疫缺陷

除原发性免疫缺陷外，免疫球蛋白的合成和细胞介导免疫还可因淋巴组织遭到肿瘤细胞侵害或被传染因子破坏，或因使用免疫抑制剂而被抑制，引起继发性免疫缺陷。

4. 营养状况

动物的营养状况也是影响免疫应答的因素之一。维生素(尤其是维生素 A、B 族维生素、维生素 D、维生素 E)及氨基酸的缺乏都会使机体免疫功能下降。如维生素 A 缺乏会导致动物淋巴器官的萎缩，影响淋巴细胞的分化、增殖、受体表达与活化，导致体内的 T 淋巴细胞、NK 细胞数量减少，吞噬细胞的吞噬能力下降，B 淋巴细胞产生抗体的能力降低，因此营养状况是不可忽视的。

（五）病原体的影响

1. 毒力、毒型的影响

有些疫病如马立克病、传染性法氏囊病、鸡新城疫等，由于超强毒株的出现，导致原有的疫苗对其不能保护；同一疫病的病原体有多种血清型，若使用疫苗与感染病原的毒型不符，各型号之间交叉免疫能力又较弱时，其免疫效果也不理想。

2. 过量野毒攻击

在某些疫病严重污染的地区，由于过量的野毒攻击，其毒力、数量、侵入途径等因素与免疫动物的免疫力之间不断作用，并发生复杂的量和质的变化，在一定的条件下，病原体突破免疫动物的免疫保护，并在动物体内大量增殖，使动物感染发病，免疫接种难以达到对动物群完全保护的目的。

（六）饲养管理及环境因素

1. 应激反应

动物机体的免疫功能在一定程度上受到神经、体液和内分泌的调节，在环境过冷过热、湿度过大、通风不良、拥挤、饲料突然改变、运输、转群、疫病等因素的影响下，机体肾上腺皮质激素分泌增加。此激素增加能显著损伤 T 淋巴细胞，对巨噬细胞也有抑制作用，并可增加 IgG 的分解代谢。所以动物处于应激反应敏感期时接种疫苗，就会减弱其免疫力。

2. 卫生状况

环境卫生状况不良，圈舍及周围环境存在大量的病原微生物，在使用疫苗期间动物已受到病原的感染，这些都会影响疫苗免疫的效果，导致免疫失败。实践中发现，抗体水平较高的动物群体，只要环境中有大量的病原，也存在着发病的可能。

3. 饲养管理不当

给动物饲喂霉变的饲料或垫料发霉，霉菌毒素能使胸腺、法氏囊萎缩，毒害巨噬细胞而使其不能吞噬病原微生物，从而引起严重的免疫抑制。

总之，影响疫苗免疫效果的因素很多，这就要求生产实践中必须严格按照疫苗接种要求规范操作，以保证疫苗接种的有效性，减少动物发病和死亡。

【经典考题】

一、名词解释

E 玫瑰花环试验　T 淋巴细胞转化试验

二、简答题

1. 血清学试验有哪些应用？
2. 免疫防治方法可分为哪些类型？
3. 影响免疫作用的因素（免疫失败的原因）有哪些？

项目三　微生物在生产中的应用

【学习目标】

1. 了解微生物饲料的类型及其作用。
2. 了解畜产品中微生物的来源及其作用。
3. 了解微生物酶制剂和微生态制剂的含义及其应用。

一、饲料微生物

饲料微生物是指作为动物饲料以及适用于加工或改善饲料质量的微生物。在生物技术和饲料加工工艺日益发展的基础上，人们逐渐认识并利用微生物增加饲料新品种或改进饲料质量。使得原料在微生物及代谢产物作用后转化形成新型饲料，尤其是没有使用药物制剂，其生产环境没有受到污染，可以说是动物的绿色食品。

饲料微生物的作用主要有三个方面：一是将各种原料转化为菌体蛋白而制成单细胞蛋白饲料，如酵母饲料和藻体饲料；二是改变原料的理化性状，提高其营养价值和适口性，如青贮饲料和发酵饲料；三是分解原料中的有害成分，如饼粕类发酵后脱毒饲料。常见饲料微生物的应用包括：单细胞蛋白饲料、青贮饲料和发酵饲料等。

(一)单细胞蛋白饲料

1. 单细胞蛋白的定义

单细胞生物体内丰富的蛋白质称为单细胞蛋白(single cell protein, SCP)，又称微生物蛋白或菌体蛋白。单细胞蛋白的生产是利用某些含有丰富营养源的废水废液或其他低氮或无氮原料培养某些非致病性细菌、酵母菌(有时为丝状霉菌)或微藻类获得蛋白质的方式。单细胞蛋白是微生物的蛋白提取物，如常见的饲料酵母、白地霉、藻体饲料及部分细菌、放线菌等。

2. 单细胞蛋白的特点

单细胞蛋白的优越性表现为：①蛋白质含量高，一般 SCP 蛋白质含量为 40%～80%，其中酵母类 45%～55%，霉菌类 30%～50%，细菌类 69%～80%，藻类 60%～70%；②富含畜禽生长发育所必需的氨基酸、维生素和其他生理活性物质，不但适用于饲料行业，还可用于人类食品、制药、饮料和发酵工业；③生物效价高，在畜禽体内经水解后，转化为多肽和氨基，吸收率可达 90%左右；④原料来源丰富，石油、天然气、淀粉、废糖蜜、废酒糟水等均可作原料；⑤生产过程易控制，可工业化生产，不受气候、土壤和自然灾害的影响，可连续生产，成功率高。特别对于缓解食物短缺、环境污染和能源缺乏等问题显得尤为重要。

单细胞蛋白的不足表现为：①核酸含量过高，尤其是 RNA 的含量高。易引起痛风、风湿性关节炎、尿结石及代谢失衡。所以应限制 SCP 在日粮中的用量，使其不超过蛋白补给量的15%；②某些 SCP 还可能对动物具有毒性作用，尤其是细菌蛋白和在培养基中含有石油衍生物时；③含 SCP 的饲料，其消化率比常规蛋白质低 10%～15%，这是因为 SCP 中含有毒菌肽，能与饲料蛋白质结合，阻碍蛋白质的消化；④喂食 SCP 也可造成氨基酸供应不平衡的弊端。

可以在加工 SCP 过程中，添加适量的蛋氨酸和精氨酸，使氨基酸的比例趋于合理。

3. 单细胞蛋白饲料的种类

单细胞蛋白可作为人或动物的蛋白质补充剂，由于这些产品不但蛋白质含量丰富，而且还含有脂肪、糖、核酸、维生素和无机元素，故由单细胞微生物或藻类生产的高蛋白饲料称为单细胞蛋白质饲料。

(1)酵母饲料　酵母饲料营养齐全，风干制品中粗蛋白质含量在 50%～60%，有效能值与玉米相近，与鱼粉和豆粕相当，B 族维生素及脂肪的含量也比较丰富，矿物质中的锌、铁的含量也很高，常作为畜禽蛋白质和维生素的添加饲料。

适用于饲料的有产朊假丝酵母、热带假丝酵母、啤酒酵母、酶脂假丝酵母、葡萄酒酵母、巴氏酵母、生香酵母等。它们对营养的要求不高，可以利用己糖、戊糖等作为碳源，并都能利用铵盐作为碳源。因此，生产酵母饲料的原料广泛，如亚硫酸盐纸浆废液、废糖蜜、粉浆水等。农作物的秸秆、玉米芯、糠壳、棉籽壳、锯末、畜禽粪便等，但利用这些原料时应先将其水解后，再利用。其中应用亚硫酸盐纸浆废液最为经济。

含氮物质、液体原料需要通入足够的空气，使酵母菌在 pH 4.5～5.8 及适宜的温度下迅速繁殖，即得到酵母饲料。当将酵母菌分离出来后，经干燥、磨碎，就得到纯的酵母粉。

(2)白地霉饲料　白地霉饲料是将白地霉培养在工农业副产品中形成的单细胞蛋白饲料。白地霉是需氧菌，属于霉菌类，适合在 28～30 ℃及 pH 5.5～6.0 的条件下生长。在麦芽汁中生长可形成菌膜，在麦芽汁琼脂上生长能形成菌落。菌膜和菌落都为白色绒毛或粉状。白地霉能利用蛋白胨、氨基酸、尿素、硫酸铵等作为氮源，利用多种糖作为碳源。白地霉饲料的营养价值与酵母饲料相当，生产时多采用液体培养法，原料和生产工艺与酵母饲料基本相同。

(3)石油蛋白饲料　以石油或天然气为碳源生产的单细胞蛋白饲料称为石油蛋白饲料，又称烃蛋白饲料。能利用石油和天然气的微生物种类很多，包括酵母菌、细菌、放线菌和霉菌等，生产上酵母菌和细菌较常用。以石油或石蜡为原料时主要接种解脂假丝酵母、热带假丝酵母等酵母菌；以天然气为原料时接种嗜甲基微生物。

以石油为原料时，所接种的酵母菌能利用其中的石蜡组分(十一碳以上的烷烃)，在加入无机氮及无机盐，pH 5 30 ℃左右的条件下通气培养，就能得到石油蛋白。将其从油中分离出来并干燥，得到石油蛋白饲料。

以石蜡为原料时，生产条件基本相同，但原料几乎全部能被酵母菌所分解。形成的石油蛋白也不混杂油类，只需要经过水洗、干燥，就能得到高纯度石油蛋白。

用天然气生产的石油蛋白为第二代石油蛋白。嗜甲基微生物能利用的碳源范围很广，包括甲烷、甲醇及其氧化物，如甲醛、甲酸；还包括含两个以上甲基但不含 C—C 键的物质，如三甲基胺等。在适宜条件下，嗜甲基微生物经过通气培养，就能将这些物质和含氮物转化成菌体蛋白。

(4)藻体饲料　藻类是泛指生活在水域或湿地的一类光能自养型低等生命，单细胞或多细胞。没有根茎叶之分，胞体多带有色素。藻类细胞中蛋白质占干重的 50%～70%，脂肪含量达干重的 10%～20%，营养比其他任何未浓缩的植物蛋白都高。

主要用体积较大的螺旋藻生产藻类饲料，如极大螺旋藻和钝顶螺旋藻。培养螺旋藻与培养微生物不同，一般在阳光及二氧化碳充足的露天水池中进行，温度 30 ℃左右，pH 8～10，通入二氧化碳则产量更高。得到的螺旋藻经过过滤、洗涤、干燥和粉碎，即成为藻体饲料。

(二)青贮饲料

青贮饲料是利用乳酸细菌类微生物发酵产生乳酸,使绿色植物的茎叶饲料(玉米秆、牧草等)在密闭条件下,经微生物发酵后制成的有利于贮存、消化率提高的粗饲料。使用这种方法调制的饲料能在较长期间内保持颜色黄绿、气味酸香、柔嫩多汁和适口性好。通常将玉米等禾谷类青料切碎,加一定量的豆类、块根作物的青料、淀粉质饲料、盐和发酵饲料的酸液(即乳酸细菌类的接种剂)混拌后,装进青贮塔或窖中,压实、密封。在缺氧条件下,饲料中所含的简单碳水化合物,逐渐被乳酸细菌类微生物发酵,产生乳酸和醋酸,因而能对引起饲料腐败的各类氨化微生物的活动进行控制,由塔中的酵母菌(醭酵母)进行发酵,产生乙醇、乳酸和醋酸。这些发酵产物的积累,既可保持饲料不腐败,又能改善它的营养价值和适口性。

1. 作用原理

发酵秸秆饲料的原理是通过有效微生物的生长繁殖使分泌酸大量增加,秸秆中的木聚糖链和木质素聚合物酯链被酶解,促使秸秆软化,体积膨胀,木质纤维素转化成糖类。连续重复发酵又使糖类二次转化成乳酸和挥发性脂肪酸,使 pH 降低到 4.5～5.0,抑制了腐败菌和其他有害菌类的繁殖,达到秸秆保鲜的目的。其中所含淀粉、蛋白质和纤维素等有机物降解为单糖、双糖、氨基酸及微量元素等,促使饲料变软、变香而更加适口。最终使那些不易被动物吸收利用的粗纤维转化成能被动物吸收的营养物质,提高了动物对粗纤维的消化、吸收和利用率。

2. 青贮饲料中的微生物

天然植物上附有多种微生物,它们往往在青贮中互相制约,巧妙配合,才能制成青贮饲料。

(1)乳酸菌 是青贮中最重要的细菌,包括乳酸链球菌、胚芽乳酸杆菌、棒状乳酸杆菌等。这些细菌都能分解青贮原料而产生乳酸。虽然不含有蛋白水解酶,但能利用饲料中的氨基酸。乳酸菌是革兰阳性菌,无芽孢,大多数无运动性,厌氧或微需氧。利用乳酸菌进行乳酸发酵,每个细菌产生的乳酸为其体重的 1 000～10 000 倍,所以在调制时,原料本身的附着细菌就足以作为发酵菌种了。但是环境中的杂菌较多并复杂时,为了使乳酸菌迅速成为优势菌群,就必须加入乳酸菌添加剂。

(2)酵母菌 在青贮初期的有氧及无氧环境中,酵母菌能迅速繁殖,分解糖类产生乙醇,使青贮饲料产生良好的香味。但当氧气耗尽和乳酸的积累,酵母菌活动会很快停止。

(3)丁酸菌 是一类革兰阳性菌,严格厌氧的梭状芽孢杆菌。分解糖类而产生丁酸和气体。将蛋白质分解成胺类及有臭味的物质。破坏叶绿素,使青贮饲料带有黄斑,他的含量越多,青贮饲料的品质越差,并严重影响其营养价值和适口性。丁酸菌不耐酸,在 pH 4.7 以下时则不能活动。

(4)肠道杆菌 是一类革兰阴性无芽孢的兼性厌氧菌,以大肠埃希菌和产气杆菌为主。分解糖类也能产生乳酸,但也产生大量的气体,还能使蛋白质腐败分解,从而降低青贮饲料的营养价值。

(5)腐败菌 凡能强烈分解蛋白质的细菌统称为腐败菌,包括枯草杆菌、马铃薯杆菌、腐败梭菌、变形杆菌等。大多数能强烈地分解蛋白质和碳水化合物,产生臭味和苦味,严重降低青贮饲料的营养价值和适口性。

另外,其他微生物如霉菌、放线菌、纤维素分解菌等污染原料时,可以使饲料发霉变质,甚至产生毒素。

3. 青贮各时期微生物的活动

青贮饲料中的微生物活动主要有四个时期。

(1)预备发酵期　是从原料装填密封后到酸性、厌氧环境形成为止。最初,需氧和兼性厌氧的微生物迅速繁殖,产生了多种有机酸。同时,微生物和植物细胞的呼吸作用使原料中的氧气逐渐耗尽。在酸性、厌氧的环境中,乳酸菌能够大量繁殖,并抑制多种腐败菌、酵母菌、肠道细菌和霉菌的生长。

(2)发酵竞争期　在厌氧的条件下,很多厌氧细菌或兼性厌氧菌都可以在青贮饲料中进行发酵,其中乳酸菌的发酵是否占主要地位,是青贮成败的关键。因此,必须尽快创造乳酸发酵所需的厌氧、低 pH 的环境,以控制有害的微生物的繁殖。

(3)酸化成熟期　先是乳酸链球菌占优势,随着酸度的增加,乳酸杆菌迅速繁殖。乳酸的积累使饲料酸化成熟,其他微生物进一步受到抑制而死亡。

(4)保存使用期　青贮饲料的 pH 降到 4.0～4.2 及以下时,乳酸杆菌逐渐停止活动而死亡,青贮饲料也已经制作完成。开窖使用后,由于空气进入,好氧微生物利用青贮饲料的营养成分进行发酵和产热,而引起青贮饲料品质的败坏的现象,也称为二次发酵。故开窖后的青贮饲料应连续、尽快用完,每次取用后用薄膜盖紧。

4. 影响乳酸发酵的因素

(1)原料的含糖量　玉米、高粱、甘薯等比豆科作物含糖量高,易于青贮。一般来说,原料的含糖量应不低于青贮原料重量的 1%～2%。如果原料含糖量过低,可添加糖渣、酒糟等。

(2)原料的含水量　原料的适宜含水量是 65%～75%。水分不足,则原料不易压实而嗜氧菌大量繁殖,容易使原料腐烂。水分过多,则过早形成厌氧环境,引起丁酸菌活动过强,降低饲料品质。

(3)厌氧环境　将原料铡碎、压实、密封是青贮成功的关键。初期进入的空气会降低乳酸含量和总酸度。

(4)添加剂　添加纤维素酶、淀粉酶等生物酶制剂,可以促进乳酸的发酵。添加 0.2%～0.3%的甲酸、甲酸钙、焦硫酸钠或 0.6%～1.2%的甲醛等,可以防止二次发酵。添加 0.5%的尿素,能提高青贮饲料的产酸量和蛋白质含量。

(三)发酵饲料

粗饲料经过发酵微生物发酵而制成的饲料称为发酵饲料。粗饲料富含纤维素、半纤维素、果胶物质、木质素等,很难被动物消化利用,必须经过微生物发酵分解,才能提高利用率。常见的发酵饲料有纤维素酶解饲料、米曲霉发酵饲料、瘤胃液接种发酵饲料、担子菌分解饲料等。

1. 纤维素酶解饲料

纤维素酶解饲料是在微生物纤维素酶的催化下将富含纤维素的原料分解制成的饲料。细菌、霉菌和担子菌是生产纤维素酶解饲料的主要微生物。富含纤维素的原料主要有秸秆粉和工业废渣,如蔗渣、甜菜渣等,都可以作为生产的原料。

2. 米曲霉发酵饲料

米曲霉能进行需氧呼吸,利用无机氮和蔗糖、淀粉、玉米粉的碳源,具有极高的淀粉酶活性,能将比较难消化的动物蛋白(如鲜血、血粉、羽毛等)降解为可消化的氨基酸,形成自身蛋白。米曲霉在畜禽新鲜血液与米糠、麦麸的混合物中繁殖后,形成的发酵饲料含有大量的粗蛋白，几乎达到干重的30%以上。

3. 瘤胃液发酵饲料

此种饲料是将粗饲料经瘤胃液发酵而成的一种猪的饲料。由于牛羊瘤胃胃液中含有纤毛虫和细菌，它们能分泌纤维素酶，将纤维素降解。向秸秆粉中加入适量的水、无机盐和氮素(硫酸铵)，再接种瘤胃液，在密闭缸内保温发酵后，就可以得到瘤胃发酵饲料。

4. 担子菌发酵饲料

将担子菌接种于由粗饲料粉、水、铵盐组成的混合物中，担子菌就能使其中的木质素分解，形成粗蛋白含量很高的担子菌发酵饲料。

二、畜产品微生物

(一)乳与乳制品微生物

乳中含有蛋白质、乳糖、脂肪、无机盐、维生素等多种营养物质，是微生物的天然培养基。有益微生物可以将鲜乳转化成丰富多彩的乳制品，但有的微生物可以引起鲜乳或乳品变质，甚至使食用者感染疾病。

1. 鲜乳中的微生物

(1)鲜乳中微生物的来源　鲜乳中的微生物来自乳房内部或外界环境。健康动物的乳头管处常常含有微生物，随着挤奶而进入鲜乳。另外，动物体表、空气、水源、挤奶用具及牧场人员所带的微生物，都会直接或间接地进入鲜乳。

(2)鲜乳中微生物的类群及作用　鲜乳中最常见的微生物是细菌、酵母菌及少数霉菌，有时也有支原体和病毒的存在。

①发酵产酸的细菌。主要包括乳酸链球菌和乳酸杆菌等乳酸菌，它们能在鲜乳中迅速繁殖，分解乳糖产生大量乳酸。乳酸既能使乳中的蛋白质均匀凝固，又可抑制腐败菌的生长。有的乳酸菌还能产生气体和芳香物质。因此，乳酸菌被广泛用于乳品加工。

②胨化细菌。胨化细菌有枯草杆菌、蜡状芽孢杆菌、假单胞菌等。它们能产生蛋白酶.使已经凝固的蛋白质溶解液化。

③产酸产气的细菌。此类细菌使乳糖转化为乳酸、醋酸、乙醇及气体。大肠埃希菌和产气杆菌的产酸产气作用最强，能分解蛋白质而产生异味；厌氧性丁酸梭菌能产生大量气体和丁酸，使凝固的牛乳形成暴烈发酵现象，并出现异味；丙酸菌也能使乳晶产酸产气，使干酪形成孔眼和芳香气味，对干酪的品质形成有利。

④嗜热菌与嗜冷菌。嗜热菌能在30～70 ℃生长发育。乳中的嗜热菌包括多种需氧和兼性厌氧菌，它们能耐过巴氏消毒，甚至80～90 ℃ 10 min也不死亡。乳中还有嗜冷菌，适合在低于20 ℃处生长。

⑤其他微生物。酵母苗、霉菌、一些细菌和放线菌可以使鲜乳变稠或凝固，有的细菌和酵母菌还能使鲜乳变色，降低了乳的品质。

⑥致病微生物。乳畜患传染病时，乳中常有病原微生物，如牛型结核分枝杆菌、布鲁氏菌、大肠埃希菌、葡萄球菌、口蹄疫病毒等。

(3)鲜乳贮藏过程中的微生物学变化　从乳畜挤出的正常乳汁在常温下会经过一系列微生物学变化，包括以下四个时期。

①抗菌期。鲜乳中含有的溶酶体、抗体、补体、粒细胞等具有杀菌作用，使乳中微生物总数减少，又称细菌减数期。此期长短与乳汁温度、最初含菌量及乳中抗菌物质的多少有关。在10 ℃以下时，此期约持续24 h。

②发酵产酸期。随着抗菌作用的减弱，各种微生物都开始生长。首先是腐败菌占优势，接着大肠埃希菌和产气类杆菌继续发酵产酸，然后乳酸菌繁殖而大量产酸，最后连乳酸菌都被抑制。此期数小时到几天。

③中和期。酸性环境中，多数微生物都被抑制，但霉菌和酵母菌大量增殖。它们利用乳酸及其他酸类，同时分解蛋白质产生碱性物质，中和乳的酸性。此期数天到几周。

④胨化期。当乳由酸性被中和至微碱性时，乳中的胨化细菌开始发育，分解酪蛋白；霉菌和酵母菌继续活动，将乳中固形营养物质分解无余，最后使乳变成澄清而有毒性的液体。

(4)乳的卫生标准　按照国家标准，鲜乳及消毒乳中均不得检出病原微生物；每毫升鲜乳中细菌总数不得超过50万个；每毫升消毒乳中细菌总数不得超过3万个；每100 mL消毒乳的大肠埃希菌群近似数不得超过90个。

2.乳制品微生物

乳制品种类繁多，风味各异，但其加工大都离不开微生物。乳制品的变质也往往是微生物活动的结果。

(1)微生物在乳制品中的作用

①酸乳酪。酸乳酪又称酸性奶油，是稀奶油经乳酸发酵而制成的。在酸乳酪中，乳酸链球苗和乳酪链球菌有产酸作用，而柠檬酸链球菌和副柠檬酸链球菌能产生芳香物质。

②酸奶制品。嗜热链球菌、保加利亚乳酸杆菌与乳酸链球苗在适当温度下，经协同发酵作用可使原料产酸而形成酸奶。乳酸菌与酵母菌协同发酵后，还会形成含酒精的酸奶酒、马奶酒等酸乳制品。

③干酪。在乳酸菌的作用下，使原料乳经过发酵、凝乳、乳清分离而制得的固体乳制品称干酪。干酪中的乳酸链球菌、嗜热链球菌等有产酸作用，而丁二酮乳酸链球菌和乳酪串珠菌兼有产香和产气作用，使干酪带上孔眼和香味。在细菌等其他微生物参与的“成熟”过程中，干酪内残留的乳糖及蛋白质充分降解，并形成特殊的风味和香味。

(2)乳制品的变质

①奶油变质。霉菌可引起奶油发霉；鱼杆菌分解奶油中的卵磷脂而产生三甲胺；一些酵母、霉菌、假单胞菌、灵杆菌等能产生脂肪酶，使奶油中的脂肪分解为酪酸、己酸，使之散发酸臭味。

②干酪变质。大肠菌群和产气杆菌分解残留的乳糖，可引起干酪成熟初期的膨胀现象，而酵母菌和厌氧性丁酸梭菌可导致成熟后期发生膨胀，使干酪组织变软呈海绵状，并带上丁酸味和油腻味。干酪的酸度和盐分不足时，乳酸菌、胨化细菌及厌氧的丁酸梭菌等使干酪表面湿润、液化，并产生腐败气味。酵母苗、细菌和霉菌还可使干酪表面变色、发霉或带上苦味。

③甜炼乳变质。液态的甜炼乳含蔗糖40%～50%，耐高渗的酵母菌及丁酸菌繁殖后产气，造成膨罐；耐高渗的芽孢杆菌、球菌及乳酸菌可产生有机酸和凝乳酶，使炼乳变稠，不易倒出；霉菌生长后还会在炼乳表面形成褐色和淡棕色“钮扣”状菌落。

④其他乳制品的变质。淡炼乳灭菌不彻底时，耐热的芽孢杆菌会引起结块、胀罐及变味；球菌、芽孢杆菌、大肠菌群、霉菌等微生物常污染冰激凌；而嗜热性链球菌等可能污染奶粉。

(二)肉品和禽蛋的微生物

1.肉及肉制品微生物

(1)鲜肉中微生物的来源　鲜肉中微生物的来源分内源性和外源性两种。其中内源性来源主要指动物屠宰后,体内或体表的微生物进入肌肉。外源性来源是动物在屠宰、加工、运输等过程中,微生物从水、用具、人员等外界环境中进入肌肉。

(2)鲜肉的成熟与腐败　动物屠宰后一段时间内,肌肉在酶的作用下发生复杂的变化,这个过程称为肉的"成熟"。在成熟过程中,肌肉中的糖原分解,乳酸增高,ATP转化为磷酸,使肌肉由弱碱性变为酸性,抑制了肉中的腐败菌和病原微生物的生长繁殖;蛋白质初步降解,肌肉、筋腱等变软,并形成明显的气味,这些变化有利于改善肉的口味和可消化性。

成熟之后,在环境适宜时肉中污染的细菌、酵母菌、霉菌等开始繁殖,引起蛋白质、脂肪、糖类等分解,使肉腐败变质。

(3)鲜肉中的病原微生物及其危害

①肉中的微生物。鲜肉中污染的微生物主要有细菌、霉菌、酵母菌等,能使鲜肉发黏、变色、发霉和腐败。外界病原微生物如炭疽杆菌、结核分枝杆菌、布鲁氏菌、沙门杆菌、鼻疽杆菌、钩端螺旋体、口蹄疫病毒等可经内源性和外源性途径进入肉内。

②肉中病原微生物的危害。肉中病原微生物可导致传染病的流行、细菌性食物中毒。加强动物宰前检疫,保证屠宰场所及肉品市场的卫生,对肉品进行冷藏,坚持屠宰检疫和肉品卫生检验等,都是保证肉品卫生质量的有效措施。

(4)冷藏肉中微生物的来源　冷藏肉的微生物来源,以外源性污染为主,如屠宰、加工、贮藏及销售过程中的污染。肉类在低温下贮存,能抑制或减弱大部分微生物的生长繁殖。嗜冷性细菌,尤其是霉菌常可引起冷藏肉的污染与变质。

(5)肉制品中的微生物来源及类群　肉制品包括熟肉制品、灌肠制品和腌腊制品。由于加工原料、制作工艺、贮存方法各有差异,故各种肉制品中的微生物来源与种类也有较大区别。

①熟肉制品中的微生物来源及类群。加工时,加热不完全,一些耐热的细菌或细菌的芽孢及某些霉菌仍然会存活下来。熟肉制品的微生物一般是加热后污染的,包括微球菌、棒状杆菌和库特氏菌。引起变质的微生物主要是霉菌,较为常见的根霉、青霉和酵母。引起食物中毒的主要是金黄色葡萄球菌、鼠伤寒沙门菌和变形杆菌。

②灌肠制品中的微生物来源及类群。此类肉制品原料较多,由于各种原料的产地、贮藏条件及产品质量不同,以及加工工艺的差别,对成品中微生物的污染都会产生一定的影响。此外,绞肉的加工设备、操作工艺,原料肉的新鲜度以及绞肉的贮存条件和时间等,都对灌肠制品产生重要影响。常见的有耐热性链球菌、革兰阴性杆菌及蜡样芽孢杆菌属、梭菌属的某些菌类、某些酵母菌及霉菌。这些菌类可引起灌肠制品变色、发霉或腐败变质。

③腌腊肉制品中微生物的来源及类群。主要来源于原料肉和腌制液的污染。此外,腌腊制品的生产工艺、环境卫生状况及工作人员的素质,对这类肉制品的污染都有影响。腌腊制品中多以耐盐或嗜盐的菌类为主,弧菌是极常见的细菌,也可见到微球菌、异型发酵乳杆菌、明串珠菌等。一些腌腊制品中可见到沙门菌、致病性大肠埃希菌、副溶血性弧菌等致病性细菌。一些酵母菌和霉菌也是引起腌腊制品发生腐败、霉变的常见菌类。

2.蛋及蛋制品微生物

(1)蛋中的微生物及其来源　正常情况下,鲜蛋内部是无菌的。但如果家禽卵巢及子宫感染了微生物，或者蛋产出后在运输、贮藏及加工中，壳外黏液层被破坏，微生物经蛋壳的微气孔侵入蛋内，则鲜蛋内部及制品中就会带上微生物。

(2) 微生物与蛋的腐败

①细菌性腐败。细菌侵入蛋壳内，使蛋黄膜破裂，蛋白与蛋黄液化混合并黏附于蛋壳上，照蛋时成灰黄色，俗称泻蛋黄。细菌进一步活动而产生氨、酰胺、硫化氢等毒性代谢产物，外壳呈暗灰色，并散发臭气，照蛋时呈黑色，俗称黑腐蛋。

②霉菌性腐败。霉菌孢子污染蛋壳表面后萌发为菌丝，并通过气孔或裂纹进入蛋壳内侧，形成霉斑。接着，菌丝大量繁殖，使深部的蛋白质及蛋黄液化、混合，照蛋时可见褐色或黑色斑块，蛋壳外表面有丝状霉斑，内容物有明显的霉变味，称为霉变蛋。泻黄蛋、黑斑蛋及霉变蛋不能加工或食用。

(3)禽蛋的卫生保鲜　禽蛋的卫生保鲜原则是防止微生物侵入蛋内，使蛋壳及蛋内已存在的微生物停止发育，减弱蛋内酶活动。如环境干燥、低温或冷冻、对蛋的外壳进行化学处理以及鲜蛋的加工等。

(4)蛋制品中微生物来源及类群　蛋制品可分为两大类：一类是去壳的液蛋、冰蛋、蛋粉、蛋白片等；另一类是鲜蛋加入盐、碱、糟、卤等辅料加工而成的腌制品，如变蛋、咸蛋、糟蛋、卤蛋等。液蛋中的微生物主要来自蛋壳、变质蛋及打蛋工具等，其类群主要有微球菌、葡萄球菌、芽孢杆菌和少数革兰阴性菌。液蛋杀菌的主要目标是沙门菌。冰蛋融化不适当，细菌数量会迅速增加。蛋粉、蛋白片加工过程中多数细菌被杀死，其中主要的细菌有肠球菌和形成芽孢的杆菌。沙门菌是这类制品的微生物学主要问题。腌制品中的微生物主要来自原料蛋、变质蛋及腌制液等。

三、微生物活性制剂

在动物生产中发现，一些非致病性的微生物本身及其代谢产物(即酶类等)对动物具有多种生物学作用，尤其在改变饲料的理化性状、提高动物的消化功能和防治疾病方面有很多的作用，而由这些微生物及代谢产物制成的制剂统称为微生物活性制剂。一般包括微生物酶制剂和微生态制剂。

(一)微生物酶制剂

微生物酶制剂是由非致病性微生物产生的酶制成的制剂。在饲料添加剂、饲料的辅助原料、饲料脱毒和防病保健等多个方面发挥重要的作用。

1.微生物酶制剂的种类及作用

动物生产中所使用的微生物酶制剂主要为水解酶，应用价值较高的微生物酶制剂有以下几种。

(1)聚糖酶　包括纤维素酶、木聚糖酶、β-葡聚糖酶、甘露聚糖酶、β-半乳糖苷酶、果胶酶等。聚糖酶能摧毁植物细胞的细胞壁，有利于细胞内淀粉、蛋白质和脂肪的释放，促进消化吸收。聚糖酶能分解可溶性非淀粉多糖，降低食糜的黏性，提高肠道微环境对食糜的消化分解及吸收利用效率。

(2)植酸酶　植物性饲料含有1%～5%的植酸盐，其含有占饲料总磷量60%～80%的磷。植酸酶能催化饲料中植酸盐的水解反应，一方面使其中的磷以无机磷的形式释放出来，被单胃动物吸收;另一方面又使得与植酸盐结合的锌、铜、铁等微量元素及蛋白质释放,因而提高动物对植物性饲料的利用率。

(3)淀粉酶和蛋白酶　幼小动物消化功能尚不健全,淀粉酶和蛋白酶分泌量不足。淀粉酶可降解饲料加工中形成的结晶化淀粉。枯草杆菌蛋白酶能促进豆科饲料中蛋白质的消化吸收。

(4)酯酶和环氧酶　霉菌毒素(如玉米赤酶烯酮)和细菌毒素(如单孢菌素)是饲料在潮湿环境下易产生的微生物毒素。酯酶能破坏玉米赤霉烯酮,环氧酶能分解单孢菌素,生成无毒降解产物。

2. 微生物酶制剂的生产

微生物酶制剂一般来源于霉菌、细菌的发酵培养物。不同的菌种产生的酶种类不同,如木霉分泌纤维素酶、木聚糖酶、β-葡聚糖酶;曲霉分泌 α-淀粉酶、蛋白酶、植酸酶。酶制剂可以只含一种酶,也可以是多种酶的复合酶制剂。生产酶制剂时,首先要选育菌种,然后在液态基质中发酵培养,经过滤、提取、浓缩、干燥、粉碎等处理而成。

3. 微生物酶制剂的应用

(1)作为饲料添加剂　多种动物饲喂实践表明,饲料中加入微生物酶制剂能弥补动物消化酶的不足,促进动物对饲料的充分消化和利用,明显提高动物的生产性能。淀粉酶、蛋白酶适用于肉食动物、仔猪、肉鸡等。纤维素酶主要用于肥育猪。植酸酶常用于多种草食动物,但反刍动物瘤胃中能产生植酸酶,可以不用。

(2)微生物饲料的辅助原料　用含糖量低的豆科植物制作青贮饲料时,加入淀粉酶或纤维素酶制剂,能将部分多糖分解为单糖,促进乳酸菌的活动,同时降低果胶含量,提高青贮饲料的质量。

(3)用于饲料脱毒　应用酶法可以除去棉籽饼中的毒素,酯酶和环氧酶制剂还能分解饲料中的霉菌毒素和单孢菌素。

(4)防病保健和保护环境　纤维素酶对反刍动物前胃迟缓和马属动物消化不良等具有一定的防治效果。酶制剂能改善动物肠道微环境,减少有害物质的吸收和排泄,降低空气中的氨和硫化氢等有害物质的深度,有利于保护环境。

(二)微生态制剂

1. 微生态制剂的概念

微生态制剂是在微生态理论指导下,采用已知有益微生物,经特殊工艺加工成的含活菌或其代谢产物的活菌制剂。在美国称为直接饲用微生物(DFMs),欧盟委员会将其称为微生物制剂。微生态制剂可直接饲喂动物,并能有效促进动物体调节肠道微生态平衡,具有无副作用、无残留、无污染以及不产生抗药性等特点。目前,微生态制剂已被公认为有希望取代抗生素的饲料添加剂。

2. 微生态制剂的种类

根据不同的分类依据可有不同的划分方法,通常根据微生态制剂的物质组成划分为益生素、益生元、合生元三类。

(1)益生素　指改善宿主微生态平衡而发挥有益作用,达到提高宿主健康水平和健康状态的活菌制剂及其代谢产物。

（2）益生元 又称化学益生素，是一种不能被宿主消化吸收，也不能被肠道有害菌利用，只能被有益微生物选择性吸收利用或能促进有益菌的活性的一类化学物质。能选择性促进肠内有益菌群的活性或生长繁殖，起到增进宿主健康和促进生长的作用。最早发现的益生元是双歧因子，后来又发现多种不能被消化的功能性寡糖，如果寡糖（FOS）、低聚木糖（XOS）、甘露寡糖（MOS）、乳寡糖（GAS）、寡葡萄糖（COS）、半乳寡糖（TOC）和寡乳糖（CAS）等。

（3）合生元 又称合生素，是指益生菌和益生元按一定比例结合的生物制剂，或再加入维生素、微量元素等。其既可发挥益生菌的生理性细菌活性，又可选择性地增加这种菌的数量，使益生作用更显著持久。

3. 微生态制剂的作用

（1）拮抗致病菌并维持肠道微生态平衡 当机体受到某些应激因素的影响，导致体内菌群比例失调，需氧菌如大肠埃希菌增加并使蛋白质分解产生胺、氨等有害物质，动物表现下痢等病理状态，生产性能下降。在动物饲料中添加微生态制剂不仅可以保持微生态环境的相对稳定，而且可以有效地抑制病原体附集到胃肠道黏膜上，起到屏蔽作用，阻止致病菌的定植与入侵，以保护动物体不受感染。

（2）产生多种酶类 益生素在动物体内还能产生各种消化酶，能提高饲料转化率。如芽孢杆菌有很强的蛋白酶、脂肪酶、淀粉酶活性，还能降解植物性饲料中较复杂的碳水化合物。乳酸菌能合成多种维生素供动物吸收，并产生有机酸加强肠蠕动，促进吸收。某些酵母菌有富集微量元素的作用，使之由无机态形式变成动物易消化的有机态形式。益生素能够维持动物小肠绒毛的结构并加强其功能，从而促进营养物质的吸收利用。

（3）营养和促生长作用 益生素在动物肠道内生长繁殖，能产生多种营养物质如维生素、氨基酸、促生长因子等，参与机体的新陈代谢。此外，有些益生素还产生重要的营养因子，从而促进矿物质元素利用，减少应激反应。

（4）增强机体免疫功能 益生素能提高抗体的数量和巨噬细胞的活力。乳酸菌可诱导机体产生干扰素、白细胞介素等细胞因子，通过淋巴循环活化全身的免疫防御系统，提高机体抑制癌细胞增殖的能力。双歧杆菌细胞壁中的完整肽聚糖可使小鼠腹腔巨噬细胞 IL-1、IL-6 等细胞因子的 mRNA 的表达增多，从而在调节机体免疫应答反应中起作用。

（5）提高反刍动物对纤维素的消化率 益生素尤其是酵母和霉菌，具有促进瘤胃微生物繁殖和活性的能力，稳定瘤胃内环境，促进瘤胃菌体蛋白质合成，改变十二指肠内氨基酸构成比，促进厌氧菌特别是乳酸菌生长繁殖，进一步提高瘤胃中纤维素成分的早期消化，可使纤维素成分消化速度加快，加强对瘤胃内氮的利用和蛋白质的合成，提高磷的消化利用率。

4. 微生态制剂的生产菌种

用于微生态制剂生产的菌种，应该是公认的安全菌（generally recognized as safe，GRAS 菌）。只要有任何安全性疑问，在用作生产用菌种前，就有必要做短期的或长期的毒理学试验。

对微生态制剂菌种的要求是对致病菌有较强的抑制作用，有利于促进体内菌群平衡；不能产生任何内外毒素，即无毒、无害、安全、无副作用；营养要求低；具有较好的黏附性，并对胃肠道酸碱环境有较强耐受力。用于家禽的菌种还应能耐受 41～43 ℃的培养条件。

国外使用微生态制剂的历史悠久，如日本已形成了使用双歧杆菌制剂的传统。美国食品与药物管理局审批的、可在饲料中安全使用的菌种包括：黑曲霉、米曲霉、4 种芽孢杆菌、4 种拟杆菌、5种链球菌、6种双歧杆菌、12种乳杆菌、2种小球菌以及肠系膜串珠菌和酵母菌等。英国除使用以上菌种外，还应用伪长双歧杆菌，尿链球菌（我国称为屎链球菌）、枯草杆菌 Toyoi变异株等。

5. 微生态制剂使用注意事项

（1）选用合适的菌株　理想的微生态制剂应对人畜无毒害作用，能耐受强酸和胆汁环境，有较高的生产性能，体内外易于繁殖，室温下有较高的稳定性，对所用动物应该是特异性的。

（2）考虑用药程序　要考虑到饲料中应用的抗生素种类、浓度对微生态制剂效果的影响。使用微生态制剂的前后应停止使用抗生素，以免降低效果或失效。

（3）正确使用　确保已经加入饲料或饮水中的微生态制剂应充分混匀，并有足够的活菌量。微生态制剂是活菌制剂，应保存于阴凉避光处，以确保微生物的活性。贮藏时间不宜过长，以防失效。

【经典考题】

一、名词解释

青贮饲料　单细胞蛋白　微生态制剂　益生素　益生元　合生元

二、简答题

1. 简述青贮饲料中的微生物种类及其作用。
2. 简述单细胞蛋白的特点。
3. 简述鲜乳中微生物的来源及预防措施。
4. 简述鲜肉中微生物的来源及危害。
5. 简述防止鲜蛋变质的措施。
6. 简述微生态制剂的作用。

视频清单

视频 1.1　什么是微生物?　2
视频 1.2　微生物学的建立　5
视频 1.3　玻璃器皿的准备与灭菌　16
视频 1.4　显微镜的使用与保养　19
视频 1.5　高压灭菌器的使用　22
视频 1.6　恒温箱和灭菌箱的使用　24
视频 1.7　离心机的使用　25
视频 1.8　净化工作台的使用　26
视频 1.9　常用缓冲液的配制　28
视频 1.10　常用消毒液的配制　30
视频 2.1　细菌的形态和大小　34
视频 2.2　细菌细胞壁　36
视频 2.3　细菌细胞膜　38
视频 2.4　细菌特殊结构　40
视频 2.5　细菌标本片制备与染色　42
视频 2.6　显微镜油镜的使用　44
视频 2.7　细菌的营养　48
视频 2.8　细菌的生长繁殖　50
视频 2.9　常用培养基制备　54
视频 2.10　细菌分离培养　57
视频 2.11　细菌致病机理　67
视频 2.12　细菌检测技术　72
视频 3.1　真菌及其检验技术　86
视频 3.2　常见致病性真菌　91
视频 3.3　真菌病检测技术　92
视频 4.1　病毒的概念与发现　97
视频 4.2　病毒的形态和结构　98
视频 4.3　病毒的增殖　101
视频 4.4　病毒的复制过程　102
视频 4.5　病毒的培养　103
视频 4.6　鸡的剖检、病料采集与包装　103
视频 4.7　病毒的鸡胚接种　107

视频 4.8 病毒的其他特性 114
视频 4.9 病毒的实验室检查 115
视频 4.10 病毒的血凝试验 118
视频 4.11 病毒的血凝抑制试验 118
视频 5.1 微生物在环境中的分布 123
视频 5.2 消毒与灭菌 129
视频 5.3 物理消毒法 129
视频 5.4 化学消毒法 132
视频 5.5 消毒剂的配制 132
视频 5.6 消毒剂的选择 134
视频 5.7 生物消毒法 135
视频 5.8 消毒基本知识 136
视频 5.9 消毒效果检查 137
视频 5.10 药敏试验——纸片扩散法 138
视频 5.11 微生物的遗传变异 141
视频 6.1 免疫概述 149
视频 6.2 免疫的类型 149
视频 6.3 非特异性免疫 150
视频 6.4 免疫系统 155
视频 6.5 免疫细胞 157
视频 6.6 抗原 160
视频 6.7 抗体 163
视频 6.8 抗体产生的一般规律 166
视频 6.9 免疫应答 168
视频 6.10 变态反应 171
视频 6.11 血清学试验 174
视频 6.12 沉淀试验 177
视频 6.13 补体结合试验 180
视频 6.14 ELISA 181
视频 6.15 试管凝集试验 185
视频 6.16 琼脂扩散试验 187
视频 7.1 大肠埃希菌 197
视频 7.2 沙门菌 199
视频 7.3 多杀性巴氏杆菌 201
视频 7.4 葡萄球菌 203
视频 7.5 链球菌 205
视频 7.6 炭疽杆菌 205
视频 7.7 猪丹毒杆菌 207
视频 7.8 破伤风梭菌 209

视频 7.9 口蹄疫病毒和狂犬病病毒 211
视频 7.10 禽流感病毒和新城疫病毒 212
视频 7.11 痘毒病 212
视频 7.12 猪瘟病毒和非洲猪瘟病毒 214
视频 8.1 兽用生物制品的概念 232
视频 8.2 鸡大肠埃希菌灭活苗的制备 244
视频 8.3 抗猪瘟血清的制备 245
视频 8.4 鸡法氏囊病卵黄抗体的制备 246
视频 8.5 生物制品与免疫防治 250
视频 8.6 免疫失败的原因分析 251

参 考 文 献

[1] 中国农业科学院哈尔滨兽医研究所. 兽医微生物学. 2 版. 北京:中国农业出版社,2013.
[2] 陆承平. 兽医微生物学. 5 版. 北京:中国农业出版社,2013.
[3] 陈杖榴,曾振灵. 兽医药理学. 4 版. 北京:中国农业出版社,2017.
[4] 李舫. 动物微生物与免疫技术. 2 版. 北京:中国农业出版社,2014.
[5] 刘金华,甘孟侯. 中国禽病学. 2 版. 北京:中国农业出版社, 2016.
[6] 夏业才,陈光华,丁家波. 兽医生物制品学. 2 版. 北京:中国农业出版社, 2018.
[7] 姚火春. 兽医微生物学实验指导. 2 版. 北京:中国农业出版社,2002.
[8] 陈金顶,黄青云. 畜牧微生物学. 6 版. 北京:中国农业出版社,2017.
[9] 邢钊,乐涛. 动物微生物学及免疫技术. 郑州:河南科学技术出版社,2006.
[10] 白文彬,于康震. 动物传染病诊断学. 北京:中国农业出版社, 2002.
[11] 张卓然,黄敏. 医学微生物实验学. 3 版. 北京:科学出版社, 2008.
[12] 中国农业科学院哈尔滨兽医研究所. 动物传染病学. 北京:中国农业出版社, 2001.